建设工程监理业务指南
——从业必备

武汉建设监理与咨询行业协会　编著

U0318586

华中科技大学出版社

中国·武汉

内 容 提 要

　　根据国家《建设工程监理规范》(GB/T 50319—2013)和武汉市《关于进一步加强建设工程监理管理的若干规定》(武城建规〔2016〕4 号)有关条款的要求,武汉建设监理与咨询行业协会组织武汉地区高等院校和本行业的相关教授、专家编写了《建设工程监理业务指南——从业必备》一书。其主要内容有建设工程监理基本理论及其发展趋势;建设工程投资控制、进度控制、质量控制;建设工程合同管理、信息与文档管理;建设工程相关方的组织协调;建设工程安全生产管理的监理工作。

　　该书既适用于非国家注册人员从事监理工作的业务培训,也可作为建设工程管理人员的工作参考书和大专院校相关专业的教学参考书。

图书在版编目(CIP)数据

建设工程监理业务指南:从业必备/武汉建设监理与咨询行业协会编著. —武汉:华中科技大学出版社,2017.7

　　ISBN 978-7-5680-3160-8

Ⅰ．①建…　Ⅱ．①武…　Ⅲ．①建筑工程-监理工作　Ⅳ．①TU712.2

中国版本图书馆 CIP 数据核字(2017)第 170985 号

建设工程监理业务指南——从业必备　　　　　武汉建设监理与咨询行业协会　编著
Jianshe Gongcheng Jianli Yewu Zhinan——Congye Bibei

责任编辑:周永华
封面设计:原色设计
责任校对:刘　竣
责任监印:朱　玢
出版发行:华中科技大学出版社(中国·武汉)　　　电话:(027)81321913
　　　　　武汉市东湖新技术开发区华工科技园　　　邮编:430223
录　　排:华中科技大学惠友文印中心
印　　刷:武汉华工鑫宏印务有限公司
开　　本:787mm×1092mm　1/16
印　　张:21.5
字　　数:506 千字
版　　次:2017 年 7 月第 1 版第 1 次印刷
定　　价:53.00 元

编审委员会

主　编　汪成庆　武汉建设监理与咨询行业协会　会长
　　　　　　　　武汉华胜工程建设科技有限公司　董事长、高级工程师（正高级）
副主编　蔡清明　武汉建设监理与咨询行业协会　副会长
　　　　　　　　武汉中建工程管理有限公司　总经理、高级工程师
编　写　严　东　武汉华立建设项目管理有限公司　副总经理、高级工程师
　　　　陈继东　武汉宏宇建设工程咨询有限公司　总工程师、高级工程师
　　　　周　兵　武汉华胜工程建设科技有限公司　监察部经理、高级工程师
　　　　赵　勇　武汉鸿诚工程咨询管理有限责任公司　副总工程师、注册监理
　　　　　　　　工程师
主　审　何亚伯　武汉大学　教授、博士生导师
审　阅　杨泽尘　武汉建设监理与咨询行业协会　常务副会长
　　　　　　　　中冶南方武汉威仕工程咨询管理有限公司　总经理、高级工程师
　　　　胡兴国　武汉建设监理与咨询行业协会　副会长
　　　　　　　　武汉科达监理咨询有限公司　董事长、总经理、副教授
　　　　夏　明　武汉建设监理与咨询行业协会　副会长
　　　　　　　　武汉工程建设监理咨询有限公司　总经理、高级工程师
　　　　秦永祥　武汉建设监理与咨询行业协会　副会长
　　　　　　　　武汉宏宇建设工程咨询有限公司　董事长、高级工程师
　　　　陈凌云　武汉建设监理与咨询行业协会　秘书长、注册监理工程师

前　言

　　根据国家《建设工程监理规范》(GB/T 50319—2013)和武汉市《关于进一步加强建设工程监理管理的若干规定》(武城建规〔2016〕4号)有关条款的要求,为了做好武汉市非国家注册人员的监理业务培训工作,帮助建设工程监理人员学习、掌握工程监理业务知识,提高建设工程监理从业人员的执业素质和能力,武汉建设监理与咨询行业协会组织武汉地区高等院校和本行业的相关教授、专家编写了《建设工程监理业务指南——从业必备》一书。该书以国家《建设工程监理规范》(GB/T 50319—2013)为主线,结合武汉地区监理行业的实际情况编写,理论体系完整、实务操作清晰。既适用于非国家注册人员从事监理工作的业务培训,也可作为建设工程管理人员的工作参考书和大专院校相关专业的教学参考书。紧随其后,本行业协会将继续组织编写并出版与之配套的继续教育用书《建设工程监理业务指南——卓越履职》,全面拓展和更新建设工程监理从业人员的业务知识和履职技能。

　　本书由汪成庆担任主编,蔡清明担任副主编。在编写过程中参考了《土木工程监理》(何亚伯主编)和《武汉地区建设工程监理履职工作标准》(武汉建设监理与咨询行业协会编制),下列人员承担了相关部分的编写工作。

　　汪成庆:建设工程监理基本理论及其发展趋势。

　　赵　勇:建设工程监理工作文件的编制、合同管理、组织协调、信息与文档管理。

　　陈继东:工程造价控制、工程进度控制。

　　严　东:工程质量控制。

　　周　兵:安全生产管理的监理工作。

　　本书由何亚伯担任主审并统筹,杨泽尘、胡兴国、夏明、秦永祥、陈凌云等专家、教授参加了审阅与修改。

　　本书编写、审阅、出版过程中初稿的汇总与编辑、编审意见的协调与落实、文字图表的校订与定版等工作,均由行业协会培训咨询部何冠卿部长负责完成。

　　面临我国建筑业的重大变革,监理行业如何发展、监理工作如何开展等,需要不断探索和完善,欢迎广大读者对本书提出宝贵意见,以便我们不断改进建设工程监理人员的业务培训工作。

武汉建设监理与咨询行业协会

2017年6月

目　录

第1章　绪　　论

建设工程监理制度自 1988 年在我国试点到 1996 年全面推开以来,对于实现建设工程质量、进度、投资控制目标和加强建设工程安全生产管理发挥了重要且不可替代的作用。随着我国各领域全面深化改革的不断推进和工程监理向全过程工程咨询的不断拓展,在工程投资咨询、勘察、设计、保修等阶段为建设单位提供的相关服务也越来越多。住房和城乡建设部、国家质量监督检验检疫总局联合发布了《建设工程监理规范》(GB/T 50319—2013),为建设工程监理提供了重要依据;武汉市城建委出台了《关于进一步加强建设工程监理管理的若干规定》(武城建规〔2016〕4 号);为此,武汉地区建设监理协会也发布了《武汉地区建设工程监理履职工作标准》,进而即将出台武汉监理工作地方标准。这一系列文件、规范、标准的出台,对进一步规范建设工程监理与相关服务行为,提高服务水平起着重要的指导作用。

"监理"的字面含义十分丰富。"监"在中国古代汉语中作为名词使用时,表示可以照影的明亮铜镜,而作为动词使用时,则含有对镜审视察看之意。"理"字通常是指规律、条理、准则,也有修正、雕琢的意思。故"监理"也就有通过视察、检查、评定,对不规范行为进行修正、雕琢或纠偏,以使行为规范的意思。所谓监理,通常是指依据有关法律、法规、规范和标准等行为准则,对被监理者的某些行为进行监督管理,使这些行为符合相关准则的要求,并协助行为主体实现其行为目的。

由此可见,监理活动的实现,需要具备一些基本条件,即应当有明确的监理"执行者",它是监理的组织;应当有明确的行为"准则",它是监理工作的依据;应当有明确的被监理的"行为"和被监理的"行为主体",它是被监理的对象;应当有明确的监理目的和行之有效的思想、理论、方法和手段。

1.1　建设工程监理概述

1.1.1　建设工程监理的概念

依据《建设工程监理规范》(GB/T 50319—2013),建设工程监理是指工程监理单位受建设单位委托,根据法律、法规、工程建设标准、勘察设计文件及合同,在施工阶段对建设工程质量、造价、进度进行控制,对合同、信息进行管理,对工程建设相关方的关系进行协调,并履行建设工程安全生产管理法定职责的服务活动。

一、建设工程监理是一种监督管理活动

无论是建设单位、设计单位、施工单位、材料设备供应商,还是工程监理单位,它们的工程建设行为载体都是工程项目,包括新建、改建和扩建工程项目等,建设工程监理活动是围绕工程项目施工来进行的,并应以此来界定建设工程监理范围。

建设工程监理是直接为建设单位提供管理服务的行业,工程监理单位是建设项目管理服务的主体,而非建设项目管理主体,也非施工项目和设计项目管理的主体和服务的主体。建设工程监理的客体既可以指一种行为,也可以指这种行为的主体。工程项目的建设是一种社会行为,有着不同的行为主体。在工程项目的建设过程中,投资主体和决策主体一般是建设单位,实施工程项目实体建设行为的主体是建设项目的承包方(包括分包单位、材料和设备供应单位等)。因此,建设工程监理的客体既指工程项目建设,也指工程项目建设中的承包方。

二、建设工程监理的行为主体是监理单位

《中华人民共和国建筑法》明确规定,实行监理的建设工程,由建设单位委托具有相应资质条件的工程监理企业实施监理。建设工程监理只能由具有相应资质的工程监理企业来开展,建设工程监理的行为主体是工程监理企业,这是我国建设工程监理制度的一项重要规定。

监理单位是受建设单位的委托,在工程监理合同和相关法规范围内按照公平、独立、诚信、科学的原则开展建设工程监理活动的。非监理单位不具备监理资格,所进行的监督管理活动一律不能称为建设工程监理。有些单位虽具备监理资质,但与建设单位签订的是工程第三方咨询或项目管理服务合同,所开展的相关咨询及管理活动也不能称为建设工程监理。如建设工程监理不同于建设行政主管部门的监督管理。建设行政主管部门的监督管理的行为主体是政府部门,具有明显的强制性,是行政性的监督管理,相应的任务、职责、内容也不同于建设工程监理。总承包单位对分包单位的监督管理不能视为建设工程监理。建设单位进行的所谓"自行监理"也不能纳入建设工程监理范畴。建设单位作为建设项目管理主体,拥有监督管理权,即建设单位自行管理。但自行管理是站在自己立场上的单方管理,不是独立的"第三方"的监督管理活动,缺乏相应的公平性和公正性,不能构成"三方"的协调、约束管理机制。且大多数情况下没有专业化的管理队伍,管理经验不足,效率不高,对于提高项目的投资效益和建设水平的作用也是弱化的。

由于建设工程监理的专业化、社会化,能为工程项目提供专业的管理服务,只有充分利用监理单位及其专业监理工程师丰富的技术、管理经验才能从根本上提高建设项目的管理水平。若要提高建设项目的管理水平,实现投资效益的最大化,建立有效的协调、约束机制,就必须跳出建设单位自行管理的圈子。

三、建设工程监理需要建设单位委托和授权

在早期的建筑市场上只有甲方和乙方,即建设单位和建设项目的承建者。然而,随着建设项目的技术要求和复杂程度不断提高,建设单位作为投资人,已越来越难以自行对项

目进行有效的管理,转而求助于具有专门知识的专业人士——监理工程师来协助其进行项目管理。因此,建设工程监理就是专业的监理单位在接受建设单位的委托和授权之后为其提供专业的技术及管理服务,协助建设单位实现其建设项目投资效益。

建设工程监理只有在建设单位委托的情况下才能进行;只有与建设单位订立书面工程监理合同,明确了监理的范围、内容、权利、义务、责任等,监理单位才能在规定的范围内行使监理权,合法地开展建设工程监理。因此,监理工程师的权力主要是由作为建设项目管理主体的建设单位通过授权和相关法规规定而转移过来的。在工程项目建设过程中,建设单位始终以建设项目管理主体身份掌握着工程项目建设的决策权,并承担着主要风险。建设工程监理单位只是建设项目管理服务的主体,而非建设项目管理的主体(建设项目的管理主体始终是工程项目的建设单位)。

根据相关法律、法规的规定,以及建设单位与施工单位签订的有关建设工程合同的要求,施工单位必须接受监理单位对其建设行为的监督管理。因此,接受并配合监理是施工单位履行合同的一种行为和义务。同时,监理单位的监理行为也必须符合相关建设工程合同的规定。例如,施工阶段的监理只能根据工程监理合同和施工合同对施工行为实行监理;而建设单位委托其勘察设计阶段的相关监理服务时,监理单位则可以根据委托服务合同以及勘察合同、设计合同、施工合同对勘察单位、设计单位和施工单位的建设实施行为实行管理。

四、建设工程监理具有明确依据

建设工程监理的依据包括工程建设文件,有关的法律、法规和标准、规范,建设工程委托监理合同和有关的建设工程合同。

(1)工程建设文件。包括批准的可行性研究报告、建设项目选址意见书、建设用地规划许可证、建设工程规划许可证、批准的施工图设计文件、施工许可证等。

(2)相关的法律、法规和标准、规范。包括《中华人民共和国建筑法》《中华人民共和国合同法》《中华人民共和国招标投标法》《建设工程质量管理条例》《建设工程安全生产管理条例》等法律、法规;《建设工程监理规定》等部门规章;《工程建设标准强制性条文》《建设工程监理规范》(GB/T 50319—2013)以及有关的工程技术标准、规范、规程等。

(3)建设工程委托监理合同和有关的建设工程合同。工程监理企业依据的合同主要包括两类,一是工程监理企业与建设单位签订的建设工程委托监理合同;二是建设单位与承建单位签订的建设工程合同(包括工程咨询合同、工程勘察合同、工程设计合同、工程施工合同、材料和设备供应合同等)。

五、建设工程监理具有一定的范围

建设工程监理范围可以分为监理的工程范围和监理的建设阶段范围。

1. 工程范围

为了有效发挥建设工程监理的作用,加大监理制度的推行力度,根据《中华人民共和国建筑法》,国务院颁布的《建设工程质量管理条例》对实行强制性监理的工程范围作了原则性的规定,2001年原建设部颁布了《建设工程监理范围和规模标准规定》(建设部令第86号),规定了必须实行监理的建设工程项目的具体范围和规模标准。包括以下几类。

（1）国家重点建设工程：依据《国家重点建设项目管理办法》所确定的对国民经济和社会发展有重大影响的骨干项目。

（2）大中型公用事业工程：项目总投资额在 3000 万元以上的供水、供电、供气、供热等市政工程项目；科技、教育、文化等项目；体育、旅游、商业等项目；卫生、社会福利等项目；其他公用事业项目。

（3）成片开发建设的住宅小区工程：建筑面积在 5 万平方米以上的住宅建设工程。

（4）利用外国政府或者国际组织贷款、援助资金的工程：包括使用世界银行、亚洲开发银行等国际组织贷款资金的项目；使用国外政府及其机构贷款资金的项目；使用国际组织或者国外政府援助资金的项目。

（5）国家规定必须实行监理的其他工程：项目总投资额在 3000 万元以上，关系社会公共利益、公众安全的交通运输、水利建设、城市基础设施、生态环境保护、信息产业、能源等基础设施项目；学校、影剧院、体育场馆项目。

建设工程监理范围不宜无限扩大，否则会造成监理力量与监理任务严重失衡，使得监理工作难以到位，保证不了建设工程监理的质量和效果。

2．阶段范围

建设工程监理适用于工程建设投资决策阶段和实施阶段，但目前主要用于建设工程施工阶段。

在建设工程施工阶段，建设单位、勘察单位、设计单位、施工单位和工程监理企业等工程建设的各类行为主体共同参与，形成了一个完整的建设工程组织体系。在这个阶段，建筑市场的发包体系、承包体系、管理服务体系的各主体在建设工程中汇合，由建设单位、勘察单位、设计单位、施工单位和工程监理企业各自承担工程建设的责任和义务，共同协作完成工程建设的目标任务。在施工阶段委托监理，其目的是更有效地发挥监理的规划、控制、协调作用，为在计划目标内建成工程提供最好的管理。

1.1.2　建设工程监理的性质

要充分理解我国的建设工程监理制度，必须深刻认识建设工程监理的性质。工程监理企业既要竭诚为建设单位服务，协助实现工程项目的预定目标，也要按照公平、独立、诚信、科学的原则开展监理工作，履行法规所赋予的监理工作法定职责。

一、服务性

建设工程监理是一种有偿的咨询服务。工程监理企业接受建设单位的委托而开展项目监理活动，以监理合同和相关法规为依据，以信息为基础，依靠专家的知识、经验、技能以及必要的试验、检测手段，为建设单位提供专业化管理服务和技术服务，对工程项目建设过程中的各个环节进行分析、研究，提出建议、方案和措施并协助实施，同时按照工程监理合同的规定获取技术管理服务性报酬。因此，监理单位是建筑市场的一个主体，建设单位是其客户，应该按照工程监理合同提供让建设单位满意的服务。

工程监理企业不具有工程建设重大问题的决策权，不能完全取代建设单位的管理活动，只能在监理合同的授权范围内代表建设单位开展监理服务。同时，工程监理企业不能代为行使政府有关管理部门的审批许可权和监督管理权。

二、独立性

建设工程监理的独立性是指监理工程师独立开展监理工作,即按照建设工程监理的依据开展监理工作。只有保持独立性,才能正确地、公正地思考问题,进行判断,作出决定。

对监理工程师独立性的要求也是国际惯例。国际上用于评判一个咨询(监理)工程师是否适合于承担某一个特定项目的咨询(监理)任务的最重要的标准之一,就是其职业的独立性。FIDIC(国际咨询工程师联合会)明确指出,咨询(监理)机构是作为一个独立的专业公司受雇于建设单位去履行服务职责的一方,咨询(监理)工程师是作为一名独立的专业人员进行工作的。同时,FIDIC要求其成员相对于施工单位、制造商、供应商,必须保持其行为的绝对独立性,不得与任何可能妨碍他作为一个独立的咨询(监理)工程师工作的商业活动有关。

《中华人民共和国建筑法》第三十四条规定:"工程监理单位与被监理工程的承包单位以及建筑材料、建筑构配件和设备供应单位不得有隶属关系或者其他利害关系。"《工程建设监理规定》明确指出监理单位应按照公正、独立、自主的原则开展建设工程监理工作。建设工程监理的独立性是公正性的基础和前提。监理单位如果没有独立性,根本就谈不上公正性。只有真正成为独立的第三方,才能起到协调、约束作用,公正地处理问题。

工程监理企业在履行监理合同义务和开展监理活动的过程中,要建立自己的组织,要确定自己的工作准则,要运用自己掌握的方法和手段,根据自己的判断,独立地开展工作。要严格遵守国家相关的法律、法规和各项规章、标准、规范、监理合同以及有关的建设工程合同的规定。

三、公平性

公平性是监理人员应严格遵守的职业道德之一,是工程监理企业得以长期生存、发展的必然要求,也是监理活动正常和顺利开展的基本条件。

公平性是咨询(监理)业的国际惯例。

FIDIC有关合同范本体现的基本原则之一就是监理工程师在管理合同时应公正无私。FIDIC土木工程施工合同规定:凡是合同要求监理工程师用自己的判断表明决定、意见或同意,表示满意或批准,确定价值或采取别的行动时,他都应在合同条款规定内,并兼顾所有条件的情况下公正公平行事。FIDIC还要求咨询工程师在建设单位和施工单位之间公平地证明、决定或行使自己的处理权。

《中华人民共和国建筑法》第三十四条规定:"工程监理单位应当根据建设单位的委托,客观、公正地执行监理任务。"工程监理企业和监理人员应当排除各种干扰,以公正的态度对待委托方和被监理方,特别是当建设单位和承建单位发生利益冲突或矛盾时,应以事实为依据,以法律、法规和监理合同、有关建设工程合同为准绳,在维护建设单位的合法权益时,不损害承建单位的合法权益。

建设工程监理的公平性要求监理人员应具有良好的职业道德、坚持实事求是的工作作风、熟悉有关建设工程合同条款、不断提高专业技术能力和综合分析判断能力。对于建设单位和承建单位之间的结算、争议、索赔等问题,工程监理企业和监理人员能够站在第三方立场上公平地加以解决和处理,真正做到 FIDIC 所倡导的"公平地证明、决定或行使自己的处理权"。

四、科学性

建设工程监理的实质是为建设单位提供一种高智能的技术服务,以协助建设单位实现其投资目的,力求在预定的投资、进度、质量目标内建成工程项目为己任,这就要求工程监理企业从事监理活动时应当遵循科学的准则。

当今工程规模日趋庞大、工程技术发展日新月异,为了在日益激烈的市场竞争中生存、发展,工程监理企业只有依据科学的方案,运用科学的手段,采取科学的方法,进行科学的总结,不断地采用更加科学的思想、理论、方法、手段开展监理工作,才能驾驭工程项目建设。

建设工程监理的科学性要求工程监理企业应当有足够数量、业务素质合格、经验丰富的监理工程师;要有一套科学的管理制度;要配备现代化的硬件和软件;要掌握先进的监理理论、方法;要积累足够的技术、经济资料和数据;要拥有现代化的监理手段。建设工程监理的科学性还要求监理人员按客观规律,以科学的依据、科学的监理程序、科学的监理方法和手段开展监理工作。

1.1.3　建设工程监理的基本任务

建设工程监理的中心任务就是控制工程项目目标,也就是控制经过科学地规划所确定的工程项目的投资、进度和质量目标。这三大目标是相互关联、相互制约的目标系统。与此同时,还要履行好建设工程安全生产管理的法定职责。

任何工程项目都是在一定的投资限制条件下实现的。任何工程项目的实现都要受到时间的限制,都有明确的项目进度和工期要求。任何工程项目都要满足它的功能要求、使用要求和其他有关的质量标准要求,这是投资建设一项工程最基本的需求。完成建设项目并不十分困难,而要使工程项目能够在计划的投资、进度和质量目标内及施工生产安全目标内实现则是困难的,这就是社会需要实行建设工程监理的根本原因。建设工程监理正是为解决这样的困难和满足这种社会需求而产生的。因此,目标控制应当成为建设工程监理的中心任务。

1.1.4　建设工程监理的基本方法

建设工程监理的基本方法是一个系统,它由若干个子系统组成。它们相互联系,相互支持,共同运行,形成一个完整的方法体系。这就是目标规划、动态控制、组织协调、信息管理、合同管理。

1. 目标规划

监理目标是相对于项目监理组织而言的,监理目标也就是监理组织的目标。首先,监理组织是为了完成建设单位的监理委托而建立的,其任务是帮助实现建设单位的投资目的,即在计划的投资和工期内,按规定质量完成项目,监理目标也应是由工期、质量和投资目标构成的具体标准;其次,监理目标是监理活动的目的和活动效果评价标准的统一,监理活动的目的是通过提供高智能的技术服务,对工程项目有效地进行控制,评价监理工作也只能用有关质量、投资、进度的具体标准加以说明。再次,监理目标是在一定时期内监理活动达到的成果,这一定的时期,指的是建设单位委托监理的时间范围;最后,监理目标是指项目监理组织的整体目标。监理组织的每个部门乃至每个人的目标都有所不同,但必须具有整体目标意识。

由于监理目标不是单一的目标,而是多个目标,强调目标的整体性以及这些不同目标之间的联系就显得非常重要。这就需要从系统的角度来理解监理目标。

系统论是从"联系"和"整体"这两个最普遍、最重要的问题出发的,为各种社会实践活动提供了科学的方法论。无论是目标体系的建立,还是实施过程中的协调与控制,系统理论都可起到指导作用。

用系统论的观点来指导建设监理工作,要把整个监理目标作为一个系统(建设监理目标系统)来看待。所谓系统,是指诸要素相互作用、相互联系,并形成具有特定功能的整体。这一概念有要素、联系和功能三个要点。要素是指影响系统本质的主要因素,必须有两个以上相互联系、相互作用的要素,才能构成系统。联系即要素之间相互作用、相互影响、相互依存的关系。由于要素之间的联系形式与内容较要素抽象,不易察觉,而且不同的联系又会产生不同的效能。因此,研究联系比认识要素更加复杂、更加重要。功能是系统的本质体现,是指系统的作用和效能。系统的功能要以各要素的功能为基础,但不是要素和功能的简单相加,而是指要素经联系后所产生的整体功能。研究系统和应用系统理论指导实践时,必须把着眼点和注意力放在整体上。建设监理目标系统可划分为三个要素,即投资目标、进度目标和质量目标。三者之间有着一定的联系。该系统的功能是指导项目监理组织开展监理工作。

系统的一个指导原则是"整分合"原则,即整体把握、科学分解、组织综合。整体把握,是由系统的本质特性决定的,它告诉人们办事情必须把握住整体,因为没有整体也就没有系统;科学分解,是从目标系统的设计和控制的角度提出的要求,通过分解,可以研究和明白系统内部各要素之间的相互关系;组织综合,就是经过分解后的系统在运行过程中,必须回到整体上来。对于监理目标系统,必须从整体上把握项目的投资、进度和质量目标,不能偏重于某一个目标;而在建立目标系统时,则应对目标进行合理的分解,即使是对进度、投资和质量子目标,也应如此,以有利于进行目标的控制。而监理组织的各部门、各单位都要按总体目标来指导工作。如进度目标的控制部门,在采取措施控制进度目标时,必须考虑到采取这些措施对目标整体的影响,如对质量、投资目标的影响。

目标规划是以实现目标控制为目的的规划和计划,它是围绕工程项目投资、进度和质量目标进行研究确定、分解综合、安排计划、风险管理、制订措施等各项工作的集合。目标规划是目标控制的基础和前提,只有做好目标规划的各项工作才能有效实施目标控制。目标规划得越明确,计划订得越全面,目标控制的有效性就越强。

目标规划工作包括正确地确定投资、进度、质量目标和对已经初步确定的目标进行论证;按照目标控制的需要将各目标进行分解,形成一个既能分解又能综合并可满足控制要求的目标划分系统,以便实施控制;把工程项目实施的过程、目标和活动编制成计划,用动态的计划系统来协调和规范工程项目的实施,为实现预期目标构筑一座桥梁,使项目协调有序地达到预期目标;对计划目标的实现进行风险分析和管理,以便采取针对性强的有效措施实施主动控制;制订各项目标的综合控制措施,力保项目目标的实现。

2. 动态控制

动态控制就是在完成工程项目的过程当中,通过对过程、目标和活动的跟踪,全面、及时、准确地掌握工程建设信息,将工程建设实际状况与计划目标及标准进行对比,如果偏离了计划和标准的要求,就采取措施加以纠正,以便计划总目标的实现。这是一个不断循环的过程,直至项目建成交付使用。

动态控制是一种过程控制。过程在不同的空间展开,控制就要针对不同的空间来实施。工程项目的实施分不同的阶段,控制也就分成不同阶段的控制。工程项目的实现总要受到外部环境和内部因素的各种干扰,这就要求控制措施必须具有针对性,只有这样,控制才会有效。计划的不变是相对的,在项目实施过程中调整总是难免的。因此,控制要不断地适应计划的变化,从而达到有效地控制。监理人员只有掌握了工程项目建设与管理的规律才能做好目标控制工作。动态控制是在目标规划的基础上针对各级分目标实施的控制,整个控制过程都是按计划来进行的。

3. 组织协调

组织协调与目标控制是密不可分的。协调的目的就是实现项目目标。在监理过程中,当设计概算超过投资估算时,监理人员要与设计单位进行协调,使投资限额与设计概算之间达到统一,既要满足建设单位对项目使用功能的要求,又要力求使费用不超过限定的投资额度。当施工进度影响到项目竣工时间时,监理工程师就要与施工单位进行协调,或改变投入,或修改计划,或调整目标,直至制订出一个较理想的解决问题的方案为止。当发现施工单位的管理人员不称职,给工程质量造成影响时,监理工程师要与施工单位进行协调,以便更换人员,确保工程质量。

组织协调存在于项目监理组织内部人与人、机构与机构之间。例如,项目总监理工程师与各专业监理工程师、各专业监理工程师之间的人际关系协调,以及纵向监理部门与横向监理部门之间关系的协调。组织协调还存在于项目监理组织与外部环境组织之间,这应该是监理协调的重点。其中主要是与项目建设各参与方的协调,包括与建设单位、勘察设计单位、施工单位、材料和设备供应单位,以及政府有关部门、社会团体、咨询单位、科学研究单位、工程毗邻单位的协调。

4. 信息管理

建设工程监理离不开工程信息。在实施监理过程中,监理人员要对所需要的信息进行收集、整理、处理、存储、传递、应用等一系列工作,这些工作总称为信息管理。

信息管理对建设工程监理是十分重要的。监理人员在开展监理工作当中要不断预测或发现问题,要不断地进行规划、决策、执行和检查。而做好这些工作离不开相应的信息。规划需要规划信息,决策需要决策信息,执行需要执行信息,检查需要检查信息。监理人员在监理过程中主要的任务是进行目标控制,而控制的基础是信息。任何控制只有在信息的支持下才能有效地进行。

5. 合同管理

监理单位在建设工程监理过程中的合同管理是对与建设项目有关的各类合同进行管

理,其中最主要的是根据监理合同的要求对工程承包合同的签订、履行、变更和解除进行监督、检查,对合同争议进行调解和处理,以保证合同的依法签订和全面履行。

合同管理对于监理单位完成监理任务是非常重要的。根据国外经验,合同管理产生的经济效益往往大于技术优化所产生的经济效益。工程合同应当起到对建设项目各参与方的建设行为进行控制的作用,同时可具体指导项目如何操作完成。所以,从这个意义上讲,合同管理起着控制整个项目实施的作用。例如,FIDIC 土木工程施工合同中有关合同实施的条款,详细地列出了在项目实施过程中所遇到的各方面的问题,并规定了合同各方在遇到这些问题时的权利和义务,同时还规定了监理工程师在处理各种问题时的权限和职责。在工程实施过程中经常发生的有关设备、材料、开工、停工、延误、变更、风险、索赔、支付、争议、违约等问题,以及财务管理、工程进度管理、工程质量管理诸方面工作,合同条件都涉及了。

1.1.5　建设工程监理的发展趋势

我国的建设工程监理制虽然取得了长足的发展,形成了初具规模的专业队伍,在工程建设过程中发挥了举足轻重的作用,得到社会各界的认同和接受,但由于工程监理行业发展的历史不长,与国家经济建设的需求尚不完全适应,与发达国家相比还存在很大的差距。因此,为了使我国的建设工程监理行业健康发展,在工程建设中发挥更大的作用,在以下几个方面应进一步发展与提高。

一、走法制化的道路

我国颁布的法律、法规中有关建设工程监理的条款不少,部门规章和地方性法规的数量更多,这充分确立了建设工程监理的法律地位。但从行业的长远发展看,法制建设还比较薄弱,突出表现在市场规则和市场机制等方面。市场规则不全,特别是市场竞争规则和市场交易规则还不健全;市场机制还未形成,包括信用机制、价格形成机制、风险防范机制及职业保险机制等均尚未形成。应当在总结经验的基础上,借鉴国际上通行的做法,逐步建立和健全市场规则及市场机制,使我国的建设工程监理走上有法可依、有法必依、执法必严的轨道。

二、向全方位、全过程监理发展

目前,我国建设工程监理界定在施工阶段的监理,业务范围相对较窄。造成这种状况既有体制上、认识上的原因,也有建设单位的需求和工程监理企业素质及能力等方面的原因。但是应当看到,随着项目法人负责制的不断完善,以及民营企业和私人投资项目的大量增加,建设单位将对工程投资效益愈加重视,对工程前期决策阶段的咨询需求将日益增多。从发展趋势看,代表建设单位进行全方位、全过程的工程项目管理,将是我国建设工程监理行业发展的趋向。工程监理要从现阶段以施工阶段的监理为主,向全过程、全方位工程咨询发展。即不仅要进行施工阶段的质量、投资和进度控制,做好合同管理、信息管理和组织协调工作,而且要进行决策阶段和设计阶段的咨询管理。

三、优化工程监理企业结构

在市场经济条件下,工程监理行业的发展必须与市场需求相适应,应当通过市场机制和必要的行业政策引导,逐步建立起综合性工程监理企业与专业性工程监理企业相结合、大中小型工程监理企业相结合的合理企业结构。大型工程监理企业取得综合资质,承担工程建设全过程工程咨询服务;中型工程监理企业承担施工监理等阶段性监理任务;小型工程监理企业则提供旁站监理劳务等特色服务。这样,既能满足建设单位的不同需求,又能使各类工程监理企业各得其所,各有其生存和发展空间。

四、与国际惯例接轨

我国的建设工程监理经过近30年的发展,虽然形成了一定的特点,但在一些方面与国际惯例还有差异。为了提高我国监理企业的国际竞争力,必须在建设工程监理领域多方面与国际惯例接轨。随着"一带一路"国家战略的实施,我国的工程监理企业与国外同行按照同一规则同台竞争。国际竞争既可能表现为国外项目管理公司进入我国后,与我国工程监理企业之间的竞争。也可能表现为我国工程监理企业走向世界,与国外同类企业之间的竞争。要在竞争中取胜,除了要有实力、业绩、信誉之外,还有一个非常重要的方面,即遵循国际上通行的规则。我国的监理工程师和工程监理企业应当做好充分准备,不仅要迎接国外同行进入我国后的竞争挑战,而且也要把握进入国际市场的机遇,敢于到国外市场与同行同台竞争。

五、提高从业人员素质

为适应全方位工程监理和全过程工程咨询以及建筑工业化的要求,适应更新的技术标准、规范,层出不穷的新技术、新工艺、新材料、新设备,日新月异的信息技术和BIM技术,工程监理从业人员必须与时俱进,不断提高自身的业务素质和职业道德素质。只有加强执业培训工作,培养和造就大批高素质的监理工程师队伍,才能形成一批公信力强、有品牌效应的工程监理企业,才能提高我国建设工程监理的总体水平,为建设单位提供更优质的服务,推动建设工程监理事业更好、更快地发展。

六、承接政府和社会购买服务

加强工程质量安全监督,提高工程质量安全水平。政府可采取购买服务的方式,委托具备条件的社会力量,特别是工程监理队伍进行工程质量安全监督检查。与此同时,政府应强化对工程监理的监督,实施监理单位向政府报告工程质量等监理情况的措施;鼓励社会组织购买优质的监理服务,建立第三方工程质量、安全的检查、评价、报告制度和第三方风险评估机制。

七、逐步向全过程工程咨询迈进

完善工程建设组织模式,加快推进工程总承包和全过程工程咨询。培育全过程工程咨询,鼓励投资咨询、勘察设计、建设监理、招标代理、工程造价等企业采取联合经营、并购重组等方式发展全过程工程咨询,培育一批具有国际水平的全过程工程咨询企业。制定全过程工程咨询服务技术标准和合同范本。政府投资工程应带头推行全过程工程咨询,鼓励非政府投资工程委托全过程工程咨询服务。

1.2 建设工程监理的组织

监理单位接受建设单位委托实施监理之前,首先应建立与工程项目监理活动相适应的项目监理组织,根据监理工作内容及工程项目特点,选择监理组织形式。

1.2.1 工程项目监理的组织形式

监理组织形式应根据工程项目的特点、工程项目建设承发包模式、建设单位委托的任务以及监理单位自身情况而确定,常用的工程项目监理组织形式如下。

一、直线制监理组织

这种组织形式是最简单的,它的特点是组织中各种职位是按照垂直系统直线排列的,它适用于监理项目能划分为若干相对独立的大、中型项目的建设项目,如图 1-2-1 所示。总监理工程师负责整个项目的规划、组织和指导,并重点关注整个项目范围内各方面的协调工作。子项目监理组分别负责项目的目标值控制,具体领导现场专业或专项监理组织的工作。

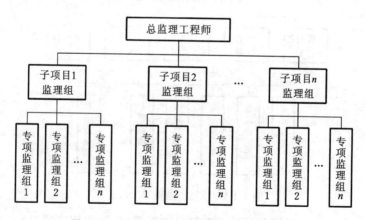

图 1-2-1 按子项分解的直线制监理组织形式

还可按建设阶段分解,采用直线制监理组织形式,如图 1-2-2 所示。这种形式适用于大、中型以上且采用包括设计和施工的全过程建设工程监理的项目。

直线制监理组织的主要特点是机构简单、权力集中、命令统一、职责分明、决策迅速、隶属关系明确。缺点是实行没有职能机构的“个人管理”,这就要求总监理工程师履行各种义务,具有多种知识技能,对监理工程师的综合素质要求较高。

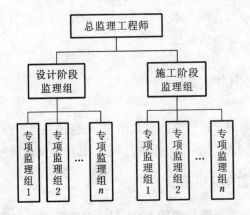

图 1-2-2　按建设阶段分解的直线制监理组织形式

二、职能制监理组织

职能制监理组织形式是总监理工程师下设一些职能机构,分别从职能角度对基层监理组进行业务管理。职能机构在总监理工程师授权的主管业务范围内,从事业务管理活动,如图 1-2-3 所示。这种形式适用于在地理位置上相对集中的工程项目。

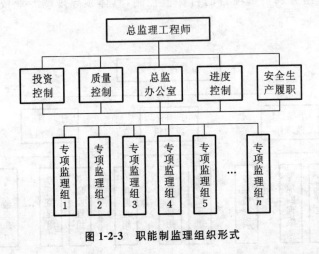

图 1-2-3　职能制监理组织形式

职能制监理组织的主要优点是目标控制分工明确,能够发挥职能机构的专业作用,专家参加管理,提高管理效率,减轻总监理工程师的负担。缺点是多头领导,易造成职责不清。

三、直线职能制监理组织

直线职能制的监理组织形式是吸取了直线制组织形式和职能制组织形式的优点而构成的一种组织形式,如图 1-2-4 所示。其特点是上级对下级实行指挥和发布命令,并对该部门全面负责;职能部门是直线指挥人员的参谋,只能进行业务指导,不能指挥和发布命令。

直线职能制监理组织形式的主要优点是集中领导、职责清楚,有利于提高办事效率。

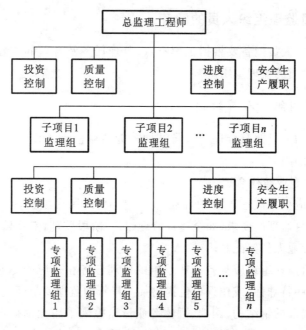

图1-2-4 直线职能制监理组织形式

缺点是职能部门与指挥部门易产生矛盾,信息传递路线长,不利于互通情报。

四、矩阵制监理组织形式

矩阵制监理组织形式是由纵横两套管理系统组成的矩阵式组织机构。一套是纵向的职能系统,另一套是横向的子项目系统,如图1-2-5所示。

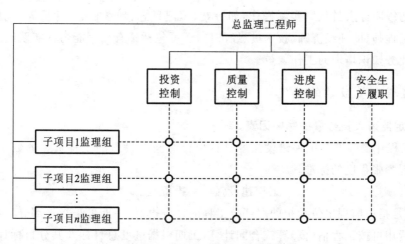

图1-2-5 矩阵制监理组织形式

矩阵制监理组织形式的优点是加强了各职能部门的横向联系,具有较强的机动性和适应性;把上下左右的集权与分权进行最优的结合;有利于解决复杂难题;有利于监理人员业务能力的培养。缺点是纵横向协调工作量大,处理不当会造成扯皮现象,产生矛盾。

1.2.2 工程项目监理组织人员的配备

项目监理组织的人员配备要根据工程特点、监理任务及合理的监理深度与密度,优化组合,形成整体高素质的监理组织。

一、项目监理组织的人员结构

项目监理组织的人员要有合理的人员结构才能适应监理工作的要求。合理的人员结构包括以下两方面的内容。

1. 监理组织的专业结构合理

项目监理组织应根据监理项目的性质(如工业项目、民用项目、专业性强的生产项目等)、建设单位对项目监理的要求(如全过程监理、某一阶段监理、专项监理等),由称职的各专业人员组成,各专业人员要配套。

一般来说,项目监理组织应具备与所承担的监理任务相适应的专业人员。但是,当监理项目局部具有某些特殊性,或建设单位提出某些特殊的监理要求而需要借助于某种特殊的监控手段时,如局部的钢结构、网架、罐体等质量监控需采用无损探伤,水下及地下混凝土桩基工程质量监控需采用遥测仪等,这些专业性很强的监控工作应另行委托给具有相应资质的第三方咨询(监理)机构来承担。

2. 监理组织的专业技术职务结构合理

监理工作是一种高智能的技术性服务,需要由具有一定专业技术职务的人员来完成。监理组织应由具有高级职称、中级职称和初级职称的成员构成。监理组织的专业技术职务结构应与监理工作要求相称。一般来说,决策阶段、设计阶段的监理,具有中级及中级以上职称的人员在整个监理组织中占绝大多数,初级职称人员仅占少数。施工阶段的监理,应有较多的初级职称人员从事实际操作,如旁站、填记日志、现场检查、计量等。初级职称人员指助理工程师、助理经济师、技术员、经济员,还可包括具有相应能力的实践经验丰富、接受过监理业务知识培训的工作人员。

二、监理人员数量的确定

1. 确定监理人员数量的影响因素

(1)工程建设强度。工程建设强度是指单位时间内投入的工程资金的数量。它是衡量一项工程紧张程度的标准。

$$工程建设强度 = 投资 / 工期$$

其中,投资是指由监理单位承担的那部分工程的建设投资,工期也是指这部分工程的工期。一般投资费用可按工程估(概)算或合同计算,工期根据进度总目标及其分目标计算。工程建设强度越大,投入的监理人力就越多。工程建设强度是确定人数的重要因素。

(2)工程复杂程度。每项工程都具有不同的情况,地点、位置、气候、性质、空间范围、工程地质、施工方法、后勤供应等不同,则投入的人力也就不同。一般情况下,可按以下几个方面的影响因素考虑。①设计活动多少;②工程地点位置;③气候条件;④地形条件;⑤工程地质;⑥施工方法;⑦工程性质;⑧工期要求;⑨材料供应;⑩工程分散程度等。

（3）监理单位的业务水平。每个监理单位的业务水平有所不同，人员素质、专业能力、管理水平、工程经验、设备手段等方面的差异影响着监理效率的高低。高水平的监理单位可以投入较少人力完成一个工程项目的监理工作，而一个经验不多或管理水平不高的监理单位则需要投入较多的人力。因此，各工程监理单位应当根据自己的实际情况制定监理人员需要量定额。

2. 确定监理人员数量的方法

项目监理机构的监理人员数量，理论上应根据当地的工程复杂程度、工程建设强度、监理人员需要量等现行定额计算后，根据实际情况来确定。目前，湖北省均按湖北省建设监理协会编制的《建设工程监理与相关服务计费规则》（鄂建监协〔2015〕7 号）来计算施工阶段项目监理机构人员的基本数量（详见表 1-2-1），再结合工程项目的特点、工期等实际情况经合同双方协商后确定。

表 1-2-1　建设工程施工阶段项目监理机构人员配备标准

工程类别	N(工程造价)/万元	各施工阶段配备人员数量/人											
		地基与基础阶段				主体结构阶段				建筑装饰装修阶段			
		总监	专监	监理员	合计	总监	专监	监理员	合计	总监	专监	监理员	合计
房屋建筑、一般公共建筑	$N<1000$	1(兼)	1	1	2	1(兼)	1	1	2	1(兼)	1	1	2
	$1000\leqslant N<3000$	1(兼)	1	1	2	1(兼)	2	1	3	1(兼)	1	1	2
	$3000\leqslant N<6000$	1	1	1	3	1	2	1	4	1	2	1	4
	$6000\leqslant N<9000$	1	1	1	3	1	2	2	5	1	2	1	4
	$9000\leqslant N<10000$	1	2	1	4	1	3	2	6	1	2	2	5
	$10000\leqslant N<30000$	1	2	2	5	1	3	2	6	1	3	2	6
	30000 以上	1	2	3	6	1	3	4	8	1	3	3	7

住宅小区、工业厂房类工程参照上述标准执行

市政公用工程	$N<1000$	总监理工程师 1 人(兼)，专业监理工程师 1 人，监理员 1 人，合计 2 人
	$1000\leqslant N<3000$	总监理工程师 1 人(兼)，专业监理工程师 1～2 人，监理员 1 人，合计 2～3 人
	$3000\leqslant N<6000$	总监理工程师 1 人，专业监理工程师 1～2 人，监理员 1 人，合计 3～4 人
	$6000\leqslant N<9000$	总监理工程师 1 人，专业监理工程师 2 人，监理员 1～2 人，合计 4～5 人
	$9000\leqslant N<10000$	总监理工程师 1 人，专业监理工程师 2～3 人，监理员 1～2 人，合计 5～6 人

续表

工程类别	N（工程造价）/万元	各施工阶段配备人员数量/人											
		地基与基础阶段				主体结构阶段				建筑装饰装修阶段			
		总监	专监	监理员	合计	总监	专监	监理员	合计	总监	专监	监理员	合计
市政公用工程	$10000 \leqslant N < 30000$	总监理工程师 1 人，专业监理工程师 2～3 人，监理员 2～3 人，合计 6～7 人											
	30000 以上	总监理工程师 1 人，专业监理工程师 3 人，监理员 4 人，合计 8 人											

注：表中人数为基本数量要求，实际配备还应结合工程项目的特点、工期以及阶段性施工高峰的需要临时调整监理人员数量，以保证监理工作正常开展，并经合同双方协商后确定。

1.2.3　注册监理工程师的责任、权利和义务

一、注册监理工程师的责任

一般注册监理工程师在总监理工程师的领导下开展工作，并可能带领未注册的监理人员负责一定范围的工作。注册监理工程师的职责如下。

（1）按照分工，独立自主地担负一定范围的监理工作。

（2）按照监理合同要求，为建设单位提供满意的服务，并对自己的工作负责。

（3）在分管的工作范围内，对工程建设的具体事项有检验、签认的权力。

（4）为了改进工作，有权就工程建设向建设单位提出各种建议。

（5）遵守监理从业人员的职业道德。

二、注册监理工程师的权利

注册监理工程师享有下列权利。

（1）使用注册监理工程师称谓。

（2）在规定范围内从事执业活动。

（3）依据本人能力从事相应的执业活动。

（4）保管和使用本人的注册证书和执业印章。

（5）对本人执业活动进行解释和辩护。

（6）接受继续教育。

（7）获得相应的劳动报酬。

（8）对侵犯本人权利的行为进行申诉。

三、注册监理工程师的义务

注册监理工程师应当履行下列义务。

（1）遵守法律、法规和有关管理规定。

（2）履行管理职责，执行技术标准、规范和规程。

（3）保证执业活动成果的质量，并承担相应责任。

（4）接受继续教育，努力提高执业水准。

（5）在本人执业活动所形成的工程监理文件上签字、加盖执业印章。

（6）保守在执业中知悉的国家秘密和他人的商业、技术秘密。

（7）不得涂改、倒卖、出租、出借或者以其他形式非法转让注册证书或者执业印章。

（8）不得同时在两个或者两个以上单位受聘或者执业。

（9）在规定的执业范围和聘用单位业务范围内从事执业活动。

（10）协助注册管理机构完成相关工作。

1.2.4 监理岗位及其职责和任职条件

一、总监理工程师

建设工程监理实行总监理工程师负责制。总监理工程师是由工程监理单位法定代表人书面任命，负责履行建设工程监理合同、主持项目监理机构工作的注册监理工程师。总监理工程师具有下列职责。

（1）确定项目监理机构人员及其岗位职责。

（2）组织编制监理规划，审批监理实施细则。

（3）根据工程进展及监理工作情况调配监理人员，检查监理人员工作。

（4）组织召开监理例会。

（5）组织审核分包单位资格。

（6）组织审查施工组织设计、（专项）施工方案。

（7）审查工程开（复）工报审表，签发工程开工令、暂停令和复工令。

（8）组织检查施工单位现场质量、安全生产管理体系的建立及运行情况。

（9）组织审核施工单位的付款申请，签发工程款支付证书，组织审核竣工结算。

（10）组织审查和处理工程变更。

（11）调解建设单位与施工单位的合同争议，处理工程索赔。

（12）组织验收分部工程，组织审查单位工程质量检验资料。

（13）审查施工单位的竣工申请，组织工程竣工预验收，组织编写工程质量评估报告，参与工程竣工验收。

（14）参与或配合工程质量安全事故的调查和处理。

（15）组织编写监理月报、监理工作总结，组织整理监理文件资料。

总监理工程师是一个工程项目中监理工作的总负责人。在管理中承担决策职能，直接主持或参与重要方案的规划工作，并进行必要的检查。同时也具有执行的职能，对本公司的指示和建设单位在监理合同规定范围内的指示应当认真执行。

二、总监理工程师代表

总监理工程师代表是具有工程类注册执业资格或具有中级及以上专业技术职称、3 年及以上工程监理实践经验且经过监理业务培训合格的监理人员。经工程监理单位法定代表人同意，由总监理工程师书面授权，代表总监理工程师行使其部分职责和权力，但不得将下列工作委托给总监理工程师代表。

(1) 组织编制监理规划，审批监理实施细则。

(2) 根据工程进展及监理工作情况调配监理人员。

(3) 组织审查施工组织设计、(专项)施工方案。

(4) 签发工程开工令、暂停令和复工令。

(5) 签发工程款支付证书，组织审核竣工结算。

(6) 调解建设单位与施工单位的合同争议，处理工程索赔。

(7) 审查施工单位的竣工申请，组织工程竣工预验收，组织编写工程质量评估报告，参与工程竣工验收。

(8) 参与或配合工程质量安全事故的调查和处理。

三、专业监理工程师

专业监理工程师是具有工程类注册执业资格或具有中级及以上专业技术职称、2 年及以上工程实践经验且经过监理业务培训合格的监理人员。由总监理工程师授权，负责实施某一专业或某一岗位的监理工作，有相应监理文件签发权。专业监理工程师具有下列职责。

(1) 参与编制监理规划，负责编制监理实施细则。

(2) 审查施工单位提交的涉及本专业的报审文件，并向总监理工程师报告。

(3) 参与审核分包单位资格。

(4) 指导、检查监理员工作，定期向总监理工程师报告本专业监理工作实施情况。

(5) 检查进场的工程材料、构配件、设备的质量。

(6) 验收检验批、隐藏工程、分项工程，参与验收分部工程。

(7) 处置发现的质量问题和安全事故隐患。

(8) 进行工程计量。

(9) 参与工程变更的审查和处理。

(10) 组织编写监理日志，参与编写监理月报。

(11) 收集、汇总、参与编写监理资料。

(12) 参与工程竣工预验收和竣工验收。

专业和子项目监理工程师是各专业部门和各子项目管理机构的负责人员或骨干，在各自的部门和机构中有局部决策职能。而在全局监理工作范围内一般具有规划、执行和检查的职能。

四、监理员

监理员是从事具体监理工作，具有中专及以上学历并经过监理业务培训合格的监理人员。具有下列职责。

(1) 检查施工单位投入工程的人力、主要设备的使用及运行状况。

（2）进行见证取样。

（3）复核工程计量有关数据。

（4）检查工序施工结果。

（5）发现施工作业中的问题，及时指出并向专业监理工程师报告。

1.2.5 监理从业人员的职业道德和工作纪律

监理从业人员应具备的职业道德和应遵循的工作纪律如下。

（1）监理人员应爱岗敬业、忠于职守，切实履行监理职责；自觉遵守国家及地方的法律、法规和规定，严格监理，热情服务；恪守职业道德和行为准则，在个人执业范围内规范执业，廉洁自律；努力学习相关知识，提高业务水平，适应行业发展要求。

（2）监理人员从事监理工作必须与受聘工程监理单位依法签订劳动合同；受聘时必须提供个人真实信息，不得使用虚假证件、虚假工作经历或隐瞒个人不良记录；监理人员不得同时与两个或两个以上工程监理单位订立劳动合同关系；不得在被监理的施工单位、材料和设备供应单位兼职和建立其他利益关系；在合同有效期内，未经受聘单位同意，不得到其他单位兼职；在调离或辞职后不得泄露原聘用单位的商业和技术秘密，其言论和行为不得有损原聘用单位的合法权益。

（3）监理人员不得以任何理由擅自脱离监理岗位或辞职。辞职前应依据劳动法的规定，提前30日以书面形式通知用人单位并履行相关工作交接手续；当所承担的监理工程发生质量安全事故时，事故调查及处理工作尚未结束前不得脱离监理岗位和辞职。

（4）具有国家注册执业资格的人员从事监理工作，应持证上岗、合法执业；不得涂改、倒卖、出租、出借或者以其他形式转让注册证书、执业印章；应在所工作的监理单位备案，接受建设单位和有关部门的监督检查；应参加继续教育，保持证件的有效性。

不具有国家注册执业资格的人员从事监理工作，应经监理业务培训合格后再上岗，合法执业；不得涂改、倒卖、出租、出借或者以其他形式转让培训合格证书；应在所工作的监理单位备案，接受建设单位和有关部门的监督检查；应参加继续教育，保持证件的有效性。

（5）监理人员必须坚持廉洁从业，自觉抵制腐败现象，拒绝不正当利益；不得接受被监理单位的现金、购物卡、贵重物品或其他任何形式的礼品、礼金；不得接受被监理单位的娱乐性招待或请吃；不得无理刁难施工单位和材料供应商，对其"吃、拿、卡、要"；不得向施工单位推荐劳动用工、工程材料、构配件和设备。

（6）监理人员应以合同为依据实施对工程的监理，维护建设单位和施工单位的合法权益；保守在执业中知悉的国家秘密和他人的商业、技术秘密；不剽窃、出卖和泄露监理项目的技术与管理成果；自觉执行监理工作标准，规范监理行为，对于不符合工程质量标准或强制性条文要求的建设工程、建筑材料和设备，不得在验收文件上签字。

（7）积极协助政府行政主管部门和行业协会的有关调查、调研工作；监理人员在监理企业之间正常流动的，应遵守与原聘用单位的劳动合同和相关约定，并及时办理转注手续。

1.2.6 监理人员的违规责任

监理从业人员违反上述职业道德要求和工作纪律的，依情节轻重和影响程度，将受到所属单位或行业,乃至政府相关部门的批评、警告,甚至停止执业和追究刑事责任。涉及质量和安全方面的问题,依据现行法规将给予如下惩处。

(1) 监理人员因过错造成质量事故的,责令停止执业1年;造成重大质量事故的,吊销执业资格证书,5年以内不予注册;情节特别恶劣的,终身不予注册。

(2) 工程监理单位违反国家规定,降低工程质量标准,造成重大安全事故,构成犯罪的,对直接责任人依法追究刑事责任。

(3) 工程监理单位的工作人员因调动工作、退休等原因离开该单位后,被发现在该单位工作期间违反国家有关建设工程质量管理规定,造成重大工程质量事故的,仍将被依法追究法律责任。

1.3 建设工程监理实施程序

1.3.1 建设工程监理委托模式

建设工程监理委托模式的选择与建设工程组织管理模式密切相关,监理委托模式对建设工程的规划、控制、协调起着重要作用。

一、平行承发包模式条件下的监理委托模式

建设工程平行承发包模式下的监理委托模式主要有以下几种。

1. 建设单位委托一家监理单位

建设单位委托一家监理单位进行监理的委托模式是指建设单位只委托一家监理单位为其提供监理服务,如图1-3-1所示。这种委托模式要求受委托的监理单位具有较强的合同管理与组织协调能力,并能做好全面规划工作。受托监理单位的项目监理机构可以组建多个监理分支机构对各承建单位(如设计、施工等单位)分别实施监理。在实施监理过程中,项目总监理工程师应重点做好总体协调工作,加强各监理分支机构的管理,保证建设工程监理工作的有效运行。

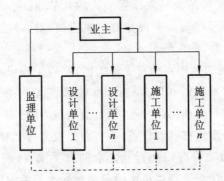

图 1-3-1 建设单位委托一家监理单位进行监理的模式

2. 建设单位委托多家监理单位

建设单位委托多家监理单位进行监理的委托模式是指建设单位分别委托几家监理单位针对不同的承建单位实施监理,如图 1-3-2 所示。采用这种监理委托模式,由于建设单位分别与多个监理单位签订委托监理合同,因此需要建设单位对各监理单位之间的相互协作与配合进行协调,而监理单位的监理对象相对单一,有利于实施与管理。但整个工程的建设工程监理工作被肢解,各监理单位各负其责,缺少一个对建设工程进行总体规划与协调控制的监理单位。

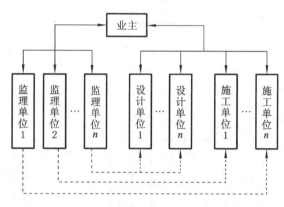

图 1-3-2 建设单位委托多家监理单位进行监理的模式

为了加强对建设工程监理的总体规划与监理单位之间的协调的控制,在某些大、中型项目的监理实践中,建设单位首先委托一个"总监理工程师单位"总体负责建设工程的规划和协调控制,再由建设单位和"总监理工程师单位"共同选择几家监理单位分别承担不同的监理任务。在监理工作中,由总监理工程师单位负责协调、管理各监理单位的工作,大大减轻了建设单位的管理压力,从而形成如图 1-3-3 所示的模式。

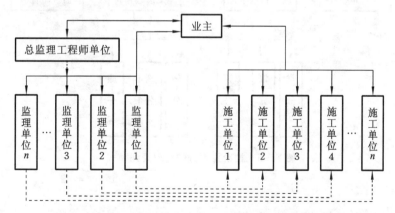

图 1-3-3 建设单位委托"总监理工程师单位"进行监理的模式

二、设计或施工总分包模式条件下的监理委托模式

建设工程项目若采用设计或施工总分包模式,建设单位可以委托一家监理单位提供实施阶段全过程的监理服务,如图 1-3-4 所示。也可以按照设计阶段和施工阶段分别委托监

理单位,如图 1-3-5 所示。前者的优点是监理单位可以对设计阶段和施工阶段的工程投资、进度、质量控制统筹考虑,合理进行总体规划协调,更可使监理工程师掌握设计思路与设计意图,有利于施工阶段的监理工作。

虽然总承包单位对承包合同承担乙方的最终责任,但分包单位的资质、能力直接影响着工程质量、进度等目标的实现,所以在这种模式条件下,监理工程师必须做好对分包单位资质的审查、确认工作。

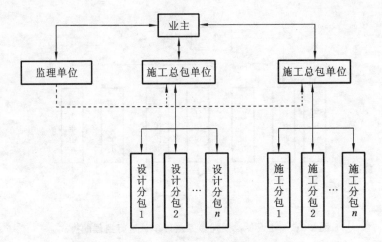

图 1-3-4　建设单位委托一家监理单位的模式

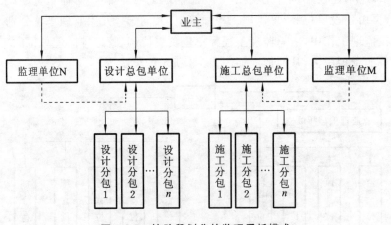

图 1-3-5　按阶段划分的监理委托模式

三、项目总承包模式条件下的监理委托模式

在项目总承包模式的条件下,由于建设单位和总承包单位签订的是总承包合同,建设单位应委托一家监理单位提供监理服务,如图 1-3-6 所示。在这种模式的条件下,监理工作时间跨度大,监理工程师应具备较全面的知识,重点做好合同管理工作。

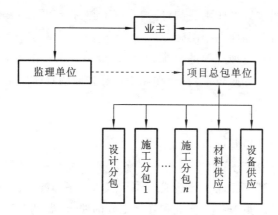

图 1-3-6 项目总承包模式条件下的监理委托模式

1.3.2 建设工程监理实施程序

一、成立项目监理机构

监理单位应根据建设工程的规模、性质要求,委派管理能力强、监理经验丰富的注册监理工程师担任项目总监理工程师,代表监理单位全面负责该工程的监理工作。

一般情况下,在参与工程监理的投标时就必须明确项目总监理工程师,并由项目总监理工程师主持拟定监理方案(大纲)以及中标后与建设单位商签委托监理合同。这样,项目总监理工程师在承接任务阶段即已介入,从而更能了解建设单位的建设意图和对监理工作的要求,并能与后续工作更好地衔接。总监理工程师是建设工程监理工作的总负责人,他对内向监理单位负责,对外向建设单位负责并承担相应的社会责任。

监理机构的人员构成是监理投标书中的重要内容,是建设单位在评标过程中认可的。总监理工程师在组建项目监理机构时,应根据监理大纲内容和签订的委托监理合同内容组建,并在监理规划和具体执行中进行及时的调整。

二、编制建设工程监理规划

建设工程监理规划是在总监理工程师的主持下编制,经监理单位技术负责人批准,用来指导项目监理机构全面开展监理工作的指导性文件。

监理规划应在签订委托监理合同及收到设计文件后开始编制,在召开第一次工地会议前报送建设单位。监理规划中应有明确具体的符合项目要求的工作目标、工作内容、工作方法、工作职责、监理措施、项目监理机构组成、工作程序和工作制度等内容。

三、制定各专业监理实施细则

专业监理实施细则是根据监理规划所确定的内容,由专业监理工程师编写,并经总监理工程师批准,针对工程项目中某一专业或某一方面监理工作的操作性文件。

对中型及以上或专业性较强的工程项目,在相应工程开始施工、开展监理工作之前,分专业编制监理实施细则。对项目规模较小、技术不复杂且有成熟管理经验和措施,并且监理规划可以起到监理实施细则作用的,监理细则可不必另行编写。具体项目对监理实施细则编制的要求应在项目监理规划中明确。

监理实施细则应符合监理规划的要求,并应结合工程项目的专业特点,体现项目监理机构对于该工程项目在各专业技术、管理和控制目标方面的具体要求,要具有可操作性。

四、规范化地开展监理工作

监理工作必须规范化地开展,具体要求如下。

(1) 严格按程序按标准开展工作。监理的各项工作都应按一定的逻辑顺序展开,从而使监理工作能有效地达到目标而不致造成工作状态的无序和混乱。同时,监理工作开展的各个环节必须符合现行政策、规范、标准和规划细则的要求,做到有法可依、有章可循。

(2) 明确监理人员的分工及职责。建设工程监理工作是由不同专业、不同层次的专家群体共同来完成的,他们之间严密的职责分工是协调进行监理工作的前提和实现监理目标的重要保证。

(3) 确定监理人员的具体工作目标。在职责分工的基础上,每一项监理工作的具体目标都应是确定的,完成的时间也应有规定,从而能通过报表资料对监理工作及其效果进行检查和考核。

五、参与验收,签署建设工程监理意见

建设工程施工完成以后,项目总监理工程师应在正式验交前组织竣工预验收,在预验收中发现的问题,应及时与施工单位沟通,提出书面整改要求。监理单位应参加建设单位组织的工程竣工验收,签署监理单位意见。

六、提交建设工程监理档案资料

建设工程监理工作完成后,监理单位向建设单位提交监理档案资料。不管在监理合同中是否作出明确规定,监理单位提交的资料均应符合有关规范、规定的要求。一般应包括监理日志、设计变更、工程变更资料、监理指令性文件、各种签证资料等档案资料。

七、监理工作总结

监理工作完成后,项目监理机构应及时从两方面进行监理工作总结。

(1) 向建设单位提交的监理工作总结。主要内容包括委托监理合同履行情况概述,监理组织机构、监理人员和投入的监理设施,监理任务或监理目标完成情况的评价,工程实施过程中存在的问题和处理情况,由建设单位提供的供监理活动使用的办公用房、车辆、试验设施等清单,必要的工程图片,表明监理工作终结的说明等。

(2) 向监理单位提交的监理工作总结。主要内容包括①监理工作的经验,可以是采用某种监理技术、方法的经验,也可以是采用某种经济措施、组织措施的经验,以及委托监理合同执行方面的经验或如何处理好与建设单位、施工单位关系的经验等;②监理工作中存在的问题及改进的建议。

1.3.3 建设工程监理实施原则

监理单位受建设单位委托对建设工程实施监理时,应遵守以下基本原则。

一、公平、独立、诚信、科学的原则

监理人员在建设工程监理中必须尊重科学、尊重事实,组织各方协同配合,维护有关各方的合法权益,坚持公平、独立、诚信、科学的原则。工程监理单位在实施建设工程监理与相关服务时,要公平地处理工程中出现的问题,独立地进行判断和行使职权,科学地为建设单位提供专业化服务。既要维护建设单位的合法权益,也不能损害其他有关单位的合法权益。

尽管工程监理单位是受建设单位的委托,但应公平地处理有关问题。独立是工程监理单位公平地开展监理与相关服务活动的前提。诚信、科学是监理与相关服务质量的根本保证。

1. 守法

守法是任何一个具有民事行为能力的单位或个人最起码的行为准则,对于监理单位——企业法人来说,守法,就是要依法经营。

(1)监理单位只能在核定的义务范围内开展经营活动。所谓核定的业务范围,是指监理单位资质证书中填写的、经建设监理资质管理部门审查确认的经营业务范围。核定的业务范围有两层内容,一是监理业务的性质,是指可以监理什么专业的工程。除了建设监理工作之外,根据监理单位的申请和能力,还可以核定其开展某些技术咨询服务。核定的技术咨询服务项目也要写入经营业务范围。核定的经营业务范围以外的其他业务,监理单位原则上不得承接。二是按照核定的监理资质等级承接监理业务。如甲级资质监理单位可以承接一等、二等、三等工程项目的建设监理业务;丙级资质的监理单位,一般情况下,只能承接三等工程项目的建设监理业务。

(2)监理单位不得伪造、涂改、出租、转让、出卖资质证书。

(3)建设工程监理合同一经双方签订,即具有一定的法律约束力,监理单位应按照合同的规定认真履行职责。

(4)监理单位在注册地以外承接监理业务,要自觉遵守当地人民政府颁发的监理法规和有关规定,并要主动向监理工程所在地的省、自治区、直辖市建设行政主管部门登记,接受其指导和监督管理。

(5)遵守国家其他相关法律、法规和规定,包括行政的、经济的和技术的。

2. 诚信

诚信即诚实信用,诚信原则是市场经济活动的一项基本道德准则,是现代法治社会的一项基本法律规则,诚实信用原则是一种具有道德内涵的法律规范。工程监理在监理活动中应讲信用,恪守诺言,诚实不欺,在追求自己利益的同时不损害他人和社会的利益。

3. 公正

所谓公正主要是指监理单位在处理建设单位与施工单位之间的矛盾和纠纷时,要做到"一碗水端平",公平维护各方的权益。监理单位要做到公正,必须要做到以下几点。

（1）要培养良好的职业道德，不为私利而违心地处理问题。

（2）要坚持实事求是的原则，不唯上级或建设单位的意见是从。

（3）要提高综合分析问题的能力，不为局部问题或表面现象而模糊自己的"视听"。

（4）要不断提高自己的专业技术能力，尤其是要尽快提高综合理解、熟练运用工程建设有关合同条款的能力，以便以合同条款为依据，恰当地协调各方关系、处理问题。

4. 科学

所谓科学是指监理单位的监理活动要依据科学的方案，要运用科学的手段，要采用科学的方法。工程项目监理结束后，还要进行科学的总结。

（1）科学的方案。工程监理实施前应有科学、合理的监理实施细则，包括项目监理机构的组织计划；监理工作的程序；各专业、各年度（含季度，甚至按天计算）的监理内容和对策；工程的关键部位或可能出现的重大问题的监理措施等。在实施监理前，尽可能地把各种问题都列出来，并拟订解决办法，使各项监理活动都纳入计划管理的轨道。要集思广益，充分运用已有的经验和智能，制定出切实可行、行之有效的监理细则，指导监理活动顺利地进行。

（2）科学的手段。必须借助于先进的科学仪器设备辅助做好监理工作，如计算机，各种检测、试验、化验仪器以及现代信息技术等。

（3）科学的方法。监理工作的科学方法主要体现在监理人员在掌握大量的、确凿的有关监理对象及其外部环境实际情况的基础上，"用事实说话""用数据说话"，适时、准确、高效地处理有关问题。

二、权责一致的原则

监理人员承担的职责应与建设单位授予的权限相一致。监理人员的监理职权，依赖于建设单位的授权。这种权力的授予，除了体现在建设单位与监理单位之间签订的委托监理合同之中，而且还应作为建设单位与承建单位之间签订的建设工程合同的条款。因此，监理人员在明确建设单位提出的监理目标和监理工作内容要求后，应与建设单位协商，明确相应的授权，达成共识后明确反映在委托监理合同中及建设工程合同中。据此，监理人员才能开展监理活动。

总监理工程师代表监理单位全面履行建设工程委托监理合同，承担合同中确定的监理方的义务和责任。因此，在委托监理合同实施中，监理单位应给总监理工程师充分授权，体现权责一致的原则。

三、总监理工程师负责制的原则

总监理工程师是工程监理全部工作的总负责人。要建立和健全总监理工程师负责制，就要明确权、责、利关系，健全项目监理机构，具有科学的运行机制、现代化的管理手段，形成以总监理工程师为首的高效能的决策指挥体系。

总监理工程师负责制的六项规定如下。

（1）项目监理工作实行项目总监理工程师负责制。项目总监理工程师应当按规定取得注册执业资格；不得违反规定受聘于两个及以上单位从事执业活动。

（2）项目总监理工程师应当在岗履职。应当组织审查施工单位提交的施工组织设计中的安全技术措施或者专项施工方案，并监督施工单位按已批准的施工组织设计中的安全技术措施或者专项施工方案组织施工；应当组织审查施工单位报审的分包单位资格，督促施工单位落实劳务人员持证上岗制度；发现施工单位存在转包和违法分包的，应当及时向建设单位和有关主管部门报告。

（3）工程监理单位应当选派具备相应资格的监理人员进驻项目现场，项目总监理工程师应当组织项目监理人员采取旁站、巡视和平行检验等形式实施工程监理，按照规定对施工单位报审的建筑材料、建筑构配件和设备进行检查，不得将不合格的建筑材料、建筑构配件和设备按合格签字。

（4）项目总监理工程师发现施工单位未按照设计文件施工、违反工程建设强制性标准施工或者发生质量事故的，应当按照《建设工程监理规范》（GB/T 50319—2013）的规定及时签发工程暂停令。

（5）在实施监理过程中，发现存在安全事故隐患的，项目总监理工程师应当要求施工单位整改；情况严重的，应当要求施工单位暂时停止施工，并及时报告建设单位；施工单位拒不整改或者不停止施工的，项目总监理工程师应当及时向有关主管部门报告，主管部门接到项目总监理工程师的报告后，应当及时处理。

（6）项目总监理工程师应当审查施工单位的竣工申请，并参加建设单位组织的工程竣工验收，不得将不合格工程按照合格签认。

四、严格监理和热情服务的原则

严格监理就是要求全体监理人员严格按照国家政策、法规、规范、标准和合同控制建设工程的目标，依照既定的程序和制度，认真履行职责，对施工单位进行严格监理。监理人员还应为建设单位提供热情的服务，"应运用合理的技能，谨慎而勤奋地工作"。监理人员应按照委托监理合同的要求多方位、多层次地为建设单位提供良好的服务，维护建设单位的正当权益。

五、综合效益的原则

建设工程监理活动既要考虑建设单位的经济效益，同时还必须考虑社会效益和环境效益的有机统一。建设工程监理活动虽经建设单位的委托和授权才得以进行，但监理人员应首先严格遵守国家的建设管理法律、法规、标准等，以高度负责的态度和责任感，既对建设单位负责，谋求最大的经济效益，又要对国家和社会负责，取得最佳的综合效益。只有在符合宏观经济效益、社会效益和环境效益的条件下，建设单位投资项目的微观经济效益才能得以实现。

1.3.4　建设工程监理范围与内容

一、建设工程监理范围

《建设工程监理范围和规模标准规定》规定了建设工程监理范围和规模标准，在工程建设过程中应严格执行。《建设工程监理范围和规模标准规定》规定的建设工程监理范围和规模标准如下。

1. 国家重点建设工程

国家重点建设工程指依据《国家重点建设项目管理办法》所确定的对国民经济和社会发展有重大影响的骨干项目。

2. 大中型公用事业工程

大中型公用事业工程指项目总投资额在 3000 万元以上的下列工程项目。

(1) 供水、供电、供气、供热等市政工程项目。

(2) 科技、教育、文化等项目。

(3) 体育、旅游、商业等项目。

(4) 卫生、社会福利等项目。

(5) 其他公用事业项目。

3. 成片开发建设的住宅小区工程

成片开发建设的住宅小区工程指建筑面积在 5 万平方米以上的住宅建设工程,必须实行监理;5 万平方米以下的住宅建设工程,可以实行监理。具体范围和规模标准,由省、自治区、直辖市人民政府建设行政主管部门规定。

为了保证工程质量,对高层住宅及地基、结构复杂的多层住宅应当实行监理。

4. 利用外国政府或者国际组织贷款、援助资金的工程

利用外国政府或者国际组织贷款、援助资金的工程范围包括以下几种。

(1) 使用世界银行、亚洲开发银行、亚洲基础设施投资银行等国际组织贷款资金的项目。

(2) 使用国外政府及其机构贷款资金的项目。

(3) 使用国际组织或者国外政府援助资金的项目。

5. 国家规定必须实行监理的工程

国家规定必须实行监理的工程主要包括以下几种。

(1) 项目总投资额在 3000 万元以上关系社会公共利益、公众安全的下列基础设施项目。

① 煤炭、石油、化工、天然气、电力、新能源等项目。

② 铁路、公路、管道、水运、民航以及其他交通运输业等项目。

③ 邮政、电信枢纽、通信、信息网络等项目。

④ 防洪、灌溉、排涝、发电、引(供)水、滩涂治理、水资源保护、水土保持等水利建设项目。

⑤ 道路、桥梁、地铁和轻轨交通、污水排放及处理、垃圾处理、地下管道、公共停车场等城市基础设施项目。

⑥ 生态环境保护项目。

⑦ 其他基础设施项目。

(2) 学校、影剧院、体育场馆项目。

二、建设工程监理的主要内容

1. 工程建设施工阶段监理

工程施工是工程建设最终的实施阶段,是形成建筑产品的最后一步。施工阶段各方面工作的好坏对建筑产品质量优劣的影响极为重要。所以,这一阶段的监理工作至关重要。

工程建设施工阶段监理包括施工招标阶段的监理、施工监理和竣工后工程保修阶段的监理等。施工阶段的监理工作主要包括以下几点。

(1) 必要时协助编制工程施工招标文件。

(2) 审查工程施工图设计、工程预算及招标控制价。

(3) 协助建设单位组织招标、开标、评标活动。

(4) 协助建设单位与中标单位签订工程施工合同。

(5) 协助建设单位与施工单位编写开工申请报告。

(6) 查看工程项目建设现场,向施工单位办理移交手续。

(7) 审查、确认承包方选择的分包单位。

(8) 制定施工总体计划,审查施工单位的施工组织设计和施工技术方案,提出审查意见,下达单位工程施工开工令。

(9) 审查施工单位提供的建筑材料、构配件和设备的采购清单。

(10) 检查工程使用的材料、构件、设备的规格和质量。

(11) 检查施工技术措施和安全防护设施。

(12) 主持协商建设单位或设计单位,或施工单位,或监理单位本身提出的设计变更。

(13) 监督管理工程施工合同的履行,主持协商合同条款的变更,调解合同双方的争议,处理索赔事项。

(14) 检查完成的工程量,验收分项、分部工程,签署工程付款凭证。

(15) 督促施工单位的施工文件归档准备工作。

(16) 参与工程竣工预验收,并签署监理意见。

(17) 初审工程结算。

(18) 向建设单位提交监理档案资料。

(19) 编写竣工验收申请报告。

根据《中华人民共和国安全生产法》和国务院颁发的《建设工程安全生产管理条例》,工程监理单位必须配备与建设工程项目相适应的项目监理部,项目监理部应当按照法律、法规、工程建设强制性标准,以及设计文件和建设工程承包合同实施监理,对所监理工程的施工安全生产进行监督检查,并承担建设工程安全生产监理责任。

2. 监理的相关服务

监理单位除承担建设工程监理方面的业务之外,还可以承担工程建设单位方面的咨询业务。属于工程建设单位方面的咨询业务有以下几个方面。

(1) 工程建设投资风险分析。

(2) 工程建设立项评估。

(3) 编制建设工程项目可行性研究报告。

（4）勘察、设计阶段的咨询服务。

（5）协助编制工程施工招标。

（6）编制工程建设各种估算。

（7）各类建（构）筑物的技术检测、质量鉴定。

（8）有关工程建设的其他专项技术咨询服务。

（9）工程维保期间的相关服务。

我国的建设监理制度所规定的监理服务内容主要是在工程建设的施工阶段，其他阶段的项目管理服务也可由具备能力和相应资质的工程咨询单位承担。这些单位包括有工程勘察、设计、施工、监理、造价咨询、招标代理等资质的企业。因此，建设监理单位不但要按照监理制度所规定的服务范围和工作内容开展监理工作，更应按有关要求，把服务拓展到建设工程项目全过程，开展建设工程项目全过程管理的服务与咨询。

思考题

1. 建设工程监理作为工程建设领域的一项制度，你有哪些认识？

2. 建设工程监理的基本方法有哪些？

3. 项目监理机构有哪些监理岗位，其职责和任职条件是什么？

4. 监理从业人员应遵守的职业道德和工作纪律有哪些？

5. 总监理工程师负责制的六项规定是什么？总监理工程师应负什么样的责任？

6. 哪些工程必须强制监理？

7. 建设工程监理的范围和内容、实施原则和程序是什么？

8. 全过程工程咨询有效推进的路径是什么？

9. 简述我国工程监理的发展前景。

第2章 建设工程监理工作文件的编制

2.1 建设工程监理规划的编写

监理规划是在总监理工程师的组织下编写的,经监理单位技术负责人批准,用来指导项目监理机构全面开展监理工作的指导性文件。监理规划是针对一个具体的工程项目编制的,主要说明在特定项目中监理工作做什么、谁来做、什么时候做、怎么做,即具体的监理工作制度、程序、方法和措施,从而把监理工作纳入到规范化、标准化的轨道,避免监理工作中的随意性。它的基本作用是指导监理单位的工程项目监理机构全面开展监理工作,为实现工程项目建设目标规划安排好"三控制""两管理""一协调",指导监理单位履行建设工程安全生产管理的法定职责,作为监理公司派驻现场的监理机构对工程项目实施监督管理的重要依据,作为建设单位确认项目监理机构是否全面履行建设工程监理合同的主要依据。

一个建设工程项目监理规划编制水平的高低,直接影响到该工程项目监理的深度和广度,也直接影响到该工程项目的总体质量。它是一个监理单位综合能力的具体体现,对开展监理业务有举足轻重的地位。所以要圆满完成一项工程建设监理任务,编制好建设工程监理规划是非常必要的。

2.1.1 监理规划的编制依据

一、工程建设方面的法律、法规

工程建设方面的法律、法规具体包括三个方面。

(1)国家颁布的有关工程建设的法律、法规。这是工程建设相关法律、法规的最高层次。在任何地区或任何部门进行工程建设,都必须遵守国家颁布的工程建设方面的法律、法规。

(2)工程所在地或所属部门颁布的工程建设相关法规、规定和政策。一项建设工程必然是在某一地区实施的,也必然是归属于某一部门的,这就要求工程建设必须遵守建设工程所在地颁布的工程建设相关法规、规定和政策,同时也必须遵守工程所属部门颁布的工程建设相关规定和政策。

(3)工程建设的各种标准、规范。工程建设的各种标准、规范也具有法律地位,也必须遵守和执行。

二、政府批准的工程建设文件

政府批准的工程建设文件包括两个方面。

（1）政府工程建设主管部门批准的可行性研究报告、立项批文。

（2）政府规划部门确定的规划条件、土地使用条件、环境保护要求、市政管理规定。

三、建设工程监理合同

在编写监理规划时，必须依据建设工程监理合同中有关监理单位和监理工程师的权利和义务，监理工作范围和内容的约定，以及有关建设工程监理规划方面的要求。

四、其他建设工程合同

在编写监理规划时，也要考虑其他建设工程合同中有关建设单位和承建单位权利和义务的内容。

五、监理大纲

监理大纲中的监理组织计划，拟投入的主要监理人员，投资、进度、质量控制方案，合同管理方案，信息管理方案，定期提交给建设单位的监理工作阶段性成果等内容都是监理规划编写的依据。

监理规划的编制依据如表 2-1-1 所示。

表 2-1-1　监理规划编制依据

编 制 依 据	资 料 名 称	
反映项目特征的资料	设计阶段监理	1. 可行性研究报告或计划任务书； 2. 项目立项批文； 3. 工程设计基础资料； 4. 城市接口资料
	施工阶段监理	1. 设计图纸和施工说明书； 2. 施工组织设计大纲； 3. 施工合同及其他工程建设合同； 4. 施工许可资料
反映建设单位对项目监理要求的资料	1. 监理合同； 2. 反映监理工作范围和内容的其他资料； 3. 项目监理大纲	
反映项目建设条件的资料	1. 当地的气象资料和工程地质及水文地质勘测资料； 2. 当地建筑材料供应状况的资料； 3. 当地交通、能源和市政公用设施的资料	
反映当地建设政策、法规方面的资料	1. 工程建设程序； 2. 招投标和建设工程监理制度； 3. 工程造价管理制度等 4. 有关的法律、法规、规定及政策	

编 制 依 据	资 料 名 称
工程建设方面的法律、法规,建设规范、标准	中央、地方和部门的政策、法律、法规,包括勘测、设计、施工、质量验评等方面的法定规范、规程、标准等

2.1.2 监理规划的编制要求

(1)监理规划的编制应针对项目的实际情况,明确项目监理机构的工作目标,确定具体的监理工作制度、程序、方法和措施,并应具有可操作性。

(2)监理规划编制的程序应符合下列规定。

① 监理规划应在签订监理合同及收到设计文件后开始编制,完成后必须经监理单位技术负责人审核批准。应在召开第一次工地会议前7天报送建设单位,并在第一次工地会议上对监理规划内容作具体介绍。

② 监理规划应由总监理工程师组织、专业监理工程师参加编制。

③ 监理规划应由监理单位技术负责人审批,并报建设单位。

④ 总监理工程师应在项目监理机构内部主持监理规划的交底、分工和检查工作。

(3)监理规划一般要分阶段编写。监理规划的内容与工程进展密切相关,没有规划信息也就没有规划内容。因此,监理规划的编写需要有一个过程,需要将编写的整个过程划分为若干个阶段,如设计阶段、施工招标阶段和施工阶段等。前一阶段工程实施所输出的工程信息就成为后一阶段的监理规划信息。

监理规划在编写过程中需要进行审查和修改。因此,监理规划的编写还要留出必要的审查和修改的时间。为此,应当对监理规划的编写时间事先作出明确的规定,以免编写时间过长,从而耽误了监理规划对监理工作的指导,使监理工作陷于被动和无序。

(4)监理规划的表达方式应当格式化、标准化。现代科学管理应当讲究效率、效能和效益,其表现之一就是使编制活动的表达方式格式化、标准化,从而使编制的规划显得更明确、更简洁、更直观。因此,需要选择最有效的方式和方法来表示监理规划的各项内容。比较而言,图、表和简单的文字说明是应当采用的基本方法。

我国的建设监理制度应当走规范化、标准化的道路,这是科学管理与粗放型管理在具体工作上的明显区别。可以这样说,规范化、标准化是科学管理的标志之一。所以,编写建设工程监理规划各项内容时应当采用什么表格、图示以及哪些内容需要采用简单的文字说明应当作出统一规定。

(5)项目总监理工程师是监理规划编写的组织者。监理规划应当在项目总监理工程师的组织下编写制定,这是建设工程监理实施项目总监理工程师负责制的必然要求。当然,编制好建设工程监理规划,还要充分调动整个项目监理机构中专业监理工程师的积极性,要广泛征求各专业监理工程师的意见和建议,并吸收其中水平比较高的专业监理工程师共同参与编写。

在监理规划编写的过程中,应当充分听取建设单位的意见,最大限度地满足建设单位的合理要求,为进一步搞好监理服务奠定基础。

(6)监理规划应该经过审核。监理规划在编写完成后需进行审核并经批准。监理单位的技术主管部门是内部审核单位,监理单位的技术负责人应当审批,并报建设单位。监理规划是否要经过建设单位的认可,由监理合同或双方协商确定。

从上述监理规划的编写要求来看,监理规划的编写既需要由主要负责者(项目总监理工程师)组织,又需要形成编写班子。同时,项目监理机构的各部门负责人也有相关的任务和责任。监理规划涉及建设工程监理工作的各个方面,有关部门和人员都应当关注它,使监理规划编制得科学、完备,真正发挥全面指导监理工作的作用。

2.1.3 监理规划的主要内容

监理规划应包括以下主要内容,项目监理机构可根据项目实际情况补充其他内容。

一、工程概况

(1) 工程项目简况,即项目的基本数据。

(2) 项目结构图,以图、表形式表达出工程项目中各参建单位的相互关系。

(3) 项目组成目录表。

(4) 预计工程投资总额。

(5) 工程项目计划工期。

(6) 工程项目设计单位和施工单位、分包单位情况。

(7) 其他工程特点的简要描述。

二、监理工作的范围、内容、目标

(1) 监理工作的范围(应与建设工程监理合同相符)。

(2) 监理工作的内容(应与建设工程监理合同相符)。

(3) 监理工作的目标(应与建设工程监理合同和建设工程施工合同相符)。

三、监理工作依据

(1) 法律、法规及工程建设标准:列出本项目开展监理工作所涉及的法律、法规、规章,国家及部门颁发的有关技术标准、规范。

(2) 建设工程勘察设计文件:列出本项目开展监理工作所涉及的工程勘察文件和工程设计文件。

(3) 建设工程监理合同及其他合同文件:包括建设工程监理合同、建设工程施工合同、建设工程分包合同和建设工程质量检测合同等。

四、监理组织形式、人员配备及进退场计划、监理人员岗位职责

(1) 项目监理机构的组织形式:用组织结构图表示项目监理机构的组织形式。

(2) 监理人员配备及进退场计划:明确项目监理机构的组成人员,明确每个监理人员的姓名、执业资格、专业、在本项目的任务分工,并应明确每名监理人员的进退场时间,制定监理人员的进退场计划表。

(3) 监理人员的岗位职责:应符合《建设工程监理规范》(GB/T 50319—2013)的规定。

五、监理工作制度

（1）施工阶段应制定以下制度：施工图纸会审和设计交底制度；施工组织设计审核制度；工程开工申请审批制度；工程材料、构配件、设备质量检验制度；隐蔽工程、检验批、分项工程、分部工程验收制度；施工技术复核制度；单位工程、单项工程中间验收制度；技术经济签证制度；工程变更审核处理制度；监理例会制度；施工现场紧急情况处理制度；工程质量事故处理制度；工程款支付审签制度；工程索赔审签制度；施工进度监督及报告制度等。

（2）项目监理机构内部工作制度：项目监理机构工作会议制度；项目监理机构内部培训制度；对外行文审批制度；监理工作日志制度；监理周报、月报制度；技术、经济资料及档案管理制度；保密制度；廉政制度等。

六、工程质量控制

（1）工程质量控制的组织措施、技术措施、经济措施、合同措施、信息管理措施。
（2）工程质量控制的程序。

七、工程造价控制

（1）工程造价控制的组织措施、技术措施、经济措施、合同措施、信息管理措施。
（2）工程造价控制的程序。

八、工程进度控制

（1）工程进度控制的组织措施、技术措施、经济措施、合同措施、信息管理措施。
（2）工程进度控制的程序。

九、安全生产管理的监理工作

（1）施工准备阶段安全生产管理的监理工作。
（2）施工阶段安全生产管理的监理工作。
（3）本项目危险性较大的分部分项工程清单。

十、合同与信息管理

（1）合同管理的主要内容。
（2）合同管理的具体措施。
（3）信息管理的主要内容。
（4）信息管理的具体措施。

十一、组织协调

（1）项目监理机构内部的组织协调。
（2）与建设单位的协调。
（3）与施工单位的协调。

（4）与勘察设计单位的协调。

（5）与政府部门及社会团体的协调。

十二、监理工作设施

（1）建设单位提供的监理工作设施。

（2）监理单位自备的监理工作设施。

2.1.4　监理规划的审核

建设工程监理规划在编写完成后需要进行审核并经批准。监理单位的技术主管部门是内部审核单位,监理单位技术负责人应当审批。监理规划的审核主要包括以下内容。

（1）依据监理招标文件和监理合同,看其是否理解了建设单位对该工程的建设意图;监理范围、监理工作内容是否包括了委托的全部工作任务;监理目标是否与合同要求和建设意图相一致;监理工作的范围、内容是否完整,目标是否明确并符合工程总体目标的要求。

（2）审查监理工作依据是否齐全,选用的规范及标准是否完全并准确。

（3）审查项目监理机构组织形式、管理模式等方面是否合理,是否结合了工程实施的具体特点,是否能够与建设单位的组织关系和施工单位的组织关系相协调等。项目监理机构人员配备是否符合建设工程监理合同的约定,如建设工程监理合同无明确约定,应符合第 1 章 1.2.2 中所述的有关要求。

（4）审查工程进展中各个阶段的工作实施计划是否合理、可行,审查其在每个阶段中如何控制建设工程目标以及组织协调的方法。

（5）对投资、进度、质量三大目标的控制方法和措施应重点审查,看其如何应用组织、技术、经济、合同措施及信息管理措施保证目标的实现,方法是否科学、合理、有效。工程质量控制应明确各分部、分项工程的质量风险、控制要点和措施。工程投资控制应明确易发生变更的因素及相应的应对措施。工程进度控制应明确进度控制的重点项目,分析影响工程进度的各种风险因素,制定进度控制的要点和措施。

（6）审查监理的内、外工作制度是否健全。

（7）审查安全文明施工管理措施,应对风险源进行辨识,明确安全生产管理监理工作的重点及措施,明确文明施工管理监理工作的标准、重点和措施。

2.2　建设工程监理实施细则的编写

监理实施细则是根据监理规划,由专业监理工程师编写,并经总监理工程师批准,针对工程项目中某一专业或某一方面监理工作的操作性文件。对专业性较强、危险性较大的分部、分项工程,项目监理机构应编制监理实施细则。监理实施细则应结合工程项目的专业特点,做到详细具体、具有可操作性。

2.2.1　监理实施细则的编制依据

监理实施细则的编制应依据下列资料。

（1）监理规划。

（2）工程建设标准、工程设计文件。

（3）施工组织设计、（专项）施工方案。

2.2.2　监理实施细则的编制要求

监理实施细则的编制要求如下。

（1）项目监理机构应结合工程特点、施工环境、施工工艺等编制监理实施细则，明确监理工作要点、监理工作流程和监理工作方法及措施，达到规范和指导监理工作的目的。

（2）项目监理机构在编制监理规划时应制定监理实施细则编制计划。

（3）监理实施细则应在相应工程施工开始前由专业监理工程师编制，并应报总监理工程师审批。

（4）当工程发生变化导致原监理实施细则所确定的工作流程、方法和措施需要调整时，专业监理工程师应对监理实施细则进行补充、修改，并应经总监理工程师批准后实施。

2.2.3　监理实施细则的主要内容

一、专业工程特点

应描述本工程该专业的特殊性及质量控制和安全生产管理监理工作的难点和重点。

二、监理工作流程

监理工作流程主要反映监理工作的程序性，应写明原材料控制流程、隐蔽工程验收流程、分部分项工程验收流程等方面的内容。

三、监理工作要点

监理实施细则应具有针对性，应根据专业施工的特点制定专业监理控制措施，设置质量控制点的具体位置和控制方法，明确哪些工序需要进行旁站监理及进行旁站监理的内容，明确监理人员平时工作应巡查的内容和重点，重点明确以下方面的内容。

（1）质量控制标准与方法。根据有关规范、标准和设计要求，以及建设工程监理合同约定，具体明确工程质量标准、检验内容以及质量控制措施，明确质量控制点及旁站监理方案等。

（2）材料、构配件和工程设备质量控制。具体明确材料、构配件和工程设备的运输、储存管理要求，报验、签字程序，检验内容与标准。

（3）工程质量检测试验。根据有关规范、标准和设计要求，以及建设工程监理合同约定，明确对施工单位检测试验室配置与管理的要求，对检测试验的工作条件、技术条件、试验仪器设备、人员岗位资格与素质、工作程序与制度等方面的要求；明确监理机构检验的抽样方法或控制点的设置、试验方法，结果分析以及实验报告的管理措施。

（4）施工过程质量控制。明确施工过程质量控制的要点、方法和程序。

（5）工程质量验收程序。根据有关规范、标准和设计要求等，具体明确质量验收内容与标准,并写明引用文件的名称和章节。

(6) 质量缺陷与质量事故处理程序。

四、监理工作方法及措施

(1) 根据各分项工程的特点,确定事前、事中和事后质量控制,检查,检验及旁站,见证取样,复试,实体检测等的方法。

(2) 明确该分部分项工程施工过程中需进行旁站的关键部位、关键工序以及旁站监理的内容和旁站监理过程中可能出现的问题的预防与补救措施。

(3) 明确在施工监理过程中如出现不符合项或突发事件时监理应采取的方法和措施等。

2.3　建设工程监理日常管理文件的编写

2.3.1　第一次工地会议及会议纪要

一、会议组织

第一次工地会议应在施工单位和项目监理机构进场后,工程开工前召开,会议由建设单位主持。

二、第一次工地会议应由下列人员参加

(1) 建设单位驻现场代表及有关职能部门人员。

(2) 施工单位项目经理部经理及有关职能部门人员,分包单位主要负责人。

(3) 项目监理机构总监理工程师及监理人员。

(4) 可邀请有关勘察、设计、档案管理部门的有关人员参加。

三、第一次工地会议的主要内容

(1) 建设单位、施工单位和工程监理单位分别介绍各自驻现场的组织机构、人员及其分工。

(2) 建设单位介绍工程开工准备情况。

(3) 施工单位介绍施工准备情况。

(4) 建设单位代表和总监理工程师对施工准备情况提出意见和要求。

(5) 总监理工程师介绍监理规划的主要内容。

(6) 研究确定各方在施工过程中参加监理例会的主要人员,召开监理例会的周期、地点及主要议题。

(7) 其他有关事项。

四、会议纪要

第一次工地会议的会议纪要,应由项目监理机构负责起草。会议纪要应记录会议的时

间、参会单位、参会人员(一般可另附参会人员签到表)、会议程序、议题与内容。会议纪要应对项目正式开工尚待解决、处理的问题作归纳,明确记录其原因、责任和解决、处理这些问题的措施、条件与完成期限(如问题较多,宜列表阐述),以便在下一次监理例会中检查落实。会议纪要应当在会议结束后尽快整理完成,并经与会各方代表会签,分发有关各方。

2.3.2　监理例会及纪要

监理例会是项目监理机构进行工作协调的重要手段之一。在施工过程中,项目监理机构应定期召开监理例会,通常每周召开一次。其中心议题是对工程实施过程中所发生的安全、质量、进度、造价及合同执行等问题进行检查、分析、协调、纠偏与控制,明确项目问题的责任、处理措施及要求。

一、监理例会的组织与主持

监理例会由项目监理机构负责组织定期召开,由总监理工程师或其授权的总监理工程师代表、专业监理工程师主持。

二、监理例会主要参加人员

(1) 建设单位驻施工现场代表及有关专业人员。

(2) 施工单位项目经理部经理及技术负责人、各专业有关人员。

(3) 项目监理机构总监理工程师、总监理工程师代表、各专业监理工程师及其他监理人员。

(4) 如涉及设计单位、勘察单位、工程分包单位以及相关单位时,可提前通知,请其派相关人员参加。

三、监理例会的准备

监理例会召开前,总监理工程师应指派项目监理机构有关人员做好会议准备,以便会议紧凑和有效。准备的内容一般如下。

(1) 确定会议应讨论研究的问题。

(2) 针对会议准备研究的问题,准备有关资料。

(3) 对于可能有异议的问题,会前与有关各方事先沟通,交换意见以求得基本统一。

(4) 对于重大问题,宜在会前将有关内容通知有关各方,并要求做好准备,以便在例会上能研究解决。

四、监理例会的主要内容

(1) 检查上次例会议定事项的落实情况,分析未完成事项滞后的原因。

(2) 检查分析工程进度计划完成情况,提出下一阶段的进度目标及其落实措施。

(3) 检查分析工程项目质量、施工安全管理状况,针对存在的问题提出改进措施。

(4) 检查工程量核定及工程款支付情况。

(5) 解决需要协调的有关事项。

（6）其他有关事宜。

五、会议纪要

会议纪要由项目监理机构负责起草。会议纪要的内容一般包括以下几个方面。

（1）参会单位与人员。

（2）上次例会议定事项的完成情况及未完成事项的讲评与分析。

（3）各方提出的问题、需要协调解决的事项及处理意见。

（4）本次会议达成的共识及其需要解决落实的事项和要求。

会议纪要经与会各方代表会签，最后分发给与会各方。

2.3.3　专题会议及纪要

专题会议是为解决监理过程中的工程专项问题而不定期召开的会议。

一、会议的组织与主持

专题会议可由项目监理机构、建设单位或施工单位组织召开，如由项目监理机构组织，则由总监理工程师或其授权的总监理工程师代表、专业监理工程师主持，如由建设单位或施工单位组织召开，则由相应单位的代表主持，总监理工程师或其授权的总监理工程师代表、专业监理工程师参加。

二、专题会议的准备

召开专题会议前，应做好如下充分准备。

（1）确定中心议题。

（2）确定会议参加人员。

（3）准备会议资料。

（4）落实会议地点、时间并发出通知。

（5）落实中心发言人。

（6）明确会议记录人员。

三、专题会议的主题

工程实施过程中，在监理例会或小范围人员内协商解决有困难时，可通过召开专题会议协调解决。一般需要通过专题会议处理解决的问题有以下几类。

（1）工程实施过程中急需解决的技术或管理问题。

（2）工程变更、工程索赔（工期、费用等）、合同争议或纠纷处理。

（3）质量、安全事故分析与处理。

（4）涉及勘察、设计单位的工程技术问题。

（5）其他需要通过专题会议解决的问题。

会议记录人员应认真、如实地做好会议记录并由会议组织单位整理成专题会议纪要。会议纪要应包括会议时间、会议地点、参会单位、参会人员、会议主题、会议内容、会议达成的共识及处理意见。

2.3.4 开工条件审查及开工令

施工单位认为施工准备工作已经完成,具备开工条件时,应向项目监理机构报送工程开工报审表及相关资料。

总监理工程师应组织专业监理工程师对施工单位报送的工程开工报审表及相关资料进行审查,主要审查以下内容。

(1) 设计交底和图纸会审已完成。

(2) 施工组织设计已由总监理工程师签认。

(3) 施工单位现场质量、安全生产管理体系已建立,管理及施工人员已到位,施工机械具备使用条件,主要工程材料已落实。

(4) 进场道路及水、电、通信等已满足开工要求。

经专业监理工程师审查,具备开工条件时,监理工程师在工程开工报审表上签署审查意见,并报总监理工程师,由总监理工程师签署审核意见并报送建设单位批准后,总监理工程师签发工程开工令。工程开工报审表和工程开工令必须由总监理工程师亲自签署(不得委托他人),加盖其执业印章及项目监理机构章后发出。

总监理工程师应在开工日期前 7 天向施工单位发出工程开工令。工期据总监理工程师发出的工程开工令中载明的开工日期计算。施工单位应在开工日期后尽快施工。

2.3.5 监理通知单

一、签发条件

项目监理机构发现工程施工现场存在以下问题时,应对责任单位发出监理通知作为要求纠偏、整改的指令性文件。

(1) 施工现场存在工程质量、安全问题或隐患的。

(2) 工程质量不符合规范、标准和设计文件要求的。

(3) 施工出现违法、违规或违约行为的。

(4) 安全生产文明施工的组织及实施不符合当地建设行政主管部门规定和已批准的施工组织设计(方案)的。

二、监理通知单的内容

监理通知单主要包括“事由”和“内容”两个要素。

1. 事由

简要说明签发监理通知单的理由。

2. 内容

说明所发现的问题及其时间、部位、范围、状况和事态发展的可能后果(必要时可附音像或其他物证资料)、依据与性质,明确处理或整改的要求。包括消除安全事故隐患源,如临时加固、补强;停用、撤换或封存质量存疑的建筑材料、构配件;对不符合质量验收规范、标准要求的施工成果、半成品等做修补、改正,或拆除重新施工等。

对于重要的整改,在保证现场情况、事态不进一步恶化、扩展的前提下,应责令当事责任单位在一定期限内按有关规定提出整改方案,经审批后方可实施。

监理通知单中应明确要求当事责任单位完成整改的内容与时限,并使用监理通知回复单回复。

三、签发监理通知单的注意事项

(1)监理通知单是判定有关方责任的重要依据,所述事实和内容应真实、准确,所提要求应有理有据,并应有效签署。

(2)监理通知单应正式发文,并按规定办理收发文签字手续。

(3)监理通知单发出后,项目监理机构应跟踪指令的执行情况与效果。当发现监理通知单的指令无效,事态进一步扩大、恶化时,应该对当事责任单位采取进一步的措施,包括发出工程暂停令,或向建设单位乃至政府主管部门报告。

(4)监理通知单是严肃的指令性文件,其文字表述上要下工夫,一定要严密、准确、清晰、具体。

(5)监理通知单还是监理责任和监理水平的体现,一定要严肃认真对待,不得出现差错。

2.3.6　工作联系单

工作联系单是用于施工过程中与监理有关的各方进行沟通、协调的一种书面文件,主要起到告知、备忘、提醒和建议等作用。参建单位均可向相关单位单方或多方发出,不需要书面回复。

一、表示形式与内容文字

工作联系单的主要内容包括"事由"和"意见或建议"等,相关内容应条理清晰,便于阅读。工作联系单的文字应准确(如时间、周期、场所位置等)、清晰(如目的、原因、责任者、条件、措施等)、简洁,当采用较多数据作支持时,应对数据作归纳、汇总整理,并以图表形式表示。

二、跟进处置

发出工作联系单应办理收发文登记手续,以便检索。主动发出工作联系单的一方应对接收方的处理情况进行跟踪。如其未作响应,应确定是否采取进一步的措施。

三、使用工作联系单应注意的主要事项

由于工程建设的复杂性,协调成为工程监理的基本工作和重要手段。工作联系单是参建各方工作沟通的主要方式之一。项目监理机构在使用工作联系单时,应注意以下几点。

(1)坚持总监理工程师负责制,充分、恰当地运用监理的权力。

我国的建设监理制度是以监理企业为依托,以监理工程师为基础,由总监理工程师全

面负责的项目管理体制。即由总监理工程师行使工程项目监理的所有职权,并承担根本责任。一个项目如何开展监理工作,职权在于总监理工程师,而不是监理企业,其他监理人员要在总监理工程师的授权下开展工作,并承担相应的责任(连带责任),及其自身的行为责任(直接责任)。监理的权力主要体现在八个方面。

① 协调指挥权:如会议召集。

② 审查签认权:如对施工方案、技术措施、管理体系、分包单位、进度计划、工程费用等的审查签认。

③ 指令权:如对施工问题的处理要求、工程变更、开工停工等所下的指令。

④ 检查权:如对工程材料、工艺过程、隐蔽工程、施工记录等进行检查。

⑤ 确定权:对工程质量、进度款支付、有关工期与费用的索赔等进行确认。

⑥ 建议权:对施工总包单位的选择、撤换施工管理人员、重要问题的技术措施与方案等的建议。

⑦ 准仲裁权:合同纠纷的处理等。

⑧ 决策权:内部管理和建设单位授权范围内的决策。

(2) 坚持按监理工作程序办事,正确处理与参建各方的关系。

监理要依法依规依约坚持按监理工作程序办事,处理好各种工作关系,既不回避责任,也不代人受过。监理与建设单位的关系是委托与被委托的平等关系,正确理解建设单位授权与监理单位自主的关系,强调合同规定和平等、独立原则。

监理与施工单位的关系是监理与被监理的平等关系,注意利益纠葛,体现公正性。不得与施工、材料或设备供应单位有利害关系;监理与其他单位(设计、质监、安监)的关系是协作、协商、交流、互利共赢的关系,监理既代表建设单位,又有社会监督责任。

监理坚持按程序办事就是坚持监理的基本工作原则,依法依规依约和坚守执业道德,严格履行法定的责任和合同约定的职责,全面履行建设工程监理合同中关于监理人的义务,严格遵守监理行业自律公约和所在单位的有关规定。

(3) 坚持主动控制、事前控制的原则,分清主次问题,积极主动做好与参建各方的沟通和联系工作。

(4) 充分重视工作联系中的有关数据、信息的采集和保存,完善监理沟通协调过程中的相关文件资料。

2.4 案例分析

2.4.1 背景材料

一、部分监理工程师的认识

某建设单位计划将拟建工程项目的实施阶段的监理工作委托给光明监理公司,监理合同签订以后,总监理工程师组织监理人员就制定监理规划问题进行了讨论,有人提出了如下看法。

1. 监理规划的作用与编制原则

(1) 监理规划是开展监理工作的技术组织文件。

(2) 监理规划的基本作用是指导施工阶段的监理工作。

(3) 监理规划的编制应符合监理合同、项目特征及建设单位的要求。

(4) 监理规划应一气呵成,不应分阶段编写。

(5) 应符合监理大纲的有关内容。

(6) 应为监理细则的编制提出明确的目标要求。

2. 监理规划的基本内容

(1) 工程概况。

(2) 监理单位的权利和义务。

(3) 监理单位的经营目标。

(4) 工程项目实施的组织。

(5) 监理范围内的工程项目总目标。

(6) 项目监理组织机构。

(7) 质量、投资、进度控制。

(8) 合同管理。

(9) 信息管理。

(10) 组织协调。

3. 监理规划文件的制定

监理规划文件分为三个阶段制定,各阶段的监理规划交给建设单位的时间安排如下。

(1) 设计阶段监理规划应在设计单位开始设计前的规定时间内提交给建设单位。

(2) 施工招标阶段监理规划应在招标书发出后提交给建设单位。

(3) 施工阶段监理规划应在正式施工后提交给建设单位。

二、监理规划主要内容陈述

在施工阶段,光明监理公司编制施工监理规划后递交给了建设单位,其部分内容如下。

1. 施工阶段的质量控制

质量的事前控制内容如下。

(1) 掌握和熟悉质量控制的技术依据。

(2) 略。

(3) 审查施工单位的资质:①审查总包单位的资质;②审查分包单位的资质。

(4) 略。

(5) 行使质量监督权,下达停工指令。

为了保证工程质量,出现下述情况之一者,监理工程师报请总监理工程师批准后有权责令施工单位立即停工整改。①工序完成后未经检验即进行下道工序者;②工程质量下降,经指出后未采取有效措施整改,或采取措施不力、效果不好,继续作业者;③擅自使用未经监理工程师认可或批准的工程材料;④擅自变更设计图纸;⑤擅自将工程分包;⑥擅自让未经同意的分包单位进场作业;⑦没有可靠的质量保证措施而贸然施工,已出现质量下降征兆;⑧其他对质量有重大影响的情况。

2. 施工阶段的投资控制

(1)建立、健全监理组织,完善职责分工及有关制度,落实投资控制的责任。

(2)审核施工组织设计和施工方案,合理审核签证施工措施费,按合理工期组织施工。

(3)及时进行计划费用与实际支出费用的分析比较。

(4)准确测量实际完工工程量,并按实际完工工程量签证工程款付款凭证。

三、提出的主要问题

(1)监理单位讨论中提出的监理规划的作用及编制原则是否恰当,其基本内容中哪些项目不应编入监理规划?

(2)向建设单位提交监理规划文件的时间安排中,哪些是合适的,哪些是不合适或不明确的? 如何提交才合适?

(3)在施工阶段的质量控制中,监理工程师应掌握和熟悉哪些技术依据? 讨论中提出的事前控制内容有哪些不妥?

(4)投资控制措施中第几项不完善,为什么?

2.4.2 案例解析

一、案例分析考察知识点

主要考核有关监理规划的作用、编制原则、基本内容、编制程序等内容。

二、解析过程

(1)部分观点不正确。

这些看法有些正确,有些不妥。提出的监理规划的作用及编制原则中的不妥之处如下。

① 第(2)条的基本作用是不正确的,因为在背景材料中给出的条件是建设单位委托监理单位进行"实施阶段的监理",所以监理规划就不仅限于具有"指导施工阶段的监理工作"这一作用。

② 监理规划的编制不但应符合监理合同、项目特征、建设单位要求等内容,还应符合国家的各项法律、法规、技术标准、规范等,故第(3)条不妥。

③ 由于工程项目建设往往工期较长,所以在设计阶段不可能将施工招标、施工阶段的监理规划"一气呵成"地编写完毕,而应分阶段进行"滚动式"编制,故第(4)条不妥。

其他三条正确。监理规划作为监理组织机构开展监理工作的指导性文件,是开展监理工作的重要的技术组织文件。因监理大纲、监理规划、监理细则是监理单位针对工程项目编制的系列监理文件,具有体系上的一致性、相关性与系统性,宜由粗到细形成系列文件,监理规划应符合监理大纲的有关内容,也应为监理细则的编制提出明确的目标要求。

所讨论的监理规划内容中,第(2)条监理单位的权利和义务,第(3)条监理单位的经营目标和第(4)条工程项目实施的组织一般不宜编入监理规划。

（2）时间安排上存在问题。

① 设计阶段监理规划提交的时间是合适的，但施工招标和施工阶段的监理规划提交的时间不妥。

② 施工招标阶段，应在招标开始前一定的时间内向建设单位提交施工招标阶段的监理规划。

③ 施工阶段，宜在第一次工地会议前一定的时间内向建设单位提交施工阶段监理规划。

（3）监理工程师在施工阶段应掌握和熟悉以下质量控制的技术依据。

① 设计图纸及设计说明书。

② 工程质量验收标准及施工验收规范。

③ 监理合同及工程承包合同。

④ 工程施工规范及有关技术规程。

⑤ 建设单位对工程有特殊要求时，应熟悉有关控制标准及技术指标。

讨论中提出的事前质量控制内容有如下不妥之处。

① 监理规划中确定了对施工单位的资质进行审查。应在施工招标阶段对投标单位的资格进行预审时审查总包单位资质，并在评标时也对其综合能力进行一定的评审。对分包单位的资质审查应安排在分包合同签订前，由总承包单位将分包工程和拟选择的分包单位资质材料提交给总监理工程师，经总监理工程师审核确认后，总承包单位与之签订工程分包合同。

② 监理工程师随意责令施工单位停工存在错误。如果监理工程师发现施工单位未经监理单位批准而擅自将工程分包，根据监理规划中质量控制的措施，监理工程师应报告总监理工程师，经总监理工程师批准或经总监理工程师授权可责令施工单位停工处理，而不能由监理工程师随意责令施工单位停工。

（4）在监理规划的投资控制四项措施中，第（4）条不够严谨。首先，施工单位"实际完工工程量"不一定是施工图纸或合同内规定的内容或监理工程师指定的工程量，即监理工程师只对图纸或合同或监理工程师指定的工程量给予计量。其次，"按实际完工工程量签证工程款付款凭证"应改为"按实际完工的经监理工程师检查合格认可的工程量签证工程款付款凭证"。只有合格的工程才能办理签证。

思考题

1. 什么是建设工程监理规划？有什么重要意义和基本要求？

2. 建设工程监理规划应包括哪些主要内容？为什么？

3. 依据什么编制监理规划？

4. 建设工程监理规划的作用有哪些？你认为还会有哪些作用？

5. 建设工程监理规划编制应遵循哪些原则，为什么？

6. 建设工程监理规划编制应符合哪些要求？

7. 建设工程监理规划应在什么时候编制？由谁组织编制？由谁审批？

8. 建设工程监理规划为什么要报送建设单位认可？什么时候报送？

9. 为什么监理规划的编制不是一次性的？

10. 为什么总监理工程师应在项目监理机构内部主持监理规划的交底、分工和检查工作？

11. 为什么应在第一次工地会议上对监理规划内容作具体介绍？

12. 什么是监理实施细则？为什么要有监理实施细则？

13. 监理实施细则包括哪些基本内容？为什么与监理规划的主要内容有所不同？

14. 监理实施细则的编制应符合哪些规定？编制依据有哪些？

15. 监理实施细则的编制对象是什么？什么时候编制？由谁编制？由谁审批？

16. 建设工程监理规划、监理实施细则两者之间是什么关系？

第3章 工程造价控制

3.1 工程造价控制的概念

3.1.1 工程造价

工程造价就是工程的建造价格。这里所说的工程,泛指一切建设工程,它的范围内涵具有很大的不确定性。

广义上工程造价涵盖建造工程造价、安装工程造价、市政工程造价、电力工程造价、水利工程造价、通信工程造价等。

工程造价是指进行某项工程建设所花费的全部费用,其核心内容是投资估算、设计概算、修正概算、施工图预算、工程结算、竣工结算等。

工程造价一般是指一项工程预计开支或实际开支的全部固定资产投资费用。在实际应用中指工程价格,即为建成一项工程,预计或实际在土地市场、设备市场、技术劳务市场以及承包市场等的交易活动中所形成的建筑安装工程的价格和建设工程的总价格。

3.1.2 工程建设项目费用的构成

工程建设项目投资费用是指建设项目的建设成本,即预期开支或实际开支的项目全部费用,包括建筑工程、安装工程、设备费用及相关费用。生产性建设项目投资包括固定资产投资和铺底流动资金投资,非生产性建设项目投资就是建设项目固定资产投资的总和。

建设项目投资费用的内容和费用标准随社会的发展和有关收费政策的变化而变化,内容构成较为繁杂。根据我国建设项目投资费用构成的规定,主要建设项目的投资费用如表3-1-1所示。

表 3-1-1　建设项目费用构成

建设项目费用	工程费	设备及工器具购置费
		建筑安装工程费
	工程建设其他费	土地使用费
		建设单位管理费
		研究试验费
		生产职工培训费
		办公和生活家具购置费

续表

建设项目费用	工程建设其他费	联合试运转费
		勘察设计费
		供电贴费
		施工机构迁移费
		矿山巷道维修费
		引进技术和进口设备项目的其他费用
		工程监理费
		工程保险费
	预备费	基本预备费
		工程造价调整预备费
	建设期投资贷款利息	
	固定资产投资方向调节税	
	经营性项目铺底流动资金	

目前,施工阶段的工程造价控制就是指建筑安装工程费的控制。

3.1.3 建筑安装工程费

建筑工程费是指各类房屋建筑、一般建筑安装工程、室内外装饰装修、各类设备基础、室外构筑物、道路、绿化、铁路专用线、码头、围护等工程费。一般建筑安装工程是指建(构)筑物附属的室内供水、供热、卫生、电气、燃气、通风、弱电设备的管道安装及线路敷设工程。安装工程费包括专业设备安装工程费和管线安装工程费。专业设备安装工程费是指在主要生产、辅助生产、公用等单项工程中需安装的工艺、电气、自动控制、运输、供热、制冷等设备、装置及各种工艺管道安装和衬里、防腐、保温等所产生的工程费。管线安装工程费是指供电、通信、自控等管线安装工程费。

根据《建筑安装工程费用项目组成》(建标〔2013〕44 号),建筑安装工程费用按费用构成要素划分为人工费、材料费、施工机具使用费、企业管理费、利润、规费和税金(如表 3-1-2 所示)。按工程造价形成顺序划分为分部分项工程费、措施项目费、其他项目费、规费和税金(如表 3-1-3 所示)。

表 3-1-2　建筑安装工程费用构成(按费用构成要素划分)表

费 用 项 目	构 成 项 目	细 分 项 目	包含在以下费用项目中
人工费	1. 计时工资或计件工资 2. 奖金 3. 津贴、补贴 4. 加班加点工资 5. 特殊情况下支付的工资	—	1. 分部分项工程费 2. 措施项目费 3. 其他项目费

续表

费 用 项 目	构 成 项 目	细 分 项 目	包含在以下费用项目中
材料费	1. 材料原价 2. 运杂费 3. 运输损耗费 4. 采购及保管费	—	1. 分部分项工程费 2. 措施项目费 3. 其他项目费
施工机具使用费	1. 施工机械使用费	1. 折旧费 2. 大修理费 3. 经常修理费 4. 安拆费及场外运费 5. 人工费 6. 燃料动力费 7. 税费	
	2. 仪器仪表使用费	—	
企业管理费	1. 管理人员工资 2. 办公费 3. 差旅交通费 4. 固定资产使用费 5. 工具用具使用费 6. 劳动保险和职工福利费 7. 劳动保护费 8. 检验试验费 9. 工会经费 10. 职工教育经费 11. 财产保险费 12. 财务费 13. 税金 14. 其他	—	
利润	—	—	
规费	1. 社会保险费	1. 养老保险费 2. 失业保险费 3. 医疗保险费 4. 生育保险费 5. 工伤保险费	—
	2. 住房公积金 3. 工程排污费	—	—
税金	1. 增值税 2. 城市维护建设税 3. 教育费附加 4. 地方教育附加	—	—

表 3-1-3　建筑安装工程费用构成（按造价形成顺序划分）表

费 用 项 目	构 成 项 目	细 分 项 目	包含以下费用项目
分部分项 工程费	1. 房屋建筑与装饰工程	1. 土石方工程 2. 桩基工程 ……	1. 人工费 2. 材料费 3. 施工机具使用费 4. 企业管理费 5. 利润
	2. 仿古建筑工程 3. 通用安装工程 4. 市政工程 5. 园林绿化工程 6. 矿山工程 7. 构筑物工程 8. 城市轨道交通工程 9. 爆破工程 ……	—	
措施项目费	1. 安全文明施工费 2. 夜间施工增加费 3. 二次搬运费 4. 冬雨季施工增加费 5. 已完工程及设备保护费 6. 工程定位复测费 7. 特殊地区施工增加费 8. 大型机械进出场及安拆费 9. 脚手架工程费	—	
其他项目费	1. 暂列金额 2. 计日工 3. 总承包服务费	—	
规费	1. 社会保险费	1. 养老保险费 2. 失业保险费 3. 医疗保险费 4. 生育保险费 5. 工伤保险费	—
	2. 住房公积金 3. 工程排污费	—	—
税金	1. 增值税 2. 城市维护建设税 3. 教育费附加 4. 地方教育附加	—	—

3.2　工程造价控制的内容、职责及程序

3.2.1　工程造价控制的主要内容

工程造价控制工作的主要内容如下。

（1）对验收合格的工程及时进行计量和签发工程款支付证书。

（2）按规定处理工程变更申请

（3）及时收集、整理有关工程费用、工期的原始资料，为处理索赔提供证据。

（4）按规定程序处理施工单位索赔申请。

（5）对实际完成量与计划完成量进行比较分析，发现偏差的，督促施工单位采取措施进行纠偏，并向建设单位报告。

① 按合同约定及时对施工单位报送的竣工结算工程量或竣工结算进行审核。

② 项目监理机构造价控制人员应事先对影响建设工程造价的各种因素进行调查分析，预测它们对建设工程造价的影响程度，做到对工程造价的主动控制和动态控制。

3.2.2　项目监理机构造价控制人员的职责

一、总监理工程师造价控制职责

（1）全面主持项目造价控制工作，审批造价控制监理实施细则。

（2）组织审核施工单位的付款申请、竣工结算，组织审查和处理工程变更，签发工程款支付证书。

（3）对专业监理工程师的审查、复核工作进行指导和帮助，对专业监理工程师的审查意见提出自己的审核建议。

（4）调解建设单位与施工单位的合同争议，处理工程索赔。

二、专业监理工程师造价控制职责

（1）应负责工作范围内的工程计量、付款签证、工程变更、工程结算支付等初步审核和处理。

（2）根据总监理工程师的安排编制或参与编制造价控制监理实施细则。

（3）在巡视中如发现会影响工程造价的变更或索赔事件，进行记录和汇报。

三、监理员造价控制职责

（1）复核工程计量有关数据。

（2）收集造价控制的相关信息并向专业监理工程师进行报告。

3.2.3　工程造价控制的工作程序

监理造价控制的工作流程如图 3-2-1 所示。

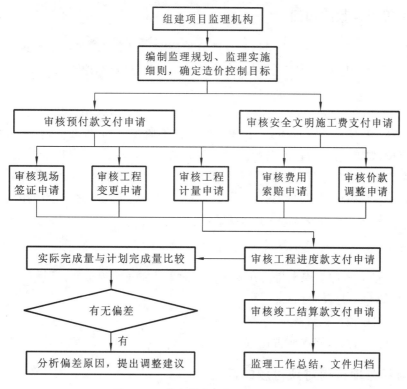

图 3-2-1 监理造价控制的工作流程

3.3 工程预付款及安全文明施工费审查

3.3.1 工程预付款

工程预付款是建设工程施工合同订立后由发包人按照合同约定,在正式开工前预先支付给承包人的工程款。它是进行施工准备和购置材料、构件等所需的流动资金的主要来源。《建设工程施工合同(示范文本)》中,关于工程预付款作了如下约定:"实行工程预付款的,双方应当在专用条款内约定发包人向承包人预付工程款的时间和数额,开工后按约定的时间和比例逐次扣回。预付时间应不迟于约定的开工日期前 7 天。发包人不按约定预付,承包人在约定预付时间 7 天后向发包人发出要求预付的通知,发包人收到通知后仍不能按要求预付,承包人可在发出通知后 7 天停止施工,发包人应从约定应付之日起向承包人支付应付款的贷款利息,并承担违约责任。"

工程预付款额度,各地区、各部门的规定不完全相同,主要需保证施工所需材料和构件的正常储备。一般是根据施工工期、建安工作量、主要材料和构件费用占建安工作量的比例以及材料储备周期等因素经测算来确定。还可以根据工程的特点、工期、市场行情、供求规律等因素,招标时在合同条件中约定工程预付款的百分比。

3.3.2　工程预付款的扣回

发包人支付给承包人的工程预付款其性质是预支。随着工程进度的推进,拨付的工程进度款数额不断增加,工程所需主要材料、构件的用量逐渐减少,原已支付的预付款应以抵扣的方式予以陆续扣回。扣款的方法有以下几种。

(1)由发包人和承包人通过治商用合同的形式予以确定,采用等比率或等额扣款的方式。也可针对工程实际情况具体处理,如有些工程工期较短、造价较低,就无需分期扣还;有些工期较长,如跨年度工程,其备料款的占用时间很长,根据需要可以少扣或不扣。

(2)从未施工工程尚需的主要材料及构件的价值相当于工程预付款数额时扣起,从每次中间结算工程价款中,按材料及构件比重扣抵工程价款,至竣工之前全部扣清。

工程预付款起扣点可按式 3-3-1 计算。

$$T = P - \frac{M}{N} \tag{3-3-1}$$

式中　T——起扣点,即工程预付款开始扣回时的累计完成工程金额;

P——承包工程合同总额;

M——工程预付款数额;

N——主要材料、构件所占比重。

3.3.3　项目监理机构对预付款的控制

项目监理机构对预付款的控制措施如下。

(1)专业监理工程师对施工单位在预付款支付报审表中提交的支付金额进行复核,提出应支付给施工单位的金额,并提出相应的支持性材料。

(2)总监理工程师对专业监理工程师的审查意见进行审核,签认后报建设单位。

(3)总监理工程师根据建设单位的审批意见,向施工单位签发工程款支付证书。

(4)预付款应按照建设工程施工合同的约定在后期支付的工程款中进行扣除。

3.3.4　安全文明施工费

安全文明施工费是按照国家现行的建筑施工安全、施工现场环境与卫生标准和有关规定,购置和更新施工防护用具及设施,改善安全生产条件和作业环境所需要的费用。

3.3.5　项目监理机构对安全文明施工费支付的控制

项目监理机构应从以下几点入手进行安全文明施工费支付的控制。

(1)鉴于安全文明施工的措施具有前瞻性,必须在施工前予以保证。监理工程师应该严格按照财政部、国家安全生产监督管理总局颁布的《企业安全生产费用提取和使用管理办法》等规章的规定,《建设工程施工合同(示范文本)》和地方相关政府文件的要求,及时审核和批准安全文明施工费。

(2)专业监理工程师对施工单位在安全文明施工费支付报审表中提交的支付金额进行审查,提出应支付给施工单位的金额,并提出相应的支持性材料。

(3)总监理工程师对专业监理工程师的审查意见进行审核,签认后报建设单位。

（4）总监理工程师根据建设单位的审批意见,向施工单位签发工程款支付证书。

（5）监理工程师应对安全文明施工费的使用情况进行不定期的检查。施工单位对安全文明施工费应专款专用,在财务账目中单独列项备查,不得挪作他用。将检查情况在监理日志中进行记录。如发生资金挪用的情况,应运用监理手段要求其限期整改;逾期未整改的,造成的损失和延误的工期由施工单位承担。

（6）项目监理机构应提醒建设单位按施工合同约定或国家有关规定及时支付安全文明施工费,避免承担安全事故的连带责任。

3.4　工程计量审查

工程计量审查是指根据设计文件及承包合同中关于工程量计算的规定,项目管理机构对施工单位申报的已完成工程的工程量进行的核验。工程计量是控制工程建设项目投资的关键环节,是约束施工单位履行合同义务的重要手段。只有监理工程师对已完工程进行了计量确认,建设单位才有可能向施工单位支付相应的款项。

3.4.1　工程计量的依据

计量依据一般有质量合格证书、工程量清单前言、技术规范中的"计量支付"条款和设计图纸。也就是说,计量时必须以这些资料为依据。

（1）质量合格证书。

对于施工单位已完成的工程量,并不是全部进行计量,只有质量达到合同要求的质量标准的已完工程才可以进行计量。所以,必须是经过监理工程师检验、工程质量达到合同规定的标准并取得监理工程师签发的质量合格证书的工程才可以进行工程量计量。

（2）合同文件。

（3）设计图纸。

（4）工程变更通知及修订的工程量清单。

（5）工程量清单前言、工程量计算规则和技术规范。

（6）招投标文件。

（7）索赔及金额审批表等。

3.4.2　工程计量的程序

按照《建设工程施工合同(示范文本)》规定,工程计量的一般程序如下。承包人应按专用条款约定的时间,向监理工程师提交已完工程量的报告,监理工程师接到报告后7天内按设计图纸核实已完工程量,并在计量前24小时通知承包人,承包人为计量提供便利条件并派人参加。承包人收到通知后不参加计量,计量结果有效,作为工程价款支付的依据。监理工程师收到承包人报告后7天内未进行计量,从第8天起,承包人报告中开列的工程量即视为已被确认,作为工程价款支付的依据。监理工程师不按约定时间通知承包人,使承包人不能参加计量,计量结果无效。对承包人超出设计图纸范围和因承包人原因造成返工的工程量,监理工程师不予计量。

3.4.3 项目监理机构对工程计量的控制

项目监理机构对工程计量的控制措施如下。

(1) 专业监理工程师应根据《建设工程施工合同(示范文本)》、《建设工程工程量清单计价规范》中的约定,确定工程计量的程序、范围、方法和时间。施工合同没有约定工程量计算规则的,工程量计算规则应以相关的国家标准、行业标准等为依据。

(2) 项目监理机构在收到施工单位提交的工程计量申请单、工程量报告、工程量报表和有关资料后,应在施工合同约定的监理审核时限内完成对施工单位提交的工程计量申请的审核并报送建设单位。

(3) 项目监理机构对工程量有异议的,有权要求施工单位进行共同复核或抽样复测。施工单位应协助项目监理机构进行复核或抽样复测并按项目监理机构的要求提供补充计量资料。施工单位未按项目监理机构的要求参加复核或抽样复测的,项目监理机构审核或修正的工程量视为施工单位实际完成的工程量。

(4) 专业监理工程师必须对质量验收合格的工程进行工程计量,未验收合格的工程严禁计量。

3.4.4 项目监理机构对现场签证计量的控制

项目监理机构对现场签证计量的控制措施如下。

(1) 项目监理机构必须依据《建设工程施工合同(示范文本)》、《建设工程工程量清单计价规范》和招投标文件,确定施工中现场签证的签认条件、范围、程序、计算方法和时效。

(2) 项目监理机构在进行现场签证时应要求施工单位组织建设单位、跟踪审计单位等相关人员一起参与,并共同现场确认、会签,现场签证资料应附上现场图片证明资料及原始测量数据。

(3) 项目监理机构应对现场签证工作的施工情况(如人员、机械、设备、材料等的投入数量)在监理日志中进行记录。

(4) 总监理工程师宜对现场签证进行复核。

3.5 工程进度款支付审查

3.5.1 工程进度款的主要结算方式

工程进度款结算可以根据不同情况采取按月结算、竣工后一次结算、分段结算、目标结算、结算双方约定的其他结算方式等不同方式。合同签订时根据项目特征、工程具体情况以及资金筹措方式等具体确定。

3.5.2 工程进度款的计算与支付

工程进度款的计算,主要涉及两个方面:一是工程量的计量;二是单价的计算方法。单价的计算方法,主要根据发包人和承包人事先约定的工程价格的计价方法决定。目前我国工程价格的计价方法可以分为工料单价和综合单价两种方法。

《建设工程施工合同(示范文本)》关于工程款的支付也作出了相应的约定,"在确认计量结果后 14 天内,发包人应向承包人支付工程款(进度款)。""发包人超过约定的支付时间不支付工程款(进度款),承包人可向发包人发出要求付款的通知,发包人接到承包人通知后仍不能按要求付款,可与承包人协商签订延期付款协议,经承包人同意后可延期支付。协议应明确延期支付的时间和从计量结果确认后第 15 天起计算应付款的贷款利息。""发包人不按合同约定支付工程款(进度款),双方又未达成延期付款协议,导致施工无法进行,承包人可停止施工,由发包人承担违约责任。"但是,在工程竣工前,承包人收取的工程预付款、工程进度款的总和一般不得超过合同总价的 95%。其余 5% 的尾款,在竣工结算时,除保修金外一并结清。

3.5.3　项目监理机构对工程进度款签证的控制

项目监理机构对工程进度款签证的控制措施如下。

(1)监理工程师应在工程款支付节点达到建设工程施工合同中的约定后方可进行支付审核工作。

(2)专业监理工程师对施工单位在工程款支付报审表中提交的工程量和支付凭证进行复核,确定实际完成的工程量,提出到期应支付给施工单位的金额,并提出相应的支持性材料。

(3)总监理工程师对专业监理工程师的审查意见进行审核,签认后报建设单位审批。在此之前总监理工程师宜与建设单位、施工单位沟通协商一致。

(4)总监理工程师应根据建设单位的审批意见,向施工单位签发工程款支付证书。

(5)项目监理机构应建立工程款审核、支付台账,对项目监理机构审批的工程款进行登记,与建设单位审批结果不一致的地方做好相应的记录,注明差异产生的原因。

(6)在建设单位与施工单位之间因工程款支付发生严重争执时,项目监理机构宜做好协调工作,避免矛盾激化

3.6　工程变更审核

在工程项目的实施过程中,由于多方面的情况变更,经常出现工程量变化、施工进度变化,以及建设单位与施工单位在执行合同中的争执等许多问题。这些问题的产生,一方面是由于勘察设计工作做得不细致,以致在施工过程中发现许多招标文件中没有考虑或估算不准确的工程量,因而不得不改变施工项目或增减工程量;另一方面,是由于发生不可预见的事件,如自然或社会原因引起的停工或工期拖延等。由于工程变更所引起的工程量的变化、施工单位的索赔等,都有可能使项目投资超出原来的预算投资,监理工程师必须严格予以控制,密切注意其对未完工程投资支出的影响及对工期的影响。

3.6.1　工程变更程序

导致工程变更的因素可能来自许多方面,有建设单位的原因、施工单位的原因、监理工

程师的原因和其他方面的原因。因此,为了有效地控制投资,不论哪一方提出工程变更,均应由监理工程师签发工程变更指令,在一般的建设工程施工合同中均包括工程变更条款,允许监理工程师向施工单位发出指令,要求对工程的项目、数量或质量进行变更,对原标书的有关部分进行修改,而施工单位必须照办。

工程变更包括设计变更、进度计划变更、施工条件变更及监理工程师提出的新增工程招标文件和工程量清单中没有包括的工程项目。这些变更都必须按监理工程师的指令组织施工,工期和单价由监理工程师与施工单位协商确定。

3.6.2　工程变更内容

施工中发包人需对原工程设计进行变更的,应提前 14 天以书面形式向承包人发出变更通知。变更超过原设计标准或批准的建设规模时,发包人应报规划管理部门和其他有关部门重新审查批准,并由原设计单位提供变更的相应图纸和说明。承包人按照监理工程师发出的变更通知和有关要求,可更改工程有关部分的标高、基线、位置和尺寸;增减合同中约定的工程量;改变有关工程变更的施工时间和顺序;其他有关工程变更需要的附加工作。因变更导致的合同价款的增减及造成的承包人损失,由发包人承担,延误的工期相应顺延。

施工中承包人不得对原工程设计进行变更。承包人在施工中提出的合理化建议如果涉及设计图纸或施工组织设计的变更及材料、设备的更换,需提出工程洽商经监理工程师同意后实施。未经同意擅自更改或换用时,承包人承担由此产生的费用,并赔偿发包人的有关损失,延误的工期不予顺延。合同履行中发包人要求变更工程质量标准及进行其他实质性变更时,由双方协商解决。

3.6.3　我国现行工程变更价款的确定方法

《建设工程施工合同(示范文本)》约定的工程变更价款的确定方法如下。

(1) 合同中已有适用于变更工程的价格,按合同已有的价格变更合同价款。

(2) 合同中只有类似于变更工程的价格,可以参照类似价格变更合同价款。

(3) 合同中没有适用或类似于变更工程的价格,由承包人提出适当的变更价格,经工程师确认后执行。

3.6.4　项目监理机构对涉及造价的工程变更的控制

项目监理机构对涉及造价的工程变更的控制措施如下。

(1) 总监理工程师应组织专业监理工程师审查施工单位提出的工程变更申请,对工程变更费用及对工期的影响作出评估。项目监理机构可对建设单位要求的工程变更提出评估意见。

(2) 总监理工程师应组织建设单位、施工单位等共同协商确定工程变更费用及工期变化,会签工程变更单。

(3) 项目监理机构宜在工程变更实施前与建设单位、施工单位等协商确定工程变更的计价原则、计价方法和价款。

(4) 建设单位与施工单位未能就工程变更费用达成协议时,项目监理机构可提出一个暂定价格并经建设单位同意,作为临时支付工程款的依据。工程变更款最终结算时,应以建设单位与施工单位达成的协议为依据。

(5)项目监理机构根据批准和会签后的工程变更文件督促施工单位实施工程变更。

3.7 工程索赔

索赔是工程承包合同履行中,当事人一方因对方不履行或不完全履行既定的义务,或者由于对方的行为使权利人受到损失时,要求对方补偿损失的权利。索赔是工程承包中经常发生并随处可见的正常现象。由于施工现场条件、气候条件的变化,施工进度的变化,以及合同条款、规范、标准文件和施工图纸的变更、差异、延误等因素的影响,使得工程承包中不可避免地会出现索赔,进而导致项目的投资发生变化。因此索赔的控制将是建设工程施工阶段投资控制的重要手段。

3.7.1 索赔的分类

索赔按合同依据可分为合同中明示的索赔和合同中默示的索赔;按目的可分为工期索赔和费用索赔;按索赔事件的性质可分为工期延误索赔、工程变更索赔、合同被迫终止索赔、工程加速索赔、意外风险和不可预见因素索赔;按对象可分为索赔和反索赔;按处理方式可分为单项索赔和总索赔等。

3.7.2 索赔的程序

我国《建设工程施工合同(示范文本)》的有关规定中对索赔的程序和时间要求有明确而严格的限定,主要包括以下几个方面。

(1)发包方未能按合同约定履行自己的各项义务或发生错误以及应由发包方承担责任的其他情况,造成工期延误和延期支付合同价款及造成承包方的其他经济损失,承包方可按下列程序以书面形式向发包方索赔。

① 索赔事件发生后 28 天内,向监理工程师发出索赔意向通知。

② 发出索赔意向通知后 28 天内,向监理工程师提出补偿经济损失和延长工期的索赔报告及有关资料。

③ 监理工程师在收到承包方送交的索赔报告和有关资料后,于 28 天内给予答复,或要求承包方进一步补充索赔理由和证据。

④ 监理工程师在收到承包方送交的索赔报告和有关资料后 28 天内未予答复或未对承包方作进一步要求,视为该项索赔已经认可。

⑤ 当该索赔事件持续进行时,承包方应当阶段性向监理工程师发出索赔意向,在索赔事件终了后 28 天内,向监理工程师送交索赔的有关资料和最终索赔报告。

(2)承包方未能按合同约定履行自己的各项义务或发生错误给发包方造成损失,发包方也可按上述条款确定的时限向承包方提出反索赔。

3.7.3 索赔费用的组成

索赔费用的主要组成部分,同工程款的计价内容相似,包括人工费、材料费、施工机械使用费、分包费用、工地管理费、利息、总部管理费等。

一、人工费

索赔费用中的人工费是指完成合同之外的额外工作所花费的人工费用;由于非施工单位责任的工效降低所增加的人工费用;超过法定工作时间的加班劳动所产生的费用;法定人工费增长以及非施工单位责任产生的工程延误导致的人员窝工费和工资上涨费等。

二、材料费

材料费的索赔包括以下几类。

(1) 由于索赔事项材料实际用量超过计划用量而增加的材料费。

(2) 由于客观原因材料价格大幅度上涨。

(3) 由于非施工单位责任产生的工程延误导致的材料价格上涨和超期储存费用。

材料费中应包括运输费、仓储费,以及合理的损耗费用。如果是由于施工单位管理不善,造成材料损坏失效,则不能列入索赔计价。

三、施工机械使用费

施工机械使用费的索赔包括以下几类。

(1) 由于完成额外工作增加的机械使用费。

(2) 非施工单位责任产生的工效降低增加的机械使用费。

(3) 由于建设单位或造价管理者原因导致机械停工的窝工费。窝工费的计算,如为租赁设备,一般按实际租金和调进调出费的分摊计算;如为施工单位自有设备,一般按台班折旧费计算,而不能按台班费计算,因台班费中包括了设备使用费。

四、分包费用

分包费用索赔指的是分包方的索赔。一般也包括人工、材料、机械使用费的索赔。分包方的索赔应如数列入总承包方的索赔款总额以内。

五、工地管理费

索赔款中的工地管理费是指施工单位完成额外工程、索赔事项工作以及工期延长期间的工地管理费。包括管理人员工资、办公费、交通费等。但如果对部分工人窝工损失进行索赔时,因其他工程仍然进行,可能不予计入工地管理费索赔。

六、利息

在索赔款的计算中,经常包括利息。利息的索赔通常发生于下列情况下。

(1) 拖期付款的利息。

(2) 由于工程变更和工程延期而增加的投资的利息。

(3) 索赔款的利息。

(4) 错误扣款的利息。

至于这些利息的具体利率应是多少,在实践中可采用不同的标准,主要有以下几种。

(1) 按当时的银行贷款利率。

(2) 按当时的银行透支利率。

(3) 按合同双方协议的利率。

(4) 按中央银行规定的贴现率加三个百分点。

七、总部管理费

索赔款中的总部管理费主要指的是工程延误期间所增加的管理费。

八、利润

一般来说,由于工程范围的变更、文件有缺陷或技术性错误、建设单位未能提供现场等引起的索赔,施工单位可以列入利润。但对于工程暂停的索赔,由于利润通常是包括在每项实施的工程内容的价格之内的,而延误工期并未削减某些项目的实施,而导致利润减少。所以,一般监理工程师很难同意在工程暂停的费用索赔中加进利润损失。

3.7.4 索赔费用的计算方法

一、实际费用法

实际费用法是工程索赔计算时最常用的一种方法。这种方法的计算原则是,以施工单位为某项索赔工作所支付的实际开支为根据,要求建设单位补偿超额部分的费用。由于实际费用法所依据的是实际发生的成本记录或单据。所以,在施工过程中,系统而准确地积累记录资料是非常重要的。

二、总费用法

总费用法即总成本法,就是当发生多次索赔事件以后,重新计算该工程的实际总费用,实际总费用减去投标报价时的估算总费用,即为索赔金额。

三、修正的总费用法

修正的总费用法是对总费用法的改进,即在总费用计算的基础上,去掉一些不合理的因素,使其更合理。修正的内容如下。

(1) 将计算索赔款的时段限定于受到外界影响的时间段,而不是整个施工期。

(2) 只计算受影响时段内的某项工作因受影响而产生的损失,而不是计算该时段内所有施工工作所受的损失。

(3) 与该项工作无关的费用不列入总费用中。

(4) 对投标报价费用重新进行核算。按受影响时段内该项工作的实际单价进行核算,乘以实际完成的该项工作的工程量,得出调整后的报价费用。这时索赔金额等于某项工作调整后的实际总费用减去该项工作调整后的报价费用。

3.7.5 项目监理机构对索赔的控制

项目监理机构对索赔的控制措施如下。

(1)项目监理机构宜预测和防范可能发生的索赔,及时向建设单位报告可能发生的索赔,并制定防范性对策,减少向建设单位索赔事件的发生。同时项目监理机构也应收集施工单位不履行或不完全履行约定义务,或者由于施工单位的行为使建设单位受到损失的证据,积极协助建设单位向施工单位提出索赔。

(2)项目监理机构应及时收集、整理有关工程费用的原始资料,为处理费用索赔提供证据。

(3)施工单位应在施工合同约定的时间向建设单位及项目监理机构提交索赔意向通知书,项目监理机构在收到施工单位提交的索赔意向通知书后,应审查索赔事件的时效性,对索赔事件进行分析,确认索赔事件是否成立。

(4)施工单位在费用索赔事件结束后的规定时间内,填报费用索赔申报表,向项目监理机构提交费用索赔申报表。表中应详细说明索赔事件的经过、索赔理由、索赔金额的计算,并附上证明材料。收到施工单位报送的费用索赔报审表后,总监理工程师应组织专业监理工程师按照标准、规范及合同文件有关章节的要求进行审核与评估,并与建设单位、施工单位协商一致后,在施工合同约定的期限内签认,最后报建设单位审批,不同意部分应说明理由。

(5)当施工单位的费用索赔要求与工程延期要求相关联时,项目监理机构可提出费用索赔和工程延期的综合处理意见,并应与建设单位和施工单位协商。

3.8 竣工结算款审核

工程竣工结算是指施工单位按照施工合同规定的内容完成所有承包的工程,经验收工程质量合格,并符合合同要求之后,向建设单位进行的最终工程款结算。

3.8.1 竣工结算的程序

工程竣工验收报告经发包人认可后 28 天内,承包人向发包人递交竣工结算报告及完整的结算资料,双方按照协议书约定的合同价款及专用条款约定的合同价款调整内容,进行工程竣工结算。专业监理工程师审核承包人报送的竣工结算报表;总监理工程师审定竣工结算报表;与发包人、承包人协商一致后,签发竣工结算文件和最终的工程款支付证书。

发包人收到承包人递交的竣工结算报告及结算资料后 28 天内进行核实,给予确认或者提出修改意见。发包人确认竣工结算报告后通知经办银行向承包人支付竣工结算价款。承包人收到竣工结算价款后 14 天内将竣工工程交付发包人。

发包人收到竣工结算报告及结算资料后 28 天内无正当理由不支付工程竣工结算价款,从第 29 天起按承包人同期向银行贷款的利率支付拖欠工程价款的利息,并承担违约责任。

发包人收到竣工结算报告及结算资料后28天内无正当理由不支付工程竣工结算价款,承包人可以催告发包人支付结算价款。发包人在收到竣工结算报告及结算资料后56天内仍不支付的,承包人可以与发包人协议将该工程折价,也可以由承包人向法院申请将该工程依法拍卖,承包人就该工程折价或者拍卖的价款优先受偿。

工程竣工验收报告经发包人认可后28天内,如承包人未能向发包人递交竣工结算报告及完整的结算资料,造成工程竣工结算不能正常进行或工程竣工结算价款不能及时支付,发包人要求交付工程的,承包人应当交付;发包人不要求交付工程的,承包人承担保管责任。

3.8.2　项目监理机构对竣工结算的控制

项目监理机构应从以下几个方面着手,做好竣工结算的控制工作。

(1)专业监理工程师在收到施工单位上报的工程结算支付申请后应分析竣工结算的编制方式、取费标准、计算方法等是否符合有关工程结算的规定和施工合同的约定。并根据竣工图纸、设计变更、工程变更、工程签证等对竣工结算中的工程量、单价进行审核,提出审查意见,提交总监理工程师审核。

(2)专业监理工程师在审查过程中应及时、客观地与施工单位进行沟通和协调,力求形成统一意见;对不能达成一致意见的,做好相应记录,注明差异产生的原因,供总监理工程师审批时决策。

(3)总监理工程师应对专业监理工程师的审查意见提出自己的审核意见,并最终形成工程竣工结算审核报告,签认后报建设单位审批,同时抄送施工单位。

(4)总监理工程师在竣工结算审核过程中,应将结算价款审核过程中发现的问题向建设单位、施工单位做好解释、协商工作,力求达成一致的意见。

(5)建设单位、施工单位没有异议,总监理工程师应根据建设单位批准的工程款结算价款支付金额签发工程结算支付证书;如不能达成一致意见,应按工程结算相关规定和施工合同约定的处理方式进行处理。

3.9　造价控制月度报告

项目监理机构应从以下几方面入手,进行造价控制的月度报告工作。

(1)项目监理机构应建立月完成工程量统计表,对实际完成量与计划完成量进行比较分析,发现偏差的,应提出调整建议,在监理月报中向建设单位报告。

(2)项目监理机构应对当月工程量及工程款支付方面的主要问题及处理情况进行描述。

(3)项目监理机构每月应向建设单位和所属工程监理单位报告工程造价控制情况,具体格式按照武汉地区监理配套用表A10的格式进行填写。

3.10　案例分析

3.10.1　案例 1

一、背景资料

某建设单位与施工单位签订了工程施工合同,合同中含甲、乙两个子项工程,甲项估算工程量为 2300 m³,合同价为 180 元/m³,乙项估算工程量为 3200 m³,合同价为 160 元/m³。施工合同还做了如下规定。

(1) 开工前建设单位向施工单位支付合同价 20% 的预付款。

(2) 建设单位每月从施工单位的工程款中,按 5% 的比例扣留质量保证金。

(3) 子项工程实际工程量超过估算工程量 10% 以上,可进行调价,调整系数为 0.9。

(4) 根据市场预测,价格调整系数平均按 1.2 计算。

(5) 监理工程师签发月度付款最低金额为 25 万元。

(6) 预付款在最后两个月扣回,每月扣 50%。

施工单位每月实际完成并经监理工程师签证确认的工程量如表 3-10-1 所示。

表 3-10-1　施工单位实际完成工程量表

月度 子项目	1	2	3	4
甲项/m³	500	800	800	600
乙项/m³	700	900	800	600

二、提出的问题

(1) 该工程的预付款是多少?

(2) 施工单位每月完成工程量的工程量价款是多少? 总监理工程师应签证的工程款是多少? 实际签发的付款凭证金额是多少?

三、案例解析

(1) 预付款金额为:$(2300 \times 180 + 3200 \times 160) \times 20\% = 18.52$(万元)

(2) 具体计算如下。

① 第一个月。

工程量价款为:$500 \times 180 + 700 \times 160 = 20.2$(万元)

应签证的工程款为:$20.2 \times 1.2 \times (1 - 5\%) = 23.028$(万元)

由于合同规定监理工程师签发的月度付款最低金额为 25 万元,故本月监理工程师不予签发付款凭证。

② 第二个月。

工程量价款为:$800 \times 180 + 900 \times 160 = 28.8$(万元)

应签证的工程款为:28.8×1.2×(1-5%)=32.832(万元)

本月总监理工程师实际签发的付款凭证金额为:23.028+32.832=55.86(万元)

③ 第三个月。

工程量价款为:800×180+800×160=27.2(万元)

应签证的工程款为:27.2×1.2×(1-5%)=31.008(万元)

应扣预付款为:18.52×50%=9.26(万元)

应付款为:31.008-9.26=21.748(万元)

由于合同规定监理工程师签发的最低月度付款金额为 25 万元,故本月监理工程师不予签发付款凭证。

④ 第四个月。

甲项工程累计完成工程量为 2700 m³,比原估算工程量 2300 m³ 超出 400 m³,已超过估算工程量的 10%,超出部分其单价应进行调整。

超过估算工程量 10% 的工程量为:2700-2300×(1+10%)=170(m³)

这部分的工程量单价应调整为:180×0.9=162(元/m³)

甲项工程工程量价款为:(600-170)×180+170×162=10.494(万元)

乙项工程累计完成工程量为 3000 m³,比原估算工程量 3200 m³ 减少 200 m³,不超过估算工程量,其单价不予调整。

乙项工程工程量价款为:600×160=9.6(万元)

本月完成的甲、乙两项工程的工程量价款合计为:10.494+9.6=20.094(万元)

应签证的工程款为:20.094×1.2×(1-5%)=22.907(万元)

应扣预付款为:18.52×50%=9.26(万元)

本月总监理工程师实际签发的付款凭证金额为:21.748+22.907-9.26=35.395(万元)

3.10.2 案例 2

一、背景资料

某工程项目施工合同于 2009 年 12 月签订,约定的合同工期为 20 个月,2010 年 1 月开始正式施工。施工单位按合同工期要求编制了混凝土结构工程施工进度时标网络计划,如图 3-10-1 所示,并经专业监理工程师审核批准。

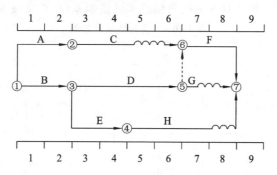

图 3-10-1 工程施工进度时标网络计划图(单位:月)

　　该项目的各项工作均按最早开始时间安排,且各工作每月所完成的工程量相等。各工作的计划工程量和实际工程量如表 3-10-2 所示。工作 D、E、F 的实际工作持续时间与计划工作持续时间相同。

表 3-10-2　计划工程量和实际工程量表

工作	A	B	C	D	E	F	G	H
计划工程量/m³	8600	9000	5400	10000	5200	6200	1000	3600
实际工程量/m³	8600	9000	5400	9200	5000	5800	1000	5000

　　合同约定,混凝土结构工程综合单价为 1000 元/m³,按当月计划工程量结算。结算价按项目所在地混凝土结构工程价格指数进行调整,项目实施期间各月的混凝土结构工程价格指数如表 3-10-3 所示。

表 3-10-3　混凝土结构工程价格指数表

时间	2009 年 12 月	2010 年 1 月	2010 年 2 月	2010 年 3 月	2010 年 4 月	2010 年 5 月	2010 年 6 月	2010 年 7 月	2010 年 8 月	2010 年 9 月
混凝土结构工程价格指数/(%)	100	115	105	110	115	110	110	120	110	110

　　施工期间,由于建设单位的原因使工作 H 的开始时间比计划的开始时间迟了 1 个月,并由于工作 H 工程量的增加使该工作的持续时间延长了 1 个月。

二、提出的问题

　　(1) 请按施工进度计划编制资金使用计划,并简要写出各步骤,计算结果填入表 3-10-4 中。

　　(2) 计算工作 H 各月的已完工程计划投资和已完工程实际投资。

　　(3) 计算混凝土结构工程已完工程计划投资和已完工程实际投资,计算结果填入表 3-10-4 中。

　　(4) 列式计算 2010 年 8 月末的投资偏差和进度偏差(用投资额表示)。

表 3-10-4　资金使用计划表　　　　　　　　　　　(单位:万元)

项　目	投资数据								
	1	2	3	4	5	6	7	8	9
每月拟完工程计划投资									
累计拟完工程计划投资									

续表

项 目	投 资 数 据								
	1	2	3	4	5	6	7	8	9
每月已完工程计划投资									
累计已完工程计划投资									
每月已完工程实际投资									
累计已完工程实际投资									

三、案例解析

（1）将各工作计划工程量与单价相乘后，除以该工作持续时间，得到各工作每月拟完工程计划投资额；再将时标网络计划中各工作分别按月纵向汇总得到每月拟完工程计划投资额；然后逐月累加得到各月累计拟完工程计划投资额。

（2）H 工作 6—9 月份每月完成工程量为：$5000 \div 4 = 1250 (m^3)$

① H 工作 6—9 月份已完工程计划投资均为：$1250 \times 1000 = 125$（万元）

② H 工作已完工程实际投资如下。

6 月份为：$125 \times 110\% = 137.5$（万元）

7 月份为：$125 \times 120\% = 150.5$（万元）

8 月份为：$125 \times 110\% = 137.5$（万元）

9 月份为：$125 \times 110\% = 137.5$（万元）

（3）计算结果填入表 3-10-4 中,得到表 3-10-5。

表 3-10-5 计算结果 （单位:万元）

项 目	投 资 数 据								
	1	2	3	4	5	6	7	8	9
每月拟完工程计划投资	800	880	690	690	550	370	530	310	
累计拟完工程计划投资	880	1760	2450	3140	3690	4060	4590	4900	
每月已完工程计划投资	880	880	660	660	410	355	515	415	125
累计已完工程计划投资	880	1760	2420	3080	3490	3845	4360	4775	4900

项　目	投　资　数　据								
	1	2	3	4	5	6	7	8	9
每月已完工程 实际投资	1012	924	726	759	451	390.5	618	456.5	137.5
累计已完工程 实际投资	1012	1936	2662	3421	3872	4262.5	4880.5	5337	5474.5

（4）投资偏差和进度偏差的计算如下。

投资偏差＝已完工程实际投资－已完工程计划投资＝5337－4775＝562（万元）

计算结果为正，说明超支562万元。

进度偏差＝已完工程计划投资－拟完工程计划投资＝4775－4900＝－125（万元）

计算结果为负，说明进度延后。

3.10.3　案例3

一、背景资料

某实施监理的工程项目，建设单位与施工单位签订的建筑安装工程合同价款为1000万元。该工程在实施中发生了如下事件。

事件1　工程于2010年1月开工，2010年3月完成工程价款占合同价款的10％，根据合同约定，2010年3月底进行进度款结算时需对合同价款进行调值，有关数据如下。工程价款中固定要素占15％，人工费用占45％，钢材占12％，水泥占12％，骨料占6％，机具折旧占3％，空心砖占7％。有关的工资、材料物价指数如表3-10-6所示。

表3-10-6　工资、材料物价指数表

费用名称	代　号	2010年1月	代　号	2010年3月
人工费	A_0	100	A	106
钢材	B_0	153.4	B	177.6
水泥	C_0	154.8	C	165.0
骨料	D_0	132.6	D	159.0
机具折旧	E_0	178.3	E	182.8
空心砖	F_0	154.4	F	159.4

事件2　A分部工程施工前，专业监理工程师发现原施工设计的结构构件不符合节能要求，建议建设单位进行设计变更，建设单位采纳了监理工程师的建议。设计变更的A分部工程体积为1000 m³，预算价值为30000元，其中，人工费占20％，材料费占55％，机械使用费占13％，间接费占12％。已知换出结构构件价值为500元，换入结构构件价值为1500元，工资修正系数为1.05，材料费修正系数为1.07，机械使用费修正系数为0.98，间接费修正系数为0.99。

事件3 在施工过程中,又发生如下致使施工费用和施工工期增加的事项。

① 在基础开挖过程中个别部位实际土质与给定的地质资料不符,造成施工费用增加2.5万元,相应工序持续时间增加4天。

② 施工单位为了保证施工质量,扩大基础底面,开挖量增加,导致费用增加3.0万元,相应工序持续时间增加3天。

③ 在主体砌筑工程中,因施工图设计有误,实际工程量增加,导致费用增加3.8万元,相应工序持续时间增加2天。

④ 在雨季施工时恰逢20年一遇的大雨,造成停工损失2.5万元,工期增加4天。

以上事件中,除第④项外,其余工序均未发生在关键线路上,并对总工期无影响。针对上述事件,施工单位提出索赔:增加合同工期13天;增加费用11.8万元。

二、提出的问题

(1) 事件1中,2010年3月底进行进度款结算时,调整后的合同价款是多少?

(2) 事件2中,设计变更后A分部工程的预算造价是多少?

(3) 事件3中,施工单位提出的索赔是否成立?为什么?

三、案例解析

(1) 该工程2010年3月底经调整后的合同价款为

$$P = 1000 \times 10\% \times (0.15 + 0.45 \times \frac{106}{100} + 0.12 \times \frac{177.6}{153.4} + 0.12 \times \frac{165}{154.8}$$
$$+ 0.06 \times \frac{159}{132.6} + 0.03 \times \frac{182.8}{178.3} + 0.07 \times \frac{159.5}{154.4})$$
$$= 106.88(万元)$$

(2) 设计变更后A分部工程的预算造价。

由于换出结构构件价值为500元,换入结构构件价值为1500元,结构不同,净增加造价1000元。

总修正系数 $= 20\% \times 1.05 + 55\% \times 1.07 + 13\% \times 0.98 + 12\% \times 0.99 = 1.045$

修正后A分部工程的预算造价 $= 30000 \times 1.045 + 1000 \times (1 + 12\% \times 0.99)$
$$= 32468.8(元)$$

(3) 关于索赔的处理如下。

① 事项的费用索赔成立,工期不予延长。因为建设单位提供的地质资料与实际情况不符是施工单位不可预见的。

② 事项的费用索赔不成立,工期索赔不成立。因为该工作属于施工单位采取的质量保证措施。

③ 事项的费用索赔成立,工期不予延长。因为是由于设计方案有误,建设单位应承担施工单位由此产生的损失;但该工序未发生在关键线路上,并对总工期无影响,故工期索赔不成立。

④ 事项的费用索赔不成立,工期可以延长。因为是异常的气候条件变化导致的费用增加,施工单位不应得到费用补偿。

3.10.4　案例 4

一、背景资料

某施工单位承担了某综合楼的施工任务,并与建设单位签订了施工合同,合同价为3200 万元,合同工期 28 个月。某监理单位承担了该项目施工阶段的监理任务,并签订了监理合同。在工程施工过程中,遭受暴风雨不可抗力的袭击,造成了相应的损失。施工单位及时向监理工程师提出索赔要求,并附有关的材料和证据。索赔要求如下。

(1) 遭暴风雨袭击造成的损失应由建设单位承担赔偿责任。

(2) 给已建部分工程造成破坏,损失 26 万元,应由建设单位承担修复的经济责任。

(3) 因此灾害使施工单位人员 8 人受伤,发生相关医疗费用和补偿金总计 2.8 万元,应由建设单位给予补偿。

(4) 施工单位进场的在使用的机械、设备受到损坏,造成损失 6 万元;由于现场停工造成机械台班费损失 2 万元,工人窝工费 4.8 万元,建设单位应承担修复和停工的经济损失。

(5) 因此灾害造成现场停工 5 天,要求合同工期顺延 5 天。

(6) 由于工程被破坏,清理现场需费用 2.5 万元,应由建设单位支付。

二、提出的问题

(1) 监理工程师接到施工单位提交的索赔申请后,应进行哪些工作?

(2) 不可抗力发生风险承担的原则是什么?

(3) 如何处理施工单位提出的索赔要求?

三、案例解析

(1) 监理工程师接到索赔申请后应进行以下主要工作。

① 进行调查、取证。

② 审查确定索赔是否成立。

③ 认可合理索赔,与建设单位、施工单位协商,统一意见。

④ 签发索赔报告,处理意见报建设单位核准。

(2) 不可抗力风险承担责任的原则如下。

① 工程本身的损害由建设单位承担。

② 人身伤亡由其所在单位负责,并承担相应的费用。

③ 施工单位的机械设备损坏及停工损失,由施工单位承担。

④ 工程所需清理、修复费用,由建设单位承担。

⑤ 据延误的工期相应顺延合同工期。

(3) 施工单位提出的索赔要求应按以下方法处理。

① 经济损失按上述原则由双方分别承担,工程延期应予签证顺延。

② 工程修复重建发生的 26 万元工程款由建设单位支付。

③ 施工单位人员受伤引起的 2.8 万元索赔不予认可,由施工单位承担。

④ 因机械、设备损坏,机械停工,人员窝工造成的 6 万元、2 万元、4.8 万元索赔不予认可,由施工单位承担。

⑤ 现场停工 5 天引起的索赔予以认可,合同工期顺延 5 天。

⑥ 清理现场引起的 2.5 万元索赔予以认可,由建设单位承担。

思考题

1. 建筑安装工程费用构成按工程造价形成顺序划分,包含哪些内容?

2. 建设工程监理造价控制工作的主要内容有哪些?

3. 项目监理机构对安全文明施工费支付的控制内容有哪些?

4. 监理工程师对工程进行计量的程序及依据有哪些?

5. 工程价款支付的时间有何规定?

6. 投资偏差分析的方法有哪些?

7. 索赔费用的组成有哪些?

8. 监理工程师在施工过程中如何加强变更管理?

第4章　工程进度控制

4.1　进度控制的概念及意义

4.1.1　进度控制的概念

工程进度控制是指对工程项目建设各阶段的工作内容、工作程序、持续时间和衔接关系,根据进度总目标及资源优化配置的原则编制计划并付诸实施,在进度计划执行过程中对建设过程实际进度进展情况进行跟踪与检查,若与计划进度有偏差,要及时寻找原因,采取补救措施或调整、修改原计划后再付诸实施,循环往复,直到建设工程竣工验收交付使用。建设工程进度控制的最终目的是确保建设项目按预定的时间交付使用或提前交付使用,建设工程进度控制的总目标是确保建设工期。

工程项目的进度,受诸多因素的影响。包括人的因素、技术的因素、物质供应的因素、机具设备的因素、资金的因素、工程地质的因素、社会政治因素、气候的因素以及其他潜在的难以预料的因素等。

4.1.2　进度控制的意义

由于工程项目投资总量大,消耗资源多,牵动着国家各个经济部门和各个地区的发展。所以,工程项目的进度对国民经济秩序有牵一发而动全身的作用。工程项目进展正常,国民经济受益;工程项目进度失控,不仅危及建筑行业本身,而且也影响国民经济各部门和各地区的发展。因此,进度控制有益于维护国家的良好经济秩序。

进度控制不仅可控制施工单位的施工速度,还有利于建设各方的协调合作。与进度有关的单位很多,包括建设单位、设计单位、施工单位、材料设备供应单位、资金贷款单位等,只有对这些单位都进行有效的协调才能更好地控制建设项目的进度。

项目进度控制是项目整体目标控制不可或缺的重要内容之一。一般情况下,进度快会增加投资,但工程如果提前交付使用就可以提高投资效益;进度快有可能影响质量,而质量控制严格,则有可能影响进度;质量控制严格必然会减少返工和事故,从而减少进度延误,提高工期保证率。因此,进度控制不是单一的。

进度控制是工程项目监理中与质量控制、投资控制并列的三大控制措施之一。它们之间既相互依赖又相互制约。因此,监理工程师在工作中要对三个目标全面系统地加以考虑,正确处理好进度、质量和投资三者的关系,提高工程建设的综合效益。

4.2 进度控制的流程和职责

4.2.1 施工阶段进度控制工作程序

施工阶段进度控制工作程序如图 4-2-1 所示。

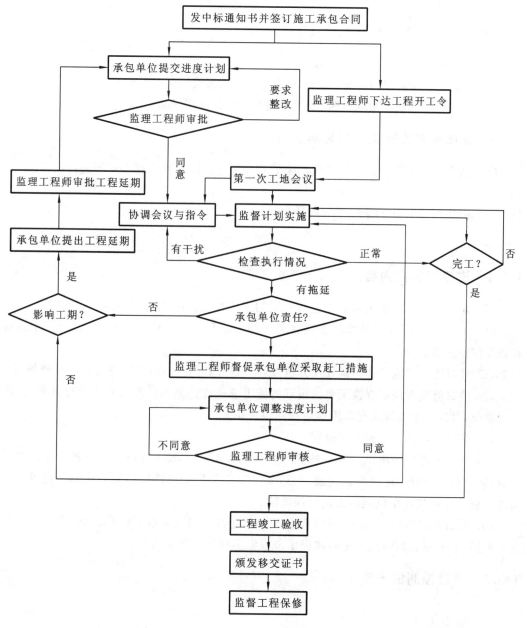

图 4-2-1 施工阶段进度控制工作程序

4.2.2　监理机构进度控制人员岗位职责

一、总监理工程师有关进度控制的职责

(1) 应负责全面主持项目进度控制工作。

(2) 对进度计划进行最终审核,对工程临时延期或最终延期进行审核和批准。

(3) 处理与进度控制有关的协调工作,审批进度控制监理实施细则。

二、专业监理工程师有关进度控制的职责

(1) 负责工作范围内的进度计划的初步审核。

(2) 根据总监理工程师的安排编制或参与编制进度控制监理实施细则。

(3) 巡视进度计划的实施情况,发现问题及时进行分析、处置或汇报。

三、监理员有关进度控制的职责

应根据自己的工作能力收集进度控制的相关信息并向专业监理工程师进行反馈。

4.3　进度控制的内容、方法及措施

4.3.1　进度控制的内容

监理单位的进度控制内容根据监理合同的工期控制目标确定,其主要内容如下。

(1) 在准备阶段,向建设单位提供有关工期的信息和咨询服务,协助其进行工期目标和进度控制决策。

(2) 进行环境和施工现场调查及分析,编制项目总进度计划,编制进度控制监理细则。

(3) 项目监理机构审查施工单位报审的施工总进度计划和阶段性施工进度计划,提出审查意见,并应由总监理工程师审核后报建设单位。

(4) 签发工程开工令和开工报告。

(5) 项目监理机构应检查施工进度计划的实施情况,发现实际进度严重滞后于计划进度且影响合同工期时,应签发监理通知单,要求施工单位采取调整措施加快施工进度。总监理工程师应向建设单位报告工期延误风险。

(6) 项目监理机构应比较分析工程施工实际进度与计划进度,预测实际进度对工程总工期的影响,并应在监理月报中向建设单位报告工程实际进展情况。

4.3.2　进度控制的方法

一、指令方法

指令方法就是利用监理指令进行管理,通过发布进度指令,进行指导、协调、考核,利用激励手段来监督、督促,从而进行进度控制。

二、经济方法

经济方法就是指有关单位利用经济手段对进度进行制约和影响。包括在合同中写明工期和进度的条款，建设单位通过工期提前奖励和延期惩罚条款实施进度控制等，如通过进度优惠条件鼓励施工单位加快施工进度。

三、管理技术方法

管理技术方法是指监理工程师通过各种计划的编制、优化、实施、调整而实现进度控制。包括采用流水作业、网络计划技术、滚动计划以及计算机辅助进度管理措施等。

4.3.3 进度控制的措施

为了实现进度控制，监理工程师必须根据建设工程的具体情况，认真制定进度控制措施，以确保建设工程进度控制目标的实现。进度控制的措施主要包括组织措施、技术措施、经济措施、合同措施。

一、组织措施

（1）建立进度控制目标体系，明确建设工程现场监理组织机构中的进度控制人员及其职责分工。

（2）建立工程进度报告制度及进度信息沟通网络。

（3）建立进度计划审核制度和进度计划实施中的检查分析制度。

（4）建立进度协调会议制度。

（5）建立图纸审查、工程变更和设计变更管理制度。

二、技术措施

（1）审查施工单位提交的进度计划，使施工单位能在合理的状态下施工。

（2）编制进度控制监理实施细则，指导监理人员实施进度控制。

（3）采用网络计划技术及其他科学适用的计划方法，并结合计算机的应用对建设工程进度实施动态控制。

三、经济措施

（1）及时办理工程预付款及工程进度款支付手续。

（2）对应急赶工给予优厚的赶工费用。

（3）对工期提前给予奖励。

（4）对工程延误收取误期损失赔偿金。

（5）加强索赔管理，公正地处理索赔。

四、合同措施

合同条款中明确对工期与进度的限制及工期提前与滞后的处理等。

4.4　审核施工进度计划

对于大型建设工程,由于单位工程较多、施工工期较长,当采取分期分批发包又无负责全部工程的总承包单位时,需要监理工程师编制施工总进度计划;当建设工程由若干个承包单位平行承包时,监理工程师也有必要编制总进度计划。施工总进度计划应确定分期分批的项目组成;各批工程项目的开工、竣工顺序及时间安排;全场性准备工程,特别是首批准备工程的内容与进度安排等。

当建设工程有总承包单位时,监理工程师只需对总承包单位提交的施工总进度计划进行审核。而对于单位工程施工进度计划,监理工程师要负责审核。如果监理工程师在审查施工进度计划的过程中发现问题,应及时向施工单位提出书面修改意见,并协助施工单位修改,其中重大问题应及时向建设单位汇报。

4.4.1　项目监理机构对总进度计划的审核

一、总进度计划审核主要内容

(1) 施工进度计划应符合施工合同中有关工期的约定。

(2) 施工进度计划中主要工程项目有无遗漏。

(3) 施工顺序的安排应符合施工工艺的要求。

(4) 施工人员、工程材料、施工机械等资源供应计划应满足施工进度计划的需要。

(5) 施工进度计划应符合建设单位提供的资金、施工图纸、施工场地、物资等施工条件。并应结合工程分期投用、外网配套建设等因素,合理组织流水作业。对规模体量较大的工程能够达到边建设边受益的投资效果。

二、总进度计划审核流程

(1) 总进度计划应由专业监理工程师进行初步审核,提出审查意见,签署意见后转呈总监理工程师进行审核。

(2) 发现问题时,应以监理通知单的方式及时向施工单位提出书面修改意见,并对施工单位调整后的进度计划重新进行审查,发现重大问题时应及时向建设单位报告。

(3) 总监理工程师对专业监理工程师的审核结果提出自己的意见并审核签认,报建设单位批准后方可实施。

4.4.2　项目监理机构对阶段性进度计划的审核

项目监理机构应根据总进度计划对阶段性施工计划进行审核,审核的内容与 4.4.1 中所列内容相似,审核的重点是阶段性施工进度计划是否与总进度计划中的控制目标一致。当施工进度发生严重滞后或提前的情况下,应要求施工单位对总进度计划进行修订,修订后重新报审。

4.5 施工进度计划实施的检查与调整

4.5.1 监理对施工进度的检查

在施工进度计划的实施过程中,由于各种因素的影响,常常会打乱原始计划的安排而出现进度偏差。因此,监理工程师必须对施工进度计划的执行情况进行动态检查,并分析进度偏差产生的原因,以便为施工进度计划的调整提供必要的信息。为了全面、准确地掌握进度计划的执行情况,监理工程师应认真做好以下三方面的工作。

一、定期收集进度报表资料

进度报表是反映工程实际进度的主要资料之一。进度计划执行单位应按照进度控制工作制度规定的时间和报表内容,定期填写进度报表。监理工程师通过收集进度报表资料掌握工程实际进展情况。

二、现场实地检查工程进展情况

派监理人员常驻现场,随时检查进度计划的实际执行情况,这样可以加强进度监测工作,掌握工程实际进度的第一手资料,使获得的数据更加及时、准确。

三、定时召开现场会议

监理工程师通过定期召开现场会议,与进度计划执行单位的有关人员面对面交谈,既可以了解工程实际进度状况,又可以协调有关方面的进度关系。

一般情况下,进度控制的效果与收集数据资料的时间间隔有关。而进度检查的时间间隔又与工程项目的类型、规模、监理对象及有关条件等多方面因素有关,可根据工程的具体情况,每月、每半月或每周进行一次检查。在特殊情况下,甚至需要每日进行一次进度检查。

施工进度计划检查的主要方法是对比法,即用实际进度数据与计划进度数据进行比较,从中发现是否出现偏差以及进度偏差的大小。施工进度检查常用的方法有横道图比较法、S形曲线比较法、前锋线比较法以及列表比较法。检查的内容包括关键工作的进度、非关键工作的进度、时差利用情况及各工作之间的逻辑关系等。

4.5.2 施工进度计划的调整

施工进度偏差的大小及其所处位置不同,对后续工作和总工期的影响程度是不同的。如果出现进度偏差的工作为关键工作,则无论其偏差有多大都会对后续工作和总工期产生影响,必须采取相应的调整措施。如果出现偏差的工作是非关键工作,工作的进度偏差大于该工作的总时差,则此进度偏差必将影响后续工作和总工期,必须采取相应的调整措施。如果工作的进度偏差未超过该工作的总时差,但大于该工作的自由时差,则此进度偏差不影响总工期但必将对后续工作产生影响,此时应根据后续工作的限制条件确定调整方法。

如果工作的进度偏差未超过该工作的自由时差,则此进度偏差不影响后续工作,原进度计划可不做调整。

如果进度偏差已影响计划工期,且有关后续工作之间的逻辑关系允许改变,此时可变更位于关键线路或位于非关键线路但延误时间已超出其总时差的有关工作之间的逻辑关系,从而达到缩短工期的目的。例如,可以将原计划安排的依次进行的工作关系改变为平行进行、搭接进行或分段流水的工作关系。进度计划调整的另一种方法是不改变工作之间的逻辑关系,而只是压缩某些后续工作的持续时间,以此加快后期工程进度,使原计划工期仍然能够得以实现。

4.5.3　项目监理机构对进度计划实施的动态控制

监理人员应在监理巡视中对施工进度计划的实施情况进行动态检查,对照施工实际进度和计划进度,对可能影响进度的情况应进行研判,及时与施工单位进行沟通协调,督促其进行调整,消除影响进度的不利因素。

发现影响进度的因素或事件持续发生,未得到消除,应及时向建设单位报告,讲明可能造成工期延误的风险事件及其原因。必要时采用监理手段进行进度控制。

4.6　工程延期和工期延误的处理

4.6.1　工程延期的概念

工程延期是指由于非施工单位原因造成的合同工期的延长。

4.6.2　项目监理机构对工程延期的审批

一、申报工程延期的条件

由于以下原因导致工程拖期,施工单位有权提出延长工期的申请,监理工程师应按合同规定,审批工期延期时间。

(1)监理工程师或建设单位代表发出工程变更指令而导致工程量增加。

(2)非施工单位原因造成的工程暂停。

(3)属合同约定的不可抗力范围的恶劣气候条件。

二、工程延期的审批程序

当工程延期事件发生后,施工单位应在合同规定的有效期内以书面形式通知监理工程师(即工程延期意向通知),以便于监理工程师尽早了解所发生的事件,及时作出减少延期损失的决定。随后,施工单位应在合同规定的有效期内(或监理工程师可能同意的合理期限内)向监理工程师提交详细的申述报告(延期理由及依据)。监理工程师收到该报告后应及时进行调查核实,准确地确定出工程延期时间。当延期时间具有持续性,施工单位在合同规定的有效期内不能提交最终详细的申述报告时,应先向监理工程师提交阶段性的详细报告。监理工程师应在调查核实阶段性报告的基础上,尽快作出延长工期的临时决定。临时决定的延期时间不宜太长,一般不超过最终批准的延期时间。

延期事件结束后,施工单位应在合同规定期限内向监理工程师提交最终的详情报告。监理工程师应复查详情报告的全部内容,然后确定该延期事件所需要的延期时间。

如果遇到比较复杂的延期事件,监理工程师可以成立专门小组进行处理。对于一时难以得出结论的延期事件,即使不属于持续性的事件,也可以采用先作出临时延期的决定,然后再作出最后决定的办法。这样既可以保证有充足的时间处理延期事件,又可以避免由于处理不及时而造成损失。

监理工程师在作出临时工程延期批准或最终工程延期批准之前,均应与建设单位和施工单位协商。

三、工程延期的审批原则

监理工程师在审批工程延期时应遵循下列原则。

1. 合同条件

监理工程师批准的工程延期必须符合合同条件。也就是说,导致工期拖延的原因确实属于施工单位自身以外的因素,否则不能批准为工程延期。这是监理工程师审批工程延期时应遵循的一条根本原则。

2. 影响工期

工程延期事件所涉及的工程部位,无论其是否处在施工进度计划的关键线路上,只有当所延长的时间超过其相应的总时差而影响到工期时,才能批准工程延期。如果延期事件发生在非关键线路上,且延长的时间并未超过总时差时,即使符合批准为工程延期的合同条件,也不能批准工程延期。

应当说明,建设工程施工进度计划中的关键线路并非固定不变,它会随着工程的进展和情况的变化而转移。监理工程师应以施工单位提交的、经自己审核后的施工进度计划(不断调整后)为依据来决定是否批准工程延期。

3. 实际情况

批准的工程延期必须符合实际情况。为此,施工单位应对延期事件发生后的各类有关细节进行详细记载,并及时向监理工程师提交详细报告。与此同时,监理工程师也应对施工现场进行详细考察和分析,并做好有关记录,以便为合理确定工程延期时间提供可靠依据。

4.6.3　工期延误的概念

工期延误是指由于施工单位自身原因造成的施工期延长。

由施工单位自身原因引起的工期拖延,如果拖延时间不长,没有超过一定百分比时,一般可通过加强内部管理来自身消化。作为监理工程师应及时提醒或告诫施工单位延误工期将受到的处罚,以提高施工单位如期完工的自觉性,促使施工单位自觉加强内部管理,优化资源配置,在后续施工中抢回失去的时间。

从进度计划的检查反映出因施工单位自身原因所引起的工期拖延的影响较大,达到或超过一定的百分比时,监理工程师有权要求施工单位采取有效措施加快施工进度,施工单位提出和采取的措施必须经过监理工程师的批准。

4.6.4　项目监理机构对工期延误的处理

项目监理机构可采取如下措施进行工期延误的处理。

(1) 发生工期延误,项目监理机构应尽快分析原因,并督促施工单位采取措施进行调整。

(2) 发生较为严重的工期延误时,项目监理机构应采取下发监理通知单、组织召开专题例会、及时向建设单位汇报等措施,督促施工单位改变工期延误的状态。

(3) 如果施工单位未按照项目监理机构的指令改变工期延误状态时,宜根据建设工程施工合同中的约定,采用下列手段进行处理。

① 拒绝签署付款凭证。

② 误期损失赔偿。

③ 建议取消承包资格。

项目监理机构采取上述手段进行处理之前应与建设单位进行沟通协商。

4.7　进度控制月度报告

项目监理机构应从以下几方面入手,进行进度控制月度报告工作。

(1) 进度控制部分的月报应按照武汉地区监理配套用表 A10 的格式进行填写。

(2) 项目监理机构应比较工程施工实际进度与计划进度的偏差,分析造成进度偏差的原因,预测实际进度对工程总工期的影响,在月报中进行分析,向建设单位呈报。

(3) 监理月报中有关进度控制的部分宜对影响进度控制的主要问题进行认真分析,并应提出处理意见或建议。

4.8　案例分析

4.8.1　案例 1

一、背景资料

某土方工程的总开挖量为 10000 m³,要求在 10 天内完成,不同时间的土方开挖量直方图如图 4-8-1 所示,按规定时间检查的实际任务完成情况在图 4-8-1 中以括号形式标注。

二、提出的问题

(1) 绘制出计划进度 S 形曲线与实际进度 S 形曲线。

(2) 进行工程项目实际进度与计划进度的比较。找出第 2 天(末)和第 6 天(末)的进度偏差。

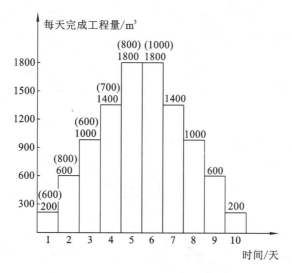

图 4-8-1　实际土方开挖量

三、案例解析

(1) 具体分析如下。

① 根据已知数据计算逐日的计划完成量及实际的累计完成工程量,如表 4-8-1 所示。

表 4-8-1　计划累计完成量与实际累计完成量

天数	1	2	3	4	5	6	7	8	9	10
计划累计完成量/m³	200	800	1800	3200	5000	6800	8200	9200	9800	10000
实际累计完成量/m³	600	1400	2000	2700	3500	4500				

② 根据表 4-8-1 绘制出计划完成的和实际完成的工程量的累计曲线(S 形曲线),如图 4-8-2 所示。

(2) 由图 4-8-2 可知:

在第 2 天检查时实际完成工程量与计划完成工程量的偏差 $\Delta Q_2 = 600$ m³,即实际超额完成 600 m³。在时间进度上提前 $\Delta t_2 = 1$ 天完成相应工程量。

在第 6 天检查时,实际完成工程量与计划完成工程量的偏差 $\Delta Q_6 = -2300$ m³,即实际完成量比计划完成量少 2300 m³。在进度上落后 1~2 天。

4.8.2　案例 2

一、背景资料

某工程项目开工之前,施工单位向监理工程师提交了施工进度计划,如图 4-8-3 所示,该计划满足合同工期 100 天的要求,按综合单价计价,合同价 500 万元(其中含现场管理费 60 万元)。

在该施工进度计划中,工作 E 和工作 G 共用一台塔吊(塔吊原计划在开工第 25 天后进场投入使用),必须顺序施工,使用的先后顺序不受限制(其他工作不使用塔吊)。

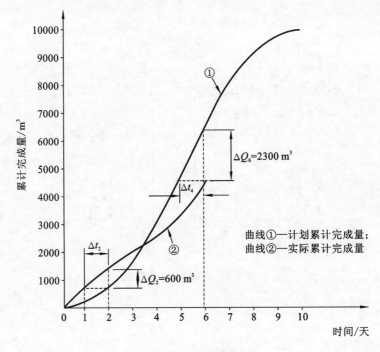

图 4-8-2　S 形曲线

根据投标书附件规定,塔吊租赁费 600 元/天、台班费 850 元/天,现场管理费率 10%,利润 5%,人工费 30 元/工日,人员窝工费 20 元/工日,赶工费 5000 元/天。

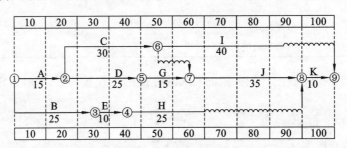

图 4-8-3　某工程进度计划(单位:天)

二、提出的问题

(1) 如果在原计划中先安排工作 E,后安排工作 G,塔吊应安排在第几天(上班时刻)进场投入使用较为合理? 为什么?

(2) 施工过程中,由于建设单位要求变更设计图纸,使工作 B 停工 10 天(其他工作持续时间不变),监理工程师及时向施工单位发出了通知并指示施工单位调整进度计划,以保证该工程按合同工期完工。施工单位提出的调整计划及附加要求如下。

① 调整方案:将工作 J 的持续时间压缩 5 天。

② 费用补偿要求:工作 J 压缩 5 天,增加赶工费 25000 元;塔吊闲置 15 天补偿 15×600 ＝9000 元;由于工作 B 停工 10 天造成其他机械闲置、人员窝工等综合损失 45000 元(数据真实)。

请问施工单位提出的调整方案是否合理？该计划如何调整更为合理？施工单位的费用补偿要求是否合理？

（3）在施工过程中，由于不利的现场条件，引起人工费、材料费、施工机械费分别增加1.5万元、3.8万元、2万元；另因设计变更，新增工程款98万元，导致工期延长25天。请问施工单位可提出的现场管理费索赔应是多少万元？（计算结果保留两位小数）

三、案例解析

（1）塔吊应安排在第31天（上班时刻）进场投入使用。塔吊在工作E与工作G间没有闲置，也不会影响工期（因为工作E有30天总时差）。

（2）对施工单位提出的要求分析如下。

① 方案调整不合理。可调整为先安排工作G后安排工作E，这样安排不影响合同工期（因为工作E有30天总时差）。

② 费用补偿：要求补偿赶工费不合理，因为工作合理安排后不需要赶工（或工作J的持续时间不需要压缩）；塔吊闲置补偿9000元不合理，因为闲置时间为10天，补偿费为6000元；其他机械闲置、人员窝工费补偿要求合理。

（3）现场管理费索赔额由以下两个部分组成。

① 由于不利的现场条件引起的现场管理费索赔额。

$$(1.5+3.8+2)\times 10\% = 0.73(万元)$$

② 由于设计变更引起的现场管理费索赔额。

新增工程款相当于原合同19.6天的工作量：$100\times(98\div 500)=19.6$（天）

而新增工程款既包括直接费，也包括了现场管理费等其他费用，因此尽管因此导致工期延长25天，但仅应考虑工程延期5.4天引起的现场管理费。

$$25-19.6=5.4(天)$$

$$\frac{60}{100}\times 5.4 = 3.24(万元)$$

所以，现场管理费索赔总额为

$$0.73+3.24=3.97(万元)$$

思考题

1. 建设工程监理进度控制的措施有哪些？
2. 项目监理机构对总进度计划进行审核的内容有哪些？
3. 进度计划调整的方法有哪些？
4. 如何进行工程延期与工期延误的处理？

第5章 工程质量控制

5.1 质量控制概述

5.1.1 质量控制的任务

监理人员依据监理合同的约定,通过对施工投入及施工和安装过程进行全过程控制,以及对参加施工的单位和人员、材料、施工机械和机具、施工方案和方法、施工环境实施全面控制,确保施工质量监理目标的实现。

5.1.2 质量控制的依据

建设工程质量控制的依据文件主要包括以下几个方面。

(1)国家及行业有关法律、法规。

(2)国家及行业有关技术及管理规范、规程与标准。

(3)地方政府有关文件规定及地方标准。

(4)施工合同、监理合同及建设单位与相关参建单位签订的与工程有关的合同。

(5)勘察设计文件及相关的标准图。

(6)经审批的施工组织设计及施工方案。

5.1.3 质量控制的方法

一、审查、审核施工质量保证体系及有关技术文件、报告或报表

对施工质量保证体系及有关技术文件、报告或者报表进行审核,是监理人员对工程质量进行全面控制的重要手段,其具体内容主要包括以下几个方面。

(1)审查施工单位质量保证体系。

(2)审查施工组织设计及施工方案。

(3)审查施工单位报送的用于工程的材料、构配件、设备的质量证明文件。

(4)审核有关新工艺、新技术、新材料、新设备的质量保证材料和相关验收标准的适用性、必要性。

(5)审核分包单位的资格。

(6)审核施工单位建造的为工程提供服务的试验室。

(7)审查施工单位用于工程的计量设施的检查和检定报告。

（8）审核、审批施工单位提交的隐蔽工程、检验批工程、分项分部工程验收的报验单。

（9）审查有关质量缺陷处理的技术方案。

（10）审查施工单位提交的单位工程竣工验收报告及竣工资料。

二、质量监督与检查

1. 检查的内容与手段

（1）工序预检：对一些重要的工序，在正式施工前对前期准备工作进行检查，如桩基施工前的桩位检查；结构施工前对标高、轴线的检查；砌体施工前对墙身线的检查；外墙贴面砖施工前对排砖的检查等。

（2）工序交接检查：对于重要的工序或对工程质量有重大影响的工序，在自检、互检的基础上，还要由监理人员进行工序交接检查。

（3）隐蔽工程检查与验收：凡隐蔽工程需经监理人员检查认证后方能掩盖。

（4）停工后复工前的检查：当施工单位严重违反质量规定时，监理人员可行使质量否决权，令其停工。工程因某种原因停工后需要复工时，均应经检查认可后方能下达复工令。

（5）检验批及分项工程验收：检验批和分项工程的质量是建设工程质量的基础。因此，所有检验批及分项工程均应由监理工程师（或建设单位项目技术负责人）组织施工单位的项目专业质量（或技术）负责人等进行验收。验收前，施工单位先填好检验批和分项工程质量验收记录（有关监理记录和结论不填），并由项目专业质量检验员和项目专业技术负责人分别在检验批和分项工程质量验收记录的相关栏目中签字，然后由监理工程师组织严格按规定程序进行检验。

（6）分部工程的验收：分部工程由总监理工程师（或建设单位项目负责人）组织施工单位项目负责人和项目技术、质量负责人等进行验收。由于地基基础、主体结构技术性能要求严格、技术性强，关系到整个工程的安全。因此，规定与地基基础、主体结构分部工程相关的勘察、设计单位工程项目负责人和施工单位技术、质量部门负责人也参加相关分部工程验收。

（7）巡视：项目监理机构对施工现场进行的定期或不定期的检查活动。

（8）旁站：项目监理机构对工程的关键部位或关键工序的施工质量进行的监督活动。

（9）平行检验：项目监理机构在施工单位自检的同时，按有关规定及建设工程监理合同的约定对同一检验项目进行的检测试验活动。

（10）见证取样：项目监理机构对施工单位进行的涉及结构安全的试块、试件及工程材料的现场取样、封样、送检工作的监督。

2. 检查的方法

现场进行质量检查的方法有目测法、实测法和检测试验法三种。

（1）目测法。

目测检查法的手段，可归纳为看、摸、敲、照四个字。

① 看，就是根据质量标准进行外观目测。如墙纸裱糊质量，应纸面无斑痕、空鼓、气泡、褶皱；每一墙面纸的颜色、花纹一致；斜视无胶痕，纹理无压平、起光现象；对缝无离缝、搭缝、张嘴；对缝处图案、花纹完整；裁纸的一边不能对缝，只能搭接；墙纸只能在阴角处搭

接,阳角应采用包角等。又如清水墙面应洁净,喷涂的密实度和颜色均匀,内墙抹灰大面及口角平直,地面光洁平整,油漆浆活的表面观感、施工顺序应合理,工人操作正常等。这些均是通过目测检查、评分的。

②摸,就是手感检查。主要适用于装饰工程的某些检查项目。如水刷石、干粘石黏结牢固程度,油漆的光滑度,浆活是否掉粉,地面有无起砂等,均可通过手摸加以鉴别。

③敲,是运用工具进行音感检查。对地面工程、装饰工程中的水刷石、面砖、锦砖和水磨石、大理石的镶钻等,均应进行敲击检查,通过声音的虚实确定有无空鼓,还可根据声音的清脆和沉闷,判定属于面层空鼓或底层空鼓。此外用手敲玻璃,如出现颤动音响,一般是由于灰底不满或压条不实。

④照,对于难以看到或光线较暗的部位,则可采取镜子反射或灯光照射的方法进行检查。

(2)实测法。

实测检查法,就是通过实测数据与施工规范、质量标准所规定的允许偏差的对照,来判别质量是否合格。实测检查法的手段,可归纳为靠、吊、量、套四个字。

①靠,是用直尺、塞尺检查地面、墙面、屋面的平整度。

②吊,是用托线板以线锤吊线检查垂直度。

③量,是用测量工具和计量仪表等检测断面尺寸、轴线、标高、湿度、温度等的偏差。

④套,是以方尺套方,辅以塞尺检查。如对阴阳角的方正、踢脚线的垂直度、预制构件的方正等项目进行检查。对门窗洞口及构配件的对角线(窜角)检查,也是套方的特殊手段。

(3)检测试验法。

检测试验法指必须通过实验手段,才能对质量进行判断的检查方法。如对桩或地基进行静载试验,确定其承载力;对钢结构进行稳定性试验,确定是否产生失稳现象;对钢筋对焊接头进行拉力试验,检验焊接的质量等。

5.1.4　质量控制的措施

一、组织措施

建立、健全项目监理机构,完善职责分工及有关监理制度,落实质量控制责任。

二、技术措施

(1)做好图纸会审工作,帮助设计单位完善及优化设计。

(2)确定好各主要分部、子分部工程的质量控制点,并编制有针对性的监理实施细则。

(3)督促各总包、分包施工单位建立、健全质量保证体系。

(4)在施工中严格执行事前、事中和事后的质量控制措施。

三、经济措施

(1)将监理人员的工作质量与经济利益挂钩。

（2）建设单位对施工质量实行优质优价、劣质无偿返工并罚款的奖惩制度。

四、合同措施

按实际进度和合同约定的质量标准验收并支付工程款，凡不符合要求的，拒付工程款或扣除质量保证金。

5.2 施工准备阶段质量控制

5.2.1 第一次工地会议

第一次工地会议应在施工单位和项目监理机构进场后，工程开工前，由建设单位主持召开。其会议的组织、参会的人员、会议的内容、会议纪要的形式等详见第 2 章 2.3.1 节的内容。

5.2.2 设计交底和图纸会审

一、前期准备

工程开工前，项目监理机构收到建设单位提供的图审合格的施工图设计文件后，总监理工程师应及时组织监理人员熟悉和审查工程施工图设计文件，形成书面监理会审意见，提交给建设单位。

二、会议的组织

图纸会审会议由建设单位组织勘察设计、监理和施工单位技术负责人及有关人员参加。施工图纸会审纪要由施工单位汇总整理，形成的会议纪要由相关责任人共同签认。设计交底会议由设计单位整理会议纪要，与会各方会签。

三、图纸会审的基本任务

（1）核查图纸的完整性、合法性。

（2）核查设计深度是否满足要求。

（3）查找设计的矛盾和错误并加以解决。

（4）核查设计的合理性，包括是否便于施工，工艺技术是否成熟、可靠，造价是否划算，设计标准是否适中，结构是否安全，使用是否安全，使用功能是否合理。

四、图纸会审的基本程序

（1）审阅图纸并记录问题。

（2）项目监理机构内部预审并按专业汇总提出的问题及意见。

（3）与施工单位提出的问题进行汇总并核查问题是否确实存在。

（4）将问题交建设单位复核后并在会审前交设计单位。

（5）正式会审图纸。会审由建设单位组织，会审前设计单位先进行设计交底，再由设计单位对会审问题逐一解释、解答，确定图纸存在的问题的解决方案；对涉及设计变更的应按程序办理设计变更手续。

（6）施工单位整理会审纪要，经项目监理机构及建设单位审查后交设计单位确认，各方签字盖章，监理单位由总监理工程师签认。

（7）对遗留问题由项目监理机构督促跟踪有关单位解决。

（8）将图纸会审结果在相关图纸上标识并督促实施。

5.2.3　施工组织设计（方案）审查

（1）工程开工前，总监理工程师应及时组织专业监理工程师审查施工单位报审的施工组织设计。需要修改的，由总监理工程师签发书面意见，退回修改；符合要求的，应由总监理工程师签认，项目监理机构报送建设单位。

（2）项目监理机构应要求施工单位按照已批准的施工组织设计组织施工。施工组织设计需要调整时，项目监理机构应按程序重新审查。施工组织设计审查应包含以下基本内容。

① 编审程序应符合相关规定。

② 施工进度、施工方案及工程质量保证措施应符合施工合同要求。

③ 劳动力、材料、设备等资源供应计划应满足工程施工需要。

④ 主要施工技术及组织措施，主要技术经济指标，质量、安全技术措施应符合工程建设强制性标准。

⑤ 施工总平面布置应科学合理。

（3）施工组织设计的基本内容应包括以下几个方面。

① 项目概况及特点、难点。

② 施工总体部署。

③ 主要分部分项工程施工方法。

④ 主要物资供应计划。

⑤ 主要施工机械供应计划。

⑥ 劳动力安排计划。

⑦ 确保工程质量的技术组织措施。

⑧ 确保安全生产及文明施工、绿色环保施工的技术及组织措施（含应急救援预案）。

⑨ 确保工期的技术及组织措施。

⑩ 施工总进度计划。

⑪ 施工总平面布置图。

（4）项目监理机构还应审查施工组织设计中的生产安全事故应急预案，重点审查应急组织体系、相关人员职责、预警预防制度、应急救援措施。

5.2.4　质量保证体系审查

（1）工程开工前，项目监理机构应审查施工单位报审的质量管理体系，审查内容应包括施工单位现场的质量管理组织机构、管理制度、管理程序、质量控制流程和项目主要管理人员、质量关键岗位人员、特种作业人员的配置及资格,并应与投标文件、施工组织设计、报送的资料相符。对不符合要求的,应签发整改意见并要求其完善后重新报审。审查结论作为总监理工程师审批开工条件的依据之一。

(2)在施工过程中,项目监理应定期或不定期对质量管理体系进行复查,以应对施工现场主要管理人员及特殊工种人员的变化情况,同时核查企业安全生产许可证及各类人员证件是否在有效期内。

(3)质量管理体系采用武汉地区监理配套用表 B15 报审。

5.2.5　开工报告审查

(1)总监理工程师应组织专业监理工程师审查施工单位报送的开工报审表及相关资料;同时具备下列条件时,应由总监理工程师签署审查意见,报建设单位批准后,由总监理工程师签发工程开工令。

① 设计交底和图纸会审已完成。

② 施工组织设计已由总监理工程师签认。

③ 施工单位的现场质量、安全管理体系已建立,管理及施工人员已到位,施工机械具备使用条件,主要工程材料已落实。

④ 进场道路及水、电、通信等已满足开工要求。

(2)如果施工单位在工程没有取得施工许可证的情况下擅自开工,项目监理机构应予以劝阻,同时向建设单位及施工单位呈送关于催办施工许可证的专题报告,并对有关资料不予签认。

(3)分包单位的开工报审由总承包单位向监理项目部申报;审查要点可参照对总包单位的审查内容与程序要求。

5.2.6　施工控制测量成果复核

(1)施工单位进场后,应根据建设单位提供的规划红线、基准点、引进水准点、标高文件资料及总平面布置图,对拟建建筑物进行定位放线。并将测量成果采用武汉地区监理配套用表 B5 报审。

(2)专业监理工程师应检查、复核施工单位报送的控制测量成果及保护措施,签署意见。专业监理工程师应对施工单位报送的施工测量放线成果进行查验。

施工控制测量成果及保护措施的检查、复核,应包括下列内容。

① 施工单位测量人员的资格证书及测量设备检定证书。

② 施工平面控制网、高程控制网和临时水准点的测量成果及控制桩的保护措施。

③ 测量成果的精度应符合测量规范及施工验收规范的要求。

(3)如在基础定位放线的过程中发现实际规划红线与设计图纸尺寸存在较大偏差时,应及时向建设单位报告,并通过建设单位联系规划部门到现场进行处理。

(4)监理工程师应对各楼层定位放线情况及楼层标高上引情况进行复核,其误差应满足测量规范及施工验收规范的要求。

5.2.7　检测单位试验室审查

（1）专业监理工程师应检查施工单位提供的为工程服务的试验室，检查应包括下列内容。

① 试验室的资质等级及试验范围。

② 法定计量部门对试验设备出具的计量检定证明。

③ 试验室管理制度。

④ 试验人员资格证书。

（2）检测单位试验室的相关资料应由施工单位采用武汉地区监理配套用表 B7 进行报审。

5.2.8　预拌混凝土供应商考察

（1）项目监理机构应参加由施工单位组织的预拌混凝土供应商考察。考察记录应包含以下内容。

① 企业资质证书、营业执照及安全生产许可证。

② 企业计量认证证书及计量设备检定证书。

③ 拟选用水泥品牌及其他原材料质量情况；原材料进入预拌混凝土供应商场站后的质量监控和复检制度、措施及复检报告等。

④ 企业生产能力、供应调度管理情况；出厂检验的取样试验情况。

⑤ 企业近年承接的同类工程业绩。

（2）预拌混凝土供应商的相关资料应由施工单位采用武汉地区监理配套用表 B4 进行报审。

5.2.9　见证取样送检计划审查

专业监理工程师应审查施工单位报审的见证取样送检计划，审查应包含以下基本内容。

① 工程概况。

② 编制依据。

③ 见证取样项目名称、送检的材料（试样、试块）名称和拟使用部位。

④ 试样规格和代表批量、取样频率。

⑤ 见证取样、送检的方法和程序，检测项目及标准。

⑥ 取样人员资格。

5.2.10　"四新"技术审查

专业监理工程师应审查施工单位报送的新材料、新工艺、新技术、新设备的质量认证材料和相关验收标准的适用性，必要时，应要求施工单位组织专题论证，审查合格后报总监理工程师签认。当"四新"技术无既有的验收标准时，应报由建设单位组织设计、检测试验、监理、施工等相关单位制定专项验收要求。

5.3　施工阶段质量控制

5.3.1　施工方案报审

（1）对下列几种情况项目监理机构应要求施工单位在施工前编写施工方案。

① 现行施工质量验收规范要求编写施工方案。

② 采用新材料、新技术、新工艺、新设备的施工项目。

③ 专业分包单位承担的施工项目。

（2）施工方案应在工程开工前由施工单位项目技术负责人编写,施工单位技术负责人审批、签字盖章后提交项目监理机构;对于较大、重大危险源专项施工方案,施工单位应组织专家论证并按论证意见修改后报送监理机构审批。项目总监理工程师应在合同约定的时间内组织相关专业的监理工程师对施工方案进行审查,并在专业监理工程师审查意见的基础上对施工方案进行审批。对涉及费用增加或工期延长的施工方案,项目监理机构应在征求建设单位意见后签署审查、审批意见。

（3）施工方案的审核要点应包括以下几项。

① 编审程序是否符合相关规定。

② 编写内容是否完整、是否有针对性。

③ 方案内容是否满足设计及规范(尤其是国家强制性标准)要求。

（4）对需要修改或重新编写的施工方案,项目监理机构应要求施工单位按照项目监理机构的审查意见,在规定的时间内对其进行修改或重新编写,并按编审程序重新报审。项目监理机构应按有关要求重新审批,直至方案符合规定。

（5）施工方案采用武汉地区监理配套用表 B1 进行报审。

5.3.2　分包单位审查

（1）分包工程开工前,项目监理机构应审核总包单位报送的分包单位资格报审表(分包单位包括专业分包单位和劳务分包单位),专业监理工程师提出审查意见后,应由总监理工程师审核签认。

（2）分包单位资格审核应包括以下内容。

① 营业执照、企业资质等级证书。

② 安全生产许可证。

③ 类似工程业绩。

④ 专职管理人员和特种作业人员的资格。

（3）分包单位资料审核要点应包括以下几项。

① 分包工程的内容、规模、专业范围是否与企业资质等级证书的要求相符。

② 各种证件是否真实有效。

③ 业绩资料中所列业绩是否为近期取得的(一般为近三年)。

④ 专职管理人员和特种作业人员是否与派往本工程的相关人员相符。

⑤ 总包、分包书面协议书。

(4) 分包单位资格报审表应按武汉地区监理配套用表 B4 的要求填写完整。

(5) 在施工合同中已约定由建设单位(或与总包单位联合)招标确定的分包单位,总包单位可不再对其资格进行报审,但应对其质量保证体系进行报审。

5.3.3　工程变更管理

(1) 项目监理机构应依据监理规范、施工合同及监理合同的约定对各参建方提出的工程变更进行分类管理。

(2) 施工单位提出的工程变更,应填写武汉地区监理配套用表 C2,写明工程变更的原因及内容,并附必要的附件,提交项目监理机构、设计单位及建设单位审核确认。总监理工程师组织专业监理工程师审查施工单位提出的工程变更申请,提出审查意见。必要时,监理机构应建议建设单位组织设计、施工单位召开论证工程设计修改方案的专题会议。项目监理机构应从工程变更对工程质量、工期、造价的影响等方面进行评估,签署相关意见供建设单位参考。对涉及工程设计文件修改的工程变更,应由建设单位转交原设计单位,由原设计单位提出工程设计变更文件。

(3) 建设单位提出的工程变更,也宜填写武汉地区监理配套用表 C2,交各参建方认可。项目监理机构应着重从工程变更与规范及法规的符合性方面进行评估,提出相关评估意见供建设单位参考。

(4) 设计单位提出的设计变更,项目监理机构应着重从设计变更实施的可行性方面进行核查,发现问题及时向建设单位报告,由建设单位与设计单位沟通,对设计变更文件进行完善。设计变更文件应由建设单位确认后签发实施,或由建设单位授权项目总监理工程师,由其确认后签发实施。

(5) 项目监理机构应对工程变更或设计变更建立台账,将变更内容在原设计图上进行标识,并根据工程变更单监督承办单位实施。

(6) 当设计变更涉及重大方案变更和规划、建筑节能、消防安全、环保等内容时,应按规定经原有关设计审批部门审定。

5.3.4　工程材料、构配件、设备质量验收

(1) 施工单位用于工程的材料、构配件、设备,在进场前需履行报验手续。项目监理机构应审查施工单位报送的用于工程的材料、构配件、设备的质量证明文件,包括但不限于产品清单、出厂证明、产品合格证、进口商检证明文件、质保书及检验试验报告等,并按有关规定、建设工程监理合同的约定,对用于工程的材料进行见证取样、平行检验,其中,对进场钢筋必须进行单位长度质量的检测。钢筋单位长度质量的检测结果应按表 5-3-1、表 5-3-2 的要求进行填写。

表 5-3-1 施工现场钢筋进场验收记录表

工程名称：　　　　进场时间：　　　　验收时间：　　年　　月　　日

牌号规格	厂家名称 炉号	出厂检验报告编号	进场数量/t	试件1			试件2			试件3			平均值			验收结果	备注
				长度	直径	质量	长度	直径	质量	长度	直径	质量	长度	直径	质量		
		偏差		/	/	/	/	/	/	/	/	/	/	/	/		
		偏差		/	/	/	/	/	/	/	/	/	/	/	/		
		偏差		/	/	/	/	/	/	/	/	/	/	/	/		
		偏差		/	/	/	/	/	/	/	/	/	/	/	/		
		偏差		/	/	/	/	/	/	/	/	/	/	/	/		

注：(1) 取样长度不小于 500 mm。

(2) 试件直径为实测直径，并与带肋钢筋标准内径进行比较。

(3) 偏差说明。

① 热轧光圆钢筋(HPB)。6~12 mm：直径±0.3 mm，质量±7%；14~22 mm：直径±0.4 mm，质量±5%。

② 热轧带肋钢筋(HRB)钢筋内径。6 mm：±0.3 mm；8~18 mm：±0.4 mm；20~25 mm：±0.5 mm；28~36 mm：±0.6 mm；40 mm：±0.7 mm；50 mm：±0.8 mm。

钢筋质量。6~12 mm：质量±7%；14~20 mm：质量±5%；22~50 mm：质量±4%。

③ 冷轧带肋钢筋(CRB)。质量±4%。

施工单位签章：

监理单位签章：

表 5-3-2 钢筋外形尺寸及质量检查标准

公称直径/mm	6	8	10	12	14	16	18	20	22	25	28	32	36
带肋钢筋内径/mm	5.8	7.7	9.6	11.5	13.4	15.4	17.3	19.3	21.3	24.2	27.2	31	35
允许偏差/(%)	±0.3	±0.4						±0.5			±0.6		

续表

公称直径/mm	6	8	10	12	14	16	18	20	22	25	28	32	36
光圆钢筋允许偏差/(%)	±0.3				±0.4				—	—	—	—	—
质量理论值/(kg/m)	0.222	0.395	0.617	0.888	1.21	1.58	2	2.46	2.98	3.85	4.84	6.32	8
质量允许偏差/(%)	圆≤7,纹≤7				圆≤5,纹≤5				纹≤4				

注:钢筋单位长度理论质量计算公式为

$$m = 2.466\gamma^2$$

式中　γ——钢筋截面半径,单位为 mm。

(2)凡现行验收规范或设计文件规定需要进行见证取样复验的材料、构配件,都应按规定进行见证取样复验,并建立见证取样复验台账。

(3)对未经监理人员验收、现场检查或复验确认不合格的材料、构配件及设备,监理工程师应拒绝签认并签发监理通知单,要求施工单位限期将其撤出现场。项目监理机构应对其撤出现场的过程进行见证。

(4)工程材料、构配件和设备质量控制流程,如图 5-3-1 所示。

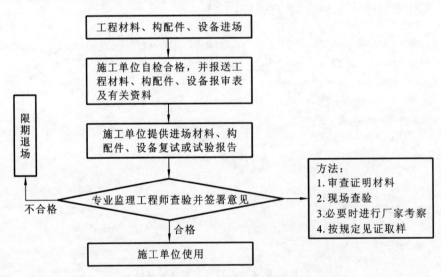

图 5-3-1　工程材料、构配件和设备质量控制流程

5.3.5　计量设施监理

(1)施工单位在工程开工前,应将主要测量、计量器具及试验设备的清单及其检定合格证明文件原件报项目监理机构检验,若仅提供复印件则必须加盖公司公章确认,并注明原件存放处。

(2)计量设施审查要点如下。

　　① 测量、计量器具及试验设备的种类、数量是否满足工程施工需要。

　　② 仪器、设备的检定合格证明文件是否有效,仪器、设备是否在检定周期内。

5.3.6 见证取样送检

　　(1)工程开工前,项目监理机构应根据设计及施工验收规范的要求对施工单位呈报的见证取样送检计划予以审批,并督促施工单位选定见证取样送检的检测单位,对其资质、计量认证合格证、相应检测设备、检测能力、管理制度、人员资格、检测范围等进行考核,对是否与施工单位有隶属关系进行核查。

　　(2)项目监理机构应指定专人从事见证取样工作,见证取样员应经过专业培训。

　　(3)见证取样员应全程见证施工单位取样员的取样、封样、送检工作。取样必须在施工现场按有关规定随机抽取;对现场抽取的样品应及时封样;封样签上应注明工程名称、样品名称、规格、所用工程部位、取样员、见证取样员、取样时间等内容。见证取样的试验费用由施工单位支付;现场预留制作试块、试件时,见证人员要旁站监督。

　　(4)项目监理机构应对见证取样送检工作按材料、构配件及工程试件分别建立台账,并随时掌握检测结果动态,发现异常及时向建设单位报告,并通报施工单位。若发现检测结果不合格,应按现行施工质量验收统一标准的有关规定处置。

　　(5)常用建筑材料取样数量及方法如表 5-3-3 所示。

表 5-3-3　常用建筑材料见证取样方法一览表

序号	材料名称	取样批量	取样数量和方法	检验项目
1	水泥	按同一生产厂家、同一强度等级、同一品种、同一批号且连续进场的水泥,袋装不超过 200 t,散装不超过 500 t 为一批,每批抽样不少于一次	水泥可连续取样,也可以在 20 个以上不同部位取等量样品,总量至少 12 kg	1. 凝结时间 2. 安定性 3. 抗折强度
2	混凝土	1. 每拌制 100 盘且不超过 100 m³ 的同配合比的混凝土,取样不得少于一次 2. 每工作班拌制的同一配合比的混凝土不足 100 盘时取样不得少于一次 3. 当一次连续浇筑超过 1000 m³ 时,同一配合比的混凝土每 200 m³ 取样不得少于一次 4. 每一楼层、同一配合比的混凝土,取样不得少于一次 5. 人防工程口部、防护密封段应各制作一组试块;每浇筑 100 m³ 混凝土应制作一组试块	1. 每次取样应至少留置一组(一组为 3 个立方体试件)标准养护试件 2. 同条件养护试件应依据同条件试块留置方案及拆模板需要留置 3. 应在混凝土浇筑地点随机抽取	1. 抗压强度 2. 抗折强度

续表

序号	材料名称	取样批量	取样数量和方法	检验项目
3	抗渗混凝土	1. 同一工程、同一配合比的混凝土,取样不应少于一次,留置组数可根据实际需要确定 2. 连续浇筑混凝土每 500 m³ 应留置一组标准养护抗渗试件(一组为 6 个抗渗试件)	在浇筑地点随机抽取,且每项工程不得少于两组	抗渗性能
4	干混砂浆	同一生产厂家、同一等级、同一品种、同一批号且连续进场的干混砂浆,每 500 t 为一个检验批,不足 500 t 时应按一个检验批计	进场随机抽样 25 kg	1. 保水性 2. 抗压强度
5	钢筋	每批由同一牌号、同一炉罐号、同一规格的钢筋组成。每批重量通常不大于 60 t	1. 每批钢筋抽取 2 个拉伸试样、2 个弯曲试样和 5 个质量偏差试样 2. 试样长度: 拉伸试样:450 mm 质量偏差试样:≥500 mm 弯曲试样:400 mm	1. 抗拉强度 2. 屈服强度 3. 伸长率 4. 质量偏差 5. 冷弯性能
6	钢筋焊接件	在现浇钢筋混凝土结构中,应以 300 个同牌号钢筋接头作为一批;在房屋结构中,应在不超过连续两楼层中抽取 300 个同牌号钢筋接头作为一批;当不足 300 个接头时,仍应作为一批。每批随机切取 3 个接头做拉伸试验	1. 每批从工程中随机切取 3 个接头做拉伸试验及弯曲试验 2. 取样长度: 拉伸试验:450～500 mm 弯曲试验:350～400 mm	1. 抗拉强度 2. 弯曲性能
7	钢筋机械连接	接头的现场检验按检验批进行,同一施工条件下采用同一批材料的,抽取同等级、同形式、同规格接头,以 500 个为一个验收批进行验收,不足 500 个也作为一个验收批	在工程结构中随机截取 3 个接头试件做抗拉强度试验	1. 屈服强度 2. 抗拉强度
8	蒸压灰砂砖	每一生产厂家,每 10 万块作为一个验收机	从尺寸偏差和外观质量检验合格的样品中随机抽取 10 块(组)	1. 抗压强度 2. 抗折强度

序号	材料名称	取样批量	取样数量和方法	检验项目
9	蒸压加气混凝土砌块	同一生产厂家、同一规格、同一品种、同一等级的砌块,以1万块为一批,不足1万块也作为一批	每批取样为18块	1. 立方体抗压强度 2. 干密度
10	防水卷材	大于1000卷抽取5卷,500～1000卷抽取4卷,100～499卷抽取3卷,100卷以下抽取2卷	在外观质量检验合格的卷材中,任取一卷做物理性能检测	1. 不透水性 2. 耐热性 3. 低温柔性 4. 拉伸性能
11	防水涂料	每10 t为一批,不足10 t也按一批抽样	随机抽取	1. 固体含量 2. 拉伸纯度 3. 断裂伸长率 4. 低温柔性 5. 不透水性
12	建筑门窗（节能）	同一生产厂家、同一品种、同一类型的产品抽样不少于3樘	随机抽取	1. 气密性 2. 水密性 3. 抗风压性 4. 传热性能 5. 玻璃遮阳系数 6. 可见光透射比 7. 中空玻璃露点
13	墙体保温材料	同一生产厂家、同一产品,当单位工程建筑面积在20000 m² 以下时,各抽查不少于3次;当单位工程建筑面积在20000 m² 以上时,各抽查不少于6次	随机抽取	1. 导热系数 2. 密度 3. 抗压强度或压缩强度 4. 燃烧性能
14	屋面节能材料	同一生产厂家、同一品种的产品各抽查不少于3组	随机抽取	1. 导热系数 2. 密度 3. 抗压强度或压缩强度 4. 燃烧性能

续表

序号	材料名称	取样批量	取样数量和方法	检验项目
15	地面节能材料	同一生产厂家、同一品种的产品各抽查不少于 3 组	随机抽取	1. 导热系数 2. 密度 3. 抗压强度或压缩强度 4. 燃烧性能
16	电缆、电线	同厂家各种规格按总数的 10% 计,且不少于 2 种规格	随机抽取	1. 截面 2. 电阻值

5.3.7　旁站

（1）项目监理机构应根据国家有关规定及监理规划的要求在工程开工前编写旁站监理方案,并按编制的旁站方案安排施工过程中的旁站工作和做好旁站监理记录。

（2）承担旁站任务的监理人员在旁站前应掌握设计文件及施工规范对旁站工作的具体要求,并为旁站工作做好必要的准备。

（3）旁站监理人员应根据旁站方案实施旁站监理。在施工现场合适的位置对关键工序、关键部位按照规程、规范、技术标准和批准的设计文件、施工组织设计、专项施工方案等实施直接有效的跟班监督。施工单位在关键工序、关键部位施工前 48 小时书面通知监理机构。

（4）旁站监理人员应认真履行旁站监理职责,对旁站中发现的问题应通过口头监理指令、书面监理指令、电话报告等形式及时处置,必要时可请示项目总监理工程师下达工程暂停令。

（5）旁站记录应真实、具体、及时,重点反映关键工序、关键部位的质量控制情况及发现和解决问题的具体情况。旁站记录追记时间不得超过 24 小时。

5.3.8　巡视

（1）项目监理机构应安排监理人员对工程施工质量、进度及安全文明施工情况进行巡视。巡视应包括下列主要内容。

① 施工单位是否按工程设计文件、工程建设标准和批准的施工组织设计、（专项）施工方案施工。

② 工程中使用的工程材料、构配件和设备是否合格。

③ 施工现场管理人员,特别是施工质量管理人员是否到位。

④ 特种作业人员是否持证上岗。

⑤ 总包、分包单位工序配合是否协调一致。

⑥ 已施工部位是否存在质量缺陷,施工单位的成品保护措施是否可靠有效。

⑦ 整改是否到位,未批准复工的工程是否擅自恢复施工;上道工序未经验收是否已开展下道工序施工。

(2)监理巡视应做到腿勤、眼勤、手勤、嘴勤。腿勤即巡视面必须覆盖整个施工现场,关键工序作业面应重点巡视;眼勤即巡视过程中应认真观察所看到的所有动态和静态的施工现场,多观察检查,善于发现问题;手勤即巡视过程中应多实测实量检查、多记录(包括监理日志、影像形式记录),发现问题多发书面监理通知;嘴勤即巡视过程中发现问题要多与施工人员沟通,善于多用口头监理指令解决问题。

(3)监理人员巡视每天不少于两次,上午、下午至少各一次,并至少巡视一次主要工程材料进场情况及进场产品质量检测情况。对重点工作面、新开工工作面应适当增加巡视频数。

(4)监理人员对巡视中发现的问题应通过口头监理指令、书面监理指令责成施工单位进行整改,情节严重时及时向总监理工程师报告,并提请总监理工程师下达工程暂停令。

5.3.9 平行检验

(1)平行检验是项目监理机构在施工单位自检的同时,按有关规定、建设工程监理合同的约定对同一检验项目进行的检测试验活动。它既包括项目监理机构委托专业检测机构进行的专业检测试验,也包括监理人员采用常规的检查仪器、工具进行的实测实量工作和观察检查工作。

(2)平行检验应依据施工合同的约定、标准及设计要求进行。

(3)平行检验的频数应按下列规定确定。

① 委托专业检测机构进行专业检测试验时,依据合同约定及相应的检测试验规范规定的频数。

② 由监理工程师采用常规检查仪器、工具进行实测实量和观察检验时,平行检验的比例,原则上凡验收规范中规定的主控项目和隐蔽工程中应进行全数检查的项目应全数平行检验,其他一般项目宜在监理合同中约定,按不低于验收规范规定频数的一定比例进行平行检验。抽样方法应在满足均匀性和有代表性的前提下,在施工现场随机抽取。

(4)若由专业检测机构进行的平行检验不合格,项目监理机构应及时向建设单位汇报,同时通报施工单位,并由建设单位、监理单位、施工单位、设计单位共同商定进一步的处置方案。由监理工程师进行的平行检验不合格,应通知施工单位进行共同检验。共同检验不合格,项目监理机构应通知施工单位进行返工或整改,返工或整改后应重新检验。

5.3.10 隐蔽工程验收

(1)凡某道重要工序被下道工序覆盖后无法再对其进行验收的工序都称为隐蔽工程。项目监理机构应要求施工单位对各专业隐蔽工程及时进行隐蔽验收。

(2)隐蔽工程验收的依据主要包括设计文件、施工质量验收规范、施工合同及经审批的施工组织设计或施工方案。

(3)隐蔽工程验收应在施工单位自检合格的基础上进行。项目监理机构在收到隐蔽验收的申请后,应在合同约定的时间内组织相关专业的监理工程师与施工单位质检员、施工员一道共同对其进行验收。隐蔽工程验收应采用全数检查的方式进行。

（4）隐蔽工程验收合格并经各方签字确认后方可进行下道工序的施工。若隐蔽工程验收不合格，监理工程师应签发监理通知单，要求施工单位进行整改或返工。施工单位经整改或返工并自检合格后，监理工程师应对其重新进行隐蔽工程验收。验收合格后，该隐蔽工程方可进行隐蔽。

5.3.11　工序交接验收

（1）当上道工序的施工质量对下道工序产生重要影响时（如模板工序与钢筋工序）或上下两道工序由两个不同的施工单位承担时（如屋面找平层施工工序与防水施工工序），为明确责任，保证后道工序能正常施工，应进行工序交接验收。常见的工序交接验收有基础土建与桩基、电梯井道土建与电梯安装、屋内（卫生间）找平与防水、门窗洞口粉刷与门窗安装、外墙找平层与外墙贴面砖等。

（2）工序交接验收由监理工程师组织施工单位施工员、质检员及负责上下两道工序施工的相关负责人参加。

（3）工序交接验收应形成文字验收记录，由相关工序负责人签字。若验收中发现问题，由监理工程师向责任方签发监理通知单，限期整改。整改完成后，交接验收的原相关人员共同对其进行复查。确认整改到位后，由工序交接双方的负责人及监理工程师共同在工序交接验收记录上签字，完成工序交接验收工作。

5.3.12　检验批质量验收

（1）工程开工前，项目监理机构应对施工单位报送的检验批划分方案进行审核。检验批应根据方便施工质量控制和专业验收的需要划分。其中房屋建筑工程按工程量、楼层、施工段、变形缝划分；城镇市政道路工程按每条路或路段等进行划分。

（2）检验批验收合格的条件应满足《建筑工程施工质量验收统一标准》（GB 50300—2013）第 5.0.1 条的规定。

（3）检验批验收应在施工单位自检合格，项目监理机构完成相应的平行检验后进行。

（4）检验批应由专业监理工程师组织施工单位项目专业质检员、专业工长等进行验收。验收合格由专业监理工程师签署验收意见和署名，准许进行下道工序施工。

（5）检验批验收不合格应按下列规定进行处理。

① 监理工程师签发监理通知单，要求施工单位进行返工或返修，经返修或返工的检验批，应重新进行验收。

② 经有资质的检测机构检测鉴定能达到设计要求的检验批，应予以验收。

③ 经有资质的检测机构检测鉴定达不到设计要求，但经原设计单位核算认为可能满足安全和使用功能的检验批，可予以验收。

④ 若存在严重缺陷或超过检验批范围的更大缺陷，可能影响结构安全和使用功能，若经法定检测机构鉴定后认为达不到相应标准要求，则必须按一定的技术方案进行加固处理，使之满足安全使用的基本要求。在不影响使用功能条件下可按处理技术方案和协商文件进行验收，由责任方承担相关责任。

5.3.13 分项工程质量验收

（1）项目监理机构应依据《建筑工程施工质量验收统一标准》（GB 50300—2013）中的附录 B 及《城镇道路工程施工与质量验收规范》（CJJ 1—2008）中的表 18.0.1 等的要求对施工单位呈报的分项工程划分资料进行审核。

（2）分项工程应由专业监理工程师组织施工单位项目专业技术负责人等进行验收。验收合格由专业监理工程师在分项质量验收记录表中填写"合格"或"符合要求"。

（3）分项工程质量验收合格应符合下列规定。

① 所含检验批的质量均应验收合格。

② 所含检验批的质量保证资料、质量检查验收记录应齐全、完整。

（4）监理工程师应在分项工程中所含的检验批全部完成，且该分项工程中所包含的相关检测全部完成的基础上对其进行验收。

（5）分项工程验收不合格，监理工程师应签发监理通知单，要求施工单位进行返工或返修，并按《建筑工程施工质量验收统一标准》（GB 50300—2013）第 5.0.6 条等有关规定处置。

5.3.14 工程实体检验

（1）对涉及混凝土结构安全的有代表性的部位应进行结构实体检验。结构实体检验应包括混凝土强度、钢筋保护层厚度、结构位置及尺寸偏差、结构受力钢筋间距及砌体拉结筋的拉拔力检测等项目。

结构实体检验应由监理单位组织施工单位实施，并见证实施过程。除结构位置与尺寸偏差外的结构实体检验项目，应由具有相应资质的检测机构完成。

（2）结构实体混凝土强度应按不同强度等级分别检测，检验方法宜采用同条件养护试件方法。若未取得同条件养护试件强度或同条件养护试件强度不符合要求时，可采用回弹—取芯法进行检验。混凝土强度检验时的等效养护龄期可取日平均温度逐日累计达到 600 ℃·d 所对应的龄期，且不应小于 14 d。日平均温度为 0 ℃及以下的龄期不计入。

对同一强度等级的同条件养护试件，其强度值应除以 0.88 后按现行国家标准《混凝土强度检验评定标准》（GB/T 50107—2010）的有关规定进行评定，评定结果符合要求时可判定结构实体混凝土强度合格。

（3）结构实体位置与尺寸偏差检验构件的选取和其检验项目及检验方法详见《混凝土结构工程施工质量验收规范》（GB 50204—2015）中的附录 F。其中楼板应按有代表性的自然间抽取 1%，且不应少于 3 间。检验方法：悬挑板取距离支座 0.1 m 处，沿宽度方向取包括中心位置在内的随机 3 点的平均值；其他楼板，在同一对角线上的中间及距离两端各 0.1 m 处，取 3 点的平均值。

5.3.15 分部工程质量验收

（1）分部工程应由总监理工程师组织施工单位项目负责人和项目技术负责人等进行验收。设计单位项目负责人和施工单位技术、质量部门负责人应参加地基与基础分部工程、主体结构及节能分部工程的验收。其中地基与基础分部工程的验收还应要求勘察单位项目负责人参加。分部工程应组织实体验收并召开验收会议。

（2）分部工程质量验收合格应符合下列规定。

① 所含分项工程的质量均应验收合格。

② 质量控制资料应完整。

③ 有关安全、节能、环境保护和主要使用功能的抽样检验结果应符合相应规定。

④ 观感质量应符合要求。

（3）分部工程验收不合格，项目监理机构应综合验收各方提出的问题签发监理通知单，要求施工单位进行返修或返工，并按《建筑工程施工质量验收统一标准》(GB 50300—2013)第5.0.6条的规定进行处置。

（4）检验批、分项工程、分部工程验收程序，如图 5-3-2 所示。

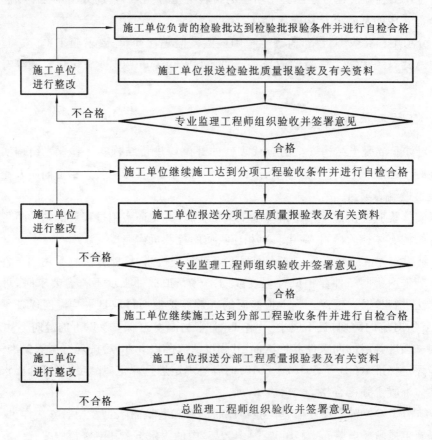

图 5-3-2　检验批、分项工程、分部工程验收程序

5.3.16　工程质量缺陷问题与质量事故的处理

一、工程质量缺陷问题处理

（1）项目监理机构对施工过程中发现的质量缺陷应根据其是否违反验收规范中有关"强条"项目、主控项目或一般项目的验收要求而采取相应的处置方法。

（2）项目监理机构对施工过程中发现的违反一般项目验收要求的质量缺陷且影响范围不大时，可通过口头监理指令要求施工单位整改；若影响范围较大且口头监理指令无效时应签发书面监理指令，要求施工单位限期整改。

（3）项目监理机构对施工过程中发现的违反主控项目或"强条"项目验收要求的质量缺陷，应签发书面监理指令，必要时附影像资料，要求施工单位限期整改；情况紧急时，可先下达口头监理指令，再补发书面监理指令。

（4）项目监理机构应对施工单位的整改情况进行跟踪监理。施工单位整改完毕需向项目监理机构申请复查。监理工程师收到复查申请后应在 24 小时内对整改情况进行现场复查，并在复查申请单上签署复查意见。若整改不到位，则应要求施工单位继续整改，直至整改满足要求。

（5）对需要返修或加固补强的，项目监理机构应通过总监理工程师下达工程暂停令，责成施工单位写出质量问题调查报告，要求施工单位报送经设计等相关单位认可的处理方案。项目监理机构应对质量缺陷处理过程进行跟踪检查，同时应对处理结果进行验收，并要求施工单位写出质量问题处理报告，报建设单位和监理单位存档。

（6）工程质量问题调查报告及质量问题处理报告的主要内容如下。

① 工程质量问题调查报告的主要内容。

a. 工程概况。

b. 问题情况。

c. 问题发生后所采取的临时防护措施。

d. 问题调查中的有关数据、资料。

e. 问题原因分析与初步判断。

f. 问题处理的建议方案与措施。

g. 问题涉及人员与主要责任者的情况等。

② 工程质量问题处理报告的主要内容。

a. 工程质量问题情况、调查情况、原因分析（选自质量问题调查报告）。

b. 质量问题处理的依据。

c. 质量问题技术处理方案。

d. 实施技术处理过程中的有关问题和资料。

e. 对处理结果的检查鉴定和验收。

f. 质量问题处理结论。

（7）经返修或加固处理仍不能满足安全或主要使用要求的分部工程及单位工程，严禁验收。

二、工程质量事故处理

（1）工程质量事故是较为严重的工程质量问题。一旦工程出现质量事故，项目总监理工程师应签发工程暂停令，要求施工单位立即停止进行质量缺陷部位和与其有关联的部位的施工，禁止进入下道工序施工；并采取必要措施，防止事态扩大并保护好现场。同时按《关于做好房屋建筑和市政基础设施工程质量事故报告和调查处理工作的通知》（建质

〔2010〕111 号)的有关规定,及时逐级向有关部门报告,并于 24 小时内写出书面报告。

(2) 监理工程师在事故调查组展开工作后,应积极协助并客观提供相应的证据。若监理方无责任,监理工程师可应邀参加调查组,参与事故调查,若监理方有责任,则应予以回避,但需配合调查组工作。

(3) 监理机构接到质量事故调查组提出的技术处理意见后,可组织相关单位研究,并责成相关单位完成技术处理方案,予以审核签认并监督实施。技术处理验收合格后,总监理工程师签发工程复工令。

(4)《关于做好房屋建筑和市政基础设施工程质量事故报告和调查处理工作的通知》(建质〔2010〕111 号)依据工程质量事故造成的人员伤亡或者直接经济损失,将工程质量事故分为 4 个等级。

① 特别重大事故,是指造成 30 人以上死亡,或者 100 人以上重伤,或者 1 亿元以上直接经济损失的事故。

② 重大事故,是指造成 10 人以上 30 人以下死亡,或者 50 人以上 100 人以下重伤,或者 5000 万元以上 1 亿元以下直接经济损失的事故。

③ 较大事故,是指造成 3 人以上 10 人以下死亡,或者 10 人以上 50 人以下重伤,或者 1000 万元以上 5000 万元以下直接经济损失的事故。

④ 一般事故,是指造成 3 人以下死亡,或者 10 人以下重伤,或者 100 万元以上 1000 万元以下直接经济损失的事故。

等级划分中所称的"以上"包括本数,所称的"以下"不包括本数。

5.3.17　工程暂停及复工

项目监理机构在质量控制方面经书面监理指令,整改不见效时,总监理工程师应及时签发工程暂停令。有关工程暂停及复工的监理内容详见第 6 章 6.2.2 节的内容。

5.4　单位工程竣工验收阶段质量控制

5.4.1　竣工验收基本程序

(1) 竣工预验收前,项目监理机构应编制竣工预验收(或住宅工程分户验收)工作方案,协助建设单位编制竣工验收方案。

(2) 竣工验收总体工作应按下列程序进行。

① 施工单位申请竣工预验收(分户验收)。

② 项目监理机构审查竣工验收申请及竣工验收资料。

③ 项目监理机构组织竣工预验收(分户验收)。

④ 建设单位组织竣工验收。

⑤ 工程移交。

(3) 单位工程验收程序,如图 5-4-1 所示。

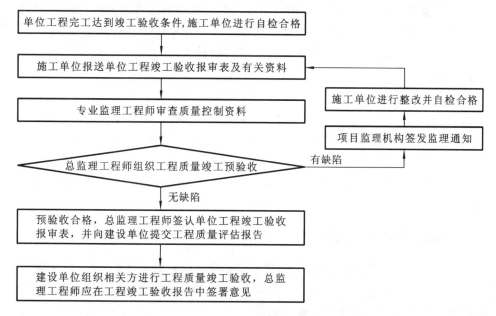

图 5-4-1　单位工程验收程序

5.4.2　工程竣工预验收(分户验收)

(1)项目监理机构应审查施工单位呈报的单位工程竣工验收报审表及竣工资料,组织工程预验收(分户验收)。工程可进行预验收(分户验收)的条件如下。

① 施工单位已完成工程承包合同约定的全部工作内容。

② 质量控制资料完整。

③ 施工单位已自检合格。

(2)工程预验收(分户验收)由项目总监理工程师主持,项目监理机构和施工单位参加,也应邀请建设单位参加,物业公司应参加住宅工程分户验收。

(3)项目监理机构应按拟定的预验收(分户验收)工作方案组织工程预验收(分户验收),对预验收(分户验收)中发现的问题应签发监理通知单通知施工单位进行整改。

(4)项目监理机构应对预验收(分户验收)整改情况进行复查,确认整改合格后,由总监理工程师签认竣工验收报审表。

(5)工程竣工预验收(分户验收)合格后,项目监理机构应编写工程质量评估报告,并应经总监理工程师和工程监理单位技术负责人审核签字后报建设单位。

5.4.3　工程竣工验收

(1)竣工预验收(分户验收)合格,竣工资料齐全,施工单位可向建设单位申请竣工验收。项目监理机构应提醒建设单位在合同约定的时间内组织工程竣工验收。

(2)建设单位在确认工程已具备竣工验收条件后,应向政府质量监督机构申请工程竣工验收,同时通知参建各方参加竣工验收。

(3)总监理工程师及项目监理机构各专业监理工程师应参加建设单位组织的工程竣工验收,总监理工程师应在竣工验收的会议上宣读工程质量评估报告。

（4）项目监理机构应根据竣工验收各方提出的问题签发监理通知单，通知施工单位进行整改。整改完毕经项目监理机构复查确认整改合格后对整改回复单进行签认。质量验收不符合要求的处理办法详见《建筑工程施工质量验收统一标准》（GB 50300—2013）第5.0.6条的规定。

（5）项目监理机构应在竣工验收后规定的期限内按照政府城建档案馆的要求整理一套工程监理竣工资料，同时应配合施工单位、建设单位的竣工资料整理工作。项目监理机构应会同建设单位、施工单位将竣工资料向政府城建档案馆移交，并配合完成工程竣工备案的相关工作。

（6）工程竣工验收后，项目监理机构应要求施工单位向建设单位提供竣工工程使用说明书及工程质量保修书，同时应参加工程移交，并由总监理工程师签署工程移交证书。

5.4.4　缺陷责任期的监理工作

（1）监理单位应根据监理合同约定，向建设单位提供缺陷责任期（即工程保修期）阶段的监理服务。缺陷责任期应从工程竣工验收之日起开始计算，期限应按施工合同的约定确定；合同没有约定的，应按国家现行规定执行。

（2）在缺陷责任期内，监理单位应指定专人到建设单位定期回访。监理人员对建设单位或使用单位提出的工程质量缺陷，应安排监理人员进行检查和记录，认真调查和分析，对责任归属作出客观公正、有说服力的判定，并与建设单位、施工单位协商一致。

（3）对因施工单位责任造成的质量缺陷，监理单位应要求施工单位予以修复，同时应监督实施，合格后应予以签认；对于非施工单位责任造成的质量缺陷，如建设单位委托施工单位予以修复，监理单位除在修复质量上进行监督和签认外，还应对修复的工程量予以签认并报建设单位，作为结算依据。

5.5　房屋结构工程施工监理实务

5.5.1　常见桩基础工程施工监理

一、常见工程基础桩的分类

1. 按承载性分类

（1）摩擦桩：指桩顶载荷全部或主要由桩侧阻力承担的桩。根据桩侧阻力承担载荷的份额，摩擦桩又分为纯摩擦桩和端承摩擦桩。

（2）端承桩：指桩顶载荷全部或主要由端阻力承担的桩。根据桩端阻力承担载荷的份额，端承桩又分为纯端承桩和摩擦端承桩。

（3）复合受载荷桩：指承受竖向、水平载荷均较大的桩。

2. 按成桩方式与工艺分类

（1）非挤土桩：如干作业法桩、泥浆护壁法桩、套管护壁法桩、人工挖孔桩。

（2）部分挤土桩：如部分挤土灌筑桩、预钻孔打入式预制桩、打入式开口钢管桩、H 型钢桩、螺旋成孔桩等。

（3）挤土桩：如挤土灌筑桩、挤土预制混凝土桩（打入式桩、振入式桩、压入式桩）。

3. 按桩身材料分类

按桩身的使用材料，桩基础可分为钢筋混凝土桩、钢桩、组合材料桩。

4. 其他分类情况

常见工程基础桩一般按上述三种方法分类，此外，还有按桩体对土体的影响程度分、按桩径大小分、按横切面形式分、按桩承台高低分等多种分类方法。

二、混凝土灌注桩施工质量控制

混凝土灌注桩按其成孔工艺的不同可分为人工挖孔混凝土灌注桩、旋挖成孔灌注桩和钻（冲）孔灌注桩等。人工挖孔混凝土灌注桩适用于直径 1200 mm 以上，地下水位较低的黏性土、粉质黏土，含少量砂、砂卵石的黏性土层，深度一般不大于 25 m。旋挖成孔灌注桩适用于对噪声、振动、泥浆污染要求严的场地，多用于大型建筑物或构筑物基础、抗浮桩和基坑支护的护坡桩。钻孔灌注桩一般适用于黏性土、砂类土、砾类土、砾石、卵石、漂石、较软岩石；冲击成孔灌注桩一般适用于黏性土，砾类土，含少量砂砾石、卵石的土，硬质岩石等。

1. 桩基材料质量控制

（1）水泥：宜用 32.5 强度等级的普通硅酸盐水泥，具有出厂合格证和检测报告。

（2）砂：中砂或粗砂，含泥量不大于 5%；通常禁止使用海砂，必须要用时应按规定对海砂进行处理，并检测海砂含氯离子的数量是否符合要求。

（3）石子：质地坚硬的碎石或卵石均可，粒径 5～35 mm，含泥量不大于 2%。

（4）钢筋：品种、规格均应符合设计要求，并有出厂合格证和检测报告。

（5）预拌混凝土：坍落度一般情况取 70～100 mm，水下灌注时取 180～200 mm，泵送灌注时取 140～180 mm，强度等级按设计要求采用，应为 C25～C40。

2. 钻（冲）孔灌注桩施工质量监理

钻（冲）孔灌注桩施工可分为成孔、钢筋笼和成桩三大部分。

（1）护筒埋设监控。

护筒中心允许偏差≤50 mm，筒顶高出地表 15～30 mm，护筒埋入黏性土中不宜小于 1.0 m，在砂土中不宜小于 1.5 m，并应保持孔内泥浆面高于水平地面 1.0 m 以上。筒外围用素土分层填实，回转钻进时筒内径比钻头直径大 100 mm，冲击钻进时筒内径比钻头直径大 200 mm。其上部宜开设 1 个或 2 个溢浆孔。专业监理工程师应会同上部施工单位一起复核验收桩位轴线，其允许偏差为±20 mm。

（2）钻（冲）机就位监控。

钻（冲）机底盘和转盘必须稳固、水平，钻架必须垂直，确保桩位精度和钻孔垂直度。

（3）泥浆循环监控。

泥浆循环系统事先一定要全局考虑，泥浆管理的好坏，直接影响施工质量、进度和文明施工，一般用原土造浆。回转钻进时泥浆密度宜为 1100～1150 kg/m³，冲击钻进时，泥浆密度适当加大至 1.3～1.5 kg/m³，黏度为 10～25 Pa·s，含砂率≤8%。

当发生塌孔或漏浆时，应立即加大水泥浆密度，甚至向孔内投入黏土球、片石等。

（4）开（成）孔钻进监控。

开孔前监理人员必须核实钻头直径和钻具长度，并记录备查，钻头直径应符合设计桩径要求。

成孔钻进时应根据不同桩径、桩深、地下水位高度、穿越地层和桩端持力层等情况，选用合适的钻进机械、钻头形式和成孔工艺。成孔和桩位标准如表 5-5-1 所示，桩顶标高至少要比设计标高高出 0.5 m，每浇筑 50 m³ 必须有一组试件，小于 50 m³ 的桩，每根桩必须有一组试件。

表 5-5-1　桩孔允许偏差及检测方法

序号	项　目			允许偏差	检测方法
1	孔径 d	$d \leqslant 1000$ mm		±50 mm	用井径仪
		$d > 1000$ mm		±50 mm	
2	孔深			$\begin{matrix}-0\\+300\end{matrix}$ mm	钻具或冲击钢绳长度
3	垂直度			<1%	用测斜仪
4	孔底沉淤或虚土厚度	端承桩		≤50 mm	用核定的标准测绳测定
		摩擦桩		≤100 mm	
		抗拔、抗水平力桩		≤200 mm	
5	桩位	1～3 根单排桩基垂直于中心线方向和群桩基础边桩	$d \leqslant 1000$ mm	$d/6$ 且≤100 mm	基坑开挖后重新放出纵横轴线，对照轴线用钢尺检测
			$d > 1000$ mm	100 mm+0.01H	
		条形桩基沿中心线方向和群桩基础中间桩	$d \leqslant 1000$ mm	$d/4$ 且≤150 mm	
			$d > 1000$ mm	150 mm+0.01H	

注：①桩径允许偏差的负值是指个别断面。

②H 为施工现场地面标高与桩顶设计标高的距离；d 为设计桩径。

③本表数值均适用于承重桩，对围护桩宜适当放宽，参看有关规定。

（5）成孔钻进时的质量控制要点。

①回转钻进：开孔时宜轻压慢钻，钻进过程中大钩适当吊紧，防止出现孔斜和断钻杆事故。正循环护壁效果好，但不适合用于直径大于 1 m 的钻孔，反循环钻进效率高，孔径越大越明显。其泥浆在孔内下降速度以 0.03 m/s（2 m/min）左右为宜，过大易冲塌孔壁。泥浆在钻杆内的上返速度以 3～4 m/s 为宜，过小排渣效果差，过大消耗功率大。

②冲击钻成孔：在钻头锤顶和提升钢绳之间，需设自动转向装置，确保冲击成圆孔，有利于钢筋笼顺利下入。冲击钻进易塌孔，应根据不同地层采取相应措施防止塌孔和埋钻。

③正式施工前应进行试成孔，以便核对地层资料，检验选用的机械设备、施工工艺等是否满足设计要求，对不利用的试成孔必须回填密实和分层止水，杜绝隐患。一般情况下，试成孔应结合施工进行。

④施工桩孔的最小间距应根据地层情况及机械施工安全距离而定。如遇较硬黏性土,孔距符合机械安全操作距离要求即可;如遇砂性土,孔距不宜小于 $4d$,或硬化时间不少于 36 h。

3. 桩基终孔条件判定

(1)混凝土灌注桩检验控制标准。

① 桩基平面位置、桩径、垂直度的允许偏差均应控制在规范规定和设计要求的范围内。

② 灌注桩桩位偏差、检查时间:过程检验可量测护筒中心;最终检验(桩位竣工平面图)在开挖后把桩顶浮浆凿除,标出桩中心与设计轴线之间的偏差。检查数量:全数检测,并要求施工单位按量测结果绘制竣工桩位图。

③ 桩垂直度允许偏差检查要求全数检测。检测方法:采用吊垂球测量。

④ 桩径检查:用钢尺量测桩径,护壁内衬厚度不包括在桩径内。检测数量为全数检查。

(2)混凝土灌注桩质量检验标准与方法。

① 混凝土灌注桩桩顶标高检查,使用水准仪检测时需要扣除桩顶浮浆层及劣质桩体高度。

② 孔深:只深不浅,用重锤测,或测钻杆、套管长度。

③ 桩身施工质量:嵌岩桩应确保进入设计要求的嵌岩深度;桩体质量检验,按基桩检测技术规范,如采取钻芯取样,大直径嵌岩桩应钻至桩尖下 50 cm;按基桩检测技术规范,应查验试件报告或钻芯取样送检承载力检测报告,确认混凝土强度是否达到设计要求。

(3)合理确定终孔深度(终孔验收)。

终孔深度确定是否正确,将直接影响桩基承载力。因此,判定入岩岩样十分重要,专业监理工程师要熟悉各土层性能,把握入岩土层岩样的特点,并会同有关人员认真进行终孔验收(判定岩样,测量孔深,做好记录)。

① 灌注桩基终孔原则。

a.摩擦桩。

(a)施工地质情况与设计依据的地质资料基本一致时,按设计桩底标高终孔。

(b)施工中,实际的地质情况优于设计依据的地质资料时,经验算,承载力满足设计要求,由设计单位确定是否可以提高终孔标高。

b.端承桩。

端承桩的终孔标高应满足设计要求的嵌岩深度。

② 桩基终孔程序。

施工单位自检达到终孔条件时,向项目监理机构书面申报桩基终孔,经专业监理工程师核实后根据终孔验收权限组织相关单位进行终孔确认和验收。

③ 注意事项。

施工单位在所有桩基施工过程中,针对不同地质均应留有有代表性的岩土样本,专业监理工程师须现场确认并在样本上签署姓名及日期,留下照片资料,施工单位要对样本妥善保管,直到本项目桩基工程中间交工验收完毕。总监理工程师应对施工单位及现场监理的上述工作进行检查、管理。

4. 清孔验收工作

(1)第一次清孔:第一次清孔是保证成桩质量的关键。要求泥浆中不含小泥块,孔底沉淤(沉渣)厚度≤100 mm,泥浆密度<1250 kg/m³,含砂率≤8%,黏度≤28 Pa·s。监理

应对孔深、沉淀厚度、泥浆密度等进行现场旁站,严格把关并验收签证。

(2) 第二次清孔:下钢筋笼和导管后再次清孔,对成桩重量有直接影响。要求沉淀(沉渣)厚度:端承桩≤50 mm,摩擦桩≤100 mm,抗拔、抗水平力桩≤200 mm,或按设计要求执行;泥浆密度<1250 kg/m³;含砂率≤8%;黏度≤28 Pa·s。监理应进行现场旁站,严格把关并验收签证。

5. 钢筋笼制作安全质量控制

(1) 钢筋笼制作规格。

应严格按钢筋笼设计图纸施工,钢筋笼应分节制作,每节长度视成笼整体刚度、来料钢筋长度及起吊设备有效高度而定;在笼上每 4～6 m 应对称设置四个高度 5 cm 的钢筋定位环或混凝土垫块,以确保钢筋笼居中和混凝土保护层厚度。

(2) 钢筋笼焊接要求。

主筋的搭(焊)接应互相错开,35 倍钢筋直径区段范围内的接头数不得超过钢筋总数的一半。

主筋搭接长度:单面焊为 $10d$(d 为钢筋直径),双面焊为 $5d$。焊缝宽度不小于 $0.7d$,厚度不小于 $0.3d$。焊接工艺可参见《钢筋焊接及验收规程》(JGJ 18—2012)。

主筋每 300 个焊接点(不足 300 个时,仍作为一批)需做钢筋焊接拉伸试验试样和弯曲试验试样各一组(三根为一组)。

(3) 钢筋笼的安装。

钢筋笼直径除设计要求外,应符合下列要求。钢筋笼内径应比导管接头处的外径大100 mm 以上;主筋保护层不宜小于 50 mm;其允许偏差为±20 mm。

钢筋笼在制作、搬运及起吊时,应确保笼体挺直、牢固、不变形,安装入孔时应保持垂直状态,对准孔心徐徐下降不碰孔壁,若遇阻碍应查明原因,酌情处理后再继续下入。安装位置应符合设计要求。安装入孔时应补足主筋焊接部位的箍筋并用吊筋固定,严防下落和灌混凝土时上拱。

(4) 验收。

钢筋笼属隐蔽工程,监理人员应督促施工单位做好隐蔽工程自验收,对钢筋笼的制作规格和焊接情况进行隐蔽工程签证和检验批验收,验收合格后方能下入孔中。孔径、孔深及沉淀厚度、泥浆密度经验收合格后才能进行灌桩。

6. 混凝土灌注施工监控

(1) 混凝土配合比必须保证所配制的混凝土能满足桩身设计强度以及施工工艺要求,并按《普通混凝土配合比设计规程》(JGJ 55—2011)执行。

(2) 混凝土配合比必须根据设计要求确定,其配方需附于检验批验收资料中。水下混凝土必须具备良好的和易性,配合比应通过试验确定;坍落度宜为 180～220 mm;水泥用量不少于 360 kg/m³。

(3) 预拌商品混凝土。现场监理人员应严把预拌商品混凝土进场质量关,进场时应检查送料单载明的混凝土配合比、混凝土强度等级、坍落度、出厂时间等信息是否满足规定要求,不符合的应拒绝泵送车进入现场。

(4) 水下混凝土的含砂率宜为 40%～45%,并宜选用中粗砂,粗骨料的最大粒径应<40 mm。为改善和易性和缓凝,水下混凝土宜掺外加剂。

（5）水下混凝土灌注施工监控。利用水下导管灌注混凝土，先在孔内按设计要求下入钢筋笼，用吊筋固定，而后在钢筋笼中心下入导管，利用导管进行清孔，在导管中下入隔水球塞，灌入 0.1～0.2 m³ 的 1∶1.5 的水泥砂浆后再连续灌注混凝土至结束。灌注中应测定坍落度和预留试块（每根桩不得少于一组，且每个浇筑台班不得少于一组，每组 3 件），并要保证混凝土质量。施工中监理旁站人员应对导管质量及其下入深度、隔水球塞，特别是初灌量进行核查，对灌注中发生的事故应进行跟踪检查等。

三、旋挖成孔桩施工质量控制

1. 定桩位

桩位按要求定位后，用两根互相垂直的直线相交于桩点，并定出十字控制点，做好标识和保护，然后调整旋挖钻机的桅杆，使之处于铅垂状态，让螺旋钻头对正桩位点。

2. 埋设护筒

定出十字控制桩后，钻机开钻取土，钻至设计深度，进行护筒埋设。护筒宜采用 10 mm以上厚钢板制作，护筒直径应大于孔径 200 mm 左右，周围用黏土填埋、夯实，护筒中心偏差不得大于 50 mm。测量孔深的水准点，用水准仪将高程引至护筒顶部并做好记录。

3. 泥浆制作

采用现场泥浆搅拌制作，宜先加水并计算体积，在搅拌下加入一定量的膨润土，纯碱以溶液的方式在搅拌中徐徐加入，搅拌时间不少于 3 min。

4. 旋挖钻孔成孔

为保证孔壁稳定，应视表土松散层厚度，沿孔口下入长度适当的护筒，并保证浆液面的高度，随泥浆的损耗及孔深的增加，应及时向孔内补充泥浆，以维持孔内压力的平衡。遇到黏性土层，应选用较长斗齿及齿轮间距较大的钻斗以免糊浆。遇到硬土层时，如发现每回钻进深度太小，钻斗内碎渣量太少，可换一个直径较小的钻斗，先钻一小孔后再进行扩孔。遇到砂砾层，可事先向孔内投入适量的黏土球。

5. 清孔

清孔时，一般用双层底捞砂钻斗，在不进尺的情况下回旋钻斗使沉渣尽可能进入钻斗内。

6. 安放钢筋笼及导管

钢筋笼长度不超过吊机起吊能力时可在地面一次成型，否则分段在孔口连接。钢筋笼在起吊时应采用双点起吊。

导管连接要密封、顺直，导管下口离孔底约 300 mm 即可，导管平台应平稳，夹板牢固可靠。

7. 浇筑混凝土

钢筋笼、导管安放后应进行隐蔽验收，合格后浇筑混凝土。初灌量应保证导管下端埋入混凝土面不少于 800 mm。隔水塞应具有良好的隔水性能，并能顺利排出。导管埋深保证 2～6 m，随着混凝土面的上升，随时提升导管。为防止钢筋笼上浮，应在孔口固定钢筋笼上端。当孔内混凝土进入钢筋笼 1～2 m 时，应适当提升导管，减少导管埋深，增大钢筋笼在下层混凝土中的埋置深度。浇筑结束时，应控制桩顶标高，所浇筑的混凝土标高应满足设计要求。

四、灌注桩施工过程中的质量控制重点

项目监理机构必须加强对以下易产生隐患的工序及关键环节的检查及验收工作的监控。

（1）对场地引测的水准点标高进行核查，对桩位轴线组织复测。

（2）孔径、孔深及第一次清孔的沉淤厚度和泥浆密度。

（3）钢筋笼制作、焊接和下笼质量。

（4）清孔后的沉淤（沉渣）厚度和泥浆密度。

（5）混凝土拌制和灌注质量。

（6）施工过程记录及工程技术、验收资料及时收集、完善和整理。

五、预应力管桩的施工监理

预应力管桩按混凝土强度等级分为预应力混凝土管桩（PC）和高强度预应力混凝土管桩（PHC）。PC 管桩混凝土强度等级不低于 C50，PHC 管桩混凝土强度等级不低于 C80。管桩按其抗弯性能分为 A、AB、B 三个等级。B 类桩的极限弯矩值要求最大，AB 类次之，A 类最小。设计上要考虑地质条件。持力层的选用经验是标贯在 30 击左右的土层或砂层基本很难穿透。主要考虑竖向承载力的（侧土稳定性比较好），可以采用薄壁 A 型；主要考虑桩的水平承载力的（侧土为淤泥等），最好采用厚壁 B 型。预应力管桩的施工方式有锤击式和静压式等。

1. 进场管桩质量控制

（1）管桩运入工地后，应按设计图纸以及有关标准图和验收规范的有关要求，对照产品合格证、运货单及管桩外壁标志，对其规格、型号以及种类逐条进行检查，常压蒸养的管桩尚应对龄期进行检查，龄期不足的管桩禁止使用。

（2）管桩运到现场后，应由有资质的检测单位对其进行随机见证抽样检测，每个厂家生产的每一种桩型随机抽取一节管桩进行抽芯检测及破坏性检测，以检查桩身混凝土强度及钢筋强度、数量、直径是否满足设计要求，管桩的外观质量检测项目及要求如表 5-5-2 所示。

表 5-5-2　管桩的外观质量

序号	项　目	外观质量要求
1	粘皮和麻面	局部粘皮和麻面累计面积不应大于桩的总外表面积的0.5%，每处粘皮和麻面的深度不应大于 5 mm，且应修补
2	桩身合缝漏浆	漏浆深度不应大于 5 mm，每处漏浆长度不应大于 300 mm，累计长度不应大于管桩长度的 10%，或对称漏浆的搭接长度不应大于 100 mm，且应修补
3	局部磕损	局部磕损深度不应大于 5 mm，每处面积不应大于 5 cm²，且应修补
4	内外表面漏筋	不允许

序号	项　　目		外观质量要求
5	表面裂缝		不得出现环向和纵向裂缝,但龟裂、水纹和内壁浮浆层中的收缩裂纹不在此限
6	桩端面平整度		管桩端面混凝土和预应力钢筋镦头不得高出端板平面
7	断筋、脱头		不允许
8	桩套箍凹陷		凹陷深度不得大于 10 mm
9	内表面混凝土塌落		不允许
10	接头、桩套箍与桩身结合面	漏浆	漏浆深度不应大于 5 mm,漏浆长度不应大于周长的 1/6,且应修补
		空洞和蜂窝	不允许

注:用于设计等级为甲级的管桩基础工程中的或腐蚀性环境下的管桩不允许桩身合缝处、桩套箍与桩身结合面处出现漏浆。

2. 预应力管桩施工质量控制

(1) 施工准备。

① 整平场地,清除桩基范围内的高空、地面、地下障碍物;架空高压线距打桩架不得小于 10 m;修筑桩基进出、行走道路,做好排水措施。

② 按图纸布置进行测量放线,定出桩基轴线,先定出中心,再引出两侧,并将桩的准确位置测设到地面,每一个桩位打一个小木桩;并测出每个桩位的实际标高,场地外设 2 个或 3 个水准点,以便随时检查。

③ 正式施工前应先试桩,试桩量不少于 2 根,以确定收锤标准(贯入度及桩长),并校验打桩设备和施工工艺技术措施是否符合要求。

④ 检查桩的质量,将需用的桩按平面布置图堆放在打桩机附近,不合格的桩不能运至打桩现场。

⑤ 检查打桩设备及起重工具;铺设水电管网,进行设备架立组装和试打桩。在桩架上设置标尺或在桩的侧面画上标尺,以便能观测桩身入土深度。

⑥ 打桩场地建(构)筑物有防震要求时,应采取必要的保护措施。

⑦ 学习、熟悉桩基施工图纸,并进行会审;做好技术交底,特别是地质情况、设计要求、操作规程和安全措施的交底。

(2) 桩施工行走路线。

① 打桩路线应根据地基土质情况,桩基平面布置,桩的尺寸、密集程度、深度,桩移动方便以及施工现场实际情况等因素确定。

② 对基础标高不一的桩,宜先深后浅,对不同规格的桩,宜先大后小,先长后短,可使土层挤密均匀,以防止位移或偏斜;在粉质黏土及黏土地区,应避免按着一个方向进行,使土体向一边挤压,造成入土深度不一,土体挤密程度不均,导致不均匀沉降。若桩距大于或等于 4 倍桩直径,则与打桩顺序无关。

(3) 吊桩定位。

打桩前,按设计要求进行桩定位放线,确定桩位,每根桩中心钉一小桩,并设置油漆标志;桩的吊立定位,一般利用桩架附设的起重钩借桩基上的卷扬机吊桩就位,或配一台履带式起重机送桩就位,并用桩架上的夹具或落下桩锤借桩帽固定位置。

(4) 接桩。

① 桩的接长可采用桩顶端板圆周坡口槽焊接或机械啮合接头连接法。焊接宜采用手工电弧焊;焊接接桩的预埋铁件表面应清洁,焊接时,应采用对称焊接,以减少变形,焊接层数不得少于两层,内层焊渣必须清理干净以后才可施焊外层,焊缝应连续、饱满。

② 接桩时其入土部分桩段的桩头应高出地面 0.5~1.0 m。

③ 下节桩的桩头处宜设置导向箍或采用其他导向措施;接桩时上下段应顺直,错位偏差不大于 2 mm,两端面应紧密贴合;不得在接头处出现间隙,严禁在接头间隙中填塞焊条头、铁片、铁丝等杂物。

④ 焊好的桩自然冷却后方可继续施打,手工电弧焊的接头自然冷却时间不宜少于 5 min,严禁用冷水冷却或焊好即打。

⑤ 送桩时,送桩器的中心线应与桩身吻合一致方能进行,当地表以下有较厚的淤泥土层时,送桩长度不宜大于 2 m;当需超过 2 m 时,应先征得设计单位同意;当准备复打时,送桩深度不宜大于 1.0 m。

(5) 锤击管桩施打方法。

① 选择合适的桩锤,宜采用重锤低击方法施工。

② 打桩时,应用导板夹具或桩箍将桩嵌固在桩架两导柱中,桩的位置及垂直度经校正后,方可将锤连同桩帽压在桩顶,开始沉桩。桩锤、桩帽与桩身中心线要一致,桩顶不平,应用厚纸板垫平或用环氧树脂砂浆补抹平整。

③ 开始沉桩应起锤轻压并轻击数锤,观察桩身、桩架、桩锤等垂直一致,才可转入正常操作。桩插入时的垂直度偏差不得超过 0.5%。

④ 打桩应用适合桩头尺寸的桩帽和弹性垫层,以缓和打桩的冲击。桩帽用钢板制成,并用硬木或绳垫承托。桩帽与桩周围的间隙应为 5~10 mm。桩锤本身带帽者,则只在桩顶护以绳垫、尼龙垫或木块。

⑤ 当桩顶标高较低,须送桩入土时,应用钢制送桩放于桩头上,锤击送桩将桩送入土中。

(6) 锤击式管桩贯入度控制。

锤击式预应力管桩以贯入度和设计标高两个指标控制成桩质量,打桩贯入度的检验,以最后 10 击的平均贯入度为依据,其应该小于或等于通过载荷试验(或设计规定)确定的控制数值。

① 桩端(指桩的全截面)位于一般土层时,以控制桩端设计标高为主,贯入度可作参考。

② 桩端达到坚硬、硬塑的黏性土或中密以上的粉土、砂土、碎石类土、风化岩时,以贯入度控制为主,桩端标高可作参考。

③ 当贯入度已达到要求,而桩端标高未达到要求时,应继续锤击 3 阵,按每阵 10 击的贯入度不大于设计规定的数值加以确认。

④ 满足设计要求的最后贯入度宜为 20～40 mm。

（7）静压管桩施工方法。

① 定位及试桩。

应对打桩附近有防震要求的建筑物采取防震措施。桩基的轴线桩和水准基点桩已设置完毕，并经过复检、办理签证手续。每根桩的桩位已做了标志。在打桩施工区附近设置控制桩与水准点，不少于 2 个，其位置一般应距施工地点 40 m 以上；轴线控制桩应设置在距外墙桩 5～10 m 处，以控制桩基线及标高。

正式压桩前应先试桩，试桩数量不少于 2 根，以确定贯入度及桩长，并校验打桩设备和施工工艺技术措施是否符合要求。

② 插桩及压桩。

将预制桩吊至静压桩机夹具中，对准桩位，夹紧并放入土中，移动静压机调节桩垂直度，符合要求后将静压桩机调至水平并稳定。预制桩的混凝土抗压强度值达到强度等级的 70％时方能吊起；达到设计强度值 100％时才准进行压桩施工。

当桩被吊到夹桩钳口后，将桩缓慢下降至桩尖离地面 100 mm 为止，然后夹紧桩身，微调压桩机使桩尖对准桩位，并将桩压入土中 500～100 mm，然后暂停下压，从两个正交侧面校正桩身垂直度，待将其偏差校正至小于 0.5％时方能正式压桩。

试压过程中应保证桩的轴心受压，始终保持桩帽、上下节桩、送桩的轴线重合，如有偏差，要及时调整。

压桩过程中应检查压力、桩的垂直度、接桩间歇时间、桩的连接质量及压入深度。

③ 桩的连接。

采用焊接接桩时，应先将四周点焊固定，然后对称焊接。

采用法兰接桩时，上下节桩之间宜用石棉或纸衬垫，拧紧螺母，经过压桩机施加压力后再复拧一次，并将螺母焊接牢固。

④ 终止压桩。

终止压桩时应按下列规定进行。

对于摩擦桩，应按设计桩长进行控制。这种控制方法是在施工前先按设计桩长试压，待停置 24 h 后，用与桩的设计极限承载力相等的终压力进行复压，如果桩在复压时几乎不动，即可依此进行控制。

对于端承摩擦桩或摩擦端承桩，按终压力值进行控制。对于桩长大于 21 m 的端承摩擦桩，终压力值一般取桩的设计极限承载力。当桩的四周土质为黏性土时，终压力可按设计极限承载力的 0.8～0.9 倍取值；当桩的长度在 14～21 m 时，终压力按设计极限承载力的 1.1～1.4 倍取值；当桩长小于 14 m 时，终压力按设计极限承载力的 1.4～1.6 倍取值，其中对小于 8 m 的超短桩，可按 0.6 倍取值。

超载压桩时，一般不宜采用满载荷连续复压的方法，但必要时可以进行复压，复压的次数不宜超过 2 次，且每次稳压时间不宜超过 10 s。

（8）预应力管桩验收质量要求。

管桩顶平面位置的允许偏差如表 5-5-3 所示。

表 5-5-3　管桩顶平面位置的允许偏差

项　目	允许偏差/mm
单排或双排桩条形桩基 ①垂直于条形桩基纵向轴的桩 ②平行于条形桩基纵向轴的桩	100 150
承台桩数为 1～3 根的桩基	100
承台桩数为 4～16 根的桩基 ①周边桩 ②中间桩	100 $d/3$ 或 150 两者中较大者
承台桩数多于 16 根的桩基 ①周边桩 ②中间桩	$d/3$ 或 150 两者中较大者 $d/2$

注：d 为管桩外径。

3. 预应力管桩施工质量监控重点

（1）对施工单位的开工申请报告和施工组织设计进行审批，审核重点是按工程地质、水文地质条件、邻近建筑物基础和地上、地下管线情况及施打位置是否有基础管线等障碍物，制定可靠的加固、迁改和排障等安全和技术措施，审核施打顺序及桩机行走路线是否符合要求。对可能受打桩施工影响的建（构）筑物，应由有资质的鉴定单位对其作出鉴定，做好记录。

（2）督促施工单位做好施工准备。处理施工场地内影响打桩的上空及地下障碍物。平整及处理施工现场，达到地面平整、排水畅通、打桩机来回行走不陷机的要求。

（3）检查进场的施工设备是否符合现场的施工技术要求和环境要求，如打桩锤重、桩机型号、设备噪声、主杆高度及垂直度等。检查打桩设备的安装和调试。

（4）严格做好管桩进场时的质量验收工作，对管桩的出厂质保资料、管桩直径、管壁厚度、端头钢板及混凝土外观质量等进行检查，管桩主要尺寸及外观质量应符合规范的有关要求，把好材料进场关。

（5）复核施工单位的放线手册，检查坐标计算的正确性。复核施工单位基线、控制点及桩位放线的准确性。督促总包单位认真复检每一个桩的位置和标高；按一级建造方格网的要求（测角中误差为 5″，边长相对中误差≤1/30000）对基线、控制网中的各个控制点进行复测；采用坐标法对桩位放线进行抽检，桩位放线偏差控制在 1 cm 内；现场施打时重新核查一遍具体桩位的准确性。

（6）控制打桩顺序。根据基础设计标高，宜先深后浅；根据桩的规格，宜先大后小、先长后短。具体施工顺序根据审批后的施工方案进行控制。

（7）检查桩身的垂直度。桩锤、桩帽及桩身应在同一垂直线上，偏差不得超过 1%，采用吊垂线的方法同时从两个相垂直的方向进行控制。

（8）严格按规范检查预应力管桩接桩的焊接质量。要求同时对称施焊，分两层焊接，每层焊完后检查清渣质量，焊完后检查焊缝高度与厚度并要求自然冷却 8 min 才能继续施打，严禁用水冷却。

（9）掌握收锤标准。通常情况下，设计按摩擦桩受力的，应通过保证有效桩长来实现；设计按端承桩受力的，应通过保证最后贯入度（即最后三阵锤的平均打入深度）来实现；遇特殊地质情况可通过打入最后 1 m 桩的锤击数和打桩总锤击数来实现。

（10）严格控制贯入度及送桩深度。严格检查最后三阵锤的贯入度，每阵锤的贯入度均须达到设计的要求值才能停止施打；送桩超过 2 m 时，要求接桩后继续施打，严禁送桩超过 2 m。

（11）遇贯入度出现异常、桩头出现裂缝、端头板松动等情况及时通知设计人员，分析原因并作出处理；群桩施打时，督促施工单位做好隆起观测工作，将隆起值汇报给设计单位，由设计单位确定处理方案。

（12）在复打结束后，才允许用专用切割机切割超高桩头。

（13）监督封底混凝土的浇捣，保证满足设计高度和密实度。

（14）如遇到下列情况，应通知设计等有关人员处理。

① 贯入度突变。

② 桩头混凝土剥落、破碎。

③ 桩身突然倾斜、跑位。

④ 地面明显隆起，邻桩上浮或位移过大。

⑤ 桩身回弹曲线不规则。

（15）群桩上浮可按下列程序和方法进行处理。

① 用低应变动测法检测每根桩的桩身和接头的完整性。

② 用高应变动测法抽检单桩竖向抗压承载力，抽检数量不宜少于桩总数的 1%，且不得少于 5 根。

③ 当大多数桩的送桩深度不超过 2 m 且场地条件较好时，可采用复打（压）措施。

④ 当大多数桩的送桩深度超过 2 m 且覆土层为厚淤泥层时，宜采用补打桩等措施。

（16）为减小打桩引起的振动和挤土的影响，宜采用下列一种或多种技术措施。

① 合理安排打桩顺序，可安排跳打。

② 采用重锤低击法施工。

③ 引孔。

④ 设置袋装砂井或塑料排水板。

⑤ 设置非封闭式地下隔离墙。

⑥ 开挖地面防挤（振）沟。

⑦ 控制每天沉桩数量。

（17）管桩基础的基坑开挖应符合下列规定。

① 严禁在同一基坑范围内的施工现场边打桩边开挖基坑。

② 饱和黏性土、粉土地区的基坑开挖，宜在打桩全部完成并相隔 15 d 后进行。

③ 开挖深基坑时应制定合理的施工顺序和技术措施报监理工程师审批，防止主体挤压引起桩身位移、倾斜甚至断裂；并注意保持基坑边坡或围护结构的稳定。

④ 挖土应分层均匀进行且每根桩桩周土体高差不宜大于 1 m。

⑤ 当基坑深度范围内有较厚的淤泥等软弱土层时，软土部分及其以下土方宜采用人

工开挖;必要时,桩与桩之间应采用构件连接。

⑥ 基坑顶部边缘地带不得堆土或堆放其他重物;当基坑支护结构设计已考虑挖土机等附加载荷时才允许挖土机在基坑边作业。

(18) 事后控制。

① 打桩完成后,桩头高出地面部分应小心保护,不得碰撞和振动,送桩留下的桩孔应及时回填或覆盖。

② 截桩头应采用专业截桩器,严禁用横锤敲打,以免造成断桩和产生横向裂纹。严禁施工机械碰撞或将桩头用作拉锚点。

③ 管桩顶应灌注不低于 C30 的填芯混凝土,灌注深度不得少于 $2d$,且不得小于1.2 m。

(19) 下列管桩工程应在承台完成后的施工期间及使用期间进行沉降变形观测直到沉降达到稳定标准。

① 设计等级为甲级的管桩基础工程。

② 地质条件较复杂的设计等级为乙级的管桩工程。

③ 桩端持力层为遇水易软化的风化岩层的管桩基础工程。

(20) 验收要点和验收资料。

当桩顶标高与现场施工标高基本一致时,可待全部管桩施打完毕后一次性验收;当桩顶标高低于现场施工标高需送桩时,在送桩前应进行中间检查,合格后方可送桩;待群桩施工结束,承台或底板开挖至设计标高后再进行预应力管桩(子分部)工程验收。项目监理机构应根据《建筑桩基技术规范》(JGJ 94—2008)、《建筑基桩检测技术规范》(JGJ 106—2014)等的规定组织参建单位进行预应力管桩基础工程中间验收。施工质量验收时,应检查核对施工单位提供的施工记录及材料、试件试验结果。对施工完毕的桩,施工单位应先进行桩位平面复核,检查是否有漏桩情况,并提供施工记录给建设单位和设计单位,确定检测方法、检测项目、桩号及数量。然后会同工程质检机构及建设、勘察、设计、监理、施工各方采用动测、静载等检测手段进行桩基施工质量检测。质检合格后,方能进行桩承台施工。预应力管桩基(子分部)工程验收资料包括以下几项。

① 桩基设计文件及施工图,包括图纸会审纪要、设计变更通知单等。

② 桩位测量放线图,包括工程基线复核签证单。

③ 工程地质和水文地质勘察报告。

④ 经审批的施工组织设计或施工方案,包括实施中的变更文件及资料。

⑤ 管桩出厂合格证及管桩技术性能资料(产品说明书)。

⑥ 打桩施工记录汇总,包括桩位编号图、现场绘制的管桩收锤回弹曲线。

⑦ 工地用桩检查资料,包括桩端板和桩尖的尺寸及材质抽检,预应力钢筋和回旋筋抽检,接头焊缝验收记录等汇总资料。

⑧ 打桩工程竣工图(桩位实测偏位情况,补桩、试桩位置等)。

⑨ 成桩质量检查报告(桩顶标高、桩顶平面位置、垂直度偏差检测结果、桩身完整性检测报告等)。

⑩ 单桩承载力检测报告。

⑪ 质量事故处理记录。

⑫ 合同文件及开、竣工报告。

六、桩基检测的相关规定

1.《建筑地基基础工程施工质量验收规范》(GB 50202—2002)中的有关规定

(1) 第5.1.5条规定,工程桩应进行承载力检验。对于地基基础设计等级为甲级或地质条件复杂、成桩质量可靠性低的灌注桩,应采用静载荷试验的方法进行检验,检验桩数不应少于总桩数的1%,且不应少于3根,当总桩数少于50根时,不应少于2根。

(2) 第5.1.6条规定,桩身质量应进行检验。对设计等级为甲级或地质条件复杂、成桩质量可靠性低的灌注桩,抽检数量不应少于总桩数的30%,且不应少于20根。其他桩基工程的抽检数量不应少于总桩数的20%,且不应少于10根。对混凝土预制桩及位于地下水位以上且终孔后经过核验的灌注桩,检验数量不应少于总桩数的10%,且不得少于10根。每个柱子承台下不得少于1根。

2. 湖北省地方标准《建筑地基基础技术规范》(DB42/242—2014)中的有关规定

(1) 第15.1.10条规定,对混凝土灌注桩,应提供施工过程有关参数,包括原材料的力学性能检验报告,试件留置数量及制作养护方法、混凝土抗压强度试验报告、钢筋笼制作质量检查报告等。施工完成后尚应进行桩顶标高、桩径、桩位偏差等检验。

(2) 第15.1.11条规定,人工挖孔桩终孔时,应进行桩端持力层检验。单柱单桩的大直径嵌岩桩,应视岩性检验孔底下3倍桩身直径或5 m深度范围内有无土洞、溶洞、破碎带或软弱夹层等不良地质条件。

(3) 第15.1.13条规定,高层建筑及重要工程的灌注桩或甲级设计等级的预制桩,工程桩单桩竖向抗压承载力应采用静载荷试验的方法进行验收检验,单栋建筑同条件的桩检验桩数不应少于总桩数的1%,且不应少于3根,当总桩数少于50根时,不应少于2根。对高度超过50 m的高层建筑大直径灌注桩,单桩竖向抗压静载荷试验受检桩应随机抽检,且试验时的桩顶标高应与工程桩设计桩顶标高基本一致。若因条件限制不能随机抽检时,工程桩3桩及以下承台应全数埋设声测管,多于3桩的承台声测管埋设数量不应小于承台下桩数的50%;同时钻芯检测数量不应少于总桩数的2%,且不应少于6根。

(4) 第15.1.14条规定,场地存在多栋建筑物时,对岩土工程条件相同、桩型和桩径及单桩承载力相同、桩端持力层相同及桩长相近的桩,为设计提供依据的单桩竖向抗压静载荷试验的数量,每单栋建筑不应少于1根,每施工单位施工的试桩检测数量不应少于3根,试验结果离散性大时应按单栋建筑的要求进行检测。验收检测的数量每单栋建筑不应少于1根,且不应少于总桩数的1%;每施工单位施工的验收检测桩不应少于3根。高度超过100 m的建筑单桩竖向抗压静载荷试验的验收检测数量应符合单栋建筑检测要求。地质情况简单时,可适当减少为设计提供依据的试桩数量。

(5) 第15.1.18条规定,桩身完整性检测应符合下列规定。

① 采用低应变方法检测时,设计等级为甲级,或地质条件复杂、成桩质量可靠性低的灌注桩,应全数进行低应变检测;其他桩基工程的检测数量不应少于总桩数的30%,且不得少于10根;每个承台下的检测数量不得少于1根,且单桩、两桩承台下的桩应全数检测;抗拔桩应全数检测。

② 除人工挖孔桩以外的大直径灌注桩,应进行声波透射法检测,单栋建筑检测数量不应少于总桩数的 10%,且不应少于 10 根。

③ 甲级、乙级设计等级的大直径灌注桩及直径不小于 600 mm 的嵌岩桩,应采用钻芯法检测工程桩的桩身混凝土强度、桩身完整性、桩底沉渣厚度、持力层状况等,每单栋建筑物的检测数量不应少于总桩数的 1%,且不得少于 3 根。

3. 湖北省地方标准《预应力混凝土管桩基础技术规程》(DB42/489—2008)中的有关规定

(1) 第 9.0.2 条规定,管桩运到工地后,应由有资质的检测单位进行随机见证抽样检测,检测应符合下列规定。

① 沉桩前,每个厂家生产的每一种桩型随机抽取一节管桩桩节进行破坏性检测,检测项目为预应力钢筋的抗拉强度、钢筋数量、钢筋直径(可检查每延米质量)、钢筋布置、端板材质及厚度、尺寸偏差、钢筋保护层厚度等。当抽检结果不符合质量要求时,应加倍检测,若再发现不合格的桩节,该批管桩不准使用并必须撤离现场。未经抽检不得进行工程桩施工。

② 沉桩过程中每栋建筑物应随机抽查已截下的桩头,进行钢筋数量、钢筋直径、预应力钢筋抗拉强度、钢筋布置、端板尺寸及钢筋保护层厚度的检测,检测数量每单体工程不应小于总管桩数的 1%,且不得少于 3 根。

(2) 第 9.0.3 条规定,工程桩施工前应按本规程第 7.4.1 条及《建筑地基基础技术规范》(DB42/242—2014)的有关规定进行单桩竖向抗压静载荷试验,并应压至破坏。当拟采用高应变法进行单桩竖向抗压静载力的验收检测时,应先对试桩进行高应变检测,再进行单桩竖向静载荷试验并压至破坏,取得可靠的动静对比资料后,方可在验收检测中实施高应变法。对比试验取样数量不应少于 3 根,当预估总桩数少于 50 根时,不应少于 2 根。

当岩土工程条件简单且以压桩力控制桩长或岩土工程条件简单且有类似经验时,可用工程桩进行单桩竖向抗压静载荷试验,但应按《建筑地基基础技术规范》(DB42/242—2014)的规定增加一倍的检测数量,检测应符合下列规定。

① 单栋建筑物每一条件下的桩的试验数量不应少于 6 根(总桩数少于 50 根时不少于 4 根),其中有 3 根(总桩数少于 50 根时为 2 根)应在大量工程桩施工前进行试验。

② 岩土工程条件相同的同一场地的多栋建筑物,当工程桩条件相同时,每栋建筑物的试验数量不应少于 2 根,且每一施工单位所施工桩的检测数量不应少于 6 根。其中每栋建筑物有 1 根,每个施工单位有 3 根桩应在大量工程桩施工前进行试验。高层建筑及试验结果离散性大时,应由设计单位酌情增加试验数量。

③ 除去施工前进行的试验外,余下的试验宜在工程桩施工完成并按桩顶设计标高截桩后随机抽检试验;当基坑开挖较深、坑内试验困难时,也可由设计单位指定桩位,在工程桩施工过程中进行试验。

④ 单栋建筑物某一条件下的桩的总数少于 30 根,且为裙楼、附楼下的次要桩时,至少应进行 1 根桩的静载荷试验。

⑤ 当按上述要求进行试验后,在施工正常的情况下,工程桩可不再进行单桩承载力的验收检验。

⑥ 不应采用高应变法部分或全部取代上述单桩竖向静载荷试验的检测。

（3）第9.0.7条规定,开挖基坑中应对工程桩的外露桩头或在桩孔内进行桩身垂直度检测,抽检数量不应少于总桩数的5%,在基坑开挖中如发现土体位移或机械运行影响桩身垂直度时,应加大检测数量。对倾斜率大于3%的桩不应使用;对倾斜率为1%~2%(含2%)及2%~3%的桩宜分别进行各不少于2根的单桩竖向静载荷试验,并将试验得出的单桩抗压承载力乘以折减系数,作为该批桩的使用依据。载荷试验最大加载量应为设计要求的单桩极限承载力,试验中可同时进行桩顶水平位移的测量。

5.5.2　基坑工程施工监理

基坑工程是指建筑物或构筑物地下部分施工时,需开挖基坑,进行施工降水和基坑周边的围挡。它是岩土工程与结构工程相交叉的综合性较强的系统工程。

一、基坑支护结构的类型及适用范围

1. 支护结构的类型

基坑工程所采用的支护结构形式多样,通常可分为桩(墙)式支护体系和重力式支护体系两大类;根据不同的工程类型和具体情况,这两类又可派生出各种支护结构形式,且其分类方法也有多种。因为支护结构分挡土(挡水)及支撑拉结两部分,而挡土部分因为地质水文情况不同又分透水部分及止水部分,其各部分采用的结构类型分类详见图5-5-1。

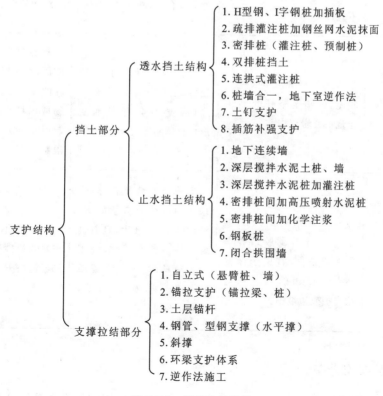

图5-5-1　基坑支护结构

2. 各种支护结构形式的适用范围

各种支护结构形式的适用范围见表 5-5-4。

表 5-5-4　各种支护结构形式的适用范围

支护结构类型	适用范围	优点	缺点
悬臂式支护结构	场地土质较好,有较大的 c、φ 值,开挖深度浅且周边环境对边坡要求不严格	结构简单,施工方便,有利于基坑采用大型机构开挖	相同开挖位移大、内力大,支护结构需要更大截面和插入深度
水泥土重力式支护结构	适用于加固淤泥质土和含水量高的黏土、粉质黏土,基坑侧壁安全等级宜为二、三级	最大限度利用原地基土,搅拌时无侧向拥挤、无振动、无噪声、无污染,与钢筋混凝土桩相比,节省钢材、降低造价并同时起挡土和止水作用	支护深度不大,一般小于 6 m
内撑式支护结构	适用于各种地质条件,最能发挥其优越性的是各式软弱地基工程中的基坑工程,并且基坑平面尺寸不宜过大	施工质量容易控制,成品的质量稳定性较高,有效控制基坑边坡位移,受力形式合理,刚度好	基坑工程工期较长,内支撑的存在对大规模机械化开挖不利,并影响地下结构的施工
拉锚式支护结构	适用于较密实的砂土、粉土、硬塑至坚硬的黏性土地层或岩层中	开挖工作面开阔、工期较短,工程结束后不必拆除(因此不会有回弹变形),整体刚度大	存在软弱土层时慎重使用,当在锚杆范围内存在的深基础、管沟等障碍物或锚杆出红线可能引起周邻纠纷时,使用受到限制
土钉墙支护结构	适用于地下水位以上或经人工降水后的人工填土、黏性土和弱胶结砂土等地质条件,宜用于深度不大于 12 m 的二、三级基坑支护或边坡围护	形成土钉墙复合体,合理利用土体的自承能力;结构轻型、柔性大,且有良好的抗震性和延性,施工设备简单,施工不需要单独占用场地,施工效率高,工程造价低	土钉墙不宜用于含水丰富的粉砂层、砂砾石层和淤泥质土

二、基坑安全等级

《建筑基坑支护技术规程》(JGJ 120—2012)规定,基坑侧壁的安全等级分为三级,不同等级采用相对应的重要性系数 γ_0,基坑侧壁的安全等级如表 5-5-5 所示。

表 5-5-5 基坑侧壁安全等级及重要性系数

安全等级	破坏后果	重要性系数 γ_0
一级	支护结构失效、土体过大变形对基坑周边环境或主体结构施工安全的影响很严重	1.10
二级	支护结构失效、土体过大变形对基坑周边环境或主体结构施工安全的影响严重	1.00
三级	支护结构失效、土体过大变形对基坑周边环境或主体结构施工安全的影响不严重	0.90

注:有特殊要求的基坑侧壁安全等级可根据具体情况另行确定。

三、支护结构体系的选用原则

(1)支护结构体系的选用原则是安全、经济、方便施工,选用支护结构体系要因地制宜。

(2)安全不仅指支护结构体系本身安全,保证基坑开挖、地下结构施工顺利,而且要保证邻近建筑物和市政设施的安全和正常使用。

(3)经济不仅是指支护结构体系的工程费用,而且要考虑工期,考虑挖土是否方便,考虑安全储备是否足够,应综合分析确定方案是否经济合理。

(4)方便施工也应是支护结构体系的选用原则之一。方便施工可以降低挖土费用,而且可以节省工期、提高支护结构体系的可靠性。

(5)一个优秀的支护结构体系设计,要做到因地制宜,根据基坑工程周围建筑物对支护结构体系变位的适应能力,选用合理的支护结构形式,进行支护结构体系设计。相同的地质条件,相同的挖土深度,允许支护结构变位量不同,满足不同变形要求的不同支护结构体系的费用相差可能很大。

四、排桩支护工程施工质量监控

排桩支护是对不能放坡或由于场地限制不能采取搅拌桩支护,开挖深度在 6～10 m 时采用的一种基坑支护结构。它适用于基坑侧壁安全等级为一、二、三级的工程基坑支护。

1. 排桩墙施工顺序及测量放线监控

排桩墙一般采用间隔法组织施工。当一根桩施工完成后,隔一桩位进行下一步施工。疏式排桩墙宜采用由一侧向单一方向隔桩跳打的方式进行施工。密排式排桩墙宜采用由中间向两侧方向隔桩跳打的方式进行施工。双排式排桩墙宜采用先由前排桩位一侧向单一方向隔桩跳打,再由后排桩位中间向两侧方向隔桩跳打的方式进行施工。当施工区域周围有需要保护的建筑物或地下设施时,施工顺序应从被保护对象一侧开始施工,逐步背离被保护对象。

排桩墙测量应按照排桩墙设计图在施工现场依据测量控制点进行。测量时应注意排桩形式和采用的施工方法、顺序。桩位偏差,在轴线和垂直轴线方向均不超过表 5-5-6 的规定,桩位放样误差不大于 10 cm。

表 5-5-6　桩位允许偏差

序　号	项　　目		允许偏差
1	有冠梁的桩	垂直梁中心线	$100\ \mathrm{mm}+0.01H$
2		沿梁中心线	$150\ \mathrm{mm}+0.01H$

注：H 为施工现场地面标高与桩顶设计标高之差。

2. 钢板排桩墙监控

（1）钢板桩的检验。

用于基坑支护的成品钢板桩如为新桩，可按出厂标准进行检验。重复使用的钢板桩使用前，应对其长度、宽度、厚度进行检验，其质量应符合表 5-5-7 的规定。并且应查看有无表面缺陷、端头矩形比、垂直度和锁口形状等，如果有质量缺陷则必须进行矫正。对桩上影响搭设的焊接件应全部割除，如有割孔、断面缺损等应进行补强。

表 5-5-7　重复使用的钢板桩检验标准

序号	检查项目	允许偏差或允许值	检查方法
1	桩垂直度	$<1\%l$	用钢尺量
2	桩身弯曲度	$<2\%l$	用钢尺量，l 为桩长
3	齿槽平直度及光滑度	无电焊渣或毛刺	用 1 m 长的桩段做通过试验
4	桩长度	不小于设计长度	用钢尺量

（2）导架安装。

为保证沉桩轴线位置的正确性和桩的竖直性，控制好桩的打入深度，防止板桩的屈曲变形和提高桩的贯入能力，需设置一定刚度的坚固导架。

打桩时导架的位置不应与钢板桩相碰，围檩桩不应随着钢板桩的打设而下沉和变形，导架的高度要适当，应有利于控制钢板桩的施工高度和提高工效，需用经纬仪和水准仪控制导架的位置和标高。

（3）由于钢板桩长度是定长尺度，因此在施工中常需焊接。为了保证钢板桩自身强度，接桩位置不可在同一平面上，必须采用相隔一根上下颠倒的接桩方法。

（4）钢板桩的打设。

① 锁扣方式打设。钢板桩打设采用大锁扣扣打施工法和小锁扣扣打施工法。大锁扣扣打施工法是从板桩墙的一角开始，逐块打设，每块之间的锁扣并未扣死。这种工法简便迅速，但板桩有一定的倾斜度，不止水、整体性较差、钢板桩用量大，适用于强度较好、透水性差、对围护系统精度要求低的工程桩；小锁扣扣打施工也是从板桩墙的一角开始，逐块打设，且每块之间的锁扣均要锁好。这种工法能保证施工质量，止水性好，支护效果较差，钢板桩用量也少。

② 单独打入和屏风式打设。单独打入法是从板桩墙的一角开始，逐块打设，直到工程结束。这种打入方法简便迅速，不需要辅助支架，但易使桩向一侧倾斜，误差累积后不易纠正。屏风式打入法是当前常用的一种施工方法。它是将 10～20 根钢板桩成排插入导架

内,呈屏风状,然后再分批施打。这种工法可减少误差累积和倾斜,易于实现封闭合拢,保证施工质量。

③ 插桩。它是利用吊车将板桩吊至插桩点处进行插桩施工。插桩时锁口要对准,每插入一块即套上桩帽,上端加硬木垫,并轻轻地加以锤击。在打桩过程中,为控制板桩的垂直度,用两台经纬仪在两个方向加以控制。为防止锁口中心线平面位移,可在打桩行进方向的钢板桩锁口处设卡板,控制板桩位移。

钢板桩应分次打入,分次打入高度可在 5 m 左右,待打至导梁高度,拆除导架后再打至设计标高。开始打设时,第一、第二块钢板桩的打入位置和方向要确保精度,并可以起到样板导向的作用,在一般情况下,每打入 1 m 就要精测一次。

（5）转角及封闭。

由于施工和其他原因,可能会给钢板桩墙的最终封闭合拢施工带来一定困难,所以应采用下列方法进行纠正。

① 分别在长短边方向各打到离墙转角尚剩 8 块板桩时停止,测出至转角桩的总长度和由偏差而增加的尺寸。

② 根据水平方向增加的尺寸,将短边方向的围檩与围檩桩分开,再使用千斤顶向外顶出,进行轴线平移,经核对尺寸无误后再将围檩与围檩桩重新焊接牢固。

③ 在长边方向继续打设,到转角桩后,接着向短边方向打设两块。

④ 根据修正后的轴线打设短边上的板桩。最后一块封闭板桩应在短边方向从端部算起的第三块板桩的位置上。

（6）钢板桩的拔除。

钢板桩的拔除应遵守下列规定。

① 对于封闭式钢板桩墙,拔桩开始点宜离开角桩 5 m 以上,拔桩的顺序与打桩的顺序相反。

② 采用振动拔除时为避免振动给施工中的地下结构带来危害,可采用隔一根拔一根的跳拔法。振拔时,可先用振动锤将锁口振活以减少桩与土的黏结,然后边振边拔。

③ 对拔桩产生的桩孔,应及时回填以减少对邻近建筑物的影响,方法有振动挤实法和填入法,有时还需在振动时用水回灌,边振边拔并回填砂子。

3. 灌注桩排桩墙

这种施工方法是在开挖基坑周围,用钻机钻孔,下钢筋笼,现场灌注混凝土成桩,形成桩排。桩的排列形式有间隔式、双排式和连续式。

灌注桩的间距、桩径、桩长、埋置深度,根据基坑开挖深度、土质、地下水位高低,以及所承受的土压力由计算确定。挡土桩的间距一般为 1~2 m,桩直径为 0.5~1.1 m,埋深为基坑深的 0.5~1.0 倍。桩的配筋根据侧向载荷由计算确定,一般主筋直径为 14~32 mm,当为构筑配筋时,每根桩不少于 8 根钢筋,箍筋采用 $\phi 8$ mm,间距为 100~200 mm。

质量检验标准见混凝土灌注桩的质量检验标准。

五、地下连续墙施工质量控制

地下连续墙是在地面上采用一种挖槽机械,沿着深开挖工程的周边轴线,在泥浆护壁条件下,开挖一条狭长的深槽,清槽后在槽内安放钢筋笼,然后用导管法浇筑水下混凝土,筑成一个单元槽体,作为截水、防渗、承重和挡土结构。

1. 材料质量控制

(1) 水泥:应优先选用 42.5 或 52.5 强度等级的普通硅酸盐水泥或矿渣硅酸盐水泥。出厂应有产品合格证和检测报告,进场应进行见证取样试验。

(2) 石子:石子最大粒径不应大于导管内径的 1/6 和钢筋最小间距的 1/4,且不大于 31.5 mm,含泥量小于 2%,针片状颗粒含量不大于 5%,压碎指标值不小于 10%,石料的抗压强度不应小于所配制混凝土强度的 1.3 倍。

(3) 砂子:应采用粗砂或中砂,其细度模数应控制在 2.3~3.2 范围内。不得采用细砂。

(4) 钢筋:其品种、规格、级别应符合设计要求,出厂应有材质报告和出厂合格证,进场后应先见证取样复试。钢筋表面应平直、无损伤,表面不得有裂纹、油污、颗粒状或片状老锈。

制作的钢筋笼尺寸符合设计要求,并绑扎或焊接牢固。

(5) 膨润土、黏土:拌制泥浆使用的膨润土,细度应为 200~250 目,膨润率 5~10 倍,使用前应取样进行泥浆配合比试验。如采用黏性土制浆时,其黏粒含量应大于 50%,塑性指数大于 20,含砂量小于 5%。

(6) 掺和料:分散剂、增黏剂等的选择和配方须经试验确定。

2. 施工质量控制内容

导墙一般采用现浇混凝土结构,也有设计采用工字钢、钢板、槽钢等组织结构。导墙是地下连续墙施工质量保证措施之一,必须确保其结构强度和精确尺寸。

导墙的深度一般为 1.2~2.0 m,厚度为 200 mm,顶面高出地面 150 mm。导墙底面高出地下水位即可。导墙必须位于密实的土层上,若土层松散、软弱应进行夯实和换填土。开挖导墙沟槽时,坑底严禁出水或进水渗泡,否则应采取有效排水措施,导墙背面填土应分层夯实。

导墙施工的允许偏差应按下列规定进行控制。

(1) 导墙底面应平整,允许偏差为 ±20 mm。

(2) 导墙内壁面垂直度允许偏差为 0.5%。

(3) 内外导墙之间的对称线应和地下连续墙中心轴线相重合,对称线与中心轴线允许偏差为 ±10 mm;内外导墙间距应比地下连续墙设计厚度加宽 50~60 mm,其净距允许偏差为 ±10 mm。

当混凝土模板拆除后,应立即在两片导墙之间按 1.5 m 的间距在上下同时加设支撑。

3. 槽段开挖

应按单元槽段全数检查挖槽的位置、深度、宽度和垂直度。挖槽应按单元槽段的开挖段进行,每个单元槽段长度不应超过 6 m。挖槽的槽壁及接头均应保持垂直,接头处相邻两槽段的挖槽中心线,在任一深度的偏差值不得大于墙厚的 1/3。槽段开挖结束后,应检查槽位、槽深、槽宽及垂直度,合格后方可进行清槽换浆。清槽换浆 1 h 后,槽底(设计标高)以上 200 mm 处的泥浆比重应不大于 1.20,沉淀物淤积厚度不应大于 200 mm。

4. 泥浆的配制、稳定性

泥浆配制宜选用膨润土,使用前应取样进行泥浆配合比试验。在施工过程中应经常测试泥浆的性能和调整泥浆的配合比,保证泥浆的稳定性。新拌泥浆静置 24 h 后,要测其性能指标;成槽过程中,每 1 h 或每进尺 3～5 m 应测定一次泥浆比重及黏度;在清槽后,各测一次比重和黏度。其测定的各项性能指标应符合表 5-5-8 的规定。取样的部位应在槽段底部、中部及上口;对失水量、泥皮厚度和 pH 值,应在每槽段的中部和底部各测一次。

表 5-5-8　泥浆的性能指标

项　次	项　目	性能指标	检验方法
1	密度	1.05～1.25	密度计
2	黏度	18～25 Pa·s	500 CC/700 CC 漏斗法
3	含砂率	＜4%	水洗
4	胶体率	＞98%	量杯法
5	失水量	＜30 mL/30 min	失水量仪
6	泥皮厚度	1～3 mm/min	失水量仪
7	稳定性	≤0.02 g/cm²	—
8	静切力	10 min 为 50～100 mg/cm²	静切力仪
		1 min 为 20～30 mg/cm²	
9	pH 值	7～9	试纸

5. 按单元槽段全数检查钢筋笼质量

钢筋笼的尺寸应根据单元槽段、接头形式等确定,钢筋笼应在制作台上成型,并预留插放混凝土导管的位置。分节制作的,应在制作台上预先进行试装配,接头处纵向钢筋的预留搭接长度应符合设计要求。为保证钢筋笼的保护层厚度和钢筋笼的形状不变形,在吊运过程中应采取措施使其有足够的强度。

钢筋的净距应大于 3 倍粗骨料粒径,为了确保混凝土保护层厚度,可用钢筋或钢板定位垫块焊接在钢筋笼上,设置垫块时,在每个槽段前后两个面都应各设置两块以上,其竖向间距约为 5 m。

6. 连续墙的接头

施工接头应能承受混凝土的侧向压力,倾斜度不应大于 0.4%。施工接头可用钢管、钢板、型钢、气囊、橡胶等材料制成,其结构形式应以便于施工为原则。

单元槽段挖槽作业完毕后,应清除黏附于接头表面的沉渣或胶凝质,以确保混凝土的灌注质量。

使用接头管接头时,要把接头管打入沟槽底部,完全插入槽底。接头管,应在混凝土浇灌完毕后 2～3 h 依次拔出。

7. 浇灌混凝土

(1) 混凝土的配选。地下连续墙的混凝土在护壁泥浆下灌注,需按水下混凝土的方法配制和灌注,所以应优先采用质量可靠的商品混凝土。

所用的混凝土应符合下列规定。

满足设计要求和抗压强度、抗渗性能及弹性模量等指标,水灰比不应大于 0.6;用导管法灌注的水下混凝土应具有良好的和易性,坍落度为 190～220 mm,扩散度为 340～380

mm,每立方米混凝土中水泥最少用量为 380 kg,拌和物的含砂率不小于 45%。

(2) 导管质量。导管壁厚不宜小于 3 mm,直径为 250 mm 左右,导管使用前应进行试压,试压压力为 0.6~1.0 MPa。

(3) 灌注混凝土应遵守的规定。

灌注水下混凝土时应遵守下列规定。

开始灌注时导管底端到孔底的距离应以能顺利排出隔水栓为宜,一般为 300~500 mm。开灌前料斗内必须有足以将导管的底端一次性埋入混凝土中 800 mm 以上深度的储存量。混凝土灌注的上升速度不得小于 2 m/h,每个单元槽段的灌注时间不得超过如下规定:灌注量为 10~20 m³ 时,≤3 h;灌注量为 20~30 m³ 时,≤4 h;灌注量为 30~40 m³ 时,≤5 h;灌注量>40 m³ 时,≤6 h。

导管底端埋入混凝土以下,一般应保持在 3 m 左右,严禁把导管底端提出混凝土面。

在水下混凝土灌注过程中应有专人每 30 min 测量一次导管埋深及管外混凝土面高度,每 2 h 测量一次管内混凝土高度。

在一个槽段内同时使用两根导管灌注时,其间距不应大于 3 m,导管距槽端头不宜大于 1.5 m,各导管处的混凝土表面高差不宜大于 300 mm,混凝土应在终凝前灌注完毕,终浇混凝土面高度应高于设计标高 500 mm。

8. 质量检验标准

(1) 连接器件的检验。

地下连续墙与地下室结构顶板、楼板、底板及梁之间可预埋钢筋或连接器件。对连接器件应抽样复检,检查的数量:每 500 套为一个检验批,每批应抽查 3 件。其复验内容主要是外观、尺寸、抗拉强度。

(2) 试块的留置。

对于水下混凝土,每 50 m³ 地下墙应做一组试件,每槽段不得少于一组。

(3) 钢筋笼质量检验。

钢筋笼制作允许偏差如表 5-5-9 所示。

表 5-5-9　钢筋笼制作允许偏差

项　　目	允许偏差/mm	检　查　方　法	检 查 范 围	检 查 频 数
钢筋笼长度	±100	钢尺量,每片钢筋网检查上中下三处		3
钢筋笼宽度	−20,0			3
保护层厚度	0,+10			3
钢筋笼安装深度	±50			3
主筋间距	±10	任取一断面,连续量取间距,取平均值作为一点,每片钢筋网上测四点	每幅钢筋笼	4
分布筋间距	±20			
预埋件中心位置	±10	钢尺量		20%
预埋钢筋和接驳器中心位置	±10	钢尺量		20%

六、基坑工程土方开挖及验收规定

（1）在基坑或基槽及管沟工程等的开挖施工中，现场不宜进行放坡开挖，当可能对邻近建筑物或构筑物、地下管线、永久性道路产生危害时，可对基坑、基槽或管沟进行支护后再开挖。

（2）土方开挖的顺序、方法必须与设计工况相一致，并遵循"开槽支撑，先撑后挖，分层开挖，严禁超挖"的原则。

（3）基坑、基槽或管沟挖至设计标高后，应对坑底进行保护，经验槽合格后方可进行垫层施工。对于特大型基坑，宜分区分块挖至设计标高，分区分块及时浇筑垫层。必要时，可加强垫层。

（4）基坑、基槽或管沟土方工程验收必须以确保结构安全和周围环境安全为前提。当有设计指标时，以设计要求为依据，如无设计指标时，按表 5-5-10 的规定执行。

表 5-5-10　基坑变形的监控值　　　　（单位：cm）

基坑类别	围护结构墙顶位移监控值	围护结构墙体位移监控值	地面最大沉降监控值
一级基坑	3	5	3
二级基坑	6	8	6
三级基坑	8	10	10

注：(1) 符合下列情况之一，为一级基坑。

①重要工程或支护结构作为主体结构的一部分。

②开挖深度大于 10 m。

③与邻近建筑物、重要设施的距离在开挖深度以内的基坑。

④基坑范围内有历史文物、近代优秀建筑、重要管线，需严加保护的基坑。

(2) 三级基坑为开挖深度小于 7 m 且周围环境无特别要求的基坑。

(3) 除一级和三级基坑外的基坑属于二级基坑。

(4) 当周围已有的设施有特殊要求时，应当符合这些要求。

5.5.3 模板工程施工监理

模板工程是用于混凝土成型的模板及其支架的设计、安装、拆除等一系列技术工作和完成实体的总称。模板由面板和支撑两部分组成，面板使混凝土具有设计所要求的形状，支架系统支撑模板，保持其位置正确，并承受模板、混凝土以及施工载荷。模板质量直接影响混凝土成型后的质量。

一、模板工程材料的质量控制

1. 木模板

木模板及木支撑所用的材料为质地优良、无腐朽的松木或杉木，不宜低于Ⅲ级，其含水率应低于 25%。

木模板在拼制时，板边应找平刨直，拼缝严密，但混凝土表面不粉刷时板面应刨光。

板材和方材要求四角方正，尺寸一致，圆材要求最小梢径必须满足模板设计要求。

2. 组合钢模板

组合钢模板的选材、设计、制作、施工应按《组合钢模板技术规范》(GB/T 50214—2013)执行。

3. 木胶合板模板

木胶合板模板应选用表面平整、四边平直整齐、具有耐水性的夹板。木胶合板的含水率不得超过 14%。胶合板的尺寸和厚度应根据产品供应情况和模板的设计要求而定。大面积、多次重复使用胶合板时,对胶合板表面应做防护处理,可以刷防水隔离剂等,在每次使用前应满刷脱模剂。

4. 竹胶合板模板

竹胶合板模板应无质变、厚度均匀、含水率小。表面处理应按《竹胶合板模板》(JG/T 156—2004)的要求进行。

5. 塑料、玻璃钢模板

玻璃钢模板的厚度及加强肋,应根据混凝土侧压力的大小经设计计算确定,同时还应满足自身堆放的强度和变形要求。

6. 嵌缝材料

常用的嵌缝材料有橡皮条、胶带、泡沫塑料、厚纸板、油灰腻子等。

7. 对拉螺栓

对拉螺栓可分为回收式和不回收式。为保证模板与模板之间的设计尺寸,一般对拉螺栓应设撑头垫片(筋)或采用混凝土、钢管、塑料管、竹头等配套撑头。

采用大模板和爬模等特殊模板施工时,应对对拉穿墙螺栓进行专门设计。

8. 隔离剂

隔离剂有皂液、滑石粉、石灰水及其混合液和各种专用化学制品脱模剂。脱模剂材料宜拌成黏稠状,施工时应均匀涂刷,不得流淌和污染钢筋。

二、模板安装的一般规定

(1) 模板及其支架应根据工程结构形式、载荷大小、地基土类别、施工设备和材料供应等条件进行设计。模板及其支架应具有足够的承载能力、刚度和稳定性,能可靠地承受浇筑混凝土的重力、侧压力以及施工载荷。

(2) 在浇筑混凝土之前,应对模板工程进行验收。

模板安装和浇筑混凝土时应对模板及其支架进行观察和维护。发现异常情况时,应按施工技术方案及时进行处理。

高大支模工程的制作安全施工监理要点详见第 7 章安全生产管理的监理相关内容。

三、模板的支撑要求

(1) 模板支撑系统应根据不同的结构类型和模板类型来选配。使用时,应对支撑系统进行必要的验算和复核,尤其是支柱间距应经计算确定,确保其可靠稳固、不变形。

(2) 木质支撑系统一般与模板相配合,所用牵杠、搁栅、横档、支撑宜采用不小于 50 mm×100 mm 的方材,木支柱一般用 100 mm×100 mm 的方材或梢径 80~120 mm 的圆木,木支撑必须钉牢楔紧,支柱之间的拉结必须加强,木支柱脚下用对拔木楔调整标高并固定。载荷过大的木模板体系可以采用枕木对堆搭方式操作,用扒钉固定好。

(3)钢质支撑体系一般可与各种模板体系相配合,其钢楞和支撑的布置形式应满足模板设计要求,并能保证安全承受施工载荷,钢楞材料有圆钢管、矩形钢管和内卷边槽钢等。钢管支撑体系一般扣成整体排架式,立柱间距按设计要求,同时加设斜撑和剪刀撑。

(4)支撑体系的基底必须坚实可靠,如为土层时,应在支撑底铺垫型钢或脚手板等材料,或硬化地面。应注意逐层加设支撑分层分散施工载荷。侧向支撑必须支顶牢固,拉结和加固应可靠,必要时应打入地锚或在混凝土中预埋铁件和短钢筋头作撑脚。

(5)对超大结构或大载荷结构(如转换层梁、深梁及厚板等)以及特殊结构的模板体系,应进行专门的设计计算。

(6)模板体系应与操作平台体系断开,严禁以模板支撑架作为脚手架。模板支撑、斜拉杆、剪刀撑、链条或拉筋的花篮螺栓,严禁松动或改变位置。

(7)模板的拆除。模板及其支架拆除的顺序及安全措施应该按施工技术方案进行。现浇结构的模板及其支架拆除时,混凝土抗压强度应符合设计要求。当设计无具体要求,侧模拆除时,混凝土强度应满足其表面及棱角不因拆模受损。底模拆除时,混凝土强度应满足《混凝土结构工程施工规范》(GB 50666—2011)的要求。

四、模板的堆放要求

(1)按不同材质、品种、规格、型号、大小、形状分类堆放。注意留出交通道路,还应考虑竖向转运顺序合理化。

(2)模板的堆放一般以平卧为主,对桁架或大模板等部件,可采取立放,但必须有抗倾覆措施,每堆材料不宜堆放过多,以免影响部件质量和转运。

(3)堆放场地要求整平垫高,注意通风排水,保持干燥;室内堆放应注意取用方便、堆放安全;露天堆放应加遮盖;钢质材料应防水防锈,木质材料应防腐、防雨、防暴晒。

五、模板安装工程分项验收工作

模板安装工程分项验收由专业监理工程师组织,项目监理机构应对模板安装工程施工进行巡视,对重要部位的模板安装施工应安排监理员旁站,以便及时督促、发现并纠正偏差。当模板安装工程检验批施工完成时,督促施工方完成模板工程隐蔽检查和验收工作,施工方自验收合格后按规定填写相关模板工程隐蔽验收和检验批表格,并按照《混凝土结构工程施工质量验收规范》(GB 50204—2015)"4.2模板安装"中所列主控项目和一般项目的要求进行现场验收工作,重要结构、高大支模工程验收应遵守相关规定和要求。

六、模板工程监理工作方法及措施

1. 监理事前控制要点及方法

(1)要求施工单位根据设计图纸编制施工方案,进行模板设计,依据施工条件确定载荷,对模板及其支撑体系进行验算,必要时进行有关试验。

(2)监理工程师对模板设计进行审查。审查内容有模板及其支撑系统在混凝土浇筑时的侧压力以及施工载荷作用下是否有足够的强度、刚度和稳定性。根据工程主体结构体系、载荷大小、合同工期及模板周转等情况综合考虑施工单位所选用的模板和支架系统是否合理，提出审核意见。在浇筑混凝土前，对模板工程进行验收。

（3）组合钢模板、滑升模板等的设计、制作和施工尚应符合国家现行标准《组合钢模板技术规范》(GB/T 50214—2013)和《液压滑动模板施工安全技术规程》(JGJ 65—2013)的相应规定，并编制相应的施工组织设计。

（4）模板安装和浇筑混凝土时，对模板及支架进行观察和维护。发现异常情况及时处理。

（5）对模板工程所用材料进行认真检查选取，不得使用不符合质量要求的材料。模板工程施工应具备制作简单、操作方便、牢固耐用、运输整修容易等特点。

（6）翻样、放样、技术交底。

①检查施工人员是否依据设计图纸的要求，以结构图为主，对照建筑及设备安装的图纸，对模板进行翻样，翻成详图并注明各部位编号、轴线位置、几何尺寸、剖面形状、预留孔洞与预埋件位置等，经复核后作为模板制作、安装的依据。

②模板复杂的工程应要求施工人员按一定比例放出大样，以解决复杂部位尺寸构造处理等问题，有时为了方便施工，可按图纸要求制作一些大模板块来用。

③在模板工程安装或拆除前，督促施工单位进行模板工程的技术交底。大型或复杂、重要的混凝土结构工程的模板施工，应在下达任务的同时，对生产班组进行技术交底，讲清以下几个问题。

a. 设计图纸（包括设计变更、修改核定）中的尺寸、轴线、标高、位置以及预留孔洞、预埋件位置等。

b. 所用的模板材料及支撑材料的品种、规格和质量要求。

c. 模板制作、安装、拆除的方法、施工顺序及工序搭接等的操作要求。

d. 质量标准、安全措施、成品保护措施等施工注意事项。

必要时，监理工程师应督促并旁听技术交底过程。

2. 监理事中控制要点与方法

采用平行巡视等方法对模板的施工质量进行控制。监理工程师应了解不同的模板安装方法、质量要求、容易出现的通病及防治方法，发现问题及时要求施工单位进行整改。模板工程经施工单位自检并经监理工程师验收合格方可进行下道工序的施工。巡视时应注意检查以下要点。

（1）所有预埋件及预留孔洞，在安装前应与图纸对照，确认无误后准确固定在设计位置上，必要时可用电焊或套框等方法将其固定。对小型洞孔，套框内可满填软质材料，防止漏浆封闭。在浇筑混凝土时，应沿其周围分层均匀浇筑，严禁碰击和振动预埋件及模板，以免其歪斜、移位、变形。

（2）测量、放样、弹线工作要事先定好实施方案，所有测量器具必须符合计量检定标准，并妥善保管，施工中的轴线、标高、几何尺寸必须测放正确，标注清楚，引用方便，标注线和记号必须显示在稳固不变的物体上。

放样弹线时，除按图纸划出工程结构外轮廓线外，还应弹出模板安装线或检查线。

（3）模板施工前，要求场地干净、平整，模板下口及连接处的混凝土或砌体，要求边角整齐、表面平直，必要时可进行人工修整，以便确保模板工程质量。

（4）接头处、梁柱板交接处的模板，应认真检查，防止出现烂根、移位、胀模等不良现象。

（5）对已施工完毕的部分钢筋（如柱、墙筋）或预埋件、设备管线等，应进行复检，若有影响模板施工处应及时整改。竖向结构的钢筋和管线宜先用架子临时支撑好，以免其任意歪斜造成模板施工困难。

（6）模板及支撑系统应连接成整体，竖向结构模板（柱、墙等）应加设斜撑和剪刀撑，水平结构模板（梁、板等）应加强支撑系统的整体连接，对木支撑纵向方向应加钉拉杆，采取钢管支撑时，应扣成整体排架。

（7）所有可调节的模板及支撑系统在模板验收后，不得任意改动。

（8）在模板安装和混凝土浇筑时，监理人员应对模板及其支架进行观察，主要检查漏浆情况、变形情况。大跨度结构还应测量模板及支架的沉降，发生异常情况时，应要求施工单位按施工技术方案及时处理。

（9）模板采用对拉螺栓和对拉铁条紧固时，在钢筋工程施工中应注意与模板工程施工相协调，以免钢筋就位不便，再次松动已紧固好的对拉位置，以致影响模板成品。

（10）对杯芯模板和阶梯形基础的各阶模板，应装配牢固、支撑可靠。浇筑混凝土时应注意防止杯芯模板向上浮升或侧向偏移，模板四周混凝土应均匀浇筑，并保证吊模位置正确。

（11）平台模板完成后，在后续工作中吊运的钢管、钢筋等应限量、均匀分散在模板上，严禁超载和集中堆放。在混凝土浇筑时，应采用低落料以减少冲击，并应均匀散布在操作板上，再用铁铲送料到位。使用泵送混凝土时，泵管与模板间应加设专用撑脚。

（12）安装电气、管道等时严禁在模板上乱开孔挖孔洞，应事先制定好操作要求和方案后再行施工；对开洞处应采取措施，妥善处理，气焊和电焊时应注意保护模板。

3. 监理事后控制要点与方法

（1）混凝土浇捣时，要派专人观察模板、支架系统，发现问题及时处理。

（2）底模及其支架拆除时，混凝土强度应符合设计要求，当设计无具体要求时，混凝土强度应符合《混凝土结构工程施工规范》（GB 50666—2011）的规定。

（3）后张法预应力混凝土结构构件，侧模应在预应力张拉前拆除；底模支架的拆除应按施工技术方案执行，当无具体要求时，不应在结构构件建立预应力前拆除。

（4）后浇带模板的拆除和支顶应按施工技术方案执行。

（5）模板拆除时，不应对楼层形成冲击载荷，拆除的模板和支架宜分散堆放、及时清运。

（6）已拆除模板及其支架的结构，在混凝土强度符合设计混凝土强度等级后，方可承受全部使用载荷；当施工载荷所产生的效应比使用载荷的效应更为不利时，必须经过核算，加设临时支撑。

（7）模板的拆除应先由施工单位提出申请，并附混凝土强度报告，经监理公司批准后方可拆除。

（8）模板堆放整齐,过高的应有防倾倒措施。

（9）模板的拆除区域应设立警戒线,并设监护人。

七、柱、剪力墙、梁、楼板模板安装监理要点

1. 柱模板

（1）按标高抹好水泥砂浆找平层,按位置线做好定位墩台,以便保证轴线边线与标高的准确,或按放线位置,在柱四边离地 5～8 m 处的主筋上焊上支架,从四面支撑模板,以防位移。

（2）安装柱模板:通排柱,先安装两端柱,经校正、固定,拉通线校正中间各柱。模板按柱子大小,预拼成一面一片(一面的一边带一个角模),或两面一片,就位后先用铅丝与主筋绑扎临时固定,用 U 形卡将两侧模板连接卡紧,安装两面后再安装另外两面模板。

（3）安装柱箍:柱箍可用角钢、钢管等制成,采用木模板时可用螺栓、方木制成钢木箍。应根据柱模尺寸、侧压力大小,在设计模板时确定柱箍尺寸、间距。

（4）安装柱模的拉杆或斜撑:柱模每边设两根拉杆,固定于事先预埋在楼板内的钢筋上,用经纬仪控制,用花篮螺栓调节模板垂直度。拉杆与地面夹角宜为 45°,预埋的钢筋环与柱的距离宜为 3/4 柱高。

（5）将模板内清理干净,封闭清理口,办理柱模板预检。

2. 剪力墙模板

（1）按位置安装门洞模板,下放预埋件或木砖。

（2）把预先拼装好的一面模板按位置线就位,然后安装拉杆或斜撑,安装塑料套管和穿墙螺栓,穿墙螺栓规格和间距在设计时应明确规定。

（3）清扫墙内杂物,再支另一侧模板,调整斜撑(拉杆)使模板垂直后,拧紧穿墙螺栓。

（4）模板安装完毕后,应检查一遍扣件、螺栓是否牢固,模板拼缝及下口是否严密,然后办理预检手续。

3. 梁模板

（1）柱子拆模后在混凝土上弹出轴线和水平线。

（2）安装梁支柱之前(土地面必须夯实),支柱下垫通长脚手板,一般梁支柱采用单排,当梁截面较大时可采用双排或多排,支柱的间距应由模板设计规定。一般情况下,间距以 60～100 cm 为宜,支柱上面垫 10 cm×10 cm 方木,支柱双向加剪刀撑和水平拉杆,离地 50 cm 设一道,以上每隔 2 m 设一道。

（3）按设计标高调整支柱的标高,然后安装梁底板,并拉线找直。梁底板按设计或规范要求起拱。

（4）绑扎梁钢筋,经检查合格后办理隐蔽验收手续,并清除杂物,安装侧模板与底板,用 U 形卡连接。

（5）安装后校正梁中线、标高、断面尺寸。将梁模板内杂物清理干净,检查合格后办理预检手续。

4. 楼板模板

（1）夯实地面,楼层地面立支柱前应垫通长脚手板。采用多层支架支模时,支柱垂直,

上下层支柱应在同一竖向中心线上。

（2）从边跨侧开始安装，先安装第一排龙骨和支柱，临时固定；再安装第二排龙骨和支柱，依次逐排安装。支柱与龙骨的间距应根据混凝土重量和施工载荷在模板设计中确定。一般支柱规定为 80～120 cm，大龙骨间距为 60～80 cm，小龙骨间距为 40～60 cm，并应考虑施工通道。

（3）调节支柱高度，将大龙骨找平。

（4）铺定型组合钢模板块：可从一侧开始铺，每两块板间边肋用 U 形卡连接，U 形卡安装间距不大于 30 cm。每个 U 形卡卡紧方向应正反相间，不要安在同一方向。不论组合钢模板块或木模板，均应要求拼缝严密。

（5）用水平仪测量模板标高，进行校正，用靠尺找平。

（6）加设水平拉杆，并经常检查，保持完整牢固。

（7）将模板内杂物清理干净。

5. 模板安装还应对以下问题进行监控

（1）竖向模板和支架支承的部分，当安装在基土上时应加设垫板，且基土必须坚实并有排水措施。对湿陷性黄土，还必须有防水措施。

（2）模板及其支架在安装过程中，必须设置防倾覆的临时固定设施。

（3）现浇多层房屋和构筑物，应采取分层分段支模的方法，安装上层模板及其支架时应符合下列规定。

①下层模板应具有承受上层载荷的承载能力或加设支架支撑。

②上层支架的独立柱应对准下层支架的独立柱，并铺设垫板。

③当采用悬吊模板、桁架支模方法时，其支撑结构的承载能力和刚度必须符合规定要求。

④当层间高度大于 5 m 时宜选用桁架支模或多层支模支模。

当采用多层支模时，支架的横垫板应平整，支柱应垂直，上下层支柱应在同一竖向中心线上，并应符合《危险性较大的分部分项工程安全管理办法》（建质〔2009〕87 号）、《建设工程高大模板支撑系统施工安全监督管理导则》（建质〔2009〕254 号）等的规定。

（4）当采用分节脱模时，底模的支点应按模板设计设置，各节模板应在同一平面上，高低差不超过 3 mm。

（5）模板安装的检查方法：轴线位移、截面尺寸等可用尺量检查；标高用水准仪或拉线检查；每层垂直度用 2 m 托线板检查；表面平整度用 2 m 靠尺和楔形塞尺检查。

（6）模板安装完成后，先由施工单位质量安全管理人员自检，自检合格后，按规定填写好自检资料报项目监理机构办理模板工程验收手续，并做好轴线复检签证。

5.5.4 钢筋工程施工监理

钢筋混凝土结构工程的材料是混凝土和钢筋，两种材料特性互补，黏结协同受力。钢筋是钢筋混凝土结构的筋骨，钢筋工程的质量对钢筋混凝土结构的质量起着重要作用。钢筋混凝土工程的质量控制，涉及对材料、构件和结构性能、施工方法等多方面的控制。监理工程师必须掌握它的特点，采取相应的质量控制方法实施有效的质量监理，在钢筋工程的施工质量监理过程中,严格监督施工单位用于工程的钢筋,从材料质量、钢筋加工到绑扎安装质量等,都要符合国家标准、设计图纸和施工质量验收规范的要求。

住房和城乡建设部、工业和信息化部于 2012 年联合颁布的《关于加快应用高强钢筋的指导意见》(建标〔2012〕1 号)中指出,高强钢筋作为节材节能环保产品,在建筑工程中大力推广应用,是加快转变经济发展方式的有效途径,是建设资源节约型、环境友好型社会的重要举措,对推动钢铁工业和建筑业结构调整、转型升级具有重大意义。主要目标:加速淘汰 335 MPa 级螺纹钢筋,优先使用 400 MPa 级螺纹钢筋,积极推广 500 MPa 级螺纹钢筋。具体目标如下。

(1) 2013 年底,在建筑工程中淘汰 335 MPa 级螺纹钢筋。

(2) 2015 年底,高强钢筋的产量占螺纹钢筋总产量的 80%,在建筑工程中使用量达到建筑用钢筋总量的 65% 以上。

(3) 在应用 400 MPa 级螺纹钢筋为主的基础上,对大型高层建筑和大跨度公共建筑,优先采用 500 MPa 级螺纹钢筋,逐年提高 500 MPa 级螺纹钢筋的生产和使用比例。

(4) 对于地震多发地区,重点应用高屈强比、均匀伸长率高的高强抗震钢筋。贯彻实施新修订的《混凝土结构设计规范》(GB 50010—2010)。

(5) 建筑结构中的纵向受力钢筋要优先采用 400 MPa 级及以上的螺纹钢筋,其中,梁、柱纵向受力钢筋应采用 400 MPa 级及以上的螺纹钢筋。梁、柱箍筋推广采用 400 MPa 级及以上的螺纹钢筋。适时修订相关工程建设标准,淘汰 335 MPa 级螺纹钢筋,进一步推广 500 MPa 级螺纹钢筋。

近年来国家标准《混凝土结构设计规范》(GB 50010—2010)、《混凝土结构工程施工质量验收规范》(GB 50204—2015)、《混凝土结构工程施工规范》(GB 50666—2011)等均已将 500 MPa 级钢筋的应用规范纳入修订目标之中,并针对高强钢筋的应用相应修订裂缝控制、最小配筋率等技术规定。在系列规范修订完成后,将形成以 400 MPa、500 MPa 级钢筋为主要受力钢筋的规范体系。

高强钢筋的优越性:①可适当提高混凝土结构的可靠度水准。②与二级钢筋相比,可节约钢材 10%~15%。③合金元素的加入,钢筋性能提高。

一、钢筋原材料及加工质量控制

1. 钢筋原材料的质量要求

(1) 钢筋的尺寸、外形与质量以及力学性能与工艺性能应符合国家标准规定。

(2) 钢筋进场时,应按现行国家相关标准的规定抽取试件作力学性能和质量偏差检验,检验结果必须符合有关标准的规定。

(3) 对有抗震设防要求的结构,其纵向受力钢筋的性能应满足设计要求;当设计无具体要求时,对按一、二、三级抗震等级设计的框架和斜撑扣件(含梯段)中的纵向受力钢筋应采用 HRB335E、HRB400E、HRB500E、HRBF355E、HRBF400E 或 HRBF500E 钢筋,其强度和最大力下总伸长率的实测值应符合下列规定。

① 钢筋的抗拉强度实测值与屈服强度值的比值不应小于 1.25。

② 钢筋的屈服强度实测值与强度标准值的比值不应小于 1.30。

③ 钢筋的最大力下总伸长率不应小于 9%。

（4）当发现钢筋脆断、焊接性能不良或力学性能显著不正常等现象时，应对该批钢筋进行化学成分检验或其他专项检验。

（5）钢筋应平直、无损伤，表面不得有裂纹、油污、颗粒状或片状老锈。

钢筋进场后，监理人员应督促施工单位及时将验收合格的钢材运进堆场，堆放整齐，挂上标签，并采取有效措施，避免钢筋锈蚀或油污。

2. 钢筋加工的类型与方法

（1）钢筋除锈。

钢筋在使用前应保证其表面清洁，必须清除钢筋表面的油渍、漆污、铁锈等。对氧化铁皮鳞现象严重或有麻坑、斑点、伤蚀截面的钢筋不得使用或降级使用。

（2）钢筋调直。

调直后的钢筋应保持平直，无局部屈折，表面不得有明显擦伤，抗拉强度不得低于设计要求。冷拔低碳钢丝经调直机调直后，其抗拉强度一般要降低 10%～15%。使用前应加强检验。

（3）钢筋切断。

钢筋切断后要对断口进行检查，钢筋断口不得出现马蹄形或起弯等现象，钢筋长度必须严格控制，其允许偏差控制在 ±10 mm。

（4）钢筋弯曲成型。

① 钢筋弯曲应保证形状准确，平面上没有翘曲不平。

② 钢筋末端的净空直径不小于钢筋直径的 2.5 倍。

③ 钢筋弯曲点处不得有裂缝，带肋钢筋不得弯过大再弯回来。

④ 钢筋成型后允许偏差：全长 ±10 mm，弯起钢筋起弯点 ±20 mm，弯起钢筋的弯起高度 ±5 mm，箍筋边长 ±5 mm。

3. 钢筋的见证取样试验

钢筋的品种要符合要求，进场的钢筋应在每捆（盘）上都挂有两个标牌（注明生产厂、生产日期、钢号、炉罐号、钢筋级别、直径等），并附有质量证明书、产品合格证和出厂检验报告。监理人员应见证其取样过程。

（1）钢筋力学试样取样规则。

钢筋应按批进行检验和验收，每批重不大于 60 t。每批应由同一牌照、同一炉罐号、同一规格、同一交货状态的钢筋组成；冷拉钢筋应分批进行验收，每批由重量不大于 20 t 的同级别、同直径的冷拉钢筋组成。

（2）取样数量。

钢筋的取样数量根据其供货形式的不同而不同。

①直条钢筋。每批直条钢筋应做两个拉伸试样，两个弯曲试样。按《碳素结构钢》（GB/T 700—2006）验收的直条钢筋每批应做一个拉伸试样，一个弯曲试样。

②盘条钢筋。每批盘条钢筋应做两个拉伸试样，两个弯曲试样。

③冷拉钢筋。每批冷拉钢筋应做两个拉伸试样，两个弯曲试样。

（3）取样方法。

① 拉伸和弯曲试验试样可在每批材料中任选两根钢筋切取。如有一项试验不符合规定，则从同批钢筋中再抽取双倍数量的试样重做上述试验。如仍有一个试样不合格，则该批钢筋为不合格。

② 在钢筋的使用过程中，对热轧钢筋的质量有疑问或类别不明时，应事先做冷拉弯试验，根据试验结果确定钢筋的类别后方可使用。

③ 钢筋品种和质量，焊条、焊剂的牌号、性能以及接头中使用的钢板和型钢，均必须符合设计要求和有关标准规定。

4. 钢筋加工的质量控制

监理工程师应要求施工单位及时根据图纸和规范进行钢筋翻样，并就钢筋下料、加工对钢筋进行技术交底。监理工程师应深入钢筋加工现场，对成型的钢筋进行检查，发现问题，及时通知施工单位。

（1）钢筋的弯钩和弯折应符合下列规定。

① HPB300 级钢筋末端应做 180° 弯钩，其弯弧内直径不应小于钢筋直径的 2.5 倍，弯钩的弯后平直部分长度不应小于钢筋直径的 3 倍。

② 设计要求钢筋末端做 135° 弯钩时，HRB335 级、HRB400 级钢筋的弯弧内直径不小于钢筋直径的 4 倍，弯钩的弯后平直部分长度应符合设计要求。

③ 钢筋做不大于 90° 的弯折时，弯折处的弯弧内直径不应小于钢筋直径的 5 倍。

（2）除焊接封闭环式钢筋外，箍筋的末端应做弯钩，弯钩形式应符合设计要求；当设计无具体要求时，应符合下列规定。

① 弯钩的弯弧内直径除应满足第（1）条的规定外，尚应不小于受力钢筋直径。

② 钢筋弯钩的弯折角度：对一般结构，不应小于 90°，对有抗震等要求的结构，应为 135°。

③ 钢筋弯后平直部分长度：对一般结构，不宜小于箍筋直径的 4 倍，对有抗震等要求的结构，不应小于箍筋直径的 10 倍。

④ 钢筋调直后应进行力学性能和质量偏差的检验，其强度应符合有关标准规定。

盘卷钢筋和直条钢筋调直后的断后伸长率、质量偏差应符合《混凝土结构工程施工质量验收规范》（GB 50204—2015）中表 5.3.4 的规定。

检测数量：同一厂家、同一牌号、同一规格的调直钢筋，质量不大于 30 t 为一批，每批见证取 3 件试件。

（3）钢筋应采用无延伸功能的机械设备进行调直，也可采用冷拉方法调直。当采用冷拉方法调直时，HPB300 光圆钢筋冷拉率不宜大于 4%，HRB335、HRB400、HRB500、HRBF335、HRBF400、HRBF500 及 RRB400 级带肋钢筋的冷拉率不宜大于 1%。

（4）钢筋加工的形状、尺寸应符合设计要求，其偏差应符合表 5-5-11 的规定。

表 5-5-11　钢筋加工的允许偏差

项　目	允许偏差/mm
受力钢筋顺长度方向全长的净尺寸	±10
弯起钢筋的弯折位置	±20
箍筋内径尺寸	±5

二、钢筋连接的质量控制要求

1. 钢筋焊接

（1）电渣压力焊施工质量控制要点。

电渣压力焊适用范围：现浇钢筋混凝土结构中竖向或斜向（倾角不大于10°）钢筋的连接。

① 焊接夹具的上下钳口应夹紧于上下钢筋上；钢筋一经夹紧，不得晃动，且两钢筋应同心。

② 引弧可采用直径引弧法或采用铁丝圈（焊条芯）间接引弧法。

③ 引燃电弧后，应先进行电弧过程，然后加快上钢筋的下送速度，使上钢筋端面插入渣池2 mm，转变为电渣过程，最后在断电的同时，迅速下压上钢筋，挤出熔化金属和熔渣。

④ 接头焊毕，应稍作停歇，方可回收焊剂和卸下焊接夹具；敲去渣壳后，四周焊包凸出钢筋表面的高度，当钢筋直径为25 mm及以下时不得小于4 mm，当钢筋直径为28 mm及以上时不得小于6 mm。

（2）电渣压力焊焊接参数应包括焊接电流、电压和通电时间，采用HJ431焊剂时，宜符合表5-5-12的规定。不同直径钢筋焊接时，应按较小直径钢筋选择参数，焊接通电时间可延长。

（3）电渣压力焊接头的见证试验。

① 外观检查：清渣后逐个进行外观检查。

② 力学性能试验：每一楼层或施工区段中300个不同级别的钢筋或接头作为一批，不足300个接头仍作为一批。随机从焊好的钢筋中切取3个试件作拉伸试验。

（4）电渣压力焊的质量验收。

外观质量要求。

① 四周焊包应均匀，四周焊包凸出钢筋表面的高度，当钢筋直径为25 mm及以下时不得小于4 mm，当钢筋直径为28 mm及以上时不得小于6 mm。

表 5-5-12　电渣压力焊焊接参数

钢筋直径/mm	焊接电流/A	焊接电压/V		焊接通电时间/s	
		电弧过程 $U_{2.1}$	电渣过程 $U_{2.2}$	电弧过程 t_1	电渣过程 t_2
12	280～320			12	2
14	300～350			13	4
16	300～350			15	5
18	300～350			16	6
20	350～400	35～45	18～22	18	7
22	350～400			20	8
25	350～400			22	9
28	400～450			25	10
32	400～450			30	11

② 钢筋与电极接触处,应无烧伤缺陷。

③ 接头处的弯折角不得大于 4°。

④ 接头处的轴线偏移不得大于钢筋直径的 0.1 倍,且不得大于 2 mm。外观检查不合格的接头应切除重焊,或采取补强焊接措施。

力学性能试验质量要求。

拉伸试验结果,3 个试件的抗拉强度均不得小于该级别钢筋规定的抗拉强度。当试验结果有 1 个试件的抗拉强度低于规定值时,应再取 6 个试件进行复验。若复验结果仍有 1 个试件抗拉强度小于规定值,应确定该批接头为不合格品。

三、钢筋机械连接施工质量控制

1. 钢筋机械连接施工质量控制要点

钢筋机械连接分为三个性能等级:Ⅰ级、Ⅱ级和Ⅲ级。钢筋接头等级和应用部位,按设计结构图纸规定确认,各种规格及尺寸如表 5-5-13 所示。

表 5-5-13　国标钢筋机械连接套筒尺寸表　　　　　　　　　　(单位:mm)

套 筒 规 格	螺 纹 内 径	外　　径	长　　度
16	16.3	24	45
18	18.2	27	50
20	20.2	31	55
22	22.2	33	60
25	25.4	37	65
28	28.4	41	70
32	32.2	47	75
36	36.2	53	85

(1)接头的型式检验。

在下列情况时应进行型式检验。

① 确定接头性能等级时。

② 材料、工艺、规格进行改动时。

③ 型式检验报告超过 4 年时。

(2)施工现场接头的加工。

① 加工钢筋接头的操作工人,应经专业培训合格后才能上岗,人员应相对稳定。

② 钢筋接头的加工应经工艺检验合格后方可进行。

(3)直螺纹接头加工。

① 钢筋端部应切平或镦平后再加工螺纹。

② 镦粗头不得有与钢筋轴线相垂直的横向裂纹。

③ 钢筋丝头长度应满足企业标准中的产品设计要求,公差应为 $0\sim2.0p$(p 为螺距)。

④ 钢筋丝头宜满足 $6f$ 级精度要求,应用专用直螺纹量规检验,通规能顺利旋入并达到要求的拧入长度,止规旋入不得超过 $3p$。抽检数量 10%,检验合格率不应小于 95%。

（4）施工现场直螺纹钢筋接头的安装。

① 连接钢筋时，钢筋规格和套筒的规格必须一致，钢筋和套筒的丝扣应干净、完好无损。

② 采用预埋接头时，连接套筒的位置、规格和数量应符合设计要求。带连接套筒的钢筋应固定牢靠，连接套筒的外露端应有保护盖。

③ 滚轧直螺纹接头应使用扭力扳手或管钳进行施工，将两个钢筋丝头在套筒中间位置相互顶紧，接头拧紧。扭力扳手的精度为±5%。

④ 经拧紧后的滚轧直螺纹接头应作出标记，单边外露丝扣长度不应超过 $2p$。

根据待接钢筋所在部位及转动难易情况，选用不同的套筒类型，采取不同的安装方法。

（5）直螺纹钢筋接头的安装质量应符合下列要求。

① 安装接头时可用管钳扳手拧紧，应使钢筋丝头在套筒中央位置相互顶紧。标准型接头安装后的外露螺纹不宜超过 $2p$。

② 安装后应用扭力扳手校核拧紧扭矩，拧紧扭矩值应符合表 5-5-14 的规定。

表 5-5-14 直螺纹接头安装时的最小拧紧扭矩值

钢筋直径/mm	≤16	18～20	22～25	28～32	36～40
拧紧扭矩/(N·m)	100	200	260	320	360

③校核用扭力扳手的准确度级别可选用 10 级。

2. 施工现场接头的检验与验收

（1）工程中应用钢筋机械接头时，应由技术提供单位提交有效的型式检验报告。

（2）钢筋连接工程开始前，应对不同钢筋生产厂的进场钢筋进行接头工艺检验；施工过程中，更换钢筋生产厂时，应补充进行工艺检验。工艺检验应符合下列规定。

① 每种规格钢筋的接头试件不应少于 3 根。

② 每根试件的抗拉强度和 3 根接头试件的残余变形的平均值均应符合《钢筋机械连接技术规程》（JGJ 107—2016）中表 3.0.5 和表 3.0.7 的规定。

③ 接头试件在测量残余变形后可再进行抗拉强度试验，并宜按《钢筋机械连接技术规程》（JGJ 107—2016）附录 A 中表 A.1.3 所列单向拉伸加载制度进行试验。

④ 第一次工艺检验中 1 根试件的抗拉强度或 3 根试件的残余变形平均值不合格时，允许再抽 3 根试件进行复检，复检仍不合格时判为工艺检验不合格。

（3）接头安装前应检查连接件产品合格证及套筒表面生产批号标识；产品合格证应包括适用钢筋直径和接头性能等级、套筒类型、生产单位、生产日期以及可追溯产品原材料力学性能和加工质量的生产批号。

（4）现场检验应按《钢筋机械连接技术规程》（JGJ 107—2016）进行接头的抗拉强度试验、加工和安装质量检验；对接头有特殊要求的结构，应在设计图纸中另行注明相应的检验项目。

（5）接头的现场检验应按验收批进行，同一施工条件下采用同一批材料的同等级、同类型、同规格接头，应 500 个作为一个检验批进行检验和验收，不足 500 个也应作为一个检验批。

（6）螺纹接头安装后应按《钢筋机械连接技术规程》（JGJ 107—2016）中 7.0.5 条的规

定划分检验批,抽取其中10％的接头进行拧紧扭矩校核,拧紧扭矩值不合格数超过被校核接头数的5％时,应重新拧紧全部接头,直到合格为止。

(7) 对接头的每一检验批,必须在工程结构中随机截取 3 个接头试件作抗拉强度试验,按设计要求的等级进行评定。当 3 个接头试件的抗拉强度均符合《钢筋机械连接技术规程》(JGJ 107—2016)中表 3.0.5 所列相应等级的强度要求时,该检验批应评为合格。如有 1 个试件的抗拉强度不符合要求,应再取 6 个试件进行复检。复检中如仍有 1 个试件的抗拉强度不符合要求,则该检验批应评为不合格。

(8) 现场检验连续 10 个检验批抽样试件的抗拉强度试验一次合格率为 100％时,检验批接头数量可扩大 1 倍。

(9) 现场截取抽样试件后,原接头位置的钢筋可采取同等规格的钢筋进行搭接连接,或采取焊接及机械连接方法补接。

(10) 对抽检不合格的接头检验批,应由建设方同设计方等有关方面研究后提出处理方案。

四、钢筋安装的质量控制要点

1. 基础钢筋安装质量控制要点

(1) 钢筋网四周两行钢筋交叉点应每点扎牢,中间部分每隔一根相互成梅花式扎牢,双向主筋的钢筋,必须将全部钢筋的相互交叉点扎牢,注意相邻绑扎点的铁丝扣要成八字绑扎(左右绑扎)。

(2) 基础底板采用双层钢筋网时,应设置钢筋撑脚。间距 1000 mm 左右,保证上层钢筋的位置。

(3) 有 180°弯钩的钢筋弯钩应朝上,不要倒向一边,上层钢筋弯钩应朝下。

(4) 独立柱基短向钢筋应放在长向钢筋的上边。

(5) 在基础或桩中预插柱的纵筋时,为了柱轴线位置准确一定要保证插筋的位置,并固定牢靠。经位置校核无误后,用井字形木架将插筋固定在基础的外模板上。浇筑混凝土时,应随时注意插筋的位置。

(6) 现浇柱与基础连接用的插筋,其箍筋应比柱的箍筋小一个柱纵筋的直径,以便连接。插筋位置一定要固定牢靠,以免造成柱轴线偏移。

2. 柱子钢筋安装质量控制要点

(1) 柱纵向钢筋的接头位置应符合要求。绑扎接头的搭接长度应符合设计要求或《混凝土结构工程施工质量验收规范》(GB 50204—2015)中附录 B 的规定。搭接范围内的箍筋间距按设计要求加密。

(2) 箍筋的接头应沿柱纵筋交错排列、垂直放置;箍筋转角与竖向交叉均应扎牢(箍筋平直部分与竖向钢筋交叉可每隔一根相互成梅花式扎牢);绑扎钢筋时,铁丝扣要相互成八字形。

(3) 下层柱的竖向钢筋露出楼面部分,宜用工具或柱箍将其收进一个柱筋直径,以利上层柱的钢筋搭接;当上下层截面有变化时,其下层柱钢筋的露出部分,必须在绑扎梁钢筋之前,先行收分准确。

（4）有抗震要求的地区，柱箍筋端头应弯成135°，平直长度不小于10d（d为箍筋直径）。

（5）柱基、柱顶、梁柱节点处，箍筋间距应注意按设计要求加密。

（6）如设计要求箍筋设置拉筋时，拉筋应勾住箍筋。

（7）柱纵筋保护层：垫块应绑在柱筋外皮上，间距一般为1000 mm左右（或用塑料卡卡在纵筋上），以保证纵筋保护层厚度准确。

3. 剪力墙钢筋安装质量控制要点

（1）剪力墙纵向钢筋的接头位置应符合要求。绑扎接头的搭接长度应符合设计要求。

（2）剪力墙的钢筋应逐点绑扎，双排之间应绑拉筋和支撑筋，其纵横间距不大于600 mm，钢筋外皮绑扎垫块或塑料卡。钢筋有180°弯钩时，弯钩应朝向混凝土内。

（3）剪力墙与框架柱连接时，剪力墙水平横筋应锚固到框架柱内，其锚固长度应符合设计要求。如果先浇混凝土柱时，柱内要预埋连接筋（或铁件），其预埋长度或焊在埋件上的焊缝长度均应符合设计要求。

（4）剪力墙水平钢筋在两端头、转角、十字节点、连梁等部位的锚固长度及洞口周围加固筋等均应符合设计及抗震要求。

（5）合模后，对伸出的钢筋应进行修整，宜在搭接处绑一横筋定位，浇筑时再次调整以保证钢筋位置准确。

4. 梁钢筋安装质量控制要点

（1）框架梁上部纵向钢筋应贯穿中间节点，梁下部纵向钢筋伸入中间节点的锚固长度及伸过柱中心线的长度均要符合设计要求。

（2）框架梁纵向钢筋在端节点内的锚固长度也要符合设计要求。在主次梁受力筋下均加保护层垫块（或塑料卡），以保证保护层厚度。

（3）梁纵向钢筋双层或多层排列时，两排钢筋之间应垫以直径为25 mm的短钢筋；如纵向钢筋直径大于25 mm时，短钢筋直径规格应与纵向钢筋直径规格相同。

（4）箍筋绑扎。

① 梁上部纵向钢筋的箍筋绑扎宜用套扣法。箍筋在叠合处的弯钩，在梁中应交错绑扎，钢筋弯钩为135°，平直部分长度为10d，如做成封闭箍时，单面焊缝长度为10d。

② 梁端第一个箍筋设置在距离柱节点边缘50 mm处。

③ 梁端与柱交接处箍筋加密。其间距及加密区长度均要符合设计要求。

（5）梁筋搭接。

① 梁的受拉钢筋直径大于22 mm时，不宜采用绑扎接头，小于22 mm可采用绑扎接头。

② 搭接段的末端与钢筋弯曲处的距离，不得小于钢筋直径的10倍。

③ 接头不宜位于构件最大弯矩处，且应相互错开。受拉区域HRB335级钢筋绑扎接头应做弯钩。搭接处应在中心和两端扎牢。

（6）梁钢筋绑扎作业应架立在梁模板的上方进行，绑扎完成经检查验收无误后，方能入梁模板。梁钢筋入模后注意做好与柱筋、抗震附加筋、梁柱接头箍筋的规范绑扎工作，并以合适间隔放置塑料卡箍,确保梁保护层厚度满足要求。

5. 板钢筋安装质量控制要点

(1) 绑扎一般用顺扣或八字扣,除外围两根钢筋的相交点全部绑扎外,其余各点可交错绑扎(双向板相交点必须全部绑扎),双层钢筋必须加钢筋撑脚,确保上部钢筋的位置。

(2) 应当注意板上部的负钢筋要防止踩下;特别是雨篷、挑檐、阳台等悬臂板应严格控制负筋位置。绑扎负筋时,每个交叉点都应绑扎。

(3) 次梁与主梁交叉处,板的钢筋在上,次梁的钢筋在中层,主梁的钢筋在下。

(4) 钢筋绑扎时主要纵横钢筋应保持应有的位置,交叉点处应搭接牢固,钢筋绑扎一般用两根♯18～♯20铁丝,其绞牢的圈数为 2.5 圈,绑扎成八字形。

(5) 钢筋的搭接长度、位置应符合规范规定。板第一根钢筋距离梁边 50 mm。

五、钢筋安装的质量验收

(1) 当钢筋的品种、级别或规格需作变更时应办理设计变更手续。

(2) 在浇筑混凝土之前,应进行钢筋隐蔽工程验收,其内容包括以下几个方面。

① 纵向受力钢筋的牌号、规格、数量、位置。

② 钢筋的连接方式、接头位置、接头质量、接头面积百分率、搭接长度、锚固方式及锚固长度。

③ 箍筋、纵向钢筋的牌号、规格、数量、间距、位置、箍筋弯钩的弯折角度及平直段长度。

④ 预埋件的规格、数量和位置。

⑤ 保护层厚度。

六、钢筋安装位置的允许偏差和检验方法

钢筋安装位置的允许偏差和检验方法如表 5-5-15 所示。

表 5-5-15　钢筋安装位置的允许偏差和检验方法

项　　目		允许偏差/mm	检 验 方 法
绑扎钢筋网	长、宽	±10	钢尺检查,钢尺连续量三档,取最大值
	网眼尺寸	±20	
绑扎钢筋骨架	长	±10	钢尺检查
	宽、高	±5	钢尺检查
纵向受力钢筋	锚固长度	−20	尺量
	间距	±10	钢尺量两端、中间各一点,取最大值
	排距	±5	
纵向受力钢筋、箍筋的混凝土保护层厚度	基础	±10	钢尺检查
	柱、梁	±5	钢尺检查
	板、墙、壳	±3	钢尺检查

续表

项　　目		允许偏差/mm	检 验 方 法
绑扎钢筋、横向钢筋间距		±20	钢尺连续量三档,取最大值
钢筋弯起点间距		20	钢尺检查
预埋件	中心线位置	5	钢尺检查
	水平高差	+3.0	钢尺和塞尺检查

注:① 检查预埋件中心位置时,应沿纵横两个方向量测,并取其中的较大值。

② 表中梁类、板类构件上部纵向受力钢筋保护层厚度合格点率应达到 90% 及以上,且不得有超过表中数值 1.5 倍的尺寸偏差。

七、钢筋工程监理工作方法及措施

1. 钢筋工程监理事前质量控制要点

(1)领会设计文件对钢筋工程的要求,针对钢筋工程的特点,明确设计钢筋的品种、规格、绑扎要求以及结构中某些部位的特殊处理方法。

(2)检验钢筋等原材料质量,按规范进行见证取样。

(3)掌握有关图纸会审记录及设计变更通知单,并应及时在相应的结构图纸上标明,避免因遗忘而造成失误。

(4)审核施工方案,熟悉设计图纸及设计说明书、工艺标准、质量评定标准和验收规范。

(5)做好施工队伍资质审查以及施工机械设备、施工现场、技术、管理、环境的质量控制。

2. 钢筋工程监理事中质量控制要点

(1)控制钢筋工程施工工艺过程,检查钢筋加工、下料、安装、绑扎、焊接的全过程。

(2)做好工序交接检查、隐蔽工程检查验收。钢筋安装完成后,先由施工单位自检,自检合格后填报钢筋工程隐蔽验收单,一般部位提前 12 h,重要部位提前 24 h 通知监理工程师检查验收。检验合格签字认可后方能进行下道工序施工。

(3)对钢筋接头进行见证取样试验。

(4)对钢筋工程施工中常见的质量通病进行跟踪检查,发现问题及时纠偏。

3. 钢筋工程监理事后质量控制要点

(1)督促施工单位整理提交施工资料,确保和控制施工质量。

(2)参与质量缺陷和质量事故的处理,确保缺陷和事故的处理质量。

5.5.5　混凝土工程施工监理

混凝土是由胶凝材料、水、骨料,必要时加入一定数量的化学外加剂和矿物质混合料,按适当配合比例,经过均匀搅拌、密实成型和养护硬化而成的人造材料。混凝土工程是主体结构工程中极为重要的分项工程,混凝土工程施工质量监理是为了保证其强度及各种性能达到设计要求。为此,在施工中应对原材料选用、搅拌、浇筑、振捣、养护等环节严格进行质量控制。

一、混凝土原材料质量控制

1. 水泥

建筑工程常用的水泥有硅酸盐水泥、普通硅酸盐水泥、矿渣硅酸盐水泥、火山灰质硅酸盐水泥、粉煤灰硅酸盐水泥和复合硅酸盐水泥。

水泥强度按国家标准强度检验方法，是根据龄期为 28 d 的试件的每平方厘米所承受的压力值确定的。硅酸盐水泥一般分 42.5、42.5R、52.5、52.5R、62.5、62.5R 六个等级。R 指早强型水泥。

2. 细骨料——砂

要求颗粒坚硬、洁净，砂中各种有害物质控制在一定范围之内，如表 5-5-16 所示。

表 5-5-16　砂中有害物质限量

项　　目	限量指标（质量的％）	
	＞C30 混凝土 抗冻混凝土	＜C30 混凝土
含泥量（颗粒粒径小于 0.8 mm 的尘屑、淤泥、黏土的含量）	不大于 3％	不大于 5％
云母含量	不大于 1％	不大于 2％
轻物质（密度小于 2 g/cm³ 的物质，如煤、褐煤）	不大于 1％	不大于 1％
硫化物及硫酸盐含量（折成 SO₂）	不大于 1％	不大于 1％
有机质含量（用比色法检查）	颜色不应深于标准色，如深于标准色应配成砂浆进行强度对比试验，予以复检	

3. 粗骨料——碎石或卵石

（1）高于等于 C30 强度的混凝土，粗骨料中针片状颗粒含量应不大于 15％。低于 C30 强度的混凝土，粗骨料中针片状颗粒含量应不大于 25％。

（2）高于等于 C30 强度的混凝土，及有抗冻、抗渗要求的混凝土，石子含泥量应不大于 1％。低于 C30 强度的混凝土，石子含泥量应不大于 2％。

（3）硫化物及硫酸盐含量不宜大于 1％。卵石中有机物含量用比色法试验，颜色不应深于标准色，如深于标准色应以混凝土进行强度对比试验，予以复检。

（4）当怀疑碎石或卵石含有无定形 SiO_2 而可能引起碱骨料反应时，应根据混凝土结构或构件的使用条件，进行专门试验，以确定是否同意使用。

4. 水

宜采用饮用水，当采用其他水源时，应符合《混凝土用水标准》（JGJ 63—2006）的规定。

5. 掺和料

（1）粉煤灰。

粉煤灰按成品质量分为 Ⅰ、Ⅱ、Ⅲ 三个等级。掺加粉煤灰的混凝土配合比要由试验室试配，试验合格后方可提供，否则易造成质量事故。

（2）粒化高炉矿渣粉。

粒化高炉矿渣粉适用于抗硫酸盐介质的防腐混凝土和耐热混凝土。按《用于水泥和混凝土中的粒化高炉矿渣粉》(GB/T 18046—2008)进行质量控制。

(3) UEA 掺加剂。

掺加量为每立方米混凝土中水泥用量的 10%～14%。投料误差小于用量的 0.5%;搅拌时间延长 30～60 s;振捣密实;养护时间不宜少于 14 d。

6. 外加剂

常用外加剂有普通减水剂、高效减水剂、引气剂、引气减水剂、缓凝剂及缓凝减水剂、早强剂、早强减水剂、防冻剂和膨胀剂等。

外加剂的掺量,应按其品种说明书并根据使用要求、施工条件、混凝土原材料等因素通过试验确定。掺量以水泥质量的百分比表示。称量误差不应超过 2%。

7. 混凝土原材料见证取样试验

(1) 水泥。

同一生产厂家、同一等级、同一品种、同一批号且连续进场的水泥,袋装的不超过 200 t 为一批,散装的不超过 500 t 为一批,每批抽样不少于一次。

(2) 砂。

同场地、同规格的砂,用大型工具运输的以 400 m³ 或 600 t 为一验收批,用小型工具运输的,每 200 m³ 或 300 t 为一批。从各部位抽取大致相等的砂共 8 份,总量不少于 10 kg,混合均匀。使用海砂时应加强对海砂开采、除盐处理、混凝土拌制等过程的控制,必须严格执行国家标准《建设用砂》(GB/T 14684—2011)、《混凝土质量控制标准》(GB 50164—2011)和行业标准《普通混凝土用砂、石质量及检验方法标准》(JGJ 52—2006)。同时应执行下列强制性条文。

① 对重要混凝土工程使用的砂应采用化学法和砂浆长度法进行骨料的碱活性检验。

② 对钢筋混凝土,海砂中氯离子含量不应大于 0.06%。

③ 对预应力混凝土不宜用海砂,若必须用海砂时,则应经淡水冲洗,其氯离子含量不得大于 0.02%。

④ 建筑工程中采用的海砂必须是经过专门处理的淡化海砂。公共建筑或者高层建筑不宜采用海砂。钢筋混凝土抹灰面层不得采用未处理的海砂作砂浆。采用海砂的建筑工程应当严格工程质量检查。对结构构件的混凝土保护层不符合规范要求的,必须进行处理后,才能进入下一步工序。

⑤ 大量使用海砂的地区应采用集中拌制的商品混凝土。各预拌混凝土生产企业必须配备专人及相关检测设备,对建筑物用砂质量进行全过程跟踪监督。采用建设用砂前,应当慎重选择砂的供应单位和砂源。商品混凝土出厂前应当进行氯离子含量检验。

(3) 水。

采用非饮用水源时,应进行检验和验收。同一水源为一批次。严禁使用海水。

(4) 掺和料。

粉煤灰:以一昼夜连续供应的 200 t(以含水量小于 1% 的干粉计)相同级别的粉煤灰为一批,不足 200 t 的也按一批计。

粒化高炉矿渣粉:按相同出厂编号的为一批,也可按不超过 200 t 为一批。

（5）外加剂。

同一厂家、同一品种的外加剂，以一次进场的同一出厂编号的为一批。或逐件取样，或随机任取几样采取等量试样并混合均匀。

8. 原材料的质量验收

（1）水泥进场时应对其品种、级别、包装或散装仓号、出厂日期等进行检查，并应对其强度、安定性及其他必要的性能指标进行复检，其质量必须符合现行国家标准《通用硅酸盐水泥》（GB 175—2007）等的规定。

当在使用中对水泥质量有怀疑或水泥出厂超过三个月（快硬硅酸盐水泥超过一个月）时，应进行复检。

钢筋混凝土结构、预应力混凝土结构中，严禁使用含氯化物的水泥。

检查数量：同一生产厂家、同一等级、同一品种、同一批号且连续进场的水泥，袋装的不超过 200 t 为一批，散装的不超过 500 t 为一批，每批抽样不少于一次。

（2）混凝土中掺用的外加剂的质量及应用技术应符合现行国家标准《混凝土外加剂》（GB 8076—2008）、《混凝土外加剂应用技术规范》（GB 50119—2013）等和有关环境保护的规定。

预应力混凝土结构中，严禁使用含氯化物的外加剂。钢筋混凝土结构中，当使用含氯化物的外加剂时，混凝土中氯化物的总含量应符合现行国家标准《混凝土质量控制标准》（GB 50164—2011）的规定。

（3）混凝土中的氯化物和碱的总含量应符合现行国家标准《混凝土结构设计规范》（GB 50010—2010）和设计的要求。

① 混凝土中掺用的矿物掺和料的质量应符合现行国家标准《用于水泥和混凝土中的粉煤灰》（GB 1596—2005）等的规定。矿物掺和料的掺量应通过试验确定。

② 普通混凝土所用的粗、细骨料的质量应符合国家现行标准《普通混凝土用砂、石质量及检验方法标准》（JGJ 52—2006）的规定（混凝土用的骨料，其最大颗粒粒径不得超过构件截面最小尺寸的 1/4，且不得超过钢筋最小净间距的 3/4；对混凝土实心板，骨料的最大粒径不宜超过板厚的 1/3，且不得超过 40 mm）。

③ 拌制混凝土宜采用饮用水；当采用其他水源时，水质应符合国家现行标准《混凝土用水标准》（JGJ 63—2006）的规定。

二、混凝土配合比设计的监理审查和验收

（1）监理工程师对混凝土配合比的审查要点。

① 混凝土配合比必须由专业试验室经配合比设计后签发。

② 监理工程师要根据要求的混凝土强度等级及混凝土拌和物的坍落度，并结合参考配合比和工程的实际情况进行混凝土配合比审查，必要时应进行试验验证。当混凝土有其他技术性能要求时，必须进行相应项目的试验验证。

（2）混凝土应按国家现行标准《普通混凝土配合比设计规程》（JGJ 55—2011）的有关规定，根据混凝土强度等级、耐久性和工作性等要求进行配合比设计。

对有特殊要求的混凝土，其配合比设计尚应符合国家现行有关标准的专门规定。

（3）首次使用的混凝土配合比应进行开盘鉴定，其工作性应满足设计配合比的要求。开始生产时应至少留置一组标准养护试件，作为验证配合比的依据。

混凝土拌制前，应测定砂、石含水率并根据测试结果调整材料用量，提出施工配合比。

三、现场拌制混凝土的质量控制

1. 配合比检验

根据工程特点、组成材料的质量、施工方法等因素，通过理论计算和试验来确定合理的配合比。

（1）为保证混凝土质量（耐久性和密实度），在检验中，应控制混凝土的最大水泥用量、最小水泥用量和最大水灰比。每立方米最大水泥用量不宜大于 500 kg。最大水灰比和最小水泥用量如表 5-5-17 所示。

表 5-5-17　混凝土的最大水灰比和每立方米最小水泥用量

项次	混凝土所处的环境条件	最大水灰比	每立方米最小水泥用量/kg			
			普通混凝土		轻骨料混凝土	
			配筋	无筋	配筋	无筋
1	不受雨雪影响的混凝土	不作规定	250	200	250	235
2	受雨雪影响的露天混凝土	0.7	250	225	275	250
3	位于水中或水位升降范围内的混凝土	0.7	250	225	275	250
4	受水压作用的混凝土	0.65	275	250	300	275
5	在潮湿环境中的混凝土	0.65	275	250	300	275
6	防水混凝土	0.55	300，掺有活性掺和料时为 280			

（2）在浇筑混凝土时，应进行坍落度测定（每工作班至少两次），坍落度应符合表 5-5-18 的规定。

表 5-5-18　混凝土浇筑时的坍落度

项次	结　构　种　类	坍落度/mm
1	基础或地面的垫层、无配筋的厚大结构（挡土墙、基础或厚大的块体等）或配筋稀少的结构	10～30
2	板和大型屋面的柱子等	30～50
3	配筋密列的结构（薄壁、斗、筒、细柱）	50～70
4	配筋特密的结构	70～90

注：①本表是采用机械振捣时的混凝土坍落度，当采用人工振捣时，其值可适当增加。

②当配制大坍落度混凝土（如泵送混凝土坍落度一般为 80～180 mm）时，应掺外加剂。

③轻骨料混凝土的坍落度，宜比表中数值减少 10～20 mm。

④防水混凝土坍落度不宜大于 50 mm，泵送时入泵坍落度宜为 100～140 mm。

（3）防水混凝土所用的材料、配合比应符合国家现行标准《地下防水工程质量验收规

范》(GB 50208—2011)的规定。

（4）泵送混凝土的配合比应符合下列规定。

① 碎石最大粒径与输送管内径之比宜小于或等于 1∶3；卵石最大粒径与输送管内径之比宜小于或等于 1∶2.5。通过 0.315 mm 筛孔的砂子应不少于 15％，砂率宜不小于 50％。

② 每立方米最小水泥用量为 300 kg。

③ 混凝土坍落度为 8～18 cm。

④ 混凝土内宜掺适量的外加剂。泵送轻骨料混凝土的原材料选用、配合比，应通过试验确定。

2. 计量检测

混凝土拌制应根据配合比，对水泥、砂、石、水、外加剂严格计量。检验内容：拌制混凝土时，必须设置磅秤，并定期校核磅秤的准确性。每盘过磅，防止磅秤虚设或用体积比代替过磅。原材料每盘允许偏差应符合要求。由于气候湿度的变化和气温高低的变化，应适时测定砂、石的含水量和调整配合比。

3. 拌制施工要点

（1）承重构件及量大的混凝土，必须采用机械拌制。

（2）向搅拌机料斗装料程序：砂→水泥→石→水。

（3）当采用搅拌运输车运送混凝土时，其搅拌的最短时间应符合设备说明书的规定，并且每盘搅拌时间（从全部材料投完算起）不得低于 1 h，在拌制 C50 以上强度等级的混凝土或采用引气剂、膨胀剂时应相应增加搅拌时间。

（4）当采用翻斗车运送混凝土时，应适当延长搅拌时间。

（5）混凝土搅拌最短时间不得低于表 5-5-19 的规定。

表 5-5-19　混凝土搅拌最短时间　　　　　　　　　　　　（单位：s）

混凝土坍落度/mm	搅拌机类型	搅拌机出料量/L		
		＜250	250～500	＞500
≤30	自落式	90	120	150
	强制式	60	90	120
＞30	自落式	90	90	120
	强制式	60	60	90

4. 混凝土运输

（1）运输工具。

运送混凝土宜采用搅拌运输车，容器应严密，内壁应平整光洁，黏附的残渣应经常清理。如运距较小也可采用翻斗车。

（2）延续时间。

混凝土从搅拌机卸出到浇筑完毕的延续时间不得超过表 5-5-20 的规定。混凝土运输时间过长，浇筑后会很快凝结，使连续浇筑质量得不到保证。混凝土运至浇筑地，应符合原规定的坍落度，如有离析现象，必须进行第二次搅拌才可浇筑。超过允许的运输时间，监理人员应要求施工单位人员拒绝接收混凝土并记录在案。

表 5-5-20 混凝土从搅拌机卸出到浇筑完毕的延续时间

气温/℃	延续时间/min			
	采用搅拌车		采用其他运输设备	
	≤C30	>C30	≤C30	>C30
≤25	120	90	90	75
>25	90	60	60	45

注:掺有外加剂或采用快硬水泥时,延续时间应通过试验确定。

5. 泵送混凝土

泵送混凝土的供应必须保证混凝土泵送能延续工作,混凝土泵受料斗内应充满混凝土,以防止吸入空气形成阻塞,混凝土泵送允许中断时间不得超过 45 min。

四、预拌混凝土质量控制

由于现场拌制混凝土质量控制难度大,进入 21 世纪之后,特别是超高泵送混凝土运送车的革新和引进,预拌(商品)混凝土在城市建设工程中得到了广泛应用,有的市区已禁止现场搅拌混凝土。然而,当前建筑市场上部分供应商鱼目混珠,以次充好,不讲信誉,将质量认证作为摆设,忽视质量管理;或与施工单位勾结,铤而走险,以降低混凝土强度等级或采用不合格的原材料来牟利;甚至存在工地混凝土试块由混凝土搅拌厂家提供的现象,或者将厂家在搅拌地点做的出厂检验资料,当作施工单位在交货地点做的交货检验资料,两者合二为一,跳过了一个质量把关的重要环节;或者混凝土厂家、施工单位与检测机构相互串通,弄虚作假;更有甚者,在当今社会上还有专门做混凝土试块的单位。一旦工程实体结构混凝土抽检检测不合格,不能满足设计要求,将给使用单位带来使用安全隐患,将给施工单位造成极大的经济损失,也给监理单位造成经济和名誉损失。故对预拌(商品)混凝土的生产、运输、浇灌、养护及检验各环节必须严格把控,确保混凝土质量合格。

1. 把好预拌(商品)混凝土生产厂家优选关

预拌混凝土是由水泥、集料、水以及根据需要掺入的外加剂、矿物掺和料等组分按一定比例,在搅拌站经计量、拌制后出售的,并采用运输车在规定时间内运至使用地点的混凝土拌和物。

2. 预拌混凝土质量要求

(1)强度。

混凝土强度的检验评定应符合《混凝土强度检验评定标准》(GB/T 50107—2010)等国家现行标准的规定。

(2)坍落度。

混凝土坍落度实测值与合同规定的坍落度值之差应符合表 5-5-21 的规定。

(3)含气量。

混凝土含气量与合同规定值之差不应超过±1.5%。

(4)氯离子总含量如表 5-5-22 所示。

表 5-5-21　坍落度允许偏差　　　　　　（单位：mm）

规定的坍落度	允许偏差
≤40	±10
50～90	±20
≥100	±30

表 5-5-22　氯离子总含量的最高限值　　　　　　（单位：%）

混凝土类型及其所处环境类别	最大氯离子含量
素混凝土	2.0
室内正常环境下的钢筋混凝土	1.0
室内潮湿环境；非严寒和非寒冷地区的露天环境，与无侵蚀性的水或土壤直接接触的环境下的钢筋混凝土	0.3
严寒和寒冷地区的露天环境，与无侵蚀性的水或土壤直接接触的环境下的钢筋混凝土	0.2
使用除冰盐的环境，严寒和寒冷地区冬季水位变动的环境；海滨室外环境下的钢筋混凝土	0.1
预应力混凝土构件及设计使用年限为 100 年的室内正常环境下的钢筋混凝土	0.06

注：氯离子含量指其占所用水泥（含代替水泥量的矿物掺和料）质量的百分率。

（5）放射性核素放射性比活度。

混凝土放射性核素放射性比活度应满足《建筑材料放射性核素限量》（GB 6566—2010）的规定。

（6）其他。

当需方对混凝土的其他性能有要求时，应按国家现行有关标准规定进行试验，无相应标准时按合同规定进行试验，其结果应符合标准及合同要求。

3. 预拌混凝土检验规则

（1）一般规定。

① 预拌混凝土质量的检验分为出厂检验和交货检验。出厂检验的取样试验工作应由供方承担；交货检验的取样试验工作应由需方承担，当需方不具备试验条件时，供需双方可协商确定承担单位，其中包括委托供需双方认可的有试验资质的试验单位进行，并应在合同中予以明确。

② 当判断混凝土质量是否符合要求时，强度、坍落度及含气量应以交货检验结果为依据；氯离子总含量以供货方提供的资料为依据；其他检验项目应按合同规定执行。

③ 交货检验的试验结果应在试验结束后 15 天内通知供方。

④ 进行预拌混凝土取样及试验的人员必须具有相应资质。

（2）检验项目。

① 通用品应检验混凝土强度和坍落度。

② 特制品除应检验标准所列项目外,还应按合同规定检验其他项目。

③ 掺有引气型外加剂的混凝土应检验其含气量。

（3）取样与组批。

① 用于出厂检验的混凝土试样应在搅拌地点采取,用于交货检验的混凝土试样应在交货地点采取。

② 交货检验时混凝土试样的采取及坍落度试验应在混凝土运到交货地点时开始算起,20 min 内完成,试件的制作应在 40 min 内完成。

③交货检验的试样应随机从同一运输车中抽取,混凝土试样应在卸料过程中卸至1/4～3/4 时采取。

④ 每个试样量应满足混凝土质量检验项目所需要用量的 1.5 倍,且不宜少于0.02 m³。

⑤ 混凝土强度检验的试样,其取样频率应按下列规定进行。

a. 用于出厂检验的试样,每 100 盘相同配合比的混凝土取样不得少于 1 次;每一个工作班相同配合比的混凝土不足 100 盘时,取样不得少于 1 次。

b. 用于交货检验的试样应按《混凝土结构工程施工质量验收规范》(GB 50204—2015)的规定进行。

⑥ 混凝土拌和物坍落度检验试样的取样频率应与混凝土强度检验的取样频率一致。

⑦ 对有抗渗要求的混凝土进行抗渗检验时,用于出厂及交货检验的取样频率均应为同一工程、同一配合比的混凝土不得少于 1 次。留置组数可根据实际需要确定。

⑧ 对有抗冻要求的混凝土进行抗冻检验时,用于出厂及交货检验的取样频率均应为同一工程、同一配合比的混凝土不得少于 1 次。留置组数可根据实际需要确定。

⑨ 预拌混凝土的含气量及其他特殊要求项目的取样检验频率应按合同规定进行。

（4）合格判断。

① 强度的试验结果满足《混凝土强度检验评定标准》(GB/T 50107—2010)中有关规定的可判定为合格。

② 坍落度满足坍落度允许偏差要求的为合格。

③ 含气量满足混凝土含气量与合同规定值之差不超过±1.5％的为合格。

④ 其他特殊要求项目以试验结果符合合同规定的为合格。

五、混凝土运输及泵送环节的监控要点

（1）泵送混凝土宜用搅拌运输车运输,从混凝土生产厂至工地现场运距不宜过长,以在混凝土初凝前能到达施工现场并卸料完毕为宜(1 h 左右),运输距离的选择还要视交通是否畅通等因素综合考虑。

（2）混凝土搅拌运输车出料前,应以 12 r/min 左右的速度转动 1 min,然后反转出料,保证混凝土拌和物的均匀。

（3）混凝土泵输送时应连续进行,尽可能防止停歇。如果不能连续供料,可适当放慢速度,以保证连续泵送。但泵送停歇超过 45 min 或混凝土出现离析时,要立即用压力水或其他方法清除泵机和管道中的混凝土,再重新泵送。在混凝土运送过程中,要求混凝土 90 min 内从搅拌筒中泵送完毕,气温较低时可适当延长。

（4）混凝土搅拌运输车卸料时,先低速出料少许,观察质量,如大石子夹着水泥浆先流出,说明发生沉淀,应立即停止出料,再顺转 2～3 min,方可出料。

（5）泵送开始时,要注意泵机与管道的运转情况,发现问题,随时处理。

（6）如遇混凝土泵运转不正常或混凝土供应脱节,可放慢泵送速度,或每隔 4～5 min 使泵正反转两个冲程,防止管路中混凝土堵塞。同时开动料斗中的搅拌器,搅拌 3～4 圈,防止混凝土离析。

（7）泵送混凝土时,应使料斗内保持足够的混凝土。

（8）严禁擅自向搅拌运输车内加水。经允许可向搅拌运输车内加入混凝土相同水灰比的砂浆,经充分搅拌后卸入料斗。对坍落度偏差过大、品质变差的混凝土,不能卸入料斗。

六、预拌混凝土到货验收要点

1. 订货与交货手续资料审查

（1）订货。

① 购买预拌混凝土时,供需双方应先签订合同。

② 合同签订后,供方应按订货单组织生产和供应。订货单至少应包括以下内容。

a. 订货单及联系人;b. 施工单位及联系人;c. 工程名称;d. 交货地点;e. 浇筑部位及浇筑方法;f. 混凝土标记;g. 技术要求;h. 混凝土强度评定方法;i. 供货起止时间;j. 供货量（m³）。

（2）交货。

交货时,供方应随每一运输车向需方提供所运送预拌混凝土的发货单。发货单至少应包括以下内容。

①合同编号;②发货单编号;③工程名称;④需方;⑤供方;⑥浇筑部位;⑦混凝土标记;⑧供货日期;⑨运输车号;⑩供货数量（m³）;⑪发车时间、到达时间。由供需双方确定手续。需方应指定专人及时对供方所供预拌混凝土的质量、数量进行确认。

（3）供货方应按子分部工程分混凝土品种、强度等级向需方提供预拌混凝土出厂合格证。出厂合格证至少应包括以下内容。

①出厂合格证编号;②合同编号;③工程名称;④需方;⑤供方;⑥供货日期;⑦浇筑部位;⑧混凝土标记;⑨其他技术要求;⑩供货量（m³）;⑪原材料的品种、规格、级别及复检报告编号;⑫混凝土配合比编号;⑬混凝土强度指标;⑭其他性能指标;⑮质量评定。

2. 途中运输时间

预拌混凝土从生产厂装罐出货到工地现场交货的时间间隔为混凝土途中运输时间,该时间应小于混凝土初凝时间,通常应控制在 1 h 之内。该时间过长对混凝土质量有影响,若遇意外超出混凝土初凝时间,应禁止卸料,督促施工单位作退货处理,监理做好该车混凝土途中运输时间过长的退货处理记录。

3. 坍落度实测

每批次预拌混凝土进场时,监理应督促施工单位在工地交货地点进行混凝土坍落度的实测检查。其坍落度与坍落扩展度的实测要点如下。

（1）坍落度与坍落扩展度试验所用的混凝土坍落度仪应符合《混凝土坍落度仪》（JG/T

248—2009)中有关技术要求的规定。

（2）坍落度与坍落扩展度试验应按下列步骤进行。

① 润湿坍落度筒及底板,在坍落度筒内壁和底板上应无明水。底板应放置在坚实水平面上,并把筒放在底板中心,然后用脚踩住两边的脚踏板,坍落度筒在装料时应保持位置固定。

② 把按要求取得的混凝土试样用小铲分三层均匀地装入筒内,使捣实后每层高度为筒高的1/3左右。每层用捣棒插捣25次。插捣应沿螺旋方向由外向中心进行,各棒应贯穿整个深度,插捣第二层和顶层时,捣棒应插透本层至下一层的表面;浇灌顶层时,混凝土应灌到高出筒口。插捣过程中,如混凝土沉落到低于筒口,则应随时添加。顶层插捣完后,刮去多余的混凝土,并用抹刀抹平。

③ 从开始装料到提坍落度筒的整个过程应不间断地进行,并应在150 s内完成。

④ 提起坍落度筒后,测量筒高与坍落后混凝土试体最高点之间的高度差,即为该混凝土拌和物的坍落度值;坍落度筒提离后,如混凝土发生崩坍或一边剪坏现象,则应重新取样,另行测定;如第二次试验仍出现上述现象,则表示该混凝土和易性不好,应予记录备查。

⑤ 当混凝土拌和物的坍落度大于220 mm时,用钢尺测量混凝土扩展后最终的最大直径和最小直径,在这两个直径之差小于50 mm的条件下,用其算术平均值作为坍落度扩展值;否则,此次试验无效。

如果发现粗骨料在中央集堆或边缘有水泥浆析出,表示此混凝土拌和物抗离析性不好,应予记录。

⑥ 混凝土拌和物坍落度和坍落扩展度值以mm为单位,测量值精确至1 mm,结果表达精确至5 mm。

⑦ 到达现场的预拌混凝土的坍落度不符合设计要求的,应禁止卸料,督促施工单位作退货处理,监理做好该车混凝土坍落度不符合设计要求的退货处理记录。

七、预拌混凝土现场试样留置监控

1. 现场试样留置规定

预拌混凝土除应在预拌混凝土厂内按规定留置试块外,(商品)混凝土运至施工现场后,还应根据《预拌混凝土》(GB/T 14902—2012)的规定取样。

（1）用于出厂检验的混凝土试样应在搅拌地点采取,用于交货检验的混凝土试样应在交货地点采取。

（2）交货检验时混凝土试样的采取及坍落度试验应在混凝土运到交货地点时开始算起,20 min内完成,试件制作应在40 min内完成。

（3）交货检验的试样应随机从同一运输车中抽取,混凝土试样应在卸料过程中卸至1/4～3/4时采取。

（4）每个试样量应满足混凝土质量检验项目所需用量的1.5倍,且不宜少于0.02 m³。

（5）混凝土强度检验的试样,其取样频率按下列规定进行。

① 用于出厂检验的试样,每100盘相同配合比的混凝土取样不得少于1次;每一个工作班相同配合比的混凝土不足100盘时,取样不得少于1次。

② 用于交货检验的试样应按《混凝土结构工程施工质量验收规范》（GB 50204—2015）的规定进行。

（6）混凝土拌和物坍落度检验试样的取样频率应与混凝土强度检验的取样频率一致。

（7）对有抗渗要求的混凝土进行抗渗检验时，用于出厂及交货检验的取样频率均应为同一工程、同一配合比的混凝土不得少于 1 次。留置组数可根据实际需要确定。

（8）对有抗冻要求的混凝土进行抗冻检验时，用于出厂及交货检验的取样频率均应为同一工程、同一配合比的混凝土不得少于 1 次。留置组数可根据实际需要确定。

2. 同条件养护日平均温度测定控制要点

根据气象学规定，日平均气温应是每天 2：00、8：00、14：00、20：00 测得的气温之和的平均值，不应为每日最高气温与最低气温之和的平均值，且每日最高气温、最低气温不易测定。

日平均气温的测定一般有两种方法。一是由施工单位安排专人每天定时测定，进行汇总计算；二是与当地气象部门协商，从气象部门索取当地日平均温度信息。气象部门测定的日平均温度具有代表性和权威性，建议工程现场采用此方法，便于操作。监理工程师应检查施工单位测温情况，并对测温记录进行签认。

八、混凝土浇筑施工监理控制要点

监理人员在混凝土浇筑过程中应进行旁站，要控制好浇筑顺序与振捣密实、设置施工缝和后浇带等问题。

1. 施工前的准备

（1）对模板、支架、钢筋、预埋件的质量、数量、位置应逐一检查并做好记录。

（2）与混凝土直接接触的模板、地基土、未风化的岩石，应清除其上面的淤泥和杂物，用水润湿；地基土应有排水和防水措施，模板中的缝隙和孔洞应堵严。

根据工程需要和气候条件等特点，应准备好抽水设备以及防雨、防水、防暑、防寒等物品。

2. 浇筑顺序及振捣密实的控制要点

（1）混凝土浇筑应分层连续进行，每层浇筑厚度应根据工程结构特点、配筋情况、捣实方法而定，不得超过表 5-5-23 的规定。

表 5-5-23　混凝土浇筑层厚度

项　　次	捣实混凝土方法		浇筑层厚度/mm
1	插入式振捣		振捣器作用部分高度的 1.25 倍
2	表面振动		200
3	人工振捣	基础、无筋混凝土或配筋稀疏的结构中	250
		梁、板、墙、柱结构中	200
		在配筋密列的结构中	150
4	轻骨料混凝土	插入式振捣	300
		表面振动（振动时需加荷）	200

（2）浇筑混凝土应连续进行。如必须间隔，间隔时间应尽可能缩短，并应在前层混凝土凝结之前，将次层混凝土浇筑完毕。间隔的最长时间应按所用水泥品种及混凝土凝结条件确定。超过规定时间，混凝土开始初凝，则应等混凝土的强度达到 1.2 MPa 以上时，处理施工缝后才可继续浇筑。

（3）浇筑混凝土时，应注意防止混凝土的分层离析。混凝土由料斗、漏斗卸出进行浇筑时其自由倾落高度一般不宜超过 2 m。在竖向结构中浇筑混凝土时其高度不得超过 3 m，否则应采用串筒、斜槽溜管等下料。

（4）浇筑竖向混凝土前，底部应先填 50～100 mm 厚、与混凝土成分相同的水泥砂浆。混凝土的水灰比和坍落度，应随浇筑高度的上升酌量减少。

（5）浇筑混凝土时，应经常观察模板、支架、钢筋、预埋件与预留孔洞的情况，当发现有变化、位移时，应立即停止浇筑，并在已浇筑的混凝土凝结前修整好。

（6）在浇筑与柱和墙连接成整体的梁和板时，应在柱和梁浇筑完毕后停隔 1～1.5 h，使混凝土得到初步沉实后再继续浇筑以防止接缝处出现裂缝。

（7）梁和板应同时浇筑混凝土。较大尺寸的梁（梁的高度大于 1 m）、拱和类似结构，可单独浇筑。

（8）在浇筑墙、厚板、深梁等截面较高的构件时，为防止大坍落度的泵送混凝土流淌过远，可设置挡板。采用"分段定点下料，一个坡度，薄层浇筑，循序渐进，一次到顶"的浇筑方法。

（9）大坍落度的泵送混凝土的振捣时间可适当减少，一般为 10～20 s，以表面翻浆不再沉落为度，振捣棒移动间距可适当加大，但不宜超过振捣棒作用半径的 2 倍。振捣工具与人员适当增加，以与泵送混凝土的来料量相适应，保证不漏振。

3. 施工缝的设置和继续浇筑

（1）施工缝位置宜留在结构受剪力较小且便于施工的部位。柱应留水平缝，梁、板、墙应留垂直缝。在施工缝处继续浇筑混凝土，已浇筑的混凝土抗压强度应不小于 1.2 MPa。施工缝位置设置的原则如下。

① 柱子的施工缝留置在基础的顶面，梁或吊车梁的上面，无梁楼板柱帽的下面，与板连成整体的大断面梁的施工缝，留置在板底以下 20～30 mm 处。当板下有梁托时，留在梁托的下部。

② 单向板留置在平行于板的短边的任何位置。

③ 有主、次梁的楼板，宜顺着次梁的方向浇筑，施工缝应留置在次梁跨度的中间 1/3 的范围内。

④ 双向受力楼板、大厚度结构、拱、薄壳、水池、斗、多层钢架及其他复杂工程，施工缝的位置应按设计要求留置。其表面应清除水泥薄膜和松动石子或软弱混凝土层，并加以润湿和冲洗干净，不得积水。施工缝外宜先铺水泥浆或与混凝土成分相同的水泥砂浆。

⑤ 承受动力作用的设备基础，不应留施工缝；如必须留施工缝时，必须征得设计单位同意。

⑥ 为使混凝土达到设计要求和防止产生收缩裂缝，对浇筑好的混凝土应进行养护。

（2）混凝土运输、浇筑及间歇的全部时间不应超过混凝土的初凝时间。同一施工段的混凝土应连续浇筑,并应在底层混凝土初凝之前将上一层混凝土浇筑完毕。当底层混凝土初凝后浇筑上一层混凝土时,应按施工技术方案的要求对施工缝进行处理。

(3)施工缝的位置应在混凝土浇筑前按设计要求和施工技术方案确定。施工缝的处理应按施工技术方案执行。

(4)后浇带的留置位置应按设计要求和施工技术方案确定。后浇带混凝土浇筑应按施工技术方案进行。

(5)混凝土浇筑完毕后,应按施工技术方案及时采取有效的养护措施,并应符合下列规定。

① 应在浇筑完毕后的 12 h 以内对混凝土加以覆盖并保湿养护。

② 混凝土洒水养护的时间:对采用硅酸盐水泥、普通硅酸盐水泥或矿渣硅酸盐水泥拌制的混凝土,不得少于 7 d;对掺用缓凝型外加剂或有抗渗要求的混凝土,不得少于 14 d。

③ 浇水次数应能保持混凝土处于湿润状态;混凝土养护用水应与拌制用水相同。

④ 采用塑料布覆盖养护的混凝土,其敞露的全部表面应覆盖严密,并应保持塑料布内有凝结水。

⑤ 混凝土强度达到 1.2 MPa 前,不得在其上踩踏或安装模板及支架。

⑥ 注意事项。

a. 当日平均气温低于 5 ℃时,不得浇水。

b. 当采用其他品种水泥时,混凝土的养护时间应根据所采用的水泥的技术性能确定。

c. 混凝土表面不便浇水或使用塑料布时,宜涂刷养护剂。

d. 对大体积混凝土的养护,应根据气候条件按施工技术方案采取控温措施。

九、现浇混凝土分项工程质量监控

1. 一般规定

(1)现浇结构质量验收应在拆模后、混凝土表面未作修改和装饰前进行,并应作出记录。

(2)已经隐蔽的不可直接观察和量测的内容,可检查隐蔽工程验收记录。

(3)修改或返工的结构构件或部位应有实施前后的文字及图像记录。

(4)现浇结构外观质量缺陷的处理应由监理单位、施工单位等各方根据其对结构性能和使用功能影响的严重程度按表 5-5-24 确定。

表 5-5-24　现浇混凝土结构外观质量缺陷等级

名　称	现　象	严重缺陷	一般缺陷
露筋	构件内钢筋未被混凝土包裹而外露	纵向受力钢筋有露筋	其他钢筋有少量露筋
蜂窝	混凝土表面缺少水泥砂浆而形成石子外露	构件主要受力部位有蜂窝	其他部位有少量蜂窝
孔洞	混凝土中孔穴深度和长度均超过保护层厚度	构件主要受力部位有孔洞	其他部位有少量孔洞

名　称	现　　象	严　重　缺　陷	一　般　缺　陷
夹渣	混凝土中夹有杂物且深度超过保护层厚度	构件主要受力部位有夹渣	其他部位有少量夹渣
疏松	混凝土中局部不密实	构件主要受力部位有疏松	其他部位有少量疏松
裂缝	裂缝由混凝土表面延伸至混凝土内部	构件主要受力部位有影响结构性能或使用功能的裂缝	其他部位有少量不影响结构性能或使用功能的裂缝
连接部位缺陷	构件连接处混凝土缺陷及连接钢筋、连接件松动	连接部位有影响结构传力性能的缺陷	连接部位有基本不影响结构传力性能的缺陷
外形缺陷	缺棱掉角、棱角不直、翘曲不平、飞边凸肋	清水混凝土构件有影响使用功能或装饰效果的外形缺陷	其他混凝土构件有不影响使用功能的外形缺陷
外表缺陷	构件表面麻面、掉皮、起砂、玷污等	具有重要装饰性效果的清水混凝土构件有外表缺陷	其他混凝土构件有不影响使用功能的外表缺陷

2. 外观质量

(1)现浇结构的外观质量不应有严重缺陷。对已经出现的严重缺陷,应由施工单位提出技术处理方案,并经监理单位认可后进行处理;对裂缝或连接部位的严重缺陷及其他影响结构安全的严重缺陷,技术处理方案尚应经设计单位认可。对经处理的部位应重新验收。

(2)现浇结构的外观质量不宜有一般缺陷。对已经出现的一般缺陷,应由施工单位按技术处理方案进行处理,对经处理的部位应重新验收。

3. 位置和尺寸偏差

(1)现浇结构不应有影响结构性能和使用功能的尺寸偏差。混凝土设备基础不应有影响结构性能和设备安装的尺寸偏差。对超过尺寸允许偏差且影响结构性能和安装、使用功能的部位,应由施工单位提出技术处理方案,并经监理、设计单位认可后进行处理。对经处理的部位应重新验收。

(2)现浇结构和混凝土设备基础拆模后的尺寸偏差应符合表5-5-25、表5-5-26的规定。

4. 预留、预埋

在进行预埋管道、预留孔洞施工时,监理工程师应首先控制其结构尺寸、位置等,同时也应注意预埋管道、法兰螺栓孔的方向,保证管件、阀门安装时方向正确。如果不能确定,要及时与安装单位联系,与他们共同确定安装方法,以确保土建、设备施工能顺利交接,并保证工程质量。

表 5-5-25　现浇结构尺寸允许偏差和检验方法

项　目			允许偏差/mm	检 验 方 法
轴线位置	基础		15	钢尺检查
	独立基础		10	
	墙、柱、梁		8	
垂直度	层高	≤6 m	10	经纬仪或吊线、钢尺检查
		>6 m	12	经纬仪或吊线、钢尺检查
	全高(H)	≤300 m	H/30000+20	经纬仪、钢尺检查
		>300 m	H/10000 且≤80	
标高	层高		±10	水准仪或拉线、钢尺检查
	全高		±30	水准仪或拉线、钢尺检查
截面尺寸	基础		−10,+15	尺量
	柱、梁、板、墙		−5,+10	尺量
	楼梯相邻踏步高差		6	尺量
电梯井	井筒长、宽对定位中心线		0,+25	尺量
	井筒全高(H)垂直度		H/1000 且≤30	经纬仪、钢尺检查
表面平整度			8	2 m 靠尺和塞尺检查
预埋件中心位置	预埋板		10	尺量
	预埋螺栓		5	尺量
	预埋管		5	尺量
	其他		10	尺量
预留孔洞中心线位置			15	尺量

注:检查轴线、中心线位置时,应沿纵横两个方向量测,并取其中的较大值。

表 5-5-26　混凝土设备基础尺寸允许偏差和检验方法

项　目		允许偏差/mm	检 验 方 法
坐标位置		20	钢尺检查
不同平面的标高		−20,0	水准仪或拉线、钢尺检查
平面外形尺寸		+20	钢尺检查
凸台上平面外形尺寸		−20,0	钢尺检查
凹槽尺寸		0,+20	钢尺检查
平面水平度	每米	5	水平尺、塞尺检查
	全长	10	水准仪或拉线、钢尺检查
垂直度	每米	5	经纬仪或吊线、钢尺检查
	全高	10	

项	目	允许偏差/mm	检 验 方 法
预埋地脚螺栓	标高(顶部)	0,+20	水准仪或拉线、钢尺检查
	中心距	−2,+2	钢尺检查
	中心位置	2	钢尺检查
	垂直度	5	吊线、钢尺检查
预埋地脚螺栓孔	中心线位置	10	钢尺检查
	深度	0,+20	钢尺检查
	垂直度	$h/100$,且$\leqslant 10$	吊线、钢尺检查
	截面尺寸	0,+20	尺量
预埋活动地脚螺栓锚板	标高	0,+20	水准仪或拉线、钢尺检查
	中心线位置	5	钢尺检查
	带槽锚板平整度	5	钢尺、塞尺检查
	带螺栓孔锚板平整度	2	钢尺、塞尺检查

注:检查坐标、中心线位置时,应沿纵横两个方向量测,并取其中的较大值。

十、混凝土强度评定

根据《混凝土强度检验评定标准》(GB/T 50107—2010),评定混凝土强度的方法有统计方法和非统计方法。

1. 统计方法

适用于 10 组及 10 组以上试块,其强度应同时满足下列要求。

$$m_{f_{\mathrm{cu}}} \geqslant f_{\mathrm{cu,k}} + \lambda_1 \cdot S_{f_{\mathrm{cu}}}$$

$$f_{\mathrm{cu,min}} \geqslant \lambda_2 \cdot f_{\mathrm{cu,k}}$$

$$S_{f_{\mathrm{cu}}} = \sqrt{\frac{\sum_{i=1}^{n} f_{\mathrm{cu},i}^2 - nm_{f_{\mathrm{cu}}}^2}{n-1}}$$

式中　$S_{f_{\mathrm{cu}}}$——同一检验批混凝土立方体抗压强度的标准差(MPa),精确到 0.01 MPa;当检验批混凝土强度标准差计算值小于 2.5 MPa 时,应取 2.5 MPa;

$m_{f_{\mathrm{cu}}}$——同一检验批混凝土立方体抗压强度的平均值(MPa);

$f_{\mathrm{cu,k}}$——混凝土立方体抗压强度标准值(MPa);

$f_{\mathrm{cu,min}}$——同一检验批混凝土立方体抗压强度的最小值(MPa);

$f_{\mathrm{cu},i}$——前一个检验期内同一品种、强度等级的 i 组混凝土试件的立方体抗压强度代表值(MPa),该检验期不应少于 60 d,也不得大于 90 d;λ_1、λ_2 为合格评定系数,按表 5-5-27 取用混凝土强度合格评定系数。

表 5-5-27　混凝土强度合格评定系数

试件组数	10～14	15～19	≥20
λ_1	1.15	1.05	0.95
λ_2	0.9	0.85	

2. 非统计法

适用于 10 组以下试块,其强度应同时满足下列要求。

$$m_{f_{cu}} \geqslant \lambda_3 \cdot f_{cu,k}$$

（λ_3 取 1.15,适用于混凝土强度等级＜C60;≥C60 时,λ_3 取 1.10）

$$f_{cu,min} \geqslant \lambda_4 \cdot f_{cu,k}$$

（λ_4 取 0.95）

十一、混凝土结构子分部工程的检验与验收

1. 结构实体检验

（1）对涉及混凝土结构安全的有代表性的部位应进行结构实体检验。结构实体检验应包括混凝土强度、钢筋保护层厚度、结构位置与尺寸偏差以及合同约定的项目,必要时可检验其他项目。

结构实体检验应由监理单位组织施工单位实施,并见证实施过程。施工单位应制定结构实体检验专项方案,并经监理单位审核批准后实施。除结构位置与尺寸偏差外的检验项目,应由具有相应资质的检测机构完成。

（2）结构实体混凝土强度应按不同强度等级分别检验,检验方法宜采用同条件养护试件方法;当未取得同条件养护试件强度或同条件试件强度不符合要求时,可采用回弹—取芯法进行检验。

结构实体混凝土同条件养护试件强度检验应符合《混凝土结构工程施工质量验收规范》(GB 50204—2015)中附录 C 的规定;结构实体混凝土回弹—取芯法强度检验应符合《混凝土结构工程施工质量验收规范》(GB 50204—2015)中附录 D 的规定。

混凝土强度检验时的等效养护龄期可取日平均温度逐日累计达到 600 ℃·d 时所对应的龄期,且不应小于 14 d。日平均温度为 0 ℃及以下的龄期不计入。

冬期施工中,等效养护龄期计算时温度可取结构构件实际养护温度,也可根据结构构件的实际养护条件,按照同条件养护试件强度与在标准养护条件下 28 d 龄期试件强度相等的原则由监理、施工等各方共同确定。

（3）钢筋保护层厚度检验应符合《混凝土结构工程施工质量验收规范》(GB 50204—2015)中附录 E 的规定。

（4）结构位置与尺寸偏差检验应符合《混凝土结构工程施工质量验收规范》(GB 50204—2015)中附录 F 的规定。

（5）结构实体检验中,当混凝土强度或钢筋保护层厚度检验结果不满足要求时,应委托具有资质的检测机构按国家现行有关标准的规定进行检测。

2. 混凝土结构子分部工程验收

(1)混凝土结构子分部工程施工质量验收合格应符合下列规定。

① 所含分项工程质量验收应合格。

② 应有完整的质量控制资料。

③ 观感质量验收应合格。

④ 结构实体检验结果应符合规范要求。

(2)当混凝土结构施工质量不符合要求时,应按下列规定进行处理。

① 经返工、返修或更换构件、部件的,应重新进行验收。

② 经有资质的检测机构按国家现行有关标准检测鉴定达到设计要求的,应予以验收。

③ 经有资质的检测机构按国家现行有关标准检测鉴定达不到设计要求,但经原设计单位核算并确认仍可满足结构安全和使用功能的,可予以验收。

④ 经返修或加固处理能够满足结构可靠性要求的,可根据技术处理方案和协商文件进行验收。

(3)混凝土结构子分部工程施工质量验收时,应提供下列文件和记录。

① 设计变更文件。

② 原材料质量证明文件和抽样检验报告。

③ 预拌混凝土的质量证明文件。

④ 混凝土、灌浆料的性能检验报告。

⑤ 钢筋接头的试验报告。

⑥ 预制构件的质量证明文件和安装验收记录。

⑦ 预应力筋用锚具、连接器的质量证明文件和抽样检验报告。

⑧ 预应力筋安装、张拉的检验记录。

⑨ 钢筋套筒灌浆连接及预应力孔道灌浆记录。

⑩ 混凝土工程施工记录。

⑪ 隐蔽工程验收记录。

⑫ 混凝土试件的试验报告。

⑬ 分项工程验收记录。

⑭ 结构实体检验记录。

⑮ 工程重大质量问题的处理方案和验收记录。

⑯ 其他必要的文件和记录。

5.6 案例分析

5.6.1 案例1

一、背景资料

某三层框架结构公共建筑,其梁、板及柱混凝土强度等级均为 C30,共有 10 组混凝土标准养护试块。其抗压强度分别为 29.5 MPa、30 MPa、31 MPa、31.5 MPa、31.5 MPa、32 MPa、33 MPa、34 MPa、34.5 MPa、29.2 MPa。

二、提出的问题

试按现行《混凝土强度检验评定标准》(GB/T 50107—2010)评定该批次混凝土的质量是否合格。

三、案例解析

(1) 依题意,该批次混凝土共有 10 组标准养护试块。根据《混凝土强度检验评定标准》(GB 50107—2010)的有关规定,应采用统计法进行评定,其计算公式如下。

$$m_{f_{cu}} \geqslant f_{cu,k} + \lambda_1 \cdot S_{f_{cu}} \tag{5-6-1}$$

$$f_{cu,min} \geqslant \lambda_2 \cdot f_{cu,k} \tag{5-6-2}$$

$$S_{f_{cu}} = \sqrt{\frac{\sum\limits_{i=1}^{n} f_{cu,i}^2 - n m_{f_{cu}}^2}{n-1}}$$

(2) 计算标准差 $S_{f_{cu}}$。

$$\sum f_{cu,i} = 29.5^2 + 30^2 + 31^2 + 31.5^2 + 31.5^2 + 32^2 + 33^2 + 34^2 + 34.5^2 + 29.2^2$$

$$= 870.25 + 900 + 961 + 992.25 + 992.25 + 1024 + 1089 + 1156 + 1190.25$$

$$+ 852.64$$

$$= 10027.64$$

$$m_{f_{cu}}^2 = \left(\frac{29.5 + 30 + 31 + 31.5 + 31.5 + 32 + 33 + 34 + 34.5 + 29.2}{10}\right)^2$$

$$= 31.62^2 = 999.8244$$

依题意,$n=10$

则

$$S_{f_{cu}} = \sqrt{\frac{10027.64 - 10 \times 999.8244}{10-1}}$$

$$= \sqrt{3.266}$$

$$= 1.8072$$

因

$$1.8072 < 2.5$$

故取

$$S_{f_{cu}} = 2.5$$

(3) 按判定式进行判定。

查表得 $\lambda_1 = 1.15$,$\lambda_2 = 0.9$。

将以上条件分别代入统计法判定公式:

31.62≥30+1.15×2.5=32.875(判定式 5-6-1 不成立)

29.2≥0.9×30=27(判定式 5-6-2 成立)

结论:因判定合格的条件是公式 5-6-1 与 5-6-2 应同时满足,现代入公式 5-6-1 不成立,故此批混凝土强度的评定结果为不合格。

5.6.2 案例 2

一、背景资料

某建设单位投资新建一栋钢筋混凝土框架结构的办公楼,委托某监理单位承担施工阶段的监理任务。建设单位通过招标选择某建筑公司承担该工程的施工任务。

该工程实施过程中发生了以下事件。

事件 1 结构施工到第二层时,专业监理工程师巡检时发现,刚拆模后的部分钢筋混凝土柱存在严重的蜂窝、麻面、孔洞和露筋现象,现场有工人正在用水泥砂浆对蜂窝、麻面、孔洞进行封堵。

事件 2 经现场调查和试验发现,事件 1 中部分钢筋混凝土柱的质量问题产生的原因是混凝土浇筑时严重漏振。在有质量问题的 10 根柱子中,有 6 根柱子整根存在严重的蜂窝、麻面和露筋,有 4 根柱子虽然蜂窝、麻面较少,但混凝土标号达不到设计要求,经设计单位鉴定,能满足结构安全及使用功能要求,可不加固补强。现场分析会提出了三种处理方案:①6 根柱子加固补强,但补强后柱子尺寸有所增大,4 根柱子不加固补强;②10 根柱子全部砸掉重新施工;③10 根柱子全部进行加固补强,补强后柱子尺寸有所增大。但建设单位强调不能改变项目的原有功能。

事件 3 工程进入装饰装修阶段后,建设单位的材料设备部与某塑钢窗厂签订了该工程共计 800 m² 的塑钢窗供销合同,合同中要求该塑钢窗厂负责塑钢窗的安装施工。塑钢窗厂在塑钢窗安装过程中没有按塑钢窗的相关规程采取符合标准的安装工艺。建筑公司因建设单位单方面将承包合同中 800 m² 塑钢窗的采购和安装任务承包给了塑钢窗厂,所以对塑钢窗厂的塑钢窗安装过程不予管理,结果窗框与墙体洞口没做缝隙密封处理。建筑公司在明知该塑钢窗窗框没做嵌缝密封的情况下,为了抢工期进行了抹灰、贴面砖施工,留下了质量隐患。该楼在验收前的梅雨期间发现 60％的塑钢窗樘严重渗水。该质量事故发生后,建设单位负责人找到项目监理机构要求进行事故分析和处理,并追查责任。

事件 4 针对事件 3,项目监理机构组织召开了质量事故专题会议,与会各方提出以下观点。

① 该办公楼大面积窗樘渗水事故发生的基本原因是建设单位管理系统形成多中心决策,管理混乱,互不通气;塑钢窗的施工单位未按有关工艺规程的要求施工,窗框与墙洞没做嵌缝密封处理;建筑公司为了抢工期,明知该塑钢窗窗框没做嵌缝密封就进行了抹灰、贴面砖施工,以致留下了质量隐患;监理单位有失职行为,未按监理程序和有关规定进行监控。

② 根据该塑钢窗渗水事故的原因分析,建设单位、施工单位和塑钢窗安装单位、监理单位各方都有责任,但是塑钢窗安装单位应负主要责任。

③ 建设单位所属各职能业务部门选定的塑钢窗供应安装单位进驻该楼施工,必须经过项目监理机构同意,但建设单位没有通知监理单位,塑钢窗厂家就进场施工,故此事故监理单位无责任。

④ 项目监理机构对进驻该办公楼施工的单位,应查看它们与建设单位签订的施工合

同中所承包的项目以及是否明确监理单位职责等内容,以防项目重叠。

⑤ 应由建设单位出面协调和理顺各单位工程之间的工作关系,以免造成现场管理混乱,各行其是。

⑥ 该楼塑钢窗施工属于委托监理工作范围之内,发现施工质量有问题时,项目监理机构有权下停工令,让施工单位进行停工整改。

⑦ 该塑钢窗厂安装施工队也是经建设单位职能业务部门选定的施工单位,它不属于"擅自让未经同意的分包单位进场作业者",因此监理单位无权指令该施工单位停工整改。

⑧ 如果该施工单位对项目监理机构的指令置之不理或未采取有效改正措施而继续施工时,项目监理机构应以书面形式发布停工令。

⑨ 专业监理工程师应及时向总监理工程师报告,由总监理工程师向建设单位建议撤换不合格的施工单位或有关人员。

二、提出的问题

(1) 事件 1 中,专业监理工程师发现钢筋混凝土柱存在质量问题后应如何处理?

(2) 事件 2 中,为了满足建设单位强调的不改变项目原有功能的要求,处理柱子质量问题时,应采用现场分析会上提出的哪种处理方案?并说明理由。

(3) 事件 1 中质量事故技术处理方案应由谁提出?

(4) 针对事件 3,写出项目监理机构对该质量事故的处理程序。

(5) 事件 4 中,质量事故专题会议上与会各方提出的观点是否正确?

三、案例解析

(1) 专业监理工程师发现钢筋混凝土柱存在质量问题后,应按下列程序处理。

① 报告总监理工程师,总监理工程师发出停工指令,立即停止钢筋混凝土柱工程的施工。

② 及时通知建设单位。

③ 组织质量问题的调查分析,研究制定纠正措施。

(2) 应采取第②种方案,因为只有采用第②种方案才不会改变柱子原有尺寸,才不会改变项目原有功能。

(3) 质量事故技术处理方案应由设计单位提出。

(4) 项目监理机构对该质量事故的处理程序如下。

① 发停工令。

② 组织事故调查分析。

③ 研究并提出事故处理方案。

④ 审批事故处理方案。

⑤ 施工单位组织实施,监理单位督促其实施。

⑥ 施工单位自检,提出验收申请报告。

⑦ 监理对事故处理结果检查验收。

⑧ 提出事故处理报告。

⑨ 签发复工令。

（5）质量事故专题会议上与会各方提出的观点正确的是①、④、⑥、⑧、⑨。

质量事故专题会议上与会各方提出的观点不正确的是②、③、⑤、⑦。

5.6.3 案例3

一、背景资料

某城市建设项目,建设单位委托监理单位承担施工阶段的监理任务,并通过公开招标选定甲施工单位作为施工总承包单位。工程实施中发生了以下事件。

事件1 桩基工程开始后,专业监理工程师发现,甲施工单位未经建设单位同意将桩基工程分包给乙施工单位,为此,项目监理机构要求暂停桩基施工。征得建设单位同意分包后,甲施工单位将乙施工单位的相关材料报项目监理机构审查,经审查乙施工单位的资质条件符合要求,可以进行桩基施工。

事件2 桩基施工过程中,出现断桩事故。经调查分析,此次断桩事故是因为乙施工单位抢进度,擅自改变施工方案引起的。对此,原设计单位提供的事故处理方案为断桩清除,原位重新施工。乙施工单位按处理方案实施。

事件3 为进一步加强施工过程质量控制,总监理工程师代表指派专业监理工程师对原监理实施细则中的质量控制措施进行修改,修改后的监理实施细则经总监理工程师代表审查批准后实施。

事件4 工程进入竣工验收阶段,建设单位发文要求监理单位和甲施工单位各自邀请城建档案管理部门进行工程档案的验收并直接办理档案移交事宜,同时要求监理单位对施工单位的工程档案质量进行检查。甲施工单位收到建设单位发文后将该文转发给乙施工单位。

事件5 项目监理机构在检查甲施工单位的工程档案时发现,缺少乙施工单位的工程档案,甲施工单位的解释是按建设单位要求,乙施工单位自行办理工程档案的验收及移交;在检查乙施工单位的工程档案时发现,缺少断桩处理的相关资料,乙施工单位的解释是断桩清除后原位重新施工,不需列入这部分资料。

二、提出的问题

（1）事件1中,项目监理机构对乙施工单位资质审查的程序和内容是什么?

（2）项目监理机构应如何处理事件2中的断桩事故?

（3）事件3中,总监理工程师代表的做法是否正确? 请说明理由。

（4）指出事件4中建设单位做法的不妥之处,并写出正确做法。

（5）分别说明事件5中甲施工单位和乙施工单位的解释有何不妥? 对甲施工单位和乙施工单位工程档案中存在的问题,项目监理机构应如何处理?

三、案例解析

（1）①审查甲施工单位报送的分包单位资格报审表和乙施工单位有关资料,符合有关规定后,由总监理工程师予以确认。

②　对乙施工单位的资格审核以下内容。

a. 营业执照、企业资质等级证书。

b. 公司业绩。

c. 乙施工单位承担的桩基工程范围。

d. 专职管理人员和特种作业人员的资格证、上岗证。

(2)①　及时下达工程暂停令。

②　责令甲施工单位报送断桩事故调查报告。

③　审查甲施工单位报送的施工处理方案、措施。

④　审查同意后签发工程复工令。

⑤　对事故的处理过程和处理结果进行跟踪检查和验收。

⑥　及时向建设单位提交有关事故的书面报告,并应将完整的质量事故处理记录整理归档。

(3)①　指派专业监理工程师修改监理实施细则做法正确,因为总监理工程师代表可以代总监理工程师行使这一职责。

②　审批监理实施细则的做法不妥,应由总监理工程师审批。

(4)要求监理单位和甲施工单位各自对工程档案进行验收并移交的做法不妥。应由建设单位组织建设工程档案的(预)验收,并在工程竣工验收后统一向城市档案管理部门办理工程档案移交。

(5)①　甲施工单位应汇总乙施工单位形成的工程档案(乙施工单位不能自行办理工程档案的验收与移交);乙施工单位应将工程质量事故处理记录列入工程档案。

②　与建设单位沟通后,项目监理机构应向甲施工单位签发监理工程师通知单,要求尽快整改。

思考题

1. 何时召开第一次工地会议? 由谁组织? 主要内容是什么?

2. 图纸会审的任务是什么? 如何进行图纸会审?

3. 施工组织设计的审查要点是什么?

4. 施工质量管理体系由哪些内容组成?

5. 考察预拌混凝土供应商的主要内容有哪些?

6. 见证取样送检计划包括哪些内容? 哪些材料、构配件需要进行见证取样送检?

7. 由谁对分包单位的资格进行报审? 审查主要包括哪些内容?

8. 工程材料、构配件、设备采用什么表格进行报验? 其附件包括哪些内容?

9. 如何进行旁站监理工作?

10. 如何做好监理巡视工作的"四勤"?

11. 检验批工程验收合格的条件是什么? 检验批验收不合格如何处置?

12. 分部工程验收合格的条件是什么? 如何组织分部验收?

13. 如何进行单位工程竣工预验收？

14. 分别说明钻孔灌注桩及预应力管桩的质量控制要点。

15. 熟悉桩基检测的相关规定。

16. 基坑支护结构体系的选用原则是什么？何谓支护结构体系的安全、经济、方便施工及因地制宜？

17. 如何控制混凝土结构模板拆除时间？

18. 如何进行钢筋的进场验收？

19. 如何进行钢筋安装的质量验收？

20. 如何采用统计法及非统计法对混凝土强度进行评定？

第6章 建设工程合同管理

6.1 建设工程合同管理概述

建设工程合同管理是工程建设管理和监理中的一项重要内容。工程项目建设过程中的主体包括建设单位、施工单位、监理单位、施工单位、勘察单位和设计单位等,他们在工程项目的建设过程中必定会形成各个方面的社会关系,而这些关系都是通过合同的契约关系形成的;工程建设过程中的一切活动也是按照合同的规定进行的,均受到合同的保护、制约和调整。

《中华人民共和国合同法》第二百六十九条规定:"建设工程合同是承包人进行工程建设,发包人支付价款的合同。建设工程合同包括工程勘察、设计、施工合同。"该条款指明了在合同中,承包人最主要的义务是按质按期进行工程建设,即进行工程的勘察、设计、施工等工作;发包人最主要的义务是向承包人支付相应价款。

6.1.1 建设工程合同的形式

《中华人民共和国合同法》第十条规定:"当事人订立合同,有书面形式、口头形式和其他形式。法律、行政法规规定采用书面形式的,应当采用书面形式。"《中华人民共和国建筑法》第十五条规定:"建筑工程的发包单位与承包单位应当依法订立书面合同,明确双方的权利和义务。"建设工程合同应采用书面形式,合同条款、内容和形式等不仅必须依据国家和地方的有关法律、法规,而且应当把当事人的责任、权利、义务都纳入合同条款,条款应尽量细致严格,且考虑到各种可能发生的情况和可能引起纠纷的因素。

监理人员的工作涉及的合同主要包括建设工程监理合同和建设工程施工合同,并推行使用国家有关行政主管部门编制的监理合同和施工合同示范文本。推行合同示范文本,对规范合同各方当事人的行为,维护正常的经济秩序有着重要的意义。

(1) 合同示范文本是国家有关行政主管部门组织合同管理、工程技术、经济、法律等有关各方面的专家共同编制的,能够比较准确地在法律范围内反映出合同各方所要实现的意图,有助于签订合同的当事人了解、掌握有关的合同条款构成,避免缺款少项和当事人意思表达不准确、不真实,导致合同履行中产生各种合同纠纷,也有利于减少合同双方签订合同的业务工作量。

(2) 在当前竞争激烈、建设市场处于卖方市场的情况下,发包人的违规、违法行为难以禁止。使用合同示范文本可以避免或减少合同中权利义务不对应的不平等条款,对于"黑白合同"或"阴阳合同"的现象可以起到一定的遏制作用。

（3）有利于合同管理机关加强监督检查,合同仲裁机关和人民法院及时解决合同纠纷,保护当事人的合法权益。合同示范文本是经过严格审查,依据有关法律、法规审慎推敲制定的,它完全符合法律、法规的要求,使用合同示范文本实际上就是把自己纳入依法办事的轨道,其合法权益可受到法律保护。

（4）合同示范文本是建设单位、施工单位和监理单位等从事合同管理的人员很好的学习资料,也是合同履行管理的基本依据。监理人员如果仅学习监理合同、监理规范,对于如何进行施工监理中的合同管理恐怕还是处在云里雾里的状态,但如果认真学习施工合同示范文本,一定会有云开雾散的感觉。所以,监理人员从事合同管理,首先要十分熟悉监理合同和施工合同示范文本。

6.1.2　工程建设中的主要合同关系

建设工程项目是一个极为复杂的社会生产过程,历经可行性研究、勘察设计、工程施工和运行等阶段;涉及土建、水电、机械设备、通信等专业设计和施工合同;需要各种材料、设备、资金和劳动力的供应。参与其中的各方单位众多,维系各方之间关系的纽带就是合同。

一、建设单位的主要合同关系

建设单位作为工程或服务的购买方,是工程的所有者,可能是政府、企业、几个企业的组合或者其他投资者,也可能是政府与企业的组合（如 BOT 合资项目）。建设单位投资一个建设工程项目,通常会委派一个代理人或代表以建设单位的身份进行工程项目相关的经营管理。建设单位根据对工程的需求确定工程项目的整体目标,以目标为核心建立相关的合同体系。

要实现工程项目的整体目标,建设单位必须将建设工程的勘察、设计、各专业工程施工、设备和材料供应、工程咨询与管理等工作通过与有关单位签订如下各种合同委托出去。

（1）咨询合同。建设单位与咨询公司签订的合同。咨询公司可负责工程的可行性研究、勘察设计、招投标和施工各个阶段的某一项或几项的咨询工作。

（2）勘察设计合同。建设单位与勘察设计单位签订的合同。由勘察设计单位负责工程的地质勘察和技术设计等工作。

（3）供应合同。建设单位与供应单位签订的合同。工程中约定由建设单位负责提供的材料设备,需要建设单位与有关的材料和设备供应单位签订供应或采购合同,确保工程建设的顺利进行。

（4）施工合同。建设单位与施工单位签订的合同。通常由一个或数个施工单位分别承包土建、机电安装、装饰等工程施工,视采用的不同形式,建设单位需要与总承包方或各个独立承包方签订施工合同。

（5）监理合同。建设单位与监理单位签订的合同。监理单位在合同约定的授权范围内,代表建设单位对工程建设的各个环节进行监督、协调与管理。

（6）筹资合同。建设单位与筹资过程涉及的各方签订的合同。建设单位通过各种方式获得工程建设所需的资金,与涉及各方签订合同以获得资金保障。按照资金来源不同,可能有借款合同、贷款合同、合资合同或 BOT 合同等。

二、施工单位的主要合同关系

施工单位是承包合同的执行者,是工程施工的具体实施者。施工单位要完成合同约定的责任,包括工程范围内的施工、竣工和保修,为完成工程提供劳动力、施工设备、材料等。一般施工单位都不具备所有专业工程的施工能力、材料和设备的生产供应能力,需要将许多专业工作委托出去,这也是通过合同关系完成的。

(1) 分包合同。施工单位与分包商签订的合同。对于较大的工程,施工单位通常与其他承包方合作才能完成总包合同责任。施工单位在承包合同下可能订立若干分包合同,分包方仅仅完成分包合同约定的工程,向总承包方负责,与建设单位无合同关系;总承包方仍需向建设单位承担全部工作责任,负责工程的管理和分包商之间的工作协调、责任划分,以及承担协调失误造成损失的责任,向建设单位承担工程风险。

(2) 供应合同。施工单位与材料、设备供应商签订的合同。施工单位为工程所进行的必要的材料、设备的采购,必须与供应商签订供应合同。

(3) 运输合同。施工单位与运输单位签订的合同。供应商未提供运输服务时,施工单位为解决材料、设备的运输问题而与运输单位签订的合同。

(4) 加工合同。施工单位与加工单位签订的合同。施工中施工单位可能将建筑构配件、特殊构件的加工任务委托给加工承揽单位而签订的合同。

(5) 租赁合同。施工单位与租赁单位签订的合同。在建筑工程中施工单位需要许多施工设备、运输设备、周转材料。当部分设备、周转材料在现场使用率较低,或自行购置需大量资金投入而不具备经济实力时,可以与租赁单位签订租赁合同,采用租赁方式解决。

(6) 劳务分包合同。施工单位与劳务分包单位签订的合同。施工单位在将劳务工作进行分包时,应与劳务分包单位签订合同。

(7) 保险合同。施工单位与保险公司签订的合同。施工单位按照法律、法规及工程承包合同要求进行投保时,需要与工程保险公司签订保险合同。

三、其他

在实际工程中还可能有如下情况。

(1) 设计单位、各供应单位也可能存在各种形式的分包。

(2) 施工单位有时也承担工程或部分工程的设计任务(如设计—施工总承包),有时也必须委托设计单位进行设计,签订设计合同。

(3) 许多大型工程中,尤其是在建设单位要求全包的工程中,施工单位经常是几个企业的联合体,即联合承包。若干家施工单位(最常见的是设备供应商、土建施工单位、安装施工单位、勘察设计单位)之间订立联合合同,联合投标,共同承接工程。联营承包在国内外工程中都很常见,已成为许多施工单位的经营战略之一。

6.1.3　合同法律制度

一、合同法基本原则

1. 平等原则

平等原则指合同当事人的法律地位平等。不论是自然人还是法人、其他组织;不论其所有制性质和经济实力;不论其有无上下级关系,他们在合同中的法律地位是平等的。一方不得把自己的意志强加给另一方,实施不公平竞争和不平等交换;不得利用公共权利搞非法垄断,签订"霸王合同";不得利用自己的经济实力强迫他人接受不平等条款。

2. 自愿原则

自愿原则指当事人有权根据自己的意志和利益,自愿决定是否签订合同,与谁签合同,签订什么样的合同;自愿协商确定合同的内容,协商补充变更合同的内容;自愿协商解除合同;自愿协商确定违约责任,选择争议解决方式。任何单位和个人不得非法干预当事人的合同行为。

3. 公平原则

公平原则指合同当事人应当遵循公平原则确定各方的权利义务。无论是签订合同还是变更合同,都要公平合理地确定各方的权利义务。除少数无偿合同外,当事人一方不能只享有权利不承担义务。

4. 诚实信用原则

诚实信用原则指当事人行使权利、履行义务应当遵循诚实信用原则。不得隐瞒真实情况,用欺诈手段骗订合同;不得擅自撕毁合同,要忠实地履行合同的义务;不得搞合同欺诈。

5. 守法原则

守法原则指当事人订立、履行合同,应当遵守法律、行政法规,遵守社会公德,不得扰乱社会经济秩序,损害国家和社会公共利益。

二、合同的条款

为了规范合同条款,《中华人民共和国合同法》第十二条规定了如下条款。

1. 当事人的名称或者姓名与住所

当事人是合同权利义务的承受者,没有当事人,合同权利义务就失去了存在的意义,给付和受领给付便无从谈起。因此,订立合同须有当事人这一条款。当事人由其名称或者姓名及住所加以特定化、固定化。所以,具体合同条款的草拟必须写清当事人的名称或者姓名和住所。

2. 标的

标的是合同权利义务执行的对象。合同不规定标的,就会失去目的,失去意义。可见,标的是一切合同的主要条款。目前,大多认为合同关系的标的为给付行为,而《中华人民共和国合同法》第十二条中所谓标的,主要指标的物。因而规定有所谓标的的质量、标的的数量。因此,对于《中华人民共和国合同法》及有关司法解释所说的标的,时常需要按标的物理解。

3. 质量与数量

标的(物)的质量和数量是确定合同标的(物)的具体条件,是这一标的(物)区别于同类另一标的(物)的具体特征。标的(物)的质量须订得详细具体。如标的(物)的技术指标、质量要求、规格、型号等要明确。标的(物)的数量要确切。首先,使用双方共同接受的计量单位;其次,应选择双方认可的计量方法;再次,应选择合理的磅差或尾差。标的(物)的数量为主要条款;标的(物)的质量若能通过有关规则及方式推定出来,则合同欠缺这样的条款也不影响成立。

4. 价款或酬金

价款是取得标的(物)所应支付的代价,酬金是获得服务所应支付的代价。价款,通常指标的(物)本身的价款,但因商业上的大宗买卖一般是异地交货,便产生了运费、保险费、装卸费、保管费、报关费等一系列额外费用。它们由哪一方支付,须在价款条款中写明。

5. 履行的期限、地点、方式

履行期限直接关系到合同义务完成的时间,涉及当事人的期限利益,也是确定违约与否的因素之一,十分重要。履行期限可以规定为及时履行,也可以规定为定时履行,还可以规定为在一定期限内履行。如果是分期履行,尚应写明每期的准确时间。

履行地点是确定验收地点的依据,是确定运输费用由谁负担、风险由谁承受的依据,有时是确定标的(物)所有权是否转移、何时转移的依据,还是确定诉讼管辖的依据之一,对于涉外合同纠纷,它是确定适用法律的一项依据,十分重要。

履行方式,诸如是一次交付还是分期分批交付,是交付实物还是交付标的(物)的所有权凭证,是铁路运输还是空运、水运等,同样事关当事人的物质利益,合同应写明,但对于大多数合同来说,它不是主要条款。

履行的期限、地点、方式若能通过有关方式推定,则合同即使欠缺它们也不影响成立。

6. 解决争议的方法

解决争议的方法,是指有关解决争议运用什么程序、适用何种法律、选择哪家检验或者鉴定机构等内容。当事人双方在合同中约定的仲裁条款、选择诉讼单位及法院的条款、选择检验或者鉴定机构的条款、涉外合同中的法律适用条款、协商解决争议的条款等,均属解决争议的方法的条款。

三、合同的订立过程

订立合同的程序,是指当事人双方就合同的一般条款经过协商一致并签署书面协议的过程。订立合同的过程就是当事人各方就合同条款通过协商达成协议的过程。这一过程分为要约和承诺两阶段。

1. 要约

要约是当事人一方以缔约合同为目的,向他方所做的意思表示。发出要约的一方称要约人,接收要约的一方称受要约人。要约是订立合同所必须经过的程序。要约中要有与对方订立合同的意愿和合同应有的主要条款、要求对方作出答复的期限等内容。《中华人民共和国合同法》第十四条规定:"要约是希望和他人订立合同的意思表示,该意思表示应当符合下列规定:(1)内容具体确定;(2)表明经受要约人承诺,要约人即受该意思表示约束。"

2．要约邀请与要约

所谓要约邀请，又称引诱要约，是指一方邀请对方向自己发出要约。这种意思表示的内容往往不确定，不含有合同得以订立的主要内容，也不含有相对人同意后受其约束的表示。从法律性质上看，要约是当事人旨在订立合同的意思表示，是希望他人和自己订立合同的意思表示，是法律行为，一经承诺就产生合同的可能性，所以要约在发生以后，对要约人和受要约人都有一定的约束力。而要约邀请是一种事实行为，而非法律行为。只是引诱他人向自己发出要约，在发出邀请要约后邀请人撤回其邀请，只要未给善意相对人造成信赖利益的损失，邀请人并不承担法律责任。

3．要约的成立

要约的成立须具备下述条件：要约人应是具有缔约能力的特定人；要约的内容须具体、确定；要约具有缔结合同的目的，并表示要约人受其约束；要约必须发给要约人希望与其订立合同的受要约人；要约应以明示方式发出；要约必须送达于受要约人。

《中华人民共和国合同法》第十六条规定："要约到达受要约人时生效。采用数据电文形式订立合同，收件人指定特定系统接收数据电文的，该数据电文进入该特定系统的时间，视为到达时间；未指定特定系统的，该数据电文进入收件人的任何系统的首次时间，视为到达时间。"

4．要约的撤回与撤销

要约的撤回，是指要约人在发出要约后，于要约到达受要约人之前取消其要约的行为。《中华人民共和国合同法》第十七条规定："要约可以撤回。撤回要约的通知应当在要约到达受要约人之前或者同时到达受要约人。"在此情形下，被撤回的要约实际上是尚未生效的要约。

要约的撤销，是指在要约发生法律效力后，要约人取消要约从而使要约归于消灭的行为。要约的撤销不同于要约的撤回（前者发生于生效后，后者发生于生效前）。《中华人民共和国合同法》第十八条规定："要约可以撤销。撤销要约的通知应当在受要约人发出承诺通知之前到达受要约人。"

《中华人民共和国合同法》第十九条规定："有下列情形之一的，要约不得撤销：（1）要约人确定了承诺期限或者以其他方式明示要约不可撤销；（2）受要约人有理由认为要约是不可撤销的，并且已经为履行合同做了准备工作。"

撤回与撤销二者的区别在于时间的不同，在法律效力上是等同的。要约的撤回是在要约生效之前为之，即撤回要约的通知应当在要约到达受要约人之前或者与要约同时到达受要约人；而要约的撤销是在要约生效之后承诺作用之前而为之，即撤销要约的通知应当在受要约人发出承诺通知之前到达受要约人。

5．承诺

承诺也称接受订约提议，是受要约人按照所指定的方式，对要约的内容表示同意的一种意思表示，是完全同意要约方提出要约的主要内容和条件的答复。要约人收到承诺时，双方就要订立合同；如收到承诺时已具备符合法律规定的合同形式，合同就成立了。如果要约的接受方不完全同意要约而改变了其中的主要条款，就意味着对原要约的拒绝，而视为向原发出方提出了新要约。订立合同的过程，往往是一方提出要约，另一方又再提出新的要约,反复多次,如最后合同关系能成立,总是有一方完全接受了对方的要约内容。

(1) 承诺的成立条件。

任何成立的承诺,都必须具备下述条件。承诺必须由受要约人向要约人作出;承诺必须是在要约规定的有效时间内作出;承诺必须与要约的实质性内容一致;承诺的方式必须符合要约要求。

缄默与不行为是没有任何意思表示,所以不构成承诺。即如果没有事先约定,也没有习惯做法,而仅仅由要约人在要约中规定如果不答复就视为承诺是不成立的。

(2) 承诺的生效。

承诺应当在要约确定的期限内到达要约人。《中华人民共和国合同法》第二十五条规定:"承诺生效时合同成立。"《中华人民共和国合同法》第二十六条规定:"承诺通知到达要约人时生效。承诺不需要通知的,根据交易习惯或者要约的要求作出承诺的行为时生效。采用数据电文形式订立合同的,承诺到达的时间适用本法第十六条第二款的规定。"

(3) 承诺的撤回。

承诺的撤回是指承诺发出后,承诺人阻止承诺发生法律效力的意思表示。《中华人民共和国合同法》第二十七条规定:"承诺可以撤回。撤回承诺的通知应当在承诺通知到达要约人之前或者与承诺通知同时到达要约人。"

鉴于承诺一经送达要约人即发生法律效力,合同即刻成立,所以撤回承诺的通知应当在承诺通知到达之前或者与承诺通知同时到达要约人。如果撤回承诺的通知晚于承诺的通知到达要约人,则承诺已经生效,合同已经成立,受要约人便不能撤回承诺。

需要注意的是,要约可以撤回,也可以撤销。但是承诺却只可以撤回,不可以撤销。

四、合同的履行与担保

1. 合同的履行

合同的履行,是指当事人双方根据合同的条款,实现各自享有的权利,并承担各种负有的义务。《中华人民共和国合同法》第六十条规定:"当事人应当按照约定全面履行自己的义务。当事人应当遵循诚实信用原则,根据合同的性质、目的和交易习惯履行通知、协助、保密等义务。"即当事人双方在履行合同时,必须全面地、善始善终地履行各自承担的义务,使对方的权利得以实现。

合同履行的原则如下。

(1) 全面、适当履行的原则。

全面、适当履行,是指合同当事人双方应当按照合同约定全面履行自己的义务,包括履行义务的主体、标的、数量、质量、价款或者报酬以及履行的方式、地点、期限等,都应当按照合同的约定全面履行。

(2) 遵循诚实信用的原则。

诚实信用原则是我国民法通则的基本原则,也是《中华人民共和国合同法》的一项十分重要的原则,它贯穿于合同的订立、履行、变更、终止等全过程。因此,当事人在订立合同时,要讲诚实,要守信用,要善意,当事人双方要互相协作,合同才能圆满地履行。

(3) 公平合理促进合同履行的原则。

合同当事人双方自订立合同起,直到合同的履行、变更、转让以及发生争议时对纠纷的解决,都应当依据公平合理的原则,按照《中华人民共和国合同法》的规定,根据合同的性质、目的和交易习惯善意地履行通知、协助、保密等附随义务。

(4)当事人一方不得擅自变更合同的原则。

合同依法成立,即具有法律约束力。因此,合同当事人任何一方均不得擅自变更合同。《中华人民共和国合同法》在若干条款中根据不同的情况对合同的变更分别作了专门的规定。这些规定更加完善了我国的合同法律制度,并有利于促进我国社会主义市场经济的发展和保护合同当事人的合法权益。

2. 合同的担保

合同担保指合同当事人依据法律规定或双方约定,由债务人或第三人向债权人提供的以确保债权实现和债务履行为目的的措施。如保证、抵押、质押、留置和定金。

担保合同必须由合同的当事人双方协商一致,自愿订立,方为有效。如由第三方承担担保义务时,必须由保证人亲自订立担保合同。

五、合同的变更、转让和解除

合同外部环境的变化会导致合同本身发生变化,这种变化表现为合同的变更、转让或解除。而合同的变更、转让或解除的出现会直接影响到当事人的权益。

1. 合同的变更

合同变更指当事人约定的合同的内容发生变化和更改,即产生权利和义务变化的民事法律行为。合同变更有广义与狭义之分。广义的合同变更,包括合同内容的变更与合同主体的变更。前者是指当事人不变,合同的权利义务予以改变的现象。后者是指合同关系保持同一性,仅改换债权人或债务人的现象。不论是改换债权人,还是改换债务人,都发生合同权利义务的移转,移转给新的债权人或者债务人。因此,合同主体的变更实际上是合同权利义务的转让。

合同的变更可分为约定变更与法定变更。合同的变更应满足如下条件:合同关系已经存在;合同内容需要变更;经当事人协商一致或者法院判决、仲裁庭裁决,或者直接援引法律规定;符合法律或行政法规要求的方式。

2. 合同的转让

合同的转让,是指当事人一方将其合同权利、合同义务或者合同权利义务全部或者部分转让给第三人。合同的转让,也就是合同主体的变更,准确来说是合同权利义务的转让,即在不改变合同关系、内容的前提下,使合同的权利主体或者义务主体发生变动。

合同权利的转让(即债权转让),是指合同债权人通过协议将其债权全部或者部分转让给第三人的行为。具体包括三方面的含义。

(1)合同权利转让是指不改变合同权利的内容,由债权人将权利转让给第三人。因此,权利转让的主体是债权人和第三人,债务人不能成为合同权利转让的当事人。

(2)合同权利转让的对象是合同债权,属于合同法的调整范围,与物权转让有着本质的区别。

(3)合同权利的转让既可以是全部转让,也可以是部分转让。

合同义务的转让包括合同义务的全部转让和部分转让两种形态。合同义务的全部转让是指债权人或者债务人与第三人之间达成转让债务的协议,由第三人取代原债务人承担全部债务。合同义务的部分转让被称为"并存的债务承担",是指原债务人并没有脱离原有合同关系,而是由第三人加入合同关系,并与原债务人一起共同向同一债权人承担合同义务。合同义务的转让除遵守合同转让的一般条件和要求外,必须经债权人同意,否则无效。

3. 合同的解除

合同的解除,是合同有效成立后且具备解除条件时,因当事人一方或双方的意思表示,使合同关系归于消灭的行为。

合同解除可分为协议解除和单方解除。协议解除,是指当事人双方通过协商同意将合同解除的行为。单方解除,是指解除权人行使解除权将合同解除的行为。它不必经过对方当事人的同意,只要解除权人将解除合同的意思表示直接通知对方,或经过人民法院、仲裁机构向对方主张,即可发生合同解除的效果。

《中华人民共和国合同法》第九十七条规定:"合同解除后,尚未履行的,终止履行;已经履行的,根据履行情况和合同性质,当事人可以要求恢复原状、采取其他补救措施,并有权要求赔偿损失。"该条规定确立了合同解除的两方面效力:一是向将来发生效力,即终止履行;二是合同解除可以产生溯及力(即引起恢复原状的法律后果)。

六、合同的违约责任

1. 违约责任的概念与条件

违约责任,指合同当事人一方不履行合同义务或履行合同义务不符合合同约定所应承担的民事责任。违约责任的表现形式包括不履行和不适当履行。

违约责任的构成要件如下。

(1) 有违约行为。

(2) 有损害事实。

(3) 违约行为与损害事实之间存在因果关系。

(4) 无免责事由。

《中华人民共和国合同法》规定的承担违约责任是以补偿性为原则的。补偿性是指违约责任旨在弥补或者补偿因违约行为造成的损失。对于财产损失的赔偿范围,《中华人民共和国合同法》规定,赔偿额应相当于因违约行为造成的损失,包括合同履行后可获得的利益。但是,违约责任在有些情况下也具有惩罚性。如合同约定了违约金而违约行为没有造成损失或者损失小于约定的违约金;约定了定金,违约行为没有造成损失或者损失小于约定的定金等。

(1) 承担违约责任的方式。《中华人民共和国合同法》第一百零七条规定:"当事人一方不履行合同义务或者履行合同义务不符合约定的,应当承担继续履行、采取补救措施或者赔偿损失等违约责任。"承担违约责任的方式主要有以下几种。

① 继续履行。我国合同法也称其为强制履行,学术上又称强制实际履行或者依约履行,是指合同当事人一方不履行合同义务或者履行合同义务不符合约定时,经另一方当事人的请求,法律强制其按照合同的约定继续履行合同的义务。具有以下限制的,不能进行

强制履行;不能履行的;债务的标的不适于强制履行或者履行费用过高的;债权人在合理期限内未要求履行的。

② 采取补救措施。所谓补救措施主要是指民法通则和合同法中所确定的,在当事人违约的事实发生后,为防止损失发生或扩大,而由违反合同的一方依照法律规定或者约定采取的修理、更换、重新制作、退货、减少价格或报酬等措施,以给权利人弥补或者挽回损失的责任形式。采取补救措施的责任形式,主要发生在质量不符合约定的情况下,对建设工程合同而言,采取补救措施是施工单位承担违约责任常用的方法。

③ 赔偿损失。当事人一方违约,给对方造成损失的,在继续履行义务或者采取补救措施后,对方还有其他损失的,应当赔偿损失。损失赔偿额应相当于因违约造成的损失,包括合同履行后可以获得的利益,但不得超过违反合同一方订立合同时预见或应当预见的因违反合同可能造成的损失。

当事人一方违约之后,对方应当采取适当措施防止损失的扩大,没有采取措施致使损失扩大的,不得就扩大的损失请求赔偿,当事人因防止损失扩大而支出的费用,由违约方承担。

(2) 支付违约金。当事人可以约定一方违约时应当根据违约情况向对方支付一定数额的违约金,也可以约定因违约产生的损失额的赔偿办法。约定违约金低于造成的损失的,当事人可以请求人民法院或仲裁机构予以增加;约定违约金过分高于损失的,当事人可以请求人民法院或仲裁机构予以适当减少。

违约金与赔偿损失不能同时采用。如果当事人约定了违约金,则应当按照支付违约金的方式承担违约责任。

2. 定金罚则

当事人可以约定一方向对方给付定金作为债权的担保。债务人履行债务后,定金应当抵作价款或收回。给付定金的一方不履行约定债务的,无权要求返还定金;收受定金的一方不履行约定债务的,应当双倍返还定金。

当事人既约定违约金,又约定定金的,一方违约时,对方可以选择适用违约金或定金条款。但是,这两种违约责任不能合并使用。

3. 因不可抗力无法履约的责任承担

因不可抗力不能履行合同的,根据不可抗力的影响,部分或全部免除责任。当事人延迟履行后发生的不可抗力,不能免除责任。当事人因不可抗力不能履行合同的,应当及时通知对方,以减轻给对方造成的损失,并应当在合理的期限内提供证明。

当事人可以在合同中约定不可抗力的范围。为了公平,避免当事人滥用不可抗力的免责权,约定不可抗力的范围是必要的。在某些情况下还应当约定不可抗力的风险分担责任。

七、合同争议的解决

合同争议也称合同纠纷,是指因合同的生效、解释、履行、变更、终止等行为而引起的合同当事人的所有争议。根据我国合同法的规定,合同争议的解决方式有和解、调解、仲裁和诉讼四种。

1. 和解

当事人自行协商解决合同纠纷,是指合同纠纷的当事人,在自愿互谅的基础上,按照国家有关法律、政策和合同的约定,通过摆事实、讲道理,以达成和解协议,自行解决合同纠纷的一种方式。和解的结果没有强制执行的法律效力,要靠当事人自觉履行。

2. 调解

合同当事人如果不能协商一致达成和解,可以要求有关机构调解。调解是指双方或多方当事人就争议的实体权利、义务,在合同管理机关、仲裁机构、人民法院、人民调解委员会及有关组织主持下,自愿进行协商,通过教育疏导,促成各方达成协议、解决纠纷的办法。一方或双方是国有企业的,可以要求上级机关进行调解。上级机关应在平等的基础上分清是非进行调解,而不能进行行政干预。

3. 仲裁

合同当事人协商不成,不愿调解的,可根据合同中规定的仲裁条款或双方在纠纷发生后达成的仲裁协议向仲裁机构申请仲裁。仲裁机构根据当事人的申请,对其相互之间的合同争议,按照仲裁法律规范的要求进行仲裁并作出裁决,从而解决合同纠纷。

当事人申请仲裁的,必须符合仲裁条件,即双方当事人应在合同中订有仲裁条款,或者在事后达成仲裁协议。没有仲裁条款或仲裁协议的,不得申请仲裁。仲裁条款独立于合同,不受合同效力的影响。仲裁裁决实行一裁终局原则。当事人申请仲裁的,应根据仲裁法规定及其他仲裁规则进行。

4. 诉讼

诉讼指法院在当事人和其他诉讼人的参加下,以审理、判决、执行等方式解决民事纠纷的活动,以及由这些活动产生的各种诉讼关系的总和。

合同中没有仲裁条款或事后没有达成仲裁协议,或者其订立的仲裁条款或仲裁协议无效的,当事人可向人民法院提起诉讼。当事人向人民法院起诉应当按照《中华人民共和国民事诉讼法》规定的条件和程序进行。

6.2　合同管理的主要内容

6.2.1　合同台账的建立

在建设工程施工阶段,相关各方所签订的合同数量较多,而且在合同的执行过程中,有关条件及合同内容也可能会发生变更。因此,为了有效地进行合同管理,项目监理机构首先应建立合同台账。项目监理机构应收集齐全涉及工程建设的各类合同,并保存副本或复印件。

建立合同台账,要全面了解各类合同的基本内容、合同管理要点、执行程序等,然后进行分类。把合同执行过程中的所有信息全部记录在案,如合同的基本概况、开工日期、竣工日期、合同造价、支付形式、结算要求、质量标准、工程变更、隐蔽工程、现场签证、材料设备供货、合同变更、来往信函等事项,用表格的形式动态地记录下来。

建立合同台账时应注意以下几点。

（1）建立时要分好类，可按专业分类，如工程、咨询服务、材料设备供货等。

（2）要事先制作模板，分总台账和明细统计表等。

（3）由专人负责跟踪进行动态填写和登记，同时要由专人检查、审核填写结果。

（4）要定期对台账进行分析、研究，发现问题及时解决，推动合同管理系统化、规范化。

6.2.2 工程暂停及复工

一、工程暂停令的签发

总监理工程师在签发工程暂停令时，可根据停工原因的影响范围和影响程度，确定停工范围，并应按施工合同和建设工程监理合同的约定签发工程暂停令。总监理工程师签发工程暂停令，应事先征得建设单位同意。在紧急情况下，未能事先征得建设单位同意的，应在事后及时向建设单位书面报告。施工单位未按要求停工或复工的，项目监理机构应及时报告建设单位。

项目监理机构发现下列情况之一时，总监理工程师应及时签发工程暂停令。

（1）建设单位要求暂停施工且工程需要暂停施工的。

（2）施工单位未经批准擅自施工或拒绝项目监理机构管理的。

（3）施工单位未按审查通过的工程设计文件施工的。

（4）施工单位违反工程建设强制性标准的。

（5）施工存在重大质量、安全事故隐患或发生质量、安全事故的。

发生情况（1）时，建设单位要求停工，总监理工程师经过独立判断，认为有必要暂停施工的，可签发工程暂停令；认为没有必要暂停施工的，不应签发工程暂停令。发生情况（2）时，施工单位擅自施工的，总监理工程师应及时签发工程暂停令；施工单位拒绝执行项目监理机构的要求和指令时，总监理工程师应视情况签发工程暂停令。发生情况（3）、（4）、（5）时，总监理工程师均应及时签发工程暂停令。

《建设工程安全生产管理条例》第十四条规定："工程监理单位在实施监理过程中，发现存在安全事故隐患的，应当要求施工单位整改；情况严重的，应当要求施工单位暂时停止施工，并及时报告建设单位。施工单位拒不整改或者不停止施工的，工程监理单位应当及时向有关主管部门报告。"

因建设单位原因引起暂停施工的，项目监理机构经建设单位同意后，应及时下达暂停施工指示。情况紧急且监理单位未及时下达暂停施工指示的，施工单位可先暂停施工，并及时通知监理单位。项目监理机构应在接到通知后 24 小时内发出指示，逾期未发出指示，视为同意施工单位暂停施工。项目监理机构不同意施工单位暂停施工的，应说明理由，施工单位对项目监理机构的答复有异议，按照《建设工程施工合同（示范文本）》（GF—2013—0201)第 20 条处理。

二、工程暂停后的处理程序

暂停施工事件发生时，项目监理机构应如实记录所发生的情况。总监理工程师应会同有关各方按施工合同约定，处理因工程暂停引起的与工期、费用有关的问题。

（1）因建设单位原因引起的暂停施工，建设单位应承担由此增加的费用和（或）延误的工期，并支付施工单位合理的利润。

（2）因施工单位原因引起的暂停施工，施工单位应承担由此增加的费用和（或）延误的工期，且施工单位在收到项目监理机构的复工指示后 84 天内仍未复工的，视为施工单位无法继续履行合同。

三、工程暂停后复工

当暂停施工原因消失、具备复工条件时，施工单位提出复工申请的，项目监理机构应审查施工单位报送的工程复工报审表及有关材料，符合要求后，总监理工程师应及时签署审查意见，并应报建设单位批准后签发工程复工令；施工单位未提出复工申请的，总监理工程师应根据工程实际情况指令施工单位恢复施工。

（1）暂停施工后，建设单位和施工单位应采取有效措施积极消除暂停施工的影响。暂停施工期间，建设单位和施工单位均应采取必要的措施确保工程质量及安全，防止因暂停施工扩大损失。

（2）在工程复工前，项目监理机构会同建设单位和施工单位确定因暂停施工造成的损失，并确定工程复工条件。当工程具备复工条件时，项目监理机构应经建设单位批准后向施工单位发出复工通知，施工单位应按照复工通知要求复工。

（3）由于施工单位原因导致的工程暂停后的复工，项目监理机构应审查工程复工报审表及有关材料，同意后由总监理工程师签署审核意见，并报建设单位批准后签发工程复工令，指令施工单位继续施工。所附材料如下。

① 施工单位对工程暂停原因的分析。

② 工程暂停的原因已消除的证据。

③ 避免再出现类似问题的预防措施。

（4）施工单位无故拖延和拒绝复工的，施工单位承担由此增加的费用和（或）延误的工期；因建设单位原因无法按时复工的，按照因建设单位原因导致工期延误的约定办理。

（5）项目监理机构发出暂停施工指示后 56 天内未向施工单位发出复工通知，除该项停工属于施工单位原因引起的暂停施工及不可抗力约定的情形外，施工单位可向建设单位提交书面通知，要求建设单位在收到书面通知后 28 天内准许已暂停施工的部分或全部工程继续施工。建设单位逾期不予批准的，则施工单位可以通知建设单位，将工程受影响的部分视为变更范围的可取消工作。

暂停施工持续 84 天以上不复工的，且不属于施工单位原因引起的暂停施工及不可抗力约定的情形，并影响到整个工程以及合同目的实现的，施工单位有权提出价格调整要求，或者解除合同。解除合同的，按照因建设单位违约解除合同执行。

6.2.3　工程变更管理

一、工程变更的范围

合同履行过程中发生以下情形的，应按照合同约定进行变更。

（1）增加或减少合同中任何工作，或追加额外的工作。

（2）取消合同中任何工作，但转由他人实施的工作除外。

（3）改变合同中任何工作的质量标准或其他特性。

（4）改变工程的基线、标高、位置和尺寸。

（5）改变工程的时间安排或实施顺序。

二、工程变更的程序

1. 工程变更的提出

根据《建设工程施工合同（示范文本）》（GF—2013—0201），建设单位和项目监理机构均可以提出变更，施工单位可以提出合理化建议。变更指示均通过项目监理机构发出，项目监理机构发出变更指示前应征得建设单位同意。施工单位收到经建设单位签认的变更指示后，方可实施变更。未经许可，施工单位不得擅自对工程的任何部分进行变更。

（1）建设单位提出的变更。

建设单位提出变更的，应通过项目监理机构向施工单位发出变更指示，变更指示应说明计划变更的工程范围和变更的内容。

（2）项目监理机构提出的变更。

项目监理机构提出变更建议的，需要向建设单位以书面形式提出变更计划，说明计划变更工程范围和变更的内容、理由，以及实施该变更对合同价格和工期的影响。建设单位同意变更的，由项目监理机构向施工单位发出变更指示。建设单位不同意变更的，项目监理机构无权擅自发出变更指示。

（3）施工单位提出的变更。

施工单位提出合理化建议的，应向项目监理机构提交合理化建议说明，说明建议的内容和理由，以及实施该建议对合同价格和工期的影响。

除专用合同条款另有约定外，项目监理机构应在收到施工单位提交的合理化建议后7天内审查完毕并报送建设单位，发现其中存在技术上的缺陷，应通知施工单位修改。建设单位应在收到项目监理机构报送的合理化建议后7天内审批完毕。合理化建议经建设单位批准的，项目监理机构应及时发出变更指示，由此引起的合同价格调整按照变更估价约定执行。建设单位不同意变更的，项目监理机构应书面通知施工单位。

合理化建议降低了合同价格或者提高了工程经济效益的，建设单位可对施工单位给予奖励，奖励的方法和金额在专用合同条款中约定。

2. 项目监理机构可按下列程序处理施工单位提出的工程变更

（1）总监理工程师组织专业监理工程师审查施工单位提出的工程变更申请，提出审查意见。对涉及工程设计文件修改的工程变更，应由建设单位转交原设计单位修改工程设计文件。必要时，项目监理机构应建议建设单位组织设计、施工等单位召开论证工程设计文件修改方案的专题会议。

（2）总监理工程师组织专业监理工程师就工程变更对费用及工期的影响作出评估。

（3）总监理工程师组织建设单位、施工单位等共同协商确定工程变更引起的费用及工期变化，会签工程变更单。

（4）项目监理机构根据批准的工程变更文件监督施工单位实施工程变更。

3. 勘察设计变更

（1）勘察设计文件经施工图审查合格后，任何单位及个人不得擅自修改。若确需修改的，建设单位应在施工前委托建设工程原勘察设计单位按有关规定和标准修改。经原勘察设计单位书面同意，建设单位也可委托其他具有相应资质的勘察设计单位修改。

（2）勘察设计变更分为重大勘察设计变更和一般勘察设计变更。

以下勘察设计变更属重大勘察设计变更：①涉及工程建设标准强制性条文，涉及公众利益、公共安全，涉及建筑物的稳定性和安全性的内容。②涉及有关规划、抗震等相关行业主管部门审批内容的勘察设计变更。其他的变更为一般勘察设计变更。具体重大勘察设计变更标准应符合建设行政主管部门的规定。

属重大勘察设计变更还是一般勘察设计变更，由勘察设计单位在变更后的勘察设计文件上予以明确标注。

涉及规划、抗震等相关行业主管部门审批内容变化的设计变更应在设计变更文件上注明。

（3）重大勘察设计变更文件由建设单位按有关规定重新送交原施工图审查机构审查，审查合格后方可交付使用；一般勘察设计变更文件经勘察设计单位确认、签章齐全后，可直接交付使用。

4. 变更的执行

施工单位收到项目监理机构下达的变更指示后，认为不能执行，应立即提出不能执行该变更指示的理由。施工单位认为可以执行变更的，应当书面说明实施该变更指示对合同价格和工期的影响，且合同当事人应当按照变更估价约定确定变更估价。

三、工程变更价款的计价原则

项目监理机构可在工程变更实施前与建设单位、施工单位等协商确定工程变更的计价原则、计价方法或价款。除专用合同条款另有约定外，变更估价按照以下原则确定。

（1）已标价工程量清单或预算书有相同项目的，按照相同项目单价认定。

（2）已标价工程量清单或预算书中无相同项目，但有类似项目的，参照类似项目的单价认定。

（3）变更导致实际完成的变更工程量与已标价工程量清单或预算书中列明的该项目工程量的变化幅度超过15%的，或已标价工程量清单或预算书中无相同项目及类似项目单价的，按照合理的成本与利润构成的原则，由合同当事人按照《建设工程施工合同（示范文本）》（GF—2013—0201）第4.4款"商定或确定"确定变更工作的单价。

建设单位与施工单位未能就工程变更费用达成协议时，项目监理机构可提出一个暂定价格并经建设单位同意，作为临时支付工程款的依据。工程变更款项最终结算时，应以建设单位与施工单位达成的协议为依据。

四、工程变更价款确定程序和工期调整

（1）施工单位应在收到变更指示后14天内，向项目监理机构提交变更估价申请。项目监理机构应在收到施工单位提交的变更估价申请后7天内审查完毕并报送建设单位，项目监理机构对变更估价申请有异议,应通知施工单位修改后重新提交。建设单位应在施工单位提交变更估价申请后 14 天内审批完毕。建设单位逾期未完成审批或未提出异议的,视为认可施工单位提交的变更估价申请。

因变更引起的价格调整应计入最近一期的进度款中支付。

(2)因变更引起工期变化的,合同当事人均可要求调整合同工期,由合同当事人商定或确定并参考工程所在地的工期定额标准确定增减工期天数。不能达成一致的,由总监理工程师按照合同约定审慎作出公正的确定。

总监理工程师应将确定以书面形式通知建设单位和施工单位,并附详细依据。合同当事人对总监理工程师的确定没有异议的,按照总监理工程师的确定执行。任何一方合同当事人有异议,按照争议解决约定处理。争议解决前,合同当事人暂按总监理工程师的确定执行;争议解决后,争议解决的结果与总监理工程师的确定不一致的,按照争议解决的结果执行,由此造成的损失由责任人承担。

6.2.4 费用索赔管理

一、索赔的概念

索赔是指在合同的实施过程中,合同一方因对方不履行或未能正确履行合同所规定的义务或未能保证承诺的合同条件实现而遭受损失后,向对方提出的补偿要求。索赔是相互的、双向的。施工单位可以向建设单位索赔,建设单位也可以向施工单位索赔。

二、费用索赔的依据

项目监理机构处理费用索赔的主要依据应包括下列内容。
(1)法律法规。
(2)勘察设计文件、施工合同文件。
(3)工程建设标准。
(4)索赔事件的证据。

三、费用索赔资料

涉及工程费用索赔的有关施工和监理文件资料包括施工合同、采购合同、工程变更单、施工组织设计、专项施工方案、施工进度计划、建设单位和施工单位的有关文件、会议纪要、监理记录、工作联系单、监理通知单、监理月报及相关监理文件资料等。处理索赔时,应遵循"谁索赔,谁举证"原则,并注意证据的有效性。

四、费用索赔的处理程序

项目监理机构可按下列程序处理施工单位提出的费用索赔。
(1)受理施工单位在施工合同约定的期限内提交的费用索赔意向通知书。
(2)收集与索赔有关的资料。
(3)受理施工单位在施工合同约定的期限内提交的费用索赔报审表。

（4）审查费用索赔报审表。需要施工单位进一步提交详细资料时，应在施工合同约定的期限内发出通知。

（5）与建设单位和施工单位协商一致后，在施工合同约定的期限内签发费用索赔报审表，并报建设单位。

五、索赔成立的条件

项目监理机构批准施工单位费用索赔应同时满足下列条件。

（1）施工单位在施工合同约定的期限内提出费用索赔。

（2）索赔事件是因非施工单位原因造成的，且符合施工合同约定。

（3）索赔事件造成施工单位的直接经济损失。

六、施工单位费用索赔流程

（1）根据合同约定，施工单位认为有权得到追加付款和（或）延长工期的，应按以下程序向建设单位提出索赔。

① 施工单位应在知道或应当知道索赔事件发生后 28 天内，向项目监理机构递交索赔意向通知书，并说明发生索赔事件的事由；施工单位未在前述 28 天内发出索赔意向通知书的，丧失要求追加付款和（或）延长工期的权利。

② 施工单位应在发出索赔意向通知书后 28 天内，向项目监理机构正式递交索赔报告；索赔报告应详细说明索赔理由以及要求追加的付款金额和（或）延长的工期，并附必要的记录和证明材料。

③ 索赔事件具有持续影响的，施工单位应按合理时间间隔继续递交延续索赔通知，说明持续影响的实际情况和记录，列出累计的追加付款金额和（或）工期延长天数。

④ 在索赔事件影响结束后 28 天内，施工单位应向项目监理机构递交最终索赔报告，说明最终要求索赔的追加付款金额和（或）延长的工期，并附必要的记录和证明材料。

（2）对施工单位索赔的处理如下。

① 项目监理机构应在收到索赔报告后 14 天内完成审查并报送建设单位。项目监理机构对索赔报告存在异议的，有权要求施工单位提交全部原始记录副本。

② 建设单位应在项目监理机构收到索赔报告或有关索赔的进一步证明材料后的 28 天内，由项目监理机构向施工单位出具经建设单位签认的索赔处理结果。建设单位逾期答复的，则视为认可施工单位的索赔要求。

③ 施工单位接受索赔处理结果的，索赔款项在当期进度款中进行支付；施工单位不接受索赔处理结果的，按照有关合同争议解决的约定处理。

七、建设单位费用索赔流程

因施工单位造成建设单位损失，建设单位提出索赔时，项目监理机构应与建设单位和施工单位协商处理。

（1）根据合同约定，建设单位认为有权得到赔付金额和（或）延长缺陷责任期的，项目监理机构应向施工单位发出通知并附详细的证明。

建设单位应在知道或应当知道索赔事件发生后 28 天内,通过项目监理机构向施工单位提出索赔意向通知书。建设单位未在前述 28 天内发出索赔意向通知书的,丧失要求赔付金额和(或)延长缺陷责任期的权利。建设单位应在发出索赔意向通知书后 28 天内,通过项目监理机构向施工单位正式递交索赔报告。

(2) 对建设单位索赔的处理如下。

① 施工单位收到建设单位提交的索赔报告后,应及时审查索赔报告的内容、查验建设单位的证明材料。

② 施工单位应在收到索赔报告或有关索赔的进一步证明材料后 28 天内答复建设单位。如果施工单位未在上述期限内作出答复的,则视为对建设单位的索赔要求认可。

③ 施工单位接受索赔处理结果的,建设单位可从应支付给施工单位的合同价款中扣除赔付的金额或延长缺陷责任期;建设单位不接受索赔处理结果的,按有关争议解决的约定处理。

6.2.5 施工合同争议管理

一、施工合同争议解决的方式

(1) 和解:合同当事人可以就争议自行和解,自行和解达成协议的,经双方签字并盖章后作为合同补充文件,双方均应遵照执行。

(2) 调解:合同当事人可以就争议请求建设行政主管部门、行业协会或其他第三方进行调解,调解达成协议的,经双方签字并盖章后作为合同补充文件,双方均应遵照执行。

(3) 争议评审:合同当事人在专用合同条款中约定采取争议评审方式解决争议以及评审规则的,按下列约定执行。

① 争议评审小组的确定。

合同当事人可以共同选择一名或三名争议评审员,组成争议评审小组。除专用合同条款另有约定外,合同当事人应当在合同签订后 28 天内,或者争议发生后 14 天内,选定争议评审员。

选择一名争议评审员的,由合同当事人共同确定;选择三名争议评审员的,各自选定一名,第三名成员为首席争议评审员,由合同当事人共同确定或由合同当事人委托已选定的争议评审员共同确定,或由专用合同条款约定的评审机构指定第三名首席争议评审员。

除专用合同条款另有约定外,评审员报酬由建设单位和施工单位各承担一半。

② 争议评审小组的决定。

合同当事人可在任何时间将与合同有关的任何争议共同提请争议评审小组进行评审。争议评审小组应秉持客观、公正原则,充分听取合同当事人的意见。依据相关法律、规范、标准、案例经验及商业惯例等,自收到争议评审申请报告后 14 天内作出书面决定,并说明理由。合同当事人可以在专用合同条款中对本项事项另行约定。

③ 争议评审小组决定的效力。

争议评审小组作出的书面决定经合同当事人签字确认后,对双方具有约束力,双方应遵照执行。

任何一方当事人不接受争议评审小组决定或不履行争议评审小组决定的,双方可选择采用其他争议解决方式。

(4) 仲裁或诉讼。

因合同及合同有关事项产生的争议,合同当事人可以在专用合同条款中约定采用以下一种方式解决。

① 向约定的仲裁委员会申请仲裁。

② 向有管辖权的人民法院起诉。

二、项目监理机构处理施工合同争议的主要工作

项目监理机构处理施工合同争议时应进行下列工作。

(1) 了解合同争议情况。

(2) 及时与合同争议双方进行磋商。

(3) 提出处理方案后,由总监理工程师进行协调。

(4) 当双方未能达成一致时,总监理工程师应提出处理合同争议的意见。

项目监理机构在施工合同争议过程中,对未达到施工合同约定的暂停履行合同条件的,应要求施工合同双方继续履行合同。

6.2.6　施工合同解除管理

一、因建设单位原因解除合同

除专用合同条款另有约定外,施工单位因建设单位违约暂停施工满 28 天后,建设单位仍不纠正其违约行为并致使合同目的不能实现的,或出现建设单位明确表示或者以其行为表明不履行合同主要义务的情况,施工单位有权解除合同,建设单位应承担由此增加的费用,并支付施工单位合理的利润。

因建设单位原因导致施工合同解除时,项目监理机构应按施工合同约定与建设单位和施工单位协商确定施工单位应得款项,并应签发工程款支付证书。建设单位应在解除合同后 28 天内支付下列款项,并解除履约担保。

(1) 合同解除前所完成工作的价款。

(2) 施工单位为工程施工订购并已付款的材料、工程设备和其他物品的价款。

(3) 施工单位撤离施工现场以及遣散施工单位人员的款项。

(4) 按照合同约定在合同解除前应支付的违约金。

(5) 按照合同约定应当支付给施工单位的其他款项。

(6) 按照合同约定应退还的质量保证金。

(7) 因解除合同给施工单位造成的损失。

合同当事人未能就解除合同后的结清达成一致的,按照争议解决的约定处理。

施工单位应妥善做好已完工程和与工程有关的已购材料、工程设备的保护和移交工作,并将施工设备和人员撤出施工现场,建设单位应为施工单位撤出提供必要条件。

二、因施工单位原因解除合同

除专用合同条款另有约定外,出现施工单位明确表示或者以其行为表明不履行合同主要义务的情况时,或项目监理机构发出整改通知后,施工单位在指定的合理期限内仍不纠正违约行为并致使合同目的不能实现的,建设单位有权解除合同。合同解除后,因继续完成工程的需要,建设单位有权使用施工单位在施工现场的材料、设备、临时工程、施工单位文件和由施工单位或以其名义编制的其他文件,合同当事人应在专用合同条款约定相应费用的承担方式。建设单位继续使用的行为不免除或减轻施工单位应承担的违约责任。

因施工单位原因导致施工合同解除时,项目监理机构应按施工合同约定,确定施工单位应得款项或偿还建设单位的款项,并应与建设单位和施工协商后,书面提交施工单位应得款项或偿还建设单位款项的证明。

因施工单位原因导致合同解除的,则合同当事人应在合同解除后 28 天内完成估价、付款和清算,并按以下约定执行。

(1) 合同解除后,按商定或施工单位实际完成工作对应的合同价款,以及施工单位已提供的材料、工程设备、施工设备和临时工程等的价值确定。

(2) 合同解除后,施工单位应支付的违约金。

(3) 合同解除后,因解除合同给建设单位造成的损失。

(4) 合同解除后,施工单位应按照建设单位要求和监理单位的指示完成现场的清理和撤离。

(5) 建设单位和施工单位应在合同解除后进行清算,出具最终结清付款证书,结清全部款项。

因施工单位违约解除合同的,建设单位有权暂停对施工单位的付款,查清各项付款和已扣款项。建设单位和施工单位未能就合同解除后的清算和款项支付达成一致的,按照争议解决的约定处理。

三、因不可抗力解除合同

不可抗力是指合同当事人在签订合同时不可预见,在合同履行过程中不可避免且不能克服的自然灾害和社会性突发事件,如地震、海啸、瘟疫、骚乱、戒严、暴动、战争和专用合同条款中约定的其他情形。

因不可抗力导致解除合同。合同解除后,由双方当事人按照建设工程施工合同商定或确定建设单位应支付的款项,该款项包括以下几个方面。

(1) 合同解除前施工单位已完成工作的价款。

(2) 施工单位为工程订购的并已交付给施工单位,或施工单位有责任接受交付的材料、工程设备和其他物品的价款。

(3) 建设单位要求施工单位退货或解除订货合同而产生的费用,或因不能退货或解除合同而产生的损失。

(4) 施工单位撤离施工现场以及遣散施工单位人员的费用。

(5) 按照合同约定在合同解除前应支付给施工单位的其他款项。

（6）扣减施工单位按照合同约定应向建设单位支付的款项。

（7）双方商定或确定的其他款项。

除专用合同条款另有约定外,合同解除后,建设单位应在商定或确定上述款项后 28 天内完成上述款项的支付。

6.2.7　工程延期及工期延误管理

一、非施工单位原因引起的工程延期

1. 因建设单位原因导致工程延期

在合同履行过程中,因下列情况导致工期延误和（或）费用增加的,由建设单位承担由此延误的工期和（或）增加的费用,且建设单位应支付施工单位合理的利润。

（1）建设单位未能按合同约定提供图纸或所提供图纸不符合合同约定的。

（2）建设单位未能按合同约定提供施工现场、施工条件、基础资料、许可、批准等开工条件的。

（3）建设单位提供的测量基准点、基准线和水准点及其书面资料存在错误或疏漏的。

（4）建设单位未能在计划开工日期之日起 7 天内同意下达开工通知的。

（5）建设单位未能按合同约定日期支付工程预付款、进度款或竣工结算款的。

（6）监理单位未按合同约定发出指示、批准等文件的。

（7）专用合同条款中约定的其他情形。

因建设单位原因未按计划开工日期开工的,建设单位应按实际开工日期顺延竣工日期,确保实际工期不低于合同约定的工期总日历天数。因建设单位原因导致工期延误需要修订施工进度计划的,按照合同中施工进度计划的修订的约定执行。

2. 因不利的物质条件导致工程延期

不利物质条件是指有经验的施工单位在施工现场遇到的不可预见的自然物质条件、非自然的物质障碍和污染物,包括地表以下物质条件和水文条件以及专用合同条款约定的其他情形,但不包括气候条件。

施工单位遇到不利物质条件时,应采取克服不利物质条件的合理措施继续施工,并及时通知建设单位和监理单位。通知应载明不利物质条件的内容以及施工单位认为不可预见的理由。监理单位经建设单位同意后应当及时发出指示,指示构成变更的,按合同中变更的约定执行。施工单位因采取合理措施而增加的费用和（或）延误的工期由建设单位承担。

3. 因异常恶劣的气候条件导致工程延期

异常恶劣的气候条件是指在施工过程中遇到的,有经验的施工单位在签订合同时不可预见的,对合同履行造成实质性影响的,但尚未构成不可抗力事件的恶劣气候条件。合同当事人可以在专用合同条款中约定异常恶劣的气候条件的具体情形。

施工单位应采取克服异常恶劣的气候条件的合理措施继续施工,并及时通知建设单位和监理单位。监理单位经建设单位同意后应当及时发出指示,指示构成变更的,按第 10 条

"变更"约定办理。施工单位因采取合理措施而增加的费用和(或)延误的工期由建设单位承担。

4. 其他非施工单位原因导致的工程延期

(1)发现化石、文物而延误的工期由建设单位承担。

(2)监理单位的检查和检验影响施工正常进行的,经检查检验合格的,由此延误的工期由建设单位承担。

(3)因建设单位原因造成工程不合格的,由此延误的工期由建设单位承担。

(4)建设单位提供的材料或工程设备不符合合同要求的,由此增加的费用和(或)延误的工期由建设单位承担。

(5)建设单位原因引起的暂停施工,建设单位应承担由此增加的费用和(或)延误的工期。

(6)监理单位对施工单位的试验和检验结果有异议的,或为查清施工单位试验和检验成果的可靠性要求施工单位重新试验和检验的,重新试验和检验结果证明该项材料、工程设备和工程符合合同要求的,由此增加的费用和(或)延误的工期由建设单位承担。

二、工程延期的处理

施工单位提出的工程延期要求符合施工合同约定时,项目监理机构应予以受理。项目监理机构在受理施工单位提出的工程延期要求后应收集相关资料,并及时处理。当影响工期事件具有持续性时,项目监理机构应对施工单位提交的阶段性工程临时延期报审表进行审查,并应签署工程临时延期审核意见后报建设单位。当影响工期事件结束后,项目监理机构应对施工单位提交的工程最终延期报审表进行审查,并应签署工程最终延期审核意见后报建设单位。

项目监理机构在批准工程临时延期、工程最终延期前,均应与建设单位和施工单位协商。当建设单位与施工单位就工程延期事宜协商达不成一致意见时,项目监理机构应提出评估意见。

三、审批工程延期的条件

项目监理机构批准工程延期应同时满足下列条件。

(1)施工单位在施工合同约定的期限内提出工程延期。

(2)因非施工单位原因造成施工进度滞后。

(3)施工进度滞后影响到施工合同约定的工期。

四、因施工单位原因引起的工期延误

因施工单位原因造成工期延误的,可以在专用合同条款中约定逾期竣工违约金的计算方法和逾期竣工违约金的上限。施工单位支付逾期竣工违约金后,不免除施工单位继续完成工程及修补缺陷的义务。

发生工期延误时,项目监理机构应按施工合同约定进行处理。

6.3　主要合同文本简介

6.3.1　《建设工程施工合同(示范文本)》简介

2013 年 4 月 3 日,住房和城乡建设部、国家工商总局联合印发了新修订的《建设工程施工合同(示范文本)》(GF—2013—0201),自 2013 年 7 月 1 日起执行,原 1999 年版《建设工程施工合同(示范文本)》(GF—1999—0201)同时废止。

一、《建设工程施工合同(示范文本)》(GF—2013—0201)的组成

《建设工程施工合同(示范文本)》(GF—2013—0201)由合同协议书、通用合同条款和专用合同条款三部分组成。

1. 合同协议书

《建设工程施工合同(示范文本)》(GF—2013—0201)合同协议书共计 13 条,主要包括工程概况、合同工期、质量标准、签约合同价和合同价格形式、项目经理、合同文件构成、承诺以及合同生效条件等重要内容,集中约定了合同当事人基本的合同权利义务。

2. 通用合同条款

通用合同条款是合同当事人根据《中华人民共和国建筑法》《中华人民共和国合同法》等法律、法规的规定,就工程建设的实施及相关事项,对合同当事人的权利义务作出的原则性约定。

通用合同条款共计 20 条,具体条款分别为一般约定、发包人、承包人、监理人、工程质量、安全文明施工与环境保护、工期和进度、材料与设备、试验与检验、变更、价格调整、合同价格、计量与支付、验收和工程试车、竣工结算、缺陷责任与保修、违约、不可抗力、保险、索赔和争议解决。前述条款安排既考虑了现行法律、法规对工程建设的有关要求,也考虑了建设工程施工管理的特殊需要。

3. 专用合同条款

专用合同条款是对通用合同条款原则性约定的细化、完善、补充、修改或另行约定的条款。合同当事人可以根据不同建设工程的特点及具体情况,通过双方的谈判、协商对相应的专用合同条款进行修改、补充。在使用专用合同条款时,应注意以下事项。

(1)专用合同条款的编号应与相应的通用合同条款的编号一致。

(2)合同当事人可以通过对专用合同条款的修改,满足具体建设工程的特殊要求,避免直接修改通用合同条款。

(3)在专用合同条款中有横道线的地方,合同当事人可针对相应的通用合同条款进行细化、完善、补充、修改或另行约定;如无细化、完善、补充、修改或另行约定,则填写"无"或划"/"。

二、《建设工程施工合同(示范文本)》(GF—2013—0201)的性质和适用范围

《建设工程施工合同(示范文本)》(GF—2013—0201)为非强制性使用文本。《建设工程施工合同(示范文本)》(GF—2013—0201)适用于房屋建筑工程、土木工程、线路管道和设备安装工程、装修工程等建设工程的施工承发包活动。合同当事人可结合建设工程具体情况,根据《建设工程施工合同(示范文本)》(GF—2013—0201)订立合同,并按照法律、法规规定和合同约定承担相应的法律责任及合同义务,并享有相应的权利。

6.3.2 《建设工程监理合同(示范文本)》简介

2012年3月27日,住房和城乡建设部、国家工商总局联合印发了新修订的《建设工程监理合同(示范文本)》(GF—2012—0202),自颁布之日起执行,原《建设工程委托监理合同(示范文本)》(GF—2000—0202)同时废止。

本次修订和调整的主要内容包括合同文件名称、合同文件组成和内容。

一、合同文件名称

将原《建设工程委托监理合同(示范文本)》修改为《建设工程监理合同(示范文本)》,主要考虑与国内其他合同示范文本名称的确立原则相一致,而且也符合国际通行做法。

二、《建设工程监理合同(示范文本)》(GF—2012—0202)的组成和内容

《建设工程监理合同(示范文本)》(GF—2012—0202)由协议书、通用条件和专用条件三部分组成。

1. 协议书

《建设工程监理合同(示范文本)》(GF—2012—0202)协议书共计8条,主要包括工程概况、词语限定、组成本合同的文件、总监理工程师、签约酬金、期限、双方承诺、合同订立,集中约定了合同当事人基本的合同权利义务。

2. 通用条件

通用条件是合同当事人根据《中华人民共和国建筑法》《中华人民共和国合同法》等法律、法规的规定,就工程建设监理的实施及相关事项,对合同当事人的权利义务作出的原则性约定。

通用条件共计8条,具体条款分别为定义与解释;监理人的义务;委托人的义务;违约责任;支付;合同生效、变更、暂停、解除和终止;争议解决;其他。前述条款安排既考虑了现行法律、法规对工程建设的有关要求,也考虑了建设工程监理的特殊需要。

(1)定义与解释中,明确说明了合同中重要的用词和用语,避免产生矛盾或歧义。包括"工程""委托人""监理人""承包人""监理""相关服务""正常工作""附加工作""项目监理机构""总监理工程师""酬金""正常工作酬金""附加工作酬金""一方、双方和多方""书面形式""天""月""不可抗力"等。

(2)将《建设工程委托监理合同(示范文本)》(GF—2000—0202)中的"权利、义务、职责"调整为"义务、责任"两部分。避免了原示范文本中的监理人相对于委托人的合同权利与委托人授予监理人的可行使权力之间的概念冲突。

(3)将《建设工程委托监理合同(示范文本)》(GF—2000—0202)中的"附加工作"和"额外工作"合并为"附加工作"。虽然附加工作和额外工作的性质不同,附加工作是与正常服

务相关的工作,额外工作是主观或客观情况发生变化时监理人必须增加的工作内容,但二者均属于超过合同约定范围的工作,且补偿的原则和方法相同。为便于合同履行中的管理,现行的《建设工程监理合同(示范文本)》(GF—2012—0202)将二者均归为"附加工作"。

(4) 依据工程监理相关法律、法规,明确了工程监理的基本工作内容,列出了 22 项监理人必须完成的监理工作。如果委托人需要监理人完成更大范围或更多的监理工作,还可以在专用条件中补充约定。

(5)《建设工程委托监理合同(示范文本)》(GF—2000—0202)未规定合同文件出现矛盾或歧义时的解释顺序,修改后的《建设工程监理合同(示范文本)》(GF—2012—0202)不仅调整了合同文件的组成,而且明确了合同文件组成部分的解释顺序。

除专用条件另有约定外,合同文件的解释顺序如下。

①协议书。

②中标通知书(适用于招标工程)或委托书(适用于非招标工程)。

③专用条件及附录 A、附录 B。

④通用条件。

⑤投标文件(适用于招标工程)或监理与相关服务建议书(适用于非招标工程)。

双方签订的补充协议与其他文件发生矛盾或歧义时,属于同一类内容的文件,应以最新签署的为准。

(6) 增加了更换项目监理机构人员的情形。明确了 6 种更换监理人员的情形:有严重过失行为的、有违法行为不能履行职责的、涉嫌犯罪的、不能胜任岗位职责的、严重违反职业道德的、专用条件约定的其他情形。

(7) 明确了监理人的工作原则,增加了"在监理与相关服务范围内,委托人和承包人提出的意见和要求,监理人应及时提出处置意见。当委托人与承包人之间发生合同争议时,监理人应协助委托人、承包人协商解决"的规定。

(8) 依照《中华人民共和国合同法》关于违约赔偿的规定,取消了《建设工程委托监理合同(示范文本)》(GF—2000—0202)中监理人员因过失对委托人的最高赔偿原则是扣除税后的全部监理费用的规定,体现委托人和监理人的权利公平原则。

(9) 增加了协议书签订后,因有关的法律、法规、强制性标准的颁布及修改,或因工程规模或范围的变化导致监理合同约定的工作量增加或减少时,服务酬金、服务时间应作相应调整的条款,体现委托人与监理人的利益平等原则。

(10)《建设工程委托监理合同(示范文本)》(GF—2000—0202)中有关时间的约定无一定规律,如 30 日、35 日等。参照国际惯例,修改后的《建设工程监理合同(示范文本)》中的时间均按周计算,即 7 天的倍数,不仅增强了科学性,也便于使用者掌握。

(11) 新增合同当事人双方履行义务后合同终止的条件,使合同管理更趋规范化。

3. 专用条件

专用条件是对通用条件原则性约定的细化、完善、补充、修改或另行约定的条款。合同当事人可以根据不同建设工程的特点及具体情况,通过双方的谈判、协商对相应的专用条件进行修改补充。

《建设工程委托监理合同(示范文本)》(GF—2000—0202)中,合同当事人就委托工程监理的所有约定均置于专用条件中,导致实践中很多内容约定得不够全面、具体,修改后的《建设工程监理合同(示范文本)》(GF—2012—0202)针对委托工程的约定分为专用条件、附录 A 和附录 B 三部分。

专用条件留给委托人和监理人以较大的协商确定空间,便于贯彻当事人双方自主订立合同的原则。为了保证合同的完整性,凡通用条件中说明需在专用条件约定的内容,在专用条件中均以相同的条款序号给出需要约定的内容或相应的计算方法,以便于合同的订立。

4. 附录 A

为便于工程监理单位拓展服务范围,修订后的《建设工程监理合同(示范文本)》(GF—2012—0202)将工程监理单位在工程勘察、设计、招标、保修阶段的服务及其他咨询服务定义为"相关服务"。如果委托人将全部或部分相关服务委托给监理人完成时,应在附录 A 中明确约定委托的工作内容和范围。委托人根据工程建设管理需要,可以自主委托全部内容,也可以委托某个阶段的工作或部分服务内容。若委托人仅委托施工监理,则不需要填写附录 A。

5. 附录 B

为便于进一步细化合同义务,参照 FIDIC 等合同示范文本,增加了附录 B。委托人为监理人开展正常监理工作无偿提供的人员、房屋、资料、设备和设施,应在附录 B 中明确约定提供的内容、数量和时间。

《建设工程监理合同(示范文本)》(GF—2012—0202)是开展监理工作的重要依据,每一个监理人员都要掌握,并认真履行合同约定的责任和义务。

《建设工程监理合同(示范文本)》(GF—2012—0202)规定除专用条件另有约定外,监理工作内容包括以下几个方面。

(1)收到工程设计文件后编制监理规划,并在第一次工地会议 7 天前报委托人。根据有关规定和监理工作需要,编制监理实施细则。

(2)熟悉工程设计文件,并参加由委托人主持的图纸会审和设计交底会议。

(3)参加由委托人主持的第一次工地会议;主持监理例会并根据工程需要主持或参加专题会议。

(4)审查施工承包人提交的施工组织设计,重点审查其中的质量安全技术措施、专项施工方案与工程建设强制性标准的符合性。

(5)检查施工承包人工程质量、安全生产管理制度及组织机构和人员资格。

(6)检查施工承包人专职安全生产管理人员的配备情况。

(7)审查施工承包人提交的施工进度计划,核查承包人对施工进度计划的调整。

(8)检查施工承包人的试验室。

(9)审核施工分包人的资质条件。

(10)查验施工承包人的施工测量放线成果。

(11)审查工程开工条件,对条件具备的签发开工令。

(12)审查施工承包人报送的工程材料、构配件、设备质量证明文件的有效性和符合性,并按规定对用于工程的材料采取平行检验或以见证取样方式进行抽检。

（13）审核施工承包人提交的工程款支付申请，签发或出具工程款支付证书，并报委托人审核、批准。

（14）在巡视、旁站和检验过程中，发现工程质量、施工安全存在事故隐患的，要求施工承包人整改并报委托人。

（15）经委托人同意，签发工程暂停令和复工令。

（16）审查施工承包人提交的采用新材料、新工艺、新技术、新设备的论证材料及相关验收标准。

（17）验收隐蔽工程、分部分项工程。

（18）审查施工承包人提交的工程变更申请，协调处理施工进度调整、费用索赔、合同争议等事项。

（19）审查施工承包人提交的竣工验收申请，编写工程质量评估报告。

（20）参加工程竣工验收，签署竣工验收意见。

（21）审查施工承包人提交的竣工结算申请并报委托人。

（22）编制、整理工程监理归档文件并报委托人。

6.3.3　FIDIC 合同条件

一、FIDIC 合同条件简介

FIDIC 即国际咨询工程师联合会（Fédération Internationale Des Ingénieurs-Conseils）。第二次世界大战结束后 FIDIC 迅速发展起来。中国于 1996 年正式加入。FIDIC 是世界上多数独立的咨询工程师的代表，是最具权威的咨询工程师组织，它推动着全球范围内高质量、高水平的工程咨询服务业的发展。

FIDIC 的主要职能机构有执行委员会（TEC）、土木工程合同委员会（CECC）、雇主与咨询工程师关系委员会（CCRC）、职业责任委员会（PLC）和秘书处。FIDIC 合同就是 FIDIC 组织起草的一套适用于国际工程的标准合同文本。

二、FIDIC 合同标准文本简介

1.《土木工程施工合同条件》（简称《施工合同条件》）（红皮书）

1957 年，FIDIC 与国际房屋建筑和公共工程联合会（即今天的欧洲国际建筑联合会（FIEC））在英国咨询工程师联合会（ACE）颁布的《土木工程合同文件格式》的基础上出版了《土木工程施工合同条件》（第 1 版，第一部分是通用合同条件，第二部分为专用合同条件），俗称红皮书，常称为 FIDIC 条件。适合于"设计—招标—建造"（Design-Bid-Construction）建设履行方式。该合同条件适用于建设项目规模大、复杂程度高、建设单位提供设计的项目。

2.《设备和设计—建造合同条件》（黄皮书）

《设备和设计—建造合同条件》特别适合于"设计—建造"（Design-Construction）建设发行方式。该合同范本适用于建设项目规模大、复杂程度高、施工单位提供设计、建设单位愿意将部分风险转移给施工单位的情况。

3.《设计采购施工(EPC)/交钥匙工程合同条件》(银皮书)

《设计采购施工(EPC)/交钥匙工程合同条件》(*Conditions of Contract for EPC/Turnkey Projects*),俗称银皮书。该文件可适用于以交钥匙方式提供工厂或类似设施的加工或动力设备、基础设施或其他类型的开发项目,采用总价合同。这种合同条件下,项目的最终价格和要求的工期具有更大程度的确定性;由施工单位承担项目实施的全部责任,建设单位很少介入。即由施工单位进行所有的设计、采购和施工,最后提供一个设施配备完整、可以投产运行的项目。

4.《简明合同格式》(绿皮书)

《简明合同格式》(*Short Form of Contract*),俗称绿皮书。该文件适用于投资金额较小的建筑工程项目。根据工程的类型和具体情况,这种合同格式也可用于投资金额较大的工程,特别是较简单的、重复性的、工期短的工程。在此合同格式下,一般都由施工单位按照雇主或其代表——工程师提供的设计实施工程建设,但对于部分或完全由施工单位设计的土木、机械、电气和(或)构筑物工程,此合同也同样适用。

5.《业主/咨询工程师标准服务协议书条件》(白皮书)

《业主/咨询工程师标准服务协议书条件》,俗称白皮书,适用于投资前研究、可行性研究、设计及施工管理、项目管理,这种协议书及合同条件同样适用于国内协议。如建设单位(委托人)雇用监理工程师为其进行工程咨询或监理时签订的合同协议书。

三、FIDIC 合同条件应用方式

FIDIC 合同条件的应用方式通常有如下几种。

1. 国际金融组织贷款和一些国际项目直接采用

在世界各地,凡世界银行、亚洲发展银行、非洲开发银行贷款的工程项目的合同文件以及一些国家和地区的工程招标文件中,大部分全文采用 FIDIC 合同条件。在我国,凡亚洲发展银行贷款项目,全文采用 FIDIC 红皮书。凡世界银行贷款项目,在执行世界银行有关合同原则的基础上,执行我国财政部在世界银行批准和指导下编制的有关合同条件。

2. 合同管理中对比分析使用

许多国家在学习、借鉴 FIDIC 合同条件的基础上,编制了一系列适合本国国情的标准合同条件。这些合同条件的项目和内容与 FIDIC 合同条件大同小异。主要差异体现在处理问题的程序规定上以及风险分担规定上。FIDIC 合同条件的各项程序是相当严谨的,处理建设单位和施工单位之间的风险、权利及义务问题的条款也比较公正。因此,建设单位、咨询工程师、施工单位通常都会将 FIDIC 合同条件作为一把尺子,与工作中遇到的其他合同条件相对比,进行合同分析和风险研究,制定相应的合同管理措施,防止合同管理上出现漏洞。

3. 在合同谈判中使用

FIDIC 合同条件的国际性、通用性和权威性使合同双方在谈判中可以以国际惯例为理由要求对方对其合同条款的不合理、不完善之处作出修改或补充,以维护双方的合法权益。这种方式在国际工程项目合同谈判中普遍使用。

4. 部分选择使用

即使不全文采用 FIDIC 合同条件,在编制招标文件、分包合同条件时,仍可以部分选择

其中的某些条款、某些规定、某些程序甚至某些思路,使所编制的文件更完善、更严谨。在项目实施过程中,也可以借鉴 FIDIC 合同条件的思路和程序来解决和处理有关问题。

需要说明的是,FIDIC 在编制各类合同条件的同时,还编制了相应的应用指南。在应用指南中,除了介绍招标程序、合同各方及工程师职责外,还对合同每一条款进行了详细解释和说明,这对使用者是很有帮助的。另外,每份合同条件的前面均列有有关措词的定义和释义。这些定义和释义非常重要,它们不仅适合于合同条件,也适合于其全部合同文件。

四、FIDIC《施工合同条件》

FIDIC《施工合同条件》分为两部分,第一部分为通用条款(标准条款);第二部分为特殊适用条款(需要专门起草,以适应特定的需要)。

其中通用条款包括以下内容。

①一般规定;②雇主;③工程师;④承包方;⑤指定的分包商;⑥职员和劳工;⑦设备、材料和工艺;⑧开工、误期与停工;⑨竣工检验;⑩雇主的接收;⑪缺陷责任;⑫计量与计价;⑬变更与调整;⑭合同价格预付款;⑮雇主提出终止;⑯承包方提出停工与终止;⑰风险与责任;⑱保险;⑲不可抗力;⑳索赔、争端与仲裁。

FIDIC《施工合同条件》特别适合于传统的"设计—招标—建造"(Design-Bid-Construction)建设履行方式。该合同条件适用于建设项目规模大、复杂程度高、建设单位提供设计的项目。新红皮书基本继承了原红皮书的风险分担原则,即建设单位愿意承担比较大的风险。因此,建设单位希望做几乎全部设计(可能不包括施工图、结构补强等);雇用工程师作为其代理人管理合同,管理施工以及签证支付;希望在工程施工的全过程中持续得到全部信息,并能作变更等;希望支付根据工程量清单或通过的工作总价。而施工单位仅根据建设单位提供的图纸资料进行施工(当然,施工单位有时要根据要求承担结构、机械和电气部分的设计工作)。那么,《施工合同条件》正是此种类型建设单位所需的合同范本。

6.4　案例分析

6.4.1　案例 1

一、背景资料

某工程,建设单位和施工单位按《建设工程施工合同(示范文本)》(GF—2013—0201)签订了施工合同,在施工合同履行过程中发生如下事件。

事件 1　工程开工前,总监理工程师主持召开了第一次工地会议。会上,总监理工程师宣布了建设单位对其的授权,并对召开监理例会提出了要求。会后,项目监理机构起草了会议纪要,由总监理工程师签字后分发给有关单位;总监理工程师主持编制了监理规划,报送建设单位。

事件 2　施工过程中,由于施工单位遗失工程某部位设计图样,施工人员凭经验施工,现场监理员发现时,该部位的施工已经完毕。监理员报告了总监理工程师,总监理工程师到现场后,指令施工单位暂停施工,并报告建设单位。建设单位要求设计单位对该部位结构进行核算。经设计单位核算,该部位结构能够满足安全和使用功能的要求,设计单位电话告知建设单位可以不作处理。

事件3 由于事件2的发生,项目监理机构认为施工单位未按图施工,该部位工程不予计量;施工单位认为停工造成了工期拖延,向项目监理机构提出了工程延期申请。

事件4 主体结构施工时,由于发生不可抗力事件,造成施工现场用于工程的材料损坏,导致经济损失和工期拖延,施工单位按程序提出了工期和费用索赔。

事件5 施工单位为了确保安装质量,在施工组织设计原定检测计划的基础上,又委托一家检测单位加强安装过程的检测。安装工程结束时,施工单位要求建设单位支付其增加的检测费用,但被总监理工程师拒绝。

二、提出的问题

(1)指出事件1中的不妥之处,写出正确做法。

(2)指出事件2中的不妥之处,写出正确做法。该部位结构是否可以验收?为什么?

(3)事件3中项目监理机构对该部位工程不予计量是否正确?说明理由。项目监理机构是否应该批准工程延期申请?为什么?

(4)事件4中施工单位提出的工期和费用索赔是否成立?为什么?

(5)事件5中总监理工程师的做法是否正确?为什么?

三、案例解析

(1)不妥之处①:总监理工程师主持召开第一次工地会议。正确做法:应由建设单位主持。

不妥之处②:总监理工程师宣布授权。正确做法:应由建设单位宣布。

不妥之处③:会议纪要直接发给有关单位。正确做法:各方会签后分发。

不妥之处④:会后编制和报送监理规划。正确做法:应在第一次工地会议前编制和报送。

(2)不妥之处①:施工人员不按图施工,而是凭经验施工。正确做法:必须按图施工。

不妥之处②:监理员向总监理工程师汇报。正确做法:应向专业监理工程师汇报。

不妥之处③:设计单位电话告知建设单位。正确做法:应以书面形式告知。

可以验收。理由:该部位结构能够满足安全和使用功能的要求。

(3)不正确。理由:设计单位核算后认为结构能够满足安全和使用功能的要求,该部位可以进行验收,给予计量。

不应批准。理由:停工是由于施工单位不按图施工造成的。

(4)工期索赔成立,理由:不可抗力导致工期延误可给予延期。

费用索赔成立,理由:不可抗力导致施工现场用于工程的材料损坏,所造成的损失由建设单位承担。

(5)正确。理由:施工单位为了确保安装质量采取的技术措施所增加的费用由施工单位承担。

6.4.2　案例 2

一、背景资料

某委托监理的工程,建设单位委托监理单位承担施工阶段和工程质量保修期的监理工作,建设单位与施工单位按《建设工程施工合同(示范文本)》(GF—2013—0201)签订了施工合同。基坑支护施工中,项目监理机构发现施工单位采用了一项新技术,未按已批准的施工技术方案施工。项目监理机构认为本工程使用该项新技术存在安全隐患,总监理工程师下达了工程暂停令,同时报告了建设单位。

施工单位认为该项新技术通过了有关部门的鉴定,不会发生安全问题,仍继续施工。于是项目监理机构报告了建设行政主管部门。施工单位在建设行政主管部门的干预下才暂停了施工。

施工单位复工后,就此事引起的损失向项目监理机构提出索赔。建设单位也认为项目监理机构小题大做,致使工程延期,要求监理单位对此事承担相应责任。

该工程施工完成后,施工单位按竣工验收有关规定,向建设单位提交了竣工验收报告。建设单位未及时验收,到施工单位提交竣工验收报告后第 45 天时发生台风,致使工程已安装的门窗玻璃部分损坏。建设单位要求施工单位对损坏的门窗玻璃进行无偿修复,施工单位不同意无偿修复。

二、提出的问题

(1) 在施工阶段施工单位的哪些做法不妥? 说明理由。

(2) 建设单位的哪些做法不妥?

(3) 对施工单位采用新的基坑支护施工方案,项目监理机构还应做哪些工作?

(4) 施工单位不同意无偿修复门窗玻璃是否正确,为什么? 工程修复时监理工程师的主要工作内容有哪些?

三、案例解析

(1) 不妥之处①:未按已批准的施工技术方案施工。理由:应执行已批准的施工技术方案;若采用新技术时,相应的施工技术方案应经项目监理机构审批。

不妥之处②:总监理工程师下达工程暂停令后施工单位仍继续施工。理由:施工单位应当执行总监理工程师下达的工程暂停令。

(2) ①要求监理单位对工程延期承担相应的责任;②不及时组织竣工验收;③要求施工单位对门窗玻璃进行无偿修复。

(3) ①要求施工单位报送采用新技术的基坑支护施工方案;②审查施工单位报送的施工方案;③若施工方案可行,总监理工程师签认;若施工方案不可行,要求施工单位仍按原批准的施工方案执行。

(4) 正确。因为建设单位收到竣工验收报告后未及时组织工程验收,应当承担工程保管责任。

工作内容:①进行监督检查,验收合格后予以签认;②核实工程费用和签署工程款支付证书,并报建设单位。

6.4.3 案例3

一、背景资料

某实施监理的工程,建设单位甲通过公开招标确定本工程由乙施工单位为中标单位,双方签订了工程总承包合同。由于乙施工单位不具有勘察、设计能力,经甲建设单位同意,乙分别与丙建筑设计院和丁建筑工程公司签订了工程勘察设计合同和工程施工合同。勘察设计合同约定由丙对甲的办公楼及附属公共设施提供设计服务,并按勘察设计合同的约定交付有关的设计文件和资料。施工合同约定由丁根据丙提供的设计图样进行施工,工程竣工时根据国家有关验收规定及设计图样进行质量验收。合同签订后,丙按时将设计文件和有关资料交付给丁,丁根据设计图样进行施工。工程竣工后,甲会同有关质量监督部门对工程进行验收,发现工程存在严重质量问题,是由于设计不符合规范所致。原来丙未对现场进行仔细勘察即自行进行设计导致设计不合理,给甲带来了重大损失。丙以与甲方没有合同关系为由拒绝承担责任,乙又以自己不是设计人为由推卸责任,甲遂以丙为被告向法院提起诉讼。

二、提出的问题

(1) 本案例中,甲与乙、乙与丙、乙与丁分别签订的合同是否有效?并分别说明理由。

(2) 甲以丙为被告向法院提起诉讼是否妥当,为什么?

(3) 工程存在严重质量问题的责任应如何划分?

三、案例解析

(1) 合同有效性的判定:

① 甲与乙签订的总承包合同有效。

理由:根据《中华人民共和国合同法》和《中华人民共和国建筑法》的有关规定,发包人可以与总承包单位订立建设工程合同,也可以分别与勘察人、设计人、施工人订立勘察、设计、施工承包合同。

② 乙与丙签订的分包合同有效。

理由:根据《中华人民共和国合同法》和《中华人民共和国建筑法》的有关规定,总承包人或者勘察、设计、施工承包人经发包人同意,可以将自己承包的部分工作交由第三人完成。

③ 乙与丁签订的分包合同无效。

理由:根据《中华人民共和国合同法》和《中华人民共和国建筑法》的有关规定,承包人不得将其承包的全部建设工程转包给第三人或者将其承包的全部建设工程肢解以后以分包的名义分别转包给第三人。建设工程主体结构的施工必须由承包人自行完成。因此,乙将由自己总承包的部分施工工作全部分包给丁,违反了合同法及建筑法的强制性规定,导致乙与丁之间的施工分包合同无效。

（2）甲以丙为被告向法院提起诉讼不妥。

理由：甲与丙不存在合同关系，因为乙作为该工程的总承包单位与丙建筑设计院之间是总包和分包的关系，根据《中华人民共和国合同法》及《中华人民共和国建筑法》的规定，总承包单位依法将建设工程分包给其他单位的，分包单位应当按照分包合同的约定对其分包工程的质量向总承包单位负责，总承包单位与分包单位对分包工程的质量承担连带责任。

（3）工程存在严重质量问题的责任划分：丙未对现场进行仔细勘察即自行进行设计导致设计不合理，给甲带来了重大损失，乙和丙应对工程建设质量问题向甲承担连带责任。

6.4.4　案例 4

一、背景资料

某工程项目，经有关部门批准采取公开招标的方式确定了中标单位并签订合同。该工程合同条款中部分规定如下。

（1）由于设计未完成，承包范围内待实施的工程虽然性质明确，但工程量还难以确定，双方商定拟采用总价合同形式签订施工合同，以减少双方的风险。

（2）施工单位按建设单位代表批准的施工组织设计（或施工方案）组织施工，施工单位不承担因此引起的工期延误和费用增加的责任。

（3）建设单位向施工单位提供场地的工程地质和地下主要管网线路资料，供施工单位参考使用。

（4）施工单位不能将工程转包，但允许分包，也允许分包单位将分包的工程再次分包给其他施工单位。

在施工招标文件中，按工期定额计算，该工程工期为 573 天。但在施工合同中，双方约定：开工日期为 2010 年 12 月 15 日，竣工日期为 2012 年 7 月 25 日，日历天数为 586 天。

在工程实际实施过程中，出现了下列情况。

工程进行到第 6 个月时，国务院有关部门发出通知，指令压缩国家基建投资，要求某些建设项目暂停施工。该工程项目属于指令停工项目，因此，建设单位向施工单位发出暂时中止合同实施的通知。施工单位按要求暂停施工。

复工后，在工程后期工地遭遇当地百年罕见的台风袭击，工程被迫暂停施工，部分已完工程受损，现场场地遭到破坏，最终使工期拖延了 2 个月。

二、提出的问题

（1）该工程合同条款中约定采用总价合同形式是否恰当？说明原因。

（2）该工程合同条款中除合同价形式的约定外，有哪些条款存在不妥之处？指出来，并说明理由。

（3）本工程的合同工期应为多少天，为什么？

（4）在工程实施过程中，由国务院相关政策和台风袭击引起的暂停施工问题应如何处理？

三、案例解析

（1）该工程合同条款中约定采用总价合同形式不恰当。

原因：因为项目工程量难以确定，双方风险较大，故不应采用总价合同。

（2）不妥之处①：建设单位向施工单位提供场地的工程地质和地下主要管网线路资料供施工单位参考使用。

理由：建设单位向施工单位提供保证资料真实、准确的工程地质和地下主要管网线路资料，作为施工单位现场施工的依据。

不妥之处②：允许分包单位将分包的工程再次分包给其他施工单位。

理由：招标投标法规定，禁止分包单位将分包的工程再次分包。

（3）本工程的合同工期应为 586 天。

原因：根据施工合同文件的解释顺序，协议条款先于招标文件，应用施工合同解释施工中的矛盾。

（4）对国务院指令暂时停工的处理。

由于国家指令性计划有重大修改或因政策上的原因强制工程停工，造成合同的执行暂时中止，属于法律上、事实上不能履行合同的除外责任，这不属于建设单位违约和单方面中止合同，故建设单位不承担违约责任和经济损失赔偿责任。

对不可抗力的暂时停工的处理。

施工单位因遭遇不可抗力被迫停工，根据合同法规定可以不向建设单位承担工期拖延的经济责任，建设单位应给予工期顺延。

思考题

1. 对于建设工程而言，合同管理的作用主要体现在哪些方面？
2. 工程建设中主要合同关系有哪些？
3. 建设工程监理合同的基本内容是什么？
4. 施工合同示范文本的组成有哪些？
5. 施工合同的实施管理包括哪些内容？
6. 合同争议的解决方式有哪些？
7. 简述施工索赔的程序。

第7章 安全生产管理的监理工作

7.1 安全生产管理的监理工作概述

7.1.1 安全生产管理的监理工作法规依据

一、有关建设工程安全管理的法规和规范

(1)《建筑施工安全技术统一规范》(GB 50870—2013)。

(2)《建设工程安全生产管理条例》(国务院令第 393 号)。

(3)《建筑工程安全生产监督管理工作导则》(建质〔2005〕184 号)。

(4)《关于落实建设工程安全生产监理责任的若干意见》(建市〔2006〕248 号)。

(5)《危险性较大的分部分项工程安全管理办法》(建质〔2009〕87 号)。

(6)《建设工程高大模板支撑系统施工安全监督管理导则》(建质〔2009〕254 号)。

(7)《建设工程监理规范》(GB/T 50319—2013)。

(8)《关于进一步加强建设工程监理管理的若干规定》(武城建规〔2016〕4 号)。

(9)《武汉市建设工程安全文明施工标准化指导手册》。

(10)《武汉市建设工程施工安全监理指导手册》(武汉市城建安全生产管理站编)。

(11)《中华人民共和国刑法修正案(九)》。

(12)《关于进一步加强危害生产安全刑事案件审判工作的意见》(法发〔2011〕20 号)。

二、《建设工程安全生产管理条例》(国务院令第 393 号)中的相关规定

(1)第四条 建设单位、勘察单位、设计单位、施工单位、工程监理单位及其他与建设工程安全生产有关的单位,必须遵守安全生产法律、法规的规定,保证建设工程安全生产,依法承担建设工程安全生产责任。

(2)第十四条 工程监理单位应当审查施工组织设计中的安全技术措施或者专项施工方案是否符合工程建设强制性标准。

工程监理单位在实施监理过程中,发现存在安全事故隐患的,应当要求施工单位整改;情况严重的,应当要求施工单位暂时停止施工,并及时报告建设单位。施工单位拒不整改或者不停止施工的,工程监理单位应当及时向有关主管部门报告。

工程监理单位和监理工程师应当按照法律、法规和工程建设强制性标准实施监理,并对建设工程安全生产承担监理责任。

（3）第二十六条　施工单位应当在施工组织设计中编制安全技术措施和施工现场临时用电方案，对下列达到一定规模的危险性较大的分部分项工程编制专项施工方案，并附具安全验算结果，经施工单位技术负责人、总监理工程师签字后实施，由专职安全生产管理人员进行现场监督。

①　基坑支护与降水工程。

②　土方开挖工程。

③　模板工程。

④　起重吊装工程。

⑤　脚手架工程。

⑥　拆除、爆破工程。

⑦　国务院建设行政主管部门或者其他有关部门规定的其他危险性较大的工程。

对前款所列工程中涉及深基坑、地下暗挖工程、高大模板工程的专项施工方案，施工单位还应当组织专家进行论证、审查。

（4）第五十七条　违反本条例的规定，工程监理单位有下列行为之一的，责令限期改正；逾期未改正的，责令停业整顿，并处 10 万元以上 30 万元以下的罚款；情节严重的，降低资质等级，直至吊销资质证书；造成重大安全事故，构成犯罪的，对直接责任人员，依照刑法有关规定追究刑事责任；造成损失的，依法承担赔偿责任。

①　未对施工组织设计中的安全技术措施或者专项施工方案进行审查的。

②　发现安全事故隐患未及时要求施工单位整改或者暂时停止施工的。

③　施工单位拒不整改或者不停止施工，未及时向有关主管部门报告的。

④　未依照法律、法规和工程建设强制性标准实施监理的。

（5）第五十八条　注册执业人员未执行法律、法规和工程建设强制性标准的，责令停止执业 3 个月以上 1 年以下；情节严重的，吊销执业资格证书，5 年内不予注册；造成重大安全事故的，终身不予注册；构成犯罪的，依照刑法有关规定追究刑事责任。

三、《中华人民共和国刑法修正案（九）》中的相关条款

（1）第一百三十四条　【重大责任事故罪；强令违章冒险作业罪】在生产、作业中违反有关安全管理的规定，因而发生重大伤亡事故或者造成其他严重后果的，处三年以下有期徒刑或者拘役；情节特别恶劣的，处三年以上七年以下有期徒刑。

强令他人违章冒险作业，因而发生重大伤亡事故或者造成其他严重后果的，处五年以下有期徒刑或者拘役；情节特别恶劣的，处五年以上有期徒刑。

（2）第一百三十五条　【重大劳动安全事故罪；大型群众性活动重大安全事故罪】安全生产设施或者安全生产条件不符合国家规定，因而发生重大伤亡事故或者造成其他严重后果的，对直接负责的主管人员和其他直接责任人员，处三年以下有期徒刑或者拘役；情节特别恶劣的，处三年以上七年以下有期徒刑。

四、《关于进一步加强危害生产安全刑事案件审判工作的意见》（法发〔2011〕20 号）中的相关法律意见

（1）第 7 条　认定相关人员是否违反有关安全管理规定，应当根据相关法律、行政法

规,参照地方性法规、规章及国家标准、行业标准,必要时可参考公认的惯例和生产经营单位制定的安全生产规章制度、操作规程。

(2) 第 8 条 多个原因行为导致生产安全事故发生的,在区分直接原因与间接原因的同时,应当根据原因行为在引发事故中所具作用的大小,分清主要原因与次要原因,确认主要责任和次要责任,合理确定罪责。

一般情况下,对生产、作业负有组织、指挥或者管理职责的负责人、管理人员、实际控制人、投资人,违反有关安全生产管理规定,对重大生产安全事故的发生起决定性、关键性作用的,应当承担主要责任。

对于直接从事生产、作业的人员违反安全管理规定,发生重大生产安全事故的,要综合考虑行为人的从业资格、从业时间、接受安全生产教育培训情况、现场条件、是否受到他人强令作业、生产经营单位执行安全生产规章制度的情况等因素认定责任,不能将直接责任简单等同于主要责任。

对于负有安全生产管理、监督职责的工作人员,应根据其岗位职责、履职依据、履职时间等,综合考察工作职责、监管条件、履职能力、履职情况等,合理确定罪责。

五、《建筑工程安全生产监督管理工作导则》(建质〔2005〕184 号)中的相关规定

建设行政主管部门对工程监理单位安全生产监督检查的主要内容是:

(1) 将安全生产管理内容纳入监理规划的情况,以及在监理规划和中型以上工程的监理细则中制定对施工单位安全技术措施的检查方面情况。

(2) 审查施工企业资质和安全生产许可证、三类人员及特种作业人员取得安全考核合格证书和操作资格证书情况。

(3) 审核施工企业安全生产保证体系、安全生产责任制、各项规章制度和安全监管机构建立及人员配备情况。

(4) 审核施工企业应急救援预案和安全防护、文明施工措施费用使用计划情况。

(5) 审核施工现场安全防护是否符合投标时承诺和《建筑施工现场环境与卫生标准》等标准要求情况。

(6) 复查施工单位施工机械和各种设施的安全许可验收手续情况。

(7) 审查施工组织设计中的安全技术措施或专项施工方案是否符合工程建设强制性标准情况。

(8) 定期巡视检查危险性较大工程作业情况。

(9) 下达隐患整改通知单,要求施工单位整改事故隐患情况或暂时停工情况;整改结果复查情况;向建设单位报告督促施工单位整改情况;向工程所在地建设行政主管部门报告施工单位拒不整改或不停止施工情况。

(10) 其他有关事项。

六、《建设工程监理规范》(GB/T 50319—2013)中有关安全生产管理的监理工作要求

(1) 项目监理机构应根据法律、法规、工程建设强制性标准,履行建设工程安全生产管

理的监理职责,并应将安全生产管理的监理工作内容、方法和措施纳入监理规划及监理实施细则。

(2)项目监理机构应审查施工单位现场安全生产规章制度的建立和实施情况,并应审查施工单位安全生产许可证及施工单位项目经理、专职安全生产管理人员和特种作业人员的资格,同时应核查施工机械和设施的安全许可验收手续。

(3)项目监理机构应审查施工单位报审的专项施工方案,符合要求的,应由总监理工程师签认后报建设单位。超过一定规模的危险性较大的分部分项工程的专项施工方案,应检查施工单位组织专家进行论证、审查的情况,以及是否附具安全验算结果。项目监理机构应要求施工单位按已批准的专项施工方案组织施工。专项施工方案需要调整时,施工单位应按程序重新提交项目监理机构审查。

专项施工方案审查应包括下列基本内容。

① 编审程序应符合相关规定。

② 安全技术措施应符合工程建设强制性标准。

(4)专项施工方案报审表应按本规范表 B.0.1 的要求填写。

(5)项目监理机构应巡视检查危险性较大的分部分项工程专项施工方案实施情况。发现未按专项施工方案实施时,应签发监理通知单,要求施工单位按专项施工方案实施。

(6)项目监理机构在实施监理过程中,发现工程存在安全事故隐患时,应签发监理通知单,要求施工单位整改;情况严重时,应签发工程暂停令,并应及时报告建设单位。施工单位拒不整改或不停止施工时,项目监理机构应及时向有关主管部门报送监理报告。

监理报告应按本规范表 A.0.4 的要求填写。

7.1.2 监理在建设工程安全生产管理中的责任

《建设工程安全生产管理条例》(国务院令第 393 号)中第四条规定:"建设单位、勘察单位、设计单位、施工单位、工程监理单位及其他与建设工程安全生产有关的单位,必须遵守安全生产法律、法规的规定,保证建设工程安全生产,依法承担建设工程安全生产责任。"

第十四条规定:"工程监理单位应当审查施工组织设计中的安全技术措施或者专项施工方案是否符合工程建设强制性标准。工程监理单位在实施监理过程中,发现存在安全事故隐患的,应当要求施工单位整改;情况严重的,应当要求施工单位暂时停止施工,并及时报告建设单位。施工单位拒不整改或者不停止施工的,工程监理单位应当及时向有关主管部门报告。工程监理单位和监理工程师应当按照法律、法规和工程建设强制性标准实施监理,并对建设工程安全生产承担监理责任。"

《建设工程监理规范》(GB/T 50319—2013)中 2.0.2 条规定,建设工程监理是一项具有中国特色的工程建设管理制度。工程监理单位要依据法律、法规、工程建设标准、勘察设计文件、建设工程监理合同及其他合同文件,代表建设单位在施工阶段对建设工程质量、进度、造价进行控制,对合同、信息进行管理,对工程建设相关方的关系进行协调,即"三控两管一协调",同时还要依据《建设工程安全生产管理条例》等法规、政策,履行建设工程安全生产管理的法定职责。

7.2　安全生产管理的监理工作制度、内容、程序、方法与手段

7.2.1　建设工程安全生产管理的监理工作制度

1. 安全生产管理的监理责任制度

(1) 工程监理单位应建立、健全公司的安全保证体系,遵照"谁主管谁负责"的原则落实项目监理机构的安全责任。

(2) 项目监理机构应切实贯彻、执行"预防为主、防治结合"的安全管理原则,严格遵守国家有关安全生产工作的法律、法规。

(3) 全面履行安全生产管理的监理职责,逐级签订安全责任书,确保各项安全工作按既定的规程和制度执行,做到"管理不漏项、责任要明晰"。

(4) 逐级落实安全责任制,逐级明确各岗位的安全职责,确定各级、各岗位的安全责任人及责任范围。

(5) 建立、健全各项安全管理档案,做好安全检查工作,及时检查出存在的安全隐患,督促有关人员拟定切实可行的解决方案,限期整改,并做好有关的整改记录与复检工作。

2. 安全生产管理的监理审查核验制度

(1) 核查施工单位的安全生产保证体系、企业资质证书和安全生产许可证。

(2) 核查施工单位人员的执业资格证书,其中包括项目负责人、专职安全生产管理人员的安全生产考核合格证,特种作业人员的特种作业操作资格证书。

(3) 核查施工单位施工现场的安全生产管理机构是否符合有关规定,是否具有健全的各项安全生产责任制度,专职安全生产管理人员的配备是否满足相关要求。

(4) 审查施工单位编制的施工组织设计中的安全技术措施和危险性较大的分部分项工程安全专项施工方案。

(5) 审核施工单位与安全生产相关的其他活动。

(6) 监理工程师主持对施工组织设计中的安全技术措施或专项施工方案进行程序性、符合性、针对性审查。

(7) 核查总包施工单位与分包施工单位的安全协议签订情况,督促各分包施工单位及时划分安全责任。

(8) 审核安全文明施工措施费的支付情况,并监督安全文明施工措施费用的专款专用。

3. 监理人员安全生产教育培训制度

(1) 工程监理单位应制定安全生产管理的监理培训计划及实施方案。

(2) 项目总监理工程师和安全监理人员需经安全教育培训后方可上岗。

(3) 工程监理单位应不定期组织培训,加强对施工安全技术和安全管理方法的学习。

(4) 项目监理机构应组织所有监理人员定期进行安全规范、规程的学习。其教育培训情况记入个人安全培训教育档案。

4. 项目监理机构内部安全交底制度

项目监理机构进驻现场后,项目负责人要组织项目部全体成员进行安全上岗前的书面

安全交底。安全交底的主要内容:安全监理有关的法律及法规、项目工程概况、对危险性较大的分部分项工程及重大危险源进行辨识、安全监理工作的重难点、安全监理人员分工及岗位职责、安全监理工作目标、安全监理工作内容、安全监控要点、安全监理工作程序等。

5. 项目监理机构应当建立针对危险性较大的分部分项工程的安全管理制度

针对危险性较大的分部分项工程需单独编制专项监理细则。对于超过一定规模的危险性较大的分部分项工程的专项施工方案必须要经专家论证,专家组应当对方案提交论证报告,对论证的内容提出明确的意见,并在论证报告上签字。该报告作为专项施工方案修改完善的指导意见。

6. 安全生产管理的监理检查验收制度

(1) 检查施工单位安全生产保证体系的运行情况。

① 检查项目经理、专职安全生产管理人员的到岗和履职情况,并将检查情况予以记录。

② 检查施工现场安全生产责任制、安全检查制度的执行情况。

③ 检查施工单位对现场作业人员的安全教育培训情况。

④ 检查施工单位的逐级安全技术交底制度的执行情况。

⑤ 督促施工单位进行安全自查工作(班组检查、项目部检查、公司检查);并对施工单位自查情况进行抽查。

⑥ 按工程进展情况,适时核查、检查现场各类特种作业人员持证上岗情况。

(2) 检查施工单位执行国家有关法律、法规、工程建设强制性标准情况,检查施工安全技术措施和安全专项施工方案的落实情况,及时制止违规施工行为。

(3) 对项目施工安全进行定期检查。

① 每日对施工现场安全生产情况进行巡视检查,检查施工单位各项安全措施的落实情况,并做好巡视记录。

② 每周组织施工单位进行一次施工安全检查,并做好检查记录,督促施工单位进行整改。

③ 每月组织施工现场有关各方进行一次联合安全大检查,并做好检查记录,分析安全状态,制定相应措施,并督促施工单位进行整改。

④ 专项检查:按建设行政主管部门及上级有关部门颁发的文件要求,开展的专项检查或对重点项目和部位所进行的检查。

⑤ 联合检查:由参建各方组成联合检查小组,依据《建筑施工安全检查标准》(JGJ 59—2011)在施工过程中分三个阶段进行联合检查(即基础、主体结构和工程竣工前三个阶段)。

(4) 核查施工现场使用的施工起重机械、整体提升脚手架、模板等自升式架设设施和安全设施的验收手续、备案情况,并在相应的记录表签署意见。

7. 安全生产管理的监理旁站制度

(1) 对危险性较大的分部分项工程,监理人员要进行旁站。

(2) 在实施旁站监理时,应坚守岗位,履行职责,发现问题及时要求施工单位整改,对重大问题应及时向总监理工程师报告,下达工程暂停令并及时采取应急措施,确保施工安全。

（3）如实准确地做好旁站监理记录，做好存档备查工作。

8. 安全生产管理的监理巡视制度

（1）重大危险源工程的施工安全监理实施细则应明确本工程巡视监理的施工作业控制点及要求。

（2）总监理工程师应按施工安全监理方案和施工安全监理实施细则，安排施工安全监理人员进行施工安全监理的巡视监督工作，并检查实施情况。

（3）安全巡视监理每天不少于一次，施工安全监理人员应将巡视监理情况填入巡视监理记录表。

（4）安全监理日常巡视的检查重点是危险性较大的分部分项工程和高危作业的关键工序。

（5）负责安全生产管理的监理人员在检查和巡视中发现安全生产违章违纪行为，有权对现场作业人员提出纠正意见或要求限期整改，对严重的违章违纪或屡经指出仍不改正者，由总监理工程师及时向建设单位和建设行政主管部门报告。

（6）在检查和抽查中发现的安全隐患，应该监督施工单位立即排除；对重大安全隐患在排除前或者排除过程中无法保证安全的，总监理工程师应责令其暂停作业，并从危险区域撤出施工作业人员，待安全隐患确认排除后，经总监理工程师审查签字同意后方可恢复施工。

9. 安全生产管理的各类会议制度

在项目监理部召开的各种日常会议中，如监理例会、监理专题会议、内（外）部会议等，无论大会、小会，逢会必讲安全。通过会议的形式，反复强调安全生产的重要性，提高建设工程各方对安全生产监督管理重要性的认识，并加强各方面的沟通，及时掌握建设工程施工的最新安全生产动态，及时解决当前安全监理工作的重点及难点问题，并制订相应的安全防范措施，以便更好地为安全生产管理服务。

10. 安全生产管理的监理资料管理与归档制度

项目监理机构的专职安全管理监理工程师负责日常安全管理资料的登录和管理工作，及时建立安全监理管理台账。安全监理管理资料按岗位职责分工编写，及时归档。工程竣工后，施工过程中的安全事故资料交公司档案室保管、备查。并建立相应的档案储存、管理、销毁制度。

11. 各类安全生产防护设施（设备）、大型施工机械设备在投入使用前的报验及审批、验收制度

对重大安全生产防护设施（设备），如深基坑的支护（防护）、主体结构模板支撑脚手架、施工外脚手架（包括各类悬挑架）、施工升降机、施工塔吊、施工外墙吊篮、施工龙门吊、施工接料平台、施工临时用电等，在投入使用前由施工单位的安全主管部门验收合格后报请现场安全监理工程师进行验收，经安全监理工程师验收合格后，方能投入使用。

特别是对于施工升降机、施工塔吊等大型施工机械设备，必须经政府技术监督部门验收合格后，方能投入使用。

12. 安全生产重大安全隐患的报告制度

在实施安全生产监理的过程中，发现施工现场存在安全生产事故隐患的，要求施工单位立即整改。当施工现场出现重大安全隐患时,在项目总监理工程师签发工程暂停令的同时,要及时向建设单位报告。

若施工单位拒绝执行工程暂停令,项目监理部有权向政府建设行政主管部门或政府安全生产监督管理部门报告,提请政府建设行政主管部门或政府安全生产监督管理部门督促整改、处理。

如施工现场发生工伤事故以后,首先积极配合施工单位有关人员对伤者进行救治,并拨打"120"向急救中心求救,使伤者在第一时间得到救治,确保伤者的安全。

当安全生产事故发生后,事故现场有关人员应当立即向本单位负责人报告。

单位负责人接到报告后,应当于1小时内向事故发生地县级以上人民政府安全生产监督管理部门和负有安全生产监督管理职责的有关部门报告。

7.2.2　建设工程安全生产管理的监理主要工作内容

1. 施工准备阶段安全生产管理的监理主要工作内容

（1）监理单位应根据《建设工程安全生产管理条例》的规定,按照工程建设强制性标准和相关行业监理规范的要求,编制包括安全监理内容的项目监理规划,明确安全监理的范围、内容、工作程序和制度措施,以及人员配备计划和工作职责等。

（2）对中型及以上项目和《建设工程安全生产管理条例》第二十六条规定的危险性较大的分部分项工程,监理单位应当编制监理实施细则。实施细则应当明确安全监理的方法、措施和控制要点,以及对施工单位安全技术措施的检查方案。

（3）审查施工单位编制的施工组织设计中的安全技术措施和危险性较大的分部分项工程安全专项施工方案是否符合工程建设强制性标准要求。

（4）检查施工单位在工程项目上的安全生产规章制度和安全监管机构的建立、健全及专职安全生产管理人员配备情况,督促施工单位检查各分包单位的安全生产规章制度的建立情况。

（5）审查施工单位的资质和安全生产许可证是否合法有效。

（6）审查项目经理和专职安全生产管理人员是否具备合法资格,是否与投标文件相一致。

（7）审核特种作业人员的特种作业操作资格证书是否合法有效。

（8）审核施工单位的应急救援预案和安全防护措施费用使用计划。

2. 施工阶段安全生产管理的监理主要工作内容

（1）监督施工单位按照施工组织设计中的安全技术措施和专项施工方案组织施工,及时制止违规施工作业。

（2）定期巡视检查施工过程中危险性较大的工程作业情况。

（3）核查施工现场施工起重机械、整体提升脚手架、模板等自升式架设设施和安全设施的验收手续。

（4）检查施工现场各种安全标志和安全防护措施是否符合强制性标准要求,并检查安全生产费用的使用情况。

（5）督促施工单位进行安全自查工作,并对施工单位自查情况进行抽查,参加建设单位组织的安全生产专项检查。

7.2.3　建设工程安全生产管理的监理工作程序

(1) 监理单位按照《建设工程监理规范》(GB/T 50319—2013)和相关行业监理规范要求,编制含有安全生产管理监理内容的监理规划和安全生产管理的监理实施细则。

(2) 在施工准备阶段,审查施工单位各类有关安全施工的文件(如施工单位编制的安全保证体系、安全组织人员架构、各种安全规章制度、施工组织设计中的安全技术措施、安全巡视检查制度、安全应急预案等)。

(3) 审核进入施工现场的各分包单位的安全资质和证明文件。对分包单位的安全管理的重点是审核各类分包队伍的资质证书、经营手册和施工业绩,特种作业人员名单和操作证书;督促分包单位建立、健全施工现场安全生产保障体系;督促总承包单位与分包施工单位签订安全施工协议;建设单位指令分包的队伍由建设单位与分包施工单位签订安全施工协议。

(4) 认真审核施工单位提交的各类施工方案和施工组织设计中的安全技术措施,以及危险性较大的分部分项工程专项施工方案。

根据住房和城乡建设部印发的《危险性较大的分部分项工程安全管理办法》(建质〔2009〕87 号)的规定,危险性较大的分部分项工程主要包括基坑支护、降水工程;土方开挖工程;模板工程及支撑体系工程;起重吊装及安装拆卸工程;脚手架工程;拆除、爆破工程;其他危险性较大的工程。须专家论证的,还要经专家论证。

对专项施工方案和安全技术措施审核的重点内容是施工单位的自审手续是否完备,包括施工单位的技术负责人签字;需要专家论证或会审的方案审批手续是否完备;对危险源的分析是否完整和准确;是否具有针对性和可行性;是否符合市容环保、消防文明施工的要求;是否考虑了切实可行的事故应急抢救预案;是否符合国家工程建设相关强制性标准的规定等。

(5) 审核施工单位的安全保证体系、组织机构和专职安全管理人员的配备情况。

(6) 审核新技术、新工艺、新材料、新设备的使用安全技术方案及安全措施。

(7) 审核并签署现场有关安全技术的签证文件。

(8) 在施工阶段,监理单位应对施工现场安全生产情况进行巡视检查,对发现的各类安全事故隐患,应书面通知施工单位,并督促其立即整改;情况严重的,监理单位应及时下达工程暂停令,要求施工单位停工整改,并同时报告建设单位(主要是指监理人员对于易发事故的危险源和安全薄弱环节进行重点监控。每天巡视检查不少于一次,发现不符合规定和工程建设强制性标准的应通知施工单位立即整改,问题严重的应当下发工程暂停令,并立即报告建设单位)。

(9) 安全事故隐患消除后,监理单位应检查整改结果,签署复查或复工意见。施工单位拒不整改或不停工整改的,监理单位应当及时向工程所在地建设主管部门或工程项目的行业主管部门报告,以电话形式报告的,应当有通话记录,并及时补充书面报告。检查、整改、复查、报告等情况应记载在监理日志、监理月报中。监理单位应核查施工单位提交的施工起重机械、整体提升脚手架、模板等自升式架设设施和安全设施等的验收记录,并由安全监理人员签收备案。

（10）工程竣工后,监理单位应将有关安全生产的技术文件、验收记录、监理规划、监理实施细则、监理月报、监理会议纪要及相关书面通知等按规定立卷归档。

7.2.4 建设工程安全生产管理的监理工作方法与手段

（1）建设工程安全生产管理的监理工作方式、方法,可借鉴采用施工质量监督管理的一些行之有效的手段,如通过安全生产管理的监理工作旁站、安全生产管理的监理工作巡视、安全生产防护设施(设备)的平行检验来实施安全生产管理的监理工作。

（2）编写监理规划中有关安全生产管理的监理内容,审核签发安全生产管理的监理通知单和安全专题报告。

（3）组织审查施工组织设计中的安全技术措施专项内容。

（4）组织审查危险性较大的分部分项工程的安全专项施工方案。

（5）定期或不定期组织召开安全生产管理会议,组织或参加安全专项检查。

（6）发现施工现场存在较大安全隐患或建设单位的施工操作违反工程建设强制性条文时,可签发工程暂停令并报告建设单位。

（7）对施工单位拒不按监理通知要求整改或者拒不执行暂停施工指令继续施工的,及时向工程建设主管部门报告并签发报告文件。

（8）严格把好用于施工现场个人的等各类安全生产防护设施(设备)的进场关。

① 凡是未取得国家有关部门颁发的安全产品生产资质的生产厂家生产的安全生产防护设施(设备)、没有相关的出厂合格证及安全检测报告的产品一律不准进入工地使用。

② 对于外观检查存在明显安全缺陷的安全防护产品,要求施工单位送有资质的法定检测单位进行检测,经检测合格后,方能进入工地使用。

③ 对于超过使用寿命或近期内经过大修的大型施工机械设备(如塔吊、施工升降机等)也必须由权威的法定检测单位进行检测,经检测合格后,方能进入工地使用。

（9）对于按规定需要验收的危险性较大的分部分项工程,建设单位应当组织施工单位、项目监理部等相关单位人员进行验收。验收合格的,经施工单位项目技术负责人及项目监理部总监理工程师共同签字认可后,方可进入下一道工序的施工。

7.3 建设工程安全生产管理监理方案的编制与审查

7.3.1 建设工程安全生产管理监理方案的编写

建设工程安全生产管理监理方案的编制应由总监理工程师主持,专业监理工程师和专职(兼职)安全监理人员参加,应明确安全监理的范围、内容、工作程序和制度措施,以及人员配备计划和职责等。安全监理方案由监理单位技术负责人审批后实施。

建设工程安全生产管理的监理方案应包括以下主要内容。

（1）安全生产管理的监理工作依据。

（2）安全生产管理的监理工作目标。

（3）安全生产管理的监理范围和内容。

（4）安全生产管理的监理工作程序。

（5）安全生产管理的监理岗位设置和职责分工。

（6）安全生产管理的监理工作制度和措施。

（7）初步认定的危险性较大的工程一览表和安全生产管理的监理实施细则编写计划。

（8）初步认定的需办理验收手续的大型起重机械和自升式架设设施一览表。

（9）其他与新工艺、新技术有关的安全生产管理的监理措施。

7.3.2　建设工程安全生产管理监理实施细则的编写

1. 安全生产管理的监理工作实施细则应符合下列要求

（1）范围上，应与危险性较大的分部分项工程和专项施工方案相对应。

（2）时效上，应在危险性较大的分部分项工程施工前由专业监理工程师编制，并报总监理工程师批准后实施。

（3）依据上，应按照项目监理规划和安全监理方案编制。

（4）内容上，应针对专项施工方案编制，具有针对性和可操作性。

（5）形式上，应单独编制。

（6）效力上，应发挥对危险性较大的分部分项工程安全控制工作的指导作用。

2. 安全生产管理的监理工作实施的主要内容

（1）工程概况。

（2）编制依据。

（3）项目安全生产管理的监理工作目标。

（4）项目不同施工阶段的重大危险源辨识。

（5）项目监理机构安全组织机构图及人员岗位安全职责分配。

（6）项目监理机构安全管理工作方法、措施、安全控制要点。

（7）各项有关安全生产管理的监理工作规章制度（专项安全施工方案审查制度，施工单位主要管理人员及特殊工种人员持证上岗检查制度，定期或不定期的安全检查制度，定期或不定期召开安全监理专题例会制度，对施工单位拒不整改或不暂停施工的，向政府主管部门报告的制度，生产安全事故的调查和处理制度，项目安全监理管理资料的收集、归档制度等）。

（8）对危险性较大的分部分项工程的安全生产管理监理监控要点。

7.4　建设工程各类专项施工方案的审查

7.4.1　对建设工程危险性较大的分部分项工程的辨识

一、危险性较大的分部分项工程范围

1. 基坑支护、降水工程

开挖深度超过 3 m（含 3 m）或虽未超过 3 m 但地质条件和周边环境复杂的基坑（槽）支

护、降水工程。

2. 土方开挖工程

开挖深度超过 3 m(含 3 m)的基坑(槽)的土方开挖工程。

3. 模板工程及支撑体系

(1)各类工具式模板工程:包括大模板、滑模、爬模、飞模等工程。

(2)混凝土模板支撑工程:搭设高度为 5 m 及以上;搭设跨度为 10 m 及以上;施工总载荷为 10 kN/m² 及以上;集中线载荷为 15 kN/m 及以上;高度大于支撑水平投影宽度且相对独立无联系构件的混凝土模板支撑工程。

(3)承重支撑体系:用于钢结构安装等的满堂支撑体系。

4. 起重吊装及安装拆卸工程

(1)采用非常规起重设备、方法,且单件起吊重量在 10 kN 及以上的起重吊装工程。

(2)采用起重机械进行安装的工程。

(3)起重机械设备自身的安装、拆卸。

5. 脚手架工程

(1)搭设高度为 24 m 及以上的落地式钢管脚手架工程。

(2)附着式整体和分片提升脚手架工程。

(3)悬挑式脚手架工程。

(4)吊篮脚手架工程。

(5)自制卸料平台、移动操作平台工程。

(6)新型及异型脚手架工程。

6. 拆除、爆破工程

(1)建筑物、构筑物拆除工程。

(2)采用爆破拆除的工程。

7. 其他

(1)建筑幕墙安装工程。

(2)钢结构、网架和索膜结构安装工程。

(3)人工挖(扩)孔桩工程。

(4)地下暗挖、顶管及水下作业工程。

(5)预应力工程。

(6)采用新技术、新工艺、新材料、新设备及尚无相关技术标准的危险性较大的分部分项工程。

二、超过一定规模的危险性较大的分部分项工程范围

1. 深基坑工程

(1)开挖深度超过 5 m(含 5 m)的基坑(槽)的土方开挖、支护、降水工程。

(2)开挖深度虽未超过 5 m,但地质条件、周围环境和地下管线复杂,或影响毗邻建(构)筑物安全的基坑(槽)的土方开挖、支护、降水工程。

2. 模板工程及支撑体系

(1)工具式模板工程:包括滑模、爬模、飞模工程。

（2）混凝土模板支撑工程：搭设高度为 8 m 及以上；搭设跨度为 18 m 及以上；施工总载荷为 15 kN/m² 及以上；集中线载荷为 20 kN/m 及以上。

（3）承重支撑体系：用于钢结构安装等的满堂支撑体系，承受单点集中载荷在 6.86 kN 以上。

3. 起重吊装及安装拆卸工程

（1）采用非常规起重设备、方法，且单件起吊重量在 100 kN 及以上的起重吊装工程。

（2）起重量在 300 kN 及以上的起重设备安装工程；高度在 200 m 及以上的内爬起重设备的拆除工程。

4. 脚手架工程

（1）搭设高度在 50 m 及以上的落地式钢管脚手架工程。

（2）提升高度在 150 m 及以上的附着式整体和分片提升脚手架工程。

（3）架体高度在 20 m 及以上的悬挑式脚手架工程。

5. 拆除、爆破工程

（1）采用爆破拆除的工程。

（2）码头、桥梁、高架、烟囱、水塔或拆除中容易引起有毒有害气（液）体或粉尘扩散、易燃易爆事故发生的特殊建（构）筑物的拆除工程。

（3）可能影响行人、交通、电力设施、通信设施或其他建（构）筑物安全的拆除工程。

（4）文物保护建筑、优秀历史建筑或历史文化风貌区控制范围内的拆除工程。

6. 其他

（1）施工高度在 50 m 及以上的建筑幕墙安装工程。

（2）跨度在 36 m 及以上的钢结构安装工程；跨度在 60 m 及以上的网架和索膜结构安装工程。

（3）开挖深度超过 16 m 的人工挖孔桩工程。

（4）地下暗挖工程、顶管工程及水下作业工程。

（5）采用新技术、新工艺、新材料、新设备及尚无相关技术标准的危险性较大的分部分项工程。

7.4.2　对建设工程各类专项施工方案的审查

建筑工程实行施工总承包的，专项施工方案应当由施工总承包单位组织编制。其中，起重机械安装拆卸工程、深基坑工程、附着式升降脚手架等专业工程实行分包的，其专项施工方案可由专业承包单位组织编制。

专项施工方案应当由施工单位技术部门组织本单位施工技术、安全、质量等部门的专业技术人员进行审核。经审核合格的，由施工单位技术负责人签字。实行施工总承包的，专项施工方案应当由总承包单位技术负责人及相关专业承包单位技术负责人签字。

不需专家论证的专项方案，经施工单位审核合格后报监理单位，由项目总监理工程师审核签字。

超过一定规模的危险性较大的分部分项工程的专项方案应当由施工单位组织召开专家论证会。实行施工总承包的，由施工总承包单位组织召开专家论证会。审查施工单位编制的施工组织设计中的安全技术措施和危险性较大的分部分项工程的安全专项施工方案是否符合工程建设强制性标准要求。审查的主要内容应当包括以下几个方面。

（1）施工单位编制的地下管线保护措施方案是否符合强制性标准要求。

（2）基坑支护与降水、土方开挖与边坡防护、模板、起重吊装、脚手架、拆除、爆破等分部分项工程的专项施工方案是否符合强制性标准要求。

（3）施工现场临时用电施工组织设计或者安全用电技术措施和电气防火措施是否符合强制性标准要求。

（4）冬季、雨季等季节性施工方案的制定是否符合强制性标准要求。

（5）施工总平面布置图是否符合安全生产的要求，办公室、宿舍、食堂、道路等临时设施设置以及排水、防火措施是否符合强制性标准要求。

7.4.3 超过一定规模的危险性较大的分部分项工程的专项施工方案的专家论证

对于超过一定规模的危险性较大的分部分项工程的专项施工方案进行专家论证的主要内容如下。

（1）专项方案内容是否完整、可行。

（2）专项方案计算书和验算依据是否符合有关标准、规范。

（3）安全施工的基本条件是否符合现场实际情况。

专项方案经论证后，专家组应当提交论证报告，对论证的内容提出明确的意见，并在论证报告上签字。该报告作为专项方案修改完善的指导意见。

7.5 建设工程施工过程安全管理的监理工作

7.5.1 施工单位安全生产管理体系的审查

（1）检查施工单位在工程项目上的安全生产规章制度和安全监管机构的建立、健全及专职安全生产管理人员配备情况，督促施工单位检查各分包单位的安全生产规章制度的建立情况。

（2）审查施工单位的资质和安全生产许可证是否合法有效。

（3）审查项目经理和专职安全生产管理人员是否具备合法资格，是否与投标文件相一致。

（4）审核特种作业人员的特种作业操作资格证书是否合法有效。

（5）审核施工单位的应急救援预案和安全防护措施费用使用计划。

7.5.2 施工单位安全生产管理工作的督促

1. 该"做"的一定要做

项目监理机构成立后，首先应熟悉合同文件所明确的监理任务，对项目人员定职、定责、定岗。及时编制有针对性的包括安全生产管理内容的监理规划和安全生产管理的监理细则。由项目总监理工程师组织项目监理机构全体成员召开有关监理规划和安全生产管理的监理细则交底会。

2. 该"审"的一定要审,并要审查全面

按照原建设部颁布的《关于加强工程监理人员从业管理的若干意见》的要求,在施工准备阶段做好五个方面的审查、审核工作,审查重点为是否符合强制性条文的规定,审查者自身也要具备一定的专业安全技术知识,要有一定的现场安全隐患识别能力。

进一步规范对安全专项施工方案的监理审核,其内容和审核程序如下。

① 审核施工单位的安全专项方案的审批、报验程序是否符合有关法律、法规的要求。

② 审核专项施工方案是否符合有关专业强制性标准的规定要求。

③ 努力做到安全专项施工方案审核的程序化。

总监理工程师对有关专业监理工程师提出审核要求→专业监理工程师逐条对照有关强制性条文进行审核→专业监理工程师提出书面审核意见→总监理工程师综合各专业监理工程师的审核意见签发审核结论性意见。

对于安全专项施工方案审核的程序化、规范化实施,结束了以安全技术为主的监理审核方式,真正地执行了《建设工程安全生产管理条例》中所规定的监理单位"依照法律、法规和工程建设强制性标准实施监理"的法律责任的第一步。

3. 该"查"的一定要查,且要检查督促到位

要严格按照原建设部颁布的《关于加强工程监理人员从业管理的若干意见》做好各个方面的检查督促工作,重点核查施工现场的开工条件,各项施工安全设施是否配置到位。经检查,符合开工条件的才能签发开工报告。

工程开工以后,对事故发生频率高的施工部位一定要重点督查。

(1) 基坑支护不过关,易造成基坑坍塌事故发生。

(2) 在施工现场起重设备的安装拆卸过程中,特别是拆除过程中极易发生突发安全事故。

(3) 建筑物"三宝、四口、五临边"的防护不到位易发生高处坠落、坠物等安全事故。

(4) 卸料平台的搭设不合格或违章使用易造成安全事故。

(5) 脚手架、模板支撑系统材料不合格或现场施工作业人员违章作业,不按审定的施工方案施工,易引发安全事故。

(6) 现场临时用电不按规范实施,易发生人员触电安全事故。

(7) 装修施工过程中的消防安全措施执行不严,极易发生消防安全事故。

专项安全检查是监理的主要监理方法之一,监理组织的专项安全检查不是一般的安全检查,是侧重对施工单位管理行为的检查,是对其是否依法、依规的检查。检查内容可规范为对施工现场内有关安全的法律、法规和工程建设强制性标准执行情况的检查。

4. 该"改"的一定要改

对平时在现场检查过程中发现的安全问题、安全隐患,一定要下发书面监理通知,并要与总监理工程师沟通,及时封闭处理。对于很难办或解决不了的问题要及时上报公司,由公司协助解决。每周监理例会中一定要指出存在的各类安全隐患,并形成决定,限期整改。必要时还要召开安全专题会议进行封闭处理。

监理下发的工程指令应有充分的法律、法规或强制性标准作为依据,同时要附加不符合要求部位的实体工程照片。要求施工单位限期整改、限期回复。专业监理工程师要按时复查,并提取整改部位的工程照片,最后编写复查结论。

5. 该"停"的一定要停

在实际的监理工作过程中,要根据监理规范的有关规定行使下发停工令的权利,并按规定事先通知建设单位,征得其同意后下发工程暂停令。

6. 该"报"的一定要报

对施工单位拒不整改的严重安全隐患,一定要及时向建设行政主管部门进行报告。同时要向建设单位及所在监理单位作出汇报。

7.5.3　建设工程安全生产管理的监理工作重点

一、施工准备阶段的安全生产管理监理工作重点

(1) 在项目监理机构认真组织学习并深入理解工程相关文件(招投标文件、施工合同、监理合同、工程设计文件、施工组织设计文件)等的前提下,在项目总监理工程师的主持下,有针对性地编制安全生产管理的监理规划(安全生产管理的监理规划应在监理大纲的基础上,结合工程的实际情况进行编制,其主要内容应包括安全生产管理的监理工作范围、安全生产管理的监理工作依据、安全生产管理的监理工作计划、安全生产管理的监理工作目标、安全生产管理的监理工作程序、安全生产管理的监理组织机构、安全生产管理的监理人员配备、安全生产管理的监理工作制度、安全生产管理的监理技术措施等)。并针对各施工阶段的不同特点,编制安全生产管理的监理工作细则(对于工程中的重大危险项目应单独编制安全生产管理监理细则,如开挖深度超过 5 m 的深基坑;高大模板工程;大型结构或设备的吊装工程;悬挑式或附着式升降脚手架等特殊脚手架;施工起重机械设备的安装拆卸作业以及其他技术较复杂、专业性较强、施工安全风险较大的工程)。也就是说在检查施工单位的相关安全工作之前,首先要建立监理机构自己的安全生产管理的监理保证体系,建立起安全生产管理监理保护屏障。

(2) 认真分析施工现场可能导致意外伤害事故的各类危险因素并进行辨识。

(3) 熟悉工程新技术、新材料、新工艺、新结构的有关标准做法。

(4) 检查施工单位开工时所必需的施工机械、材料和主要人员是否已到现场。施工现场的安全防护设施是否已到位,是否处于安全状态。审查施工单位的安全自检系统是否已形成。

(5) 对施工单位用于施工的各类安全设施和设备在进入现场前进行检验、检查。

二、施工阶段的安全生产管理的监理工作重点

(1) 审查施工单位各类有关安全施工的文件(如施工单位编制的安全保证体系、安全组织人员架构、各种安全规章制度、施工组织设计中的安全技术措施、安全巡视检查制度、安全应急预案等)。

(2) 审核进入施工现场的各分包单位的安全资质和证明文件。对分包单位的安全管理重点:审核各类分包队伍的资质证书、经营手册和施工业绩,特种作业人员名单和操作证书;督促分包单位建立、健全施工现场安全生产保障体系;督促总承包单位与分包施工单位签订安全施工协议;建设单位指令分包的队伍,由建设单位与分包施工单位签订安全施工协议。

(3) 认真审核施工单位提交的各类施工方案和施工组织设计中的安全技术措施,以及危险性较大的分部分项工程专项施工方案。

根据住房和城乡建设部颁布的《危险性较大的分部分项工程安全管理办法》(建质〔2009〕87 号)的规定,危险性较大的分部分项工程主要包括基坑支护、降水工程,土方开挖工程,模板工程及支撑体系工程,起重吊装及安装拆卸工程,脚手架工程,拆除、爆破工程,其他危险性较大的工程。须专家论证的,还要经专家论证。

对专项施工方案和安全技术措施审核的重点内容是施工单位的自审手续是否完备,包括施工单位的技术负责人签字;需要专家论证或会审的方案审批手续是否完备;对危险源的分析是否完整和准确;是否具有针对性和可行性;是否符合市容环保、消防文明施工的要求;是否考虑了切实可行的事故应急抢救预案;是否符合国家工程建设相关强制性标准的规定等。

(4) 审核施工单位的安全保证体系、组织机构和专职安全管理人员的配备情况。

(5) 审核新技术、新工艺、新材料、新结构的使用安全技术方案及安全措施。

(6) 审核并签署现场有关安全技术的签证文件。

(7) 对施工现场的安全进行监督与检查。主要是指监理人员对于易发事故的危险源和安全薄弱环节进行重点监控。每天巡视检查不少于一次,发现不符合规定和工程建设强制性标准的应通知施工单位立即整改,问题严重的应当下发工程暂停令,并立即报告建设单位。

三、桩基施工阶段安全生产管理的监理工作重点

对经监理审核通过的桩基专项施工方案、施工现场临时用电施工组织设计的实施以及施工机具的使用进行严格监控,消除不安全因素。桩基施工单位应配备专职电工负责配电箱以及电线的架设、检查、维修等用电管理。临时用电必须采用 TN-S 系统。从施工现场总配电箱接线,自行配置分路配电箱和末端机具(桩机、焊机、泥浆泵)开关箱,并设重复接地,达到三级配电、逐级漏电保护的要求。

在施工现场电线难以架空的情况下,要求做到电线不浸水、不碾压、不破损。认真核实桩机操作人员、焊工的持证上岗情况。加强对各类桩机限位吊钩钢丝绳的检查,保持完好状态,防止设备"带病"运转并确保移位安全。

四、基础施工阶段安全生产管理的监理工作重点

对经监理审核通过的挖土专项施工方案、围护支撑施工及拆除方案、地下室模板方案等的执行实施监控。地下室挖土土方工程量往往较大,要求施工单位在施工中严格按施工方案控制挖土深度。合理布置挖掘机位置并采取加固措施,注意相邻桩间凿桩、区域挖土凿桩、断桩吊运等的安全。控制挖掘机转动的部位,以防止碰撞到相邻的工程桩和围护支撑梁。应要求施工单位在地下室基坑周边设置防护栏杆并加安全网进行防护。在围护支

撑梁上设通道防护栏杆并加安全网进行防护。土方尽量做到随挖随运，最好不要在坑边集中堆放。出土口基坑部位按审批的方案作加固处理。搭设施工人员上下基坑的临时梯子。夜间挖土运土作业点要保证有足够的照明设施。

地下室混凝土结构浇捣施工的工程量往往较大，其模板承重架的搭设质量至关重要。监理应对现场钢管、扣件进行抽样检测。支模架的材料必须经监理验收合格后方可使用。如检查发现不合格的部位，应采取加固补强措施或作返工处理直至合格为止。施工单位严格按设计方案要求搭设模板承重架，现场监理应重点控制好支撑杆纵横向间距和剪刀撑、水平拉杆以及扫地杆的设置。梁板下支撑立杆的扣件的扭力矩应要求施工单位用力矩扳手检测，要求必须达到 $40 \sim 65\ \text{N} \cdot \text{m}$。对未达到要求的扣件应重新紧固，并要求施工单位安排专人对所有支撑立杆的扣件全面逐排紧固。支模承重架必须经建设单位、监理方、施工方等相关方共同验收合格后，方可进入下一步浇筑混凝土的工序。

五、主体结构施工阶段安全生产管理的监理工作重点

随着主体结构日益增高，防止施工人员高处坠落及物体打击事故发生始终是安全生产管理的监督工作重点。

高处作业安全防护要从两方面落实：一是加强地面安全防护，地面木工、钢筋制作施工机具操作地点及电梯进料口地面通道部位均应搭设双层安全防护棚。二是高处作业部位的安全防护，在悬挑脚手架及卸料平台安装前应检查悬挑梁吊耳焊接点、斜拉钢丝绳预埋固定件的牢固情况，安装后检查悬挑梁与楼板搁置固定点的连接情况，悬挑脚手架底架水平木板应作全封闭，斜拉钢丝绳的紧固受力应一致。

落地脚手架、悬挑脚手架在首层及施工作业层应满铺脚手板，中间不超过 10 m 高度用水平兜网进行防护。整个架体还要与建筑物进行可靠的拉结。架体与建筑物之间的缝隙若超过 15 cm 要用水平安全兜网进行防护。架体外侧用密目式安全网进行全封闭防护，若是临街建筑还要用硬质材料进行全封闭。形成地面、高处二重立体安全防护，以有效防止高处物体坠落打击事故的发生。

对于主体结构混凝土的施工，模板支模承重架的搭设质量依然十分重要，必须在监督管理上从紧从严，做到万无一失。模板承重架是否严格按施工方案进行搭设，先由施工单位进行认真自查，若监理复查发现架体局部立杆间距过大，剪刀撑、扫地杆设置不到位，扣件紧固扭力矩未达到要求，要责成施工单位立即整改。未达到整改要求的，对模板承重架验收表不予签字，施工单位不得进行浇筑混凝土的施工。对于高大模板支撑系统及特殊模板承重架的专项施工方案还必须经专家论证，采用型钢结构与钢管架相结合的加固措施。

泵送商品混凝土还要特别注意混凝土浇捣过程中模板承重架的安全。穿楼板洞口混凝土输送直管要与模板承重架脱离，独立固定。楼层铺设混凝土输送管要在楼面钢筋架上搁置，以防止混凝土输送管接头扣住钢筋拉动整个模板支撑承重架，从而破坏承重架的稳定性。混凝土输送管出料时，要及时向四周摊铺，防止集中堆积造成超载破坏模板承重架的稳定性。

高层建筑的楼层模板拆除容易发生材料坠落事故，因此模板拆除前外脚手架与墙面之间的空隙必须用木板封闭。特别是在楼层临边拆除时应十分注意防止钢管、扣件、木方等材料冲破安全网,造成对楼下施工人员的物体打击伤害。

要求施工单位做好施工楼层临边洞口的防护工作。楼层模板拆除后,及时设置楼层临边防护栏杆并加安全网、楼梯口防护栏杆、预留洞口防护栏杆。每层电梯井口应固定好安全防护门。电梯井内每隔两层且不超过 10 m 必须设置一道硬质水平防护。每层施工升降机接料平台除了升降机在楼层停靠时层门开启以外,其余情况下均应处于关闭状态。

现场大型垂直运输机械,使用频繁且处于高处作业,属危险性较大的设备,必须加强管理确保使用安全。塔吊、施工电梯应具有生产许可证、检测合格证、出厂合格证。安装顶升单位具有安装拆除资质证书,其装拆人员具有资格证书。塔吊、施工电梯安装后须经特种设备检测机构检测合格后方可使用。司机和塔吊指挥必须持证上岗,在操作过程中,严格遵守"十不吊"规定,把牢绑扎关、吊运关、顶升验收关、限载关和维修保养关,确保使用安全、无事故。

施工现场临时施工用电严格按方案实施,必须符合《施工现场临时用电安全技术规范》(JGJ 46—2005)的要求。施工现场必须采用 TN—S 系统供电,地面线路采用埋地电缆铺设,楼层线路采用专线分路引上楼层。设置从配电室到工地的总配电箱、分配电箱以及用电机具专用开关箱(配电箱具有生产许可证、产品合格证、CCC 安全强制性认证证书、检测报告等)。动力、照明配电箱应分开设置,达到三级配电、逐级漏电保护的要求。采用接零保护的系统要在线路的起始、中间、末端设置重复接地保护。要求施工单位配置专职电工负责电气安装、检查、维修以及对专业分包单位用电的统一管理。

六、装饰、装修施工阶段安全生产管理的监理工作重点

进入装饰、装修施工阶段,水电安装、消防、通风空调等安装工程施工尚未完全结束,装饰、装修施工单位已进入楼层施工,形成多工种交叉作业的场面,增加了施工安全管理的难度。监理除了做好总包与分包施工队伍之间的安全管理协调工作以外,还要根据施工的具体特点,重点监管好以下五个方面的工作。

(1) 强化专业分包单位的安全管理,落实"谁施工,谁负责"的安全管理责任制。

(2) 由总承包施工单位负责提供楼层供电分路,专业分包单位自行设置分配电箱、用电机具开关箱,达到三级配电、逐级漏电保护的要求。各专业分包单位安排专职电工各自负责其用电安全。

(3) 严格防火安全管理。施工作业区全面实行严禁烟火制度。装修施工按楼层配置灭火器,电焊气割施行"二证一器一监"(即焊工证、动火证、灭火器、现场防火监护)措施。

(4) 各专业分包单位工作结束后要将作业场所自行清扫干净,特别是木屑等易燃物不准在现场堆放过夜。若未达到清扫要求时,总承包施工单位应集中清理,其发生的费用由相应专业分包单位承担,并由总承包施工单位对相关分包单位处以相应罚款。

(5) 经项目监理机构、总承包施工单位检查,分包施工单位对安全施工隐患的整改未达到要求的,项目监理机构、总承包施工单位在审核该分包单位的工程款支付时,暂缓审批,直至安全隐患整改达到要求为止。督促各分包施工单位重视安全隐患的整改工作。

7.5.4　建设工程施工安全隐患的处理

(1) 施工现场监理人员在施工现场安全巡视检查中,发现安全事故隐患的,若安全事

故隐患不严重或可以立即整改到位的,可口头要求施工单位立即整改。

(2)项目监理机构应巡视检查危险性较大的分部分项工程的专项施工方案实施情况。发现未按专项施工方案实施时,应签发监理通知单,要求施工单位按专项施工方案实施。

(3)项目监理机构在实施监理过程中,发现工程存在安全事故隐患时,应签发监理通知单,要求施工单位整改;情况严重时,应签发工程暂停令,并应及时报告建设单位。施工单位拒不整改或不停止施工时,项目监理机构应及时向有关主管部门报送监理报告。

(4)项目监理机构签发的监理通知单或工程暂停令,项目监理人员要对施工单位的书面回复进行逐条复查。经监理人员复查,较大安全隐患整改完毕的,签署监理通知单或工程暂停令回复单,同意施工单位进入下一道工序施工。若施工单位对较大安全隐患没有整改或没有完全整改到位的,书面要求施工单位继续整改。

7.5.5 建设工程安全生产管理的监理报告制度

《生产安全事故报告和调查处理条例》(国务院令第 493 号)第九条、第十二条中规定,事故发生后,事故现场有关人员应当立即向本单位负责人报告;单位负责人接到报告后,应当于 1 小时内向事故发生地县级以上人民政府安全生产监督管理部门和负有安全生产监督管理职责的有关部门报告。

情况紧急时,事故现场有关人员可以直接向事故发生地县级以上人民政府安全生产监督管理部门和负有安全生产监督管理职责的有关部门报告。

(1)特别重大事故、重大事故逐级上报至国务院安全生产监督管理部门和负有安全生产监督管理职责的有关部门。

(2)较大事故逐级上报至省、自治区、直辖市人民政府安全生产监督管理部门和负有安全生产监督管理职责的有关部门。

(3)一般事故上报至设区的市级人民政府安全生产监督管理部门和负有安全生产监督管理职责的有关部门。

安全事故报告应当包括下列内容。

① 事故发生单位概况。

② 事故发生的时间、地点以及事故现场情况。

③ 事故的简要经过。

④ 事故已经造成或者可能造成的伤亡人数(包括下落不明的人数)和初步估计的直接经济损失。

⑤ 已经采取的措施。

⑥ 其他应当报告的情况。

7.5.6 建设工程生产安全事故调查及处理

1.《生产安全事故报告和调查处理条例》(国务院令第 493 号)中的相关规定

(1)第三条 根据生产安全事故(以下简称事故)造成的人员伤亡或者直接经济损失,事故一般分为以下等级。

① 特别重大事故,是指造成 30 人以上死亡,或者 100 人以上重伤(包括急性工业中毒,

下同)，或者 1 亿元以上直接经济损失的事故。

② 重大事故，是指造成 10 人以上 30 人以下死亡，或者 50 人以上 100 人以下重伤，或者 5000 万元以上 1 亿元以下直接经济损失的事故。

③ 较大事故，是指造成 3 人以上 10 人以下死亡，或者 10 人以上 50 人以下重伤，或者 1000 万元以上 5000 万元以下直接经济损失的事故。

④ 一般事故，是指造成 3 人以下死亡，或者 10 人以下重伤，或者 1000 万元以下直接经济损失的事故。

国务院安全生产监督管理部门可以会同国务院有关部门，制定事故等级划分的补充性规定。

(2) 第三十二条　重大事故、较大事故、一般事故，负责事故调查的人民政府应当自收到事故调查报告之日起 15 日内作出批复；特别重大事故，30 日内作出批复，特殊情况下，批复时间可以适当延长，但延长的时间最长不超过 30 日。

有关机关应当按照人民政府的批复，依照法律、行政法规规定的权限和程序，对事故发生单位和有关人员进行行政处罚，对负有事故责任的国家工作人员进行处分。

事故发生单位应当按照负责事故调查的人民政府的批复，对本单位负有事故责任的人员进行处理。

负有事故责任的人员涉嫌犯罪的，依法追究刑事责任。

事故发生后项目监理机构要配合有关单位做好应急救援和现场保护工作，还要注意保护自身的文件资料和档案。项目监理机构参加应急救援的人员要保护自身安全。

2. 协助有关部门对事故进行调查处理

项目监理机构应采取以下措施。

(1) 事故调查期间不得擅离职守，并应当随时接受事故调查组的询问，如实提供有关情况。

(2) 项目监理人员不参与传播有关事故的信息。

(3) 立即收集整理与事故有关的安全监理资料。分析事故原因及事故责任，如实向有关部门报告。

(4) 更加严格地审核施工单位的送审文件。

(5) 应当按照负责事故调查的人民政府的批复和事故调查报告督促事故单位落实防范和整改措施。

7.6　建设工程施工安全评价

(1) 督促施工总包单位每周进行自查，每月填报月度检查评分表。督促施工总包单位对施工分包单位进行季度安全评估，督促施工总包单位填报危险性较大的分部分项工程的检查验收记录。

(2) 项目监理机构应动态考核施工现场安全生产标准化达标工地实施情况，每月的考核情况应填写施工现场安全生产标准化达标工地考核评分检查记录，并以此为依据，对施工总包单位的每次自查评分和施工总包单位对施工分包单位的季度安全评估进行审查并核准,由安全监理人员汇总后通报季度安全评估结果。

（3）项目监理机构应对施工总包单位上报的危险性较大的分部分项工程的检查验收记录进行初审,并填报监理初审记录。

（4）工程竣工后,项目监理机构应核准施工总包单位对施工分包单位的考核评定。

7.7 建设工程施工安全事故典型实例分析

7.7.1 清华大学附属中学体育馆及宿舍楼工程"12·29"筏板基础钢筋体系坍塌重大安全事故案例分析

2014 年 12 月 29 日 8 时 20 分许,在北京市海淀区清华大学附属中学体育馆及宿舍楼工程工地,作业人员在基坑内绑扎钢筋过程中,筏板基础钢筋体系发生坍塌,造成 10 人死亡、4 人受伤。

根据《中华人民共和国安全生产法》《生产安全事故报告和调查处理条例》和《北京市生产安全事故报告和调查处理办法》等有关法律、法规的规定,北京市政府成立了由相关部门的主要负责人为成员的"12·29"重大生产安全事故调查组,并邀请市人民检察院同步参与,全面开展事故的调查处理工作。事故调查组委托国家建筑工程质量监督检验中心对筏板基础钢筋体系坍塌的直接原因开展技术鉴定。国务院安全生产委员会、中央纪委监察部、最高人民检察院、住房和城乡建设部对该起事故的调查处理实施了挂牌督办。

事故调查组按照"四不放过"和"科学严谨、依法依规、实事求是、注重实效"的原则,对建设、设计、施工、监理四方责任主体,从工程设计、招投标、承发包、经营管理、安全管理、技术管理等方面开展调查。通过现场勘验、技术鉴定、调查取证和综合分析,查明了事故发生的经过、原因,认定了事故性质和责任,提出了对有关责任人员和责任单位的处理建议,针对事故暴露出的问题提出了防范措施。调查组将有关情况报告如下。

一、事故基本情况

1. 工程基本情况

清华大学附属中学体育馆及宿舍楼工程（以下简称"清华附中工程"）位于中关村北大街清华大学附属中学校园内,总建筑面积 20660 m²,是集体育、住宿、餐厅、车库为一体的综合楼。该建筑地上五层、地下两层。地上分体育馆和宿舍楼两栋单体建筑,地下为车库及人防区。

2. 事故所涉相关单位情况

（1）建设单位:清华大学,时任法定代表人陈吉宁。使用方为清华大学附属中学,法定代表人王殿军。清华大学基建规划处（主要负责人保其长）代表清华大学具体负责该项目的建设管理工作,并成立了项目管理部。项目经理盖世杰。

（2）总包单位:北京建工一建工程建设有限公司（以下简称"建工一建公司"）,具有房屋建筑工程总承包一级资质,为北京第一建筑工程有限公司全资子公司。法定代表人郭向东,总经理刘船。

（3）劳务分包单位：安阳诚成建设劳务有限责任公司（以下简称"安阳诚成劳务公司"），具有钢筋作业分包一级资质，具体负责工程主体结构劳务施工，法定代表人张换丰。

（4）监理单位：北京华清技科工程管理有限公司（以下简称"北京华清技科公司"），具有房建和市政工程监理甲级资质，法定代表人胡斌，总经理张永刚。清华附中工程项目总监理工程师郝维民、执行总监理工程师张明伟、土建兼安全监理工程师田克军、土建监理工程师耿文彪。

（5）设计单位：清华大学建筑设计研究院有限公司（以下简称"清华设计研究院"），具有工程设计甲级资质，为清华大学控股有限公司全资子公司，法定代表人庄惟敏。

3. 现场勘验情况

事发部位位于基坑 3 标段，深约 13 m、宽约 42.2 m、长约 58.3 m。底板为平板式筏板基础，上下两层双排双向钢筋网，上层钢筋网用马凳支承。事发前，已经完成基坑南侧 1、2 两段筏板基础浇筑，以及 3 段下层钢筋的绑扎、马凳安放、上层钢筋的铺设等工作；马凳采用直径 25 mm 或 28 mm 的带肋钢筋焊制，安放间距为 0.9～2.1 m；马凳横梁与基础底板上层钢筋网大多数未固定；马凳脚筋与基础底板下层钢筋网少数未固定；上层钢筋网上多处存有堆放钢筋物料的现象。事发时，上层钢筋整体向东侧位移并坍塌，坍塌面积 2000 多平方米。

二、事故经过及抢险救援情况

2014 年 7 月，建工一建公司清华附中工程项目部制定了钢筋施工方案，明确马凳制作钢筋规格 $\phi 32$ mm、现场摆放间距 1 m，并在第 7.7 条安全技术措施中规定："板面上层筋施工时，每捆筋要先放在架子上，再逐根散开，不得将整捆筋直接放置在支撑筋上，防止载荷过大而导致支撑筋失稳。"钢筋施工方案经监理单位审批同意后，建工一建公司项目部未向劳务单位进行方案交底。

2014 年 10 月，杨泽中与安阳诚成劳务公司签订建设工程施工劳务分包合同，合同中包含辅料和部分周转性材料款的内容，且未按照要求将合同送工程所在地住房和城乡建设主管部门备案。劳务单位相关人员进场后，作业人员在未接受交底的情况下，组织筏板基础钢筋体系施工作业。田勇只确定使用 $\phi 25$ mm 或 $\phi 28$ mm 钢筋制作马凳。

2014 年 12 月 28 日下午，劳务队长张焕良安排塔吊班组配合钢筋工向 3 标段上层钢筋网上方吊运钢筋物料，用于墙柱插筋和挂钩。经调看现场监控录像，共计吊运 24 捆钢筋物料，其中 12 月 28 日 17 时 58 分至 22 时 16 分，吊运 21 捆；12 月 29 日 7 时 27 分至 7 时 47 分，吊运 3 捆。

12 月 29 日 6 时 20 分，作业人员到达现场实施墙柱插筋和挂钩作业。7 时许，现场钢筋工发现已绑扎的钢筋柱与轴线位置不对应。张焕良接到报告后通知赵金海和放线员去现场查看核实。8 时 10 分，经现场确认筏板钢筋体系整体位移约 10 cm。随后，赵金海让钢筋班长立即停止钢筋作业，通知信号工配合钢筋工将上层钢筋网上集中摆放的钢筋吊走，并调电焊工准备加固马凳。8 时 20 分许，筏板基础钢筋体系失稳整体发生坍塌，将在筏板基础钢筋体系内进行绑扎作业和安装排水管作业的人员挤压在上下层钢筋网之间。

事故发生后，现场人员立即施救，并拨打报警电话。市区两级政府部门立即启动应急救援,对现场人员开展施救,及时将受伤人员送往医院救治。据统计,事故共计造成10人死亡、4人受伤。

在事故应急救援的同时,海淀区委、区政府会同北京建工集团迅速成立了事故善后处理领导小组,制定了善后工作方案,切实做好伤亡家属接待、赔偿和社会面管控维稳等工作,确保善后处理工作平稳有序、社会总体稳定。

三、事故原因及性质

调查组依法对事故现场进行了认真勘查,及时提取了相关物证、书证和视听资料,对事故相关人员进行了调查询问,并委托国家建筑工程质量监督检验中心对现场开展技术分析,查明了事故原因并认定了事故性质。

1. 直接原因

未按照方案要求堆放物料、制作和布置马凳,马凳与钢筋未形成完整的结构体系,致使基础底板钢筋整体坍塌,是导致事故发生的直接原因。

国家建筑工程质量监督检验中心对照施工组织设计和钢筋施工方案的要求,对现场筏板基础钢筋体系的施工情况开展了全面分析,确定该起事故的技术原因如下。

(1)未按照方案要求堆放物料。施工时违反钢筋施工方案第7.7条的规定,将整捆钢筋物料直接堆放在上层钢筋网上,施工现场堆料过多,且局部过于集中,导致马凳立筋失稳,产生过大的水平位移,进而引起立筋上下焊接处断裂,致使基础底板钢筋整体坍塌。

(2)未按照方案要求制作和布置马凳,导致马凳承载力下降。现场制作的马凳所用钢筋的直径从钢筋施工方案要求的32 mm减小至25 mm或28 mm;现场马凳布置间距为0.9~2.1 m,与钢筋施工方案要求的1 m严重不符,且布置不均、平均间距过大;马凳立筋上下端焊接欠饱满。

(3)马凳及马凳间无有效的支撑,马凳与基础底板上下层钢筋网未形成完整的结构体系,抗侧移能力很差,不能承担过多的堆料载荷。

2. 间接原因

施工现场管理缺失、备案项目经理长期不在岗、专职安全员配备不足、经营管理混乱、项目监理不到位是导致事故发生的间接原因。

(1)施工现场管理缺失。一是技术交底缺失,未按照要求对作业人员实施钢筋作业的技术交底工作,致使作业人员未按照方案施工作业,擅自减小马凳钢筋直径、随意增大马凳间距,降低了马凳的承载能力。二是安全培训教育不到位,未按照要求对全员实施安全培训教育,施工现场钢筋作业人员存在未经培训上岗作业的现象。三是对劳务分包单位管理不到位,未及时发现其为抢赶工期、盲目吊运钢筋材料集中码放在上层钢筋网上的隐患,导致载荷集中。

(2)备案项目经理长期不在岗、专职安全员配备不足。清华大学发现备案项目经理长期不到岗的行为后,也未及时督促整改。二是未按照相关规定配备2名以上专职安全生产管理人员。

(3)经营管理混乱。建工一建公司存在非本企业员工以内部承包的形式承揽工程的行为。在清华附中工程项目投标阶段,建工一建公司涉嫌允许杨泽中以本企业名义承揽工程,致使不具备项目管理资格和能力的杨泽中成为项目实际负责人,客观上导致出现施工现场缺乏有专业知识和能力的人员统一管理、项目部管理混乱的局面。

(4)监理不到位。一是对项目经理长期未到岗履职的问题监理不到位,且事故发生后,伪造了针对此问题下发的监理通知。二是对钢筋施工作业现场监理不到位,未及时发现并纠正作业人员未按照钢筋施工方案要求施工作业的违规行为。三是对项目部安全技术交底和安全培训教育工作监理不到位,致使施工单位使用未经培训的人员实施钢筋作业。

(5)行业管理部门监督检查不到位。海淀区住房和城乡建设委员会作为该工程项目的行业监管部门,负责该工程的质量安全监督工作。该单位仅在2014年10月15日对该工程开展了一次检查,检查过程中只进行了现场施工交底,未落实执法计划规定的其他内容,其他时间均未到场开展检查。事故发生后,海淀区住房和城乡建设委员会提供了虚假的监督执法材料。

此外,清华大学确定的招标工期和合同工期较市住房和城乡建设委员会核算的定额工期,压缩了27.6%;在施工组织过程中,未按照《北京市建设工程质量监督执法告知书》的要求书面告知海淀区住房和城乡建设委员会开工日期;且强调该工程在2015年10月份清华附中百年校庆期间外立面亮相,对施工单位的工期安排造成了一定的影响。

3.事故性质

鉴于上述原因分析,根据国家有关法律、法规的规定,事故调查组认定,该起事故是一起重大生产安全责任事故。

四、事故责任分析及处理建议

根据国家有关法律、法规的规定,事故调查组依据事故调查情况和原因分析,认定下列人员和单位应承担相应的责任,并提出如下处理建议。

建议追究刑事责任的人员如下。

(1)刘船,建工一建公司总经理,全面负责公司工作。对事故发生负有直接管理责任。由公安机关立案侦查,依法追究刑事责任。

(2)徐敬贤,建工一建公司副总经理,分管公司生产、安全和劳务单位管理工作。对事故发生负有直接管理责任。由公安机关立案侦查,依法追究刑事责任。

(3)杨冬先,建工一建公司总经理助理兼和创分公司经理,全面负责和创分公司工作。对事故发生负有直接管理责任。同时,事故发生后,伪造了与杨泽中签订的内部承包合同。由公安机关立案侦查,依法追究刑事责任。

(4)王巨禄,建工一建公司和创分公司副经理,主管分公司生产、安全工作。对事故发生负有直接管理责任。由公安机关立案侦查,依法追究刑事责任。

(5)杨泽中,清华附中工程项目实际负责人兼商务经理,负责项目材料采购、内部承包和经济分配。对事故发生负有直接管理责任。2015年3月3日,海淀区人民检察院以涉嫌重大责任事故罪批准逮捕。

(6)王京立,清华附中工程项目部执行经理,负责项目生产、安全、质量等工作。对事故发生负有直接管理责任。2015年2月6日,海淀区人民检察院以涉嫌重大责任事故罪批准逮捕。

（7）王英雄，清华附中工程项目部生产经理，负责项目生产、安全工作。对事故发生负有直接管理责任。2015年2月6日，海淀区人民检察院以涉嫌重大责任事故罪批准逮捕。

（8）曹晓凯，清华附中工程项目部技术负责人，负责项目施工现场作业方案制定、安全技术交底工作。对事故发生负有直接管理责任。2015年2月6日，海淀区人民检察院以涉嫌重大责任事故罪批准逮捕。

（9）张换丰，安阳诚成劳务公司法定代表人，全面负责公司工作。对事故发生负有直接管理责任。2015年2月6日，海淀区人民检察院以涉嫌重大责任事故罪批准逮捕。

（10）张焕良，安阳诚成劳务公司队长，全面负责该项目现场劳务作业。对事故发生负有直接责任。2015年2月6日，海淀区人民检察院以涉嫌重大责任事故罪批准逮捕。

（11）赵金海，安阳诚成劳务公司技术负责人，负责劳务技术工作。对事故发生负有直接责任。2015年2月6日，海淀区人民检察院以涉嫌重大责任事故罪批准逮捕。

（12）李雷，安阳诚成劳务公司钢筋班长，负责马凳加工、现场钢筋绑扎作业。对事故发生负有直接责任。2015年2月6日，海淀区人民检察院以涉嫌重大责任事故罪批准逮捕。

（13）李成才，安阳诚成劳务公司钢筋组长，负责组织现场钢筋吊装、绑扎作业。对事故发生负有直接责任。2015年2月6日，海淀区人民检察院以涉嫌重大责任事故罪批准逮捕。

（14）郝维民，北京华清技科公司副总经理兼该项目总监理工程师，全面负责项目监理工作。对项目安全管理混乱的情况监督检查不到位，未组织安排审查劳务分包合同、钢筋施工的技术交底和专职安全员配备等工作；对施工单位长期未按照方案实施筏板基础钢筋作业的行为监督检查不到位；明知备案项目经理长期不在岗的情况，仍未按照职责签发监理指令，对事故发生负有直接监理责任。2015年2月6日，海淀区人民检察院以涉嫌重大责任事故罪批准逮捕。经北京市第一中级人民法院裁定，被告人郝维民犯重大责任事故罪，判处有期徒刑五年。

（15）张明伟，清华附中工程项目执行总监理工程师，负责项目现场监理工作。接受总包单位项目部和专业分包单位的吃请，履行安全监理职责不到位，对项目经理长期未到岗履职、专职安全员数量配备不足、施工现场钢筋施工方案未交底、作业人员未接受安全培训教育、盲目制作并安放马凳的施工行为监督检查不到位，对事故发生负有直接监理责任。事故发生后，伪造了针对项目经理长期不在岗问题下发的监理指令。2015年2月6日，海淀区人民检察院以涉嫌重大责任事故罪批准逮捕。

（16）田克军，清华附中工程项目土建兼安全监理工程师，具体负责现场土建施工及安全管理的监理工作。对施工现场钢筋施工方案未交底、作业人员盲目制作并安放马凳、吊运钢筋物料的施工行为检查巡视不到位，对事故发生负有直接监理责任。2015年2月6日，海淀区人民检察院以涉嫌重大责任事故罪批准逮捕。经北京市第一中级人民法院裁定，被告人田克军犯重大责任事故罪，判处有期徒刑四年。

对于上述人员中的中共党员和行政监察对象，待司法机关查清其犯罪事实后，由有关部门按照干部管理权限和程序及时给予相应的党纪、政纪处分。

五、事故防范和整改措施建议

1. 深刻吸取事故教训

建工一建公司、北京建工集团和海淀区人民政府及其有关部门要深刻吸取清华附中工程"12·29"筏板基础钢筋体系坍塌重大事故的沉痛教训，牢固树立科学发展、安全发展理念，严格落实建筑企业安全生产主体责任，坚定不移地抓好各项安全生产政策措施的落实，全面提高建筑施工安全管理水平，切实加强建筑安全施工管理工作。

2. 严格落实主体责任

建工一建公司要严格规范企业内部经营管理活动，落实对工程项目的安全管理责任，严禁对施工项目"以包代管"，严禁利用任何形式实施出借资质、违法分包等违法行为。北京建工集团要加强技术管理、安全管理、合同履约管理，加强对下属施工企业的指导、管理，督促各级管理人员严格落实安全生产责任制，杜绝"名不符实"的现象发生。

3. 加强施工现场管理

各施工企业要严查工程合同履约情况，组织检查、消除施工现场事故隐患，施工项目负责人必须具备相应资格和安全生产管理能力，中标的项目负责人必须依法到岗履职，确需调整时，必须履行相关程序，保证施工现场安全生产管理体系、制度落实到位。各施工企业要严格技术管理，严格执行专项施工方案、技术交底的编制、审批制度，现场施工人员不得随意降低技术标准，违章指挥作业。

4. 加大行政监管力度

市、区住房和城乡建设主管部门要严格落实安全生产监管职责，督促各责任主体落实安全责任，严厉打击项目经理不到岗履职和建设单位随意压缩工期、造价等行为，严厉打击出借资质、违法分包等行为，建立打击非法违法建筑施工行为专项行动工作长效机制，不断巩固专项行动成果，确保建筑安全生产监督检查工作取得实效。各区县人民政府及其相关部门要加强对施工企业和施工现场的安全监管，根据工程规模、施工进度，合理安排监督力量，制定可行的监督检查计划，严格监管，坚决遏制重特大事故发生。

5. 健全完善法规标准

建设、规划等行政主管部门针对建筑市场新的违法违规行为，要不断完善相关企业市场违法行为的认定标准；尽快健全超厚底板钢筋支撑结构的设计、制作、验收和检查标准，明确将支撑结构费用计入工程造价；进一步完善勘察、设计单位落实建设工程安全生产管理职责的相关标准、措施，健全设计、施工、监理三同时工作机制，督促设计单位和设计人员履行安全职责。

7.7.2　××住宅项目施工升降机重大安全事故案例分析

2012 年 9 月 13 日 13 时 26 分，××在建住宅发生一起载人施工升降机从 30 层坠落的事故。事发当日 13 时许，还建楼 C 区 7—1 号楼一台载满粉刷工人的施工升降机，在上升过程中突然失控，直冲到 34 层顶层后（离地高度约 100 m 处时），升降机钢绳突然断裂，导致施工升降机发生坠落，厢体呈自由落体直接坠到地面。造成梯笼内的作业人员随笼坠落。据悉，该小区为××在建还建房小区。

2012年9月14日,××省住建厅公布了导致19人死亡(其中有4对夫妻)的工地升降机坠落事故相关责任单位,此次事故定性为重大安全责任事故,事故性质恶劣,伤亡惨重。

事故现场会上,事故调查组按照"科学严谨、依法依规、实事求是、注重实效"和"四不放过"的原则,认真开展了事故调查工作。事故调查组聘请7名专家参与现场勘察取证、技术分析等工作,并委托省特种设备检验检测研究院对事故施工升降机进行技术分析和鉴定。事故调查组通过现场勘察、调查取证、综合分析,查明了事故发生的经过、直接原因、间接原因、人员伤亡情况及直接经济损失,认定了事故性质和责任,提出了对事故责任单位和责任人的处理意见及事故防范措施与整改建议。并将有关情况报告如下。

一、基本情况

发生事故的项目为C7—1号楼,该区共建有高层楼房7栋,建筑面积约15万平方米。C7—1号楼为33层框架剪力墙结构住宅用房,建筑面积约1.6万平方米,2012年6月25日主体结构封顶,事故发生时正处于内外装修施工阶段。

1. 事故施工升降机及司机基本情况

事故设备为SCD200/200TK型施工升降机,有左右对称的2个吊笼,额定载重量为2×2000 kg,其设计和生产单位均为××江汉建筑工程机械有限公司(以下简称"江汉公司")。中汇机械设备有限公司(以下简称"中汇公司")于2011年5月6日为事故施工升降机申报取得了××市城乡建设委员会核发的××市施工升降机备案证,备案额定承载人数为12人,最大安装高度为150 m。

2012年3月1日,中汇公司与××祥和建设集团(以下简称"祥和公司")项目部签订施工升降机设备租赁合同。2012年4月13日,中汇公司向项目辖区建筑管理站递交了建筑起重机安装告知书,但中汇公司在办理建筑起重机械安装(拆卸)告知手续前,没有将该施工升降机安装(拆卸)工程专项施工方案报送监理单位审核。

初次安装并经检测合格后,中汇公司对该施工升降机先后进行了4次加节和附着安装,共安装标准节70节,附着11道。其中最后一次安装是从第55节标准节开始加节和附着2道,时间为2012年7月2日。每次加节和附着安装均未按照专项施工方案实施,未组织安全施工技术交底,未按有关规定进行验收。

事故施工升降机坠落的左侧吊笼,司机为李××。李××被派上岗前后未经正规培训,所持建筑施工特种作业操作资格证为伪造的,为施工现场负责人易××和安全负责人易××购买并发放的。

2. 事故相关单位概况

(1)建设单位概况。建设单位为××村民委员会,法定代表人陈××。

(2)建设管理单位概况。建设管理单位为××置业有限责任公司。单位性质为民营,法定代表人万××,注册资本2000万元,该公司未取得建设工程管理资质。该公司项目现场管理负责人为王××。

(3)施工单位概况。施工总承包单位为祥和公司,单位性质为民营,法定代表人刘××,注册资本23200万元,具有建筑业企业房屋建筑工程施工总承包一级资质。

事发项目C区施工实际为祥和公司股东、党委书记易××个人承包。现场施工负责人易××和预算员、施工员、质检员、安全员、材料员均不是祥和公司员工,皆为实际承包人易××个人安排。

(4) 监理单位概况。监理单位为××建设监理有限责任公司(以下简称"××公司"),单位性质为民营,法定代表人田××,注册资本 500 万元,具有房屋建筑工程监理甲级资质证书,有效期为 2009 年 7 月 17 日至 2014 年 7 月 17 日。

事发项目 C 区的监理工作由××公司江南分公司负责实施。××公司江南分公司经理为尹××。该分公司安排的现场监理负责人丁××,未取得国家注册监理工程师资格,不具备担任项目总监理工程师和总监理工程师代表的条件。

(5) 施工升降机设备产权及安装、维护单位概况。事故施工升降机设备产权及安装、维护单位为中汇公司,单位性质为民营,法定代表人魏××,注册资本 50 万元,具有建筑业企业起重设备安装工程专业承包三级资质证书。

(6) 建筑安全监管单位概况。建筑安全监管单位为事发项目辖区建筑管理站,站长罗××。事发项目辖区建筑管理站安排下属和平分站负责项目的建筑安全监管工作。

二、事故发生经过及应急救援和善后处理情况

1. 事故发生经过

2012 年 9 月 13 日 11 时 30 分许,升降机司机李××将 C7—1 号楼施工升降机左侧吊笼停在下终端站,像往常一样锁上电锁拔出钥匙,关上护栏门后下班。当日 13 时 10 分许,李××仍在宿舍正常午休期间,提前到该楼顶楼施工的 19 名工人擅自将停在下终端站的 C7—1 号楼施工升降机左侧吊笼打开,携施工物件进入左侧吊笼,操作施工升降机上升。该吊笼运行至 33 层顶楼平台附近时突然倾翻,连同导轨架及顶部 4 节标准节一起坠落地面,造成吊笼内 19 人当场死亡。

2. 事故应急救援和善后处理

事故发生后,××市立即启动了重大建筑施工安全生产事故应急预案,省委主要领导第一时间赶赴现场,指导应急救援和善后处理工作。在事故现场,省委领导指示,要全力救援,全面做好伤员救治、事故善后和稳定工作;要迅速成立事故调查组,认真开展事故调查,严肃追究相关责任单位和责任人的责任;要深刻吸取事故教训,举一反三,立即在全省范围内连夜组织开展施工现场安全隐患排查,确保工程施工安全。

3. 事故原因分析及事故性质认定

(1) 直接原因。

经调查认定,施工项目"9·13"重大建筑施工事故发生的直接原因是事故发生时,事故施工升降机导轨架第 66 和 67 节标准节连接处的 4 个连接螺栓只有左侧两个螺栓有效连接,而右侧(受力边)两个螺栓连接失效无法受力。在此工况下,事故施工升降机左侧吊笼超过备案额定承载人数(12 人),承载 19 人和约 245 kg 物件,上升到第 66 节标准节上部(33 楼顶部)接近平台位置时,产生的倾翻力矩大于对重体、导轨架等固有的平衡力矩,造成事故施工升降机左侧吊笼顷刻倾翻,并连同 67~70 节标准节坠落地面。

(2) 间接原因。

① 祥和公司,为事发项目 C 区施工总承包单位。该公司管理混乱,将施工总承包一级

资质出借给其他单位和个人承接工程;祥和公司使用非公司人员吴××的资格证书,在投标时将吴××作为事发项目经理,但未安排吴××实际参与项目投标和施工管理活动;未落实企业安全生产主体责任,安全生产责任制不落实,未与项目部签订安全生产责任书;安全生产管理制度不健全、不落实,培训教育制度不落实;未建立安全隐患排查整治制度,对项目施工和施工升降机安装使用的安全生产检查和隐患排查流于形式,未能及时发现和整改事故施工升降机存在的重大安全隐患。上述问题是导致事故发生的主要原因。

②　事发 C7—1 号楼施工项目部,由祥和公司股东、党委书记易××以祥和公司名义组织成立。该项目部现场负责人和主要管理人员均非祥和公司人员,现场负责人易××及大部分安全员不具备岗位执业资格;未依照《××市建筑起重机械备案登记与监督管理实施办法》,对施工升降机加节进行申报和验收,并擅自使用;联系购买并使用伪造的建筑施工特种作业操作资格证;对施工人员私自操作施工升降机的行为,批评教育不够,制止管控不力;对项目施工和施工升降机安装使用的安全生产检查和隐患排查流于形式,未能及时发现和整改事故施工升降机存在的重大安全隐患。上述问题是导致事故发生的主要原因。

③　中汇公司,为事发项目 C7—1 号楼施工升降机的设备产权及安装、维护单位。其安全生产主体责任不落实,安全生产管理制度不健全、不落实,安全培训教育不到位,企业主要负责人、项目主要负责人、专职安全生产管理人员和特种作业人员等安全意识薄弱;公司内部管理混乱,起重机械安装、维护制度不健全、不落实,施工升降机加节和附着安装不规范,安装、维护记录不全不实;安排不具备岗位执业资格的员工杜××负责施工升降机的维修保养;对施工升降机的使用安全生产检查和维护流于形式,未能及时发现和整改事故施工升降机存在的重大安全隐患。上述问题是导致事故发生的主要原因。

④　××项目管理公司,为事发项目建设管理单位。该公司不具备工程建设管理资质,在事发项目无建设工程规划许可证、建筑工程施工许可证和未履行相关招投标程序的情况下,违规组织施工、监理单位进场开工。在施工过程中违规组织虚假招投标活动。未依照《××市建筑起重机械备案登记与监督管理实施办法》,督促相关单位对施工升降机进行加节验收和使用管理;对项目施工和施工升降机安装使用的安全生产检查和隐患排查流于形式,未能及时发现和督促整改事故施工升降机存在的重大安全隐患。上述问题是导致事故发生的主要原因。

⑤　××公司,为事发项目 C 区的监理单位。该公司安全生产主体责任不落实,未与分公司、项目监理部签订安全生产责任书,安全生产管理制度不健全,落实不到位;公司内部管理混乱,对分公司管理、指导不到位,未督促分公司建立、健全安全生产管理制度;对项目监理规划和监理细则审查不到位;××公司使用非公司人员曾××的资格证书,在投标时将曾××作为项目总监理工程师,但未安排曾××实际参与项目投标和监理活动。项目监理部负责人(总监理工程师代表)丁××和部分监理人员不具备岗位执业资格;安全管理制度不健全、不落实,在项目无建设工程规划许可证、建筑工程施工许可证和未取得中标通知书的情况下,违规进场监理;未依照《××市建筑起重机械备案登记与监督管理实施办法》,督促相关单位对施工升降机进行加节验收和使用管理,自己也未参加验收;未认真贯彻落实市城建安全生产管理站发布的《关于组织开展建筑起重机械安全专项大检查的紧急通知》等文件精神,对项目施工和施工升降机安装使用的安全生产检查和隐患排查流于形式,

未能及时发现和督促整改事故施工升降机存在的重大安全隐患。上述问题是导致事故发生的主要原因。

⑥ ××村委会，为项目建设单位。违反有关规定选择无资质的项目建设管理单位；对项目建设管理单位、施工单位、监理单位落实安全生产工作的情况监督不到位；对施工现场存在的安全生产问题督促整改不力。上述问题是导致事故发生的重要原因。

⑦ ××市建设主管部门。××市城乡建设委员会作为全市建设行业主管部门，对××市城建安全生产管理站领导、指导和监督不力。对工程安全隐患排查、起重机械安全专项大检查的工作贯彻执行不力，未能及时有效督促参建各方认真开展自查自纠和整改，致使事故施工升降机存在的重大安全隐患未及时得到排查整改。上述问题是导致事故发生的重要原因。

⑧ ××市城管执法部门。××市城市管理局作为全市建设行为的监督执法部门，在接到项目违法施工举报后，没有严格执法；该局查违处处长林××到现场进行调查和了解后，将非市重点工程当作市重点工程，之后没有进一步检查监督是否停工补办相关手续，使得该项目得以继续违法施工。上述问题是导致事故发生的重要原因。

（3）事故性质。

经调查认定，××市事发项目C7—1"9·13"重大建筑施工事故是一起生产安全责任事故。

4. 对事故有关责任人员和单位的处理建议

（1）易××，男，施工项目部现场负责人，移送司法机关，依法追究其刑事责任。

（2）易××，男，施工项目部安全负责人、安全员，移送司法机关，依法追究其刑事责任。

（3）肖××，男，施工项目部内外墙粉刷施工项目负责人，移送司法机关，依法追究其刑事责任。

（4）魏××，男，中汇机械设备有限公司总经理，移送司法机关，依法追究其刑事责任。

（5）杜××，男，中汇机械设备有限公司施工升降机维修负责人，移送司法机关，依法追究其刑事责任。

（6）丁××，男，××建设监理有限责任公司监理部总监理工程师代表，移送司法机关，依法追究其刑事责任。

（7）王××，男，××项目管理部负责人，移送司法机关，依法追究其刑事责任。

（8）易××，男，××祥和建设集团有限公司股东、党委书记，施工实际承包人，罢免区人大代表资格，移送司法机关，依法追究其刑事责任。

（9）张××，男，××置业有限责任公司总经理，移送司法机关，依法追究其刑事责任。

（10）万××，男，中共党员，××置业有限责任公司董事长，移送司法机关，依法追究其刑事责任。

（11）张××，男，中共党员，××区建筑管理站和平分站安全监管员，移送司法机关，依法追究其刑事责任。

（12）刘××，男，中共党员，××祥和建设集团有限公司董事长，罢免区人大代表资格，给予留党察看一年处分。

（13）刘××,男,中共党员,××祥和建设集团有限公司总经理,给予留党察看一年处分。

（14）夏××,男,中共党员,××建设监理有限责任公司副总工程师（履行总工程师职责）,给予党内严重警告处分。

（15）刘××,男,中共党员,××区建筑管理站和平分站副站长（主持工作）,给予行政撤职、留党察看一年处分。

（16）张××,男,中共党员,××区建筑管理站总工程师（原和平分站站长）,给予行政撤职、留党察看一年处分。

（17）罗××,男,中共党员,××区建设局党委书记兼××区建管站站长,给予行政记大过处分。

（18）王××,男,中共党员,××城建安全生产管理站站长,给予行政记大过处分。

（19）杨××,男,中共党员,××市城乡建设委员会建筑业管理办公室主任,给予行政记大过处分。

移送司法机关处理的人员,待司法机关作出处理后,再依据有关规定给予相应的党纪、政纪处分。

5. 事故防范和整改措施建议

为深刻吸取事故教训,举一反三,进一步强化建筑行业安全生产管理,促进全省工程建设安全健康发展,提出如下措施建议。

（1）深入贯彻落实科学发展观,牢固树立以人为本、安全发展的理念。

全省都要牢固树立和落实科学发展、安全发展理念,坚持"安全第一、预防为主、综合治理"方针,从维护人民生命财产安全的高度,充分认识加强建筑安全生产工作的极端重要性,正确处理安全与发展、安全与速度、安全与效率、安全与效益的关系,始终坚持把安全放在第一的位置、始终把握安全发展前提,以人为本,绝不能重速度而轻安全。

（2）切实落实建筑业企业安全生产主体责任。

全省都要进一步强化建筑业企业安全生产主体责任。要强化企业安全生产责任制的落实,企业要建立、健全安全生产管理制度,将安全生产责任落实到岗位,落实到个人,用制度管人、管事;建设单位和建设工程项目管理单位要切实强化安全责任,督促施工单位、监理单位和各分包单位加强施工现场安全管理;施工单位要依法依规配备足够的安全管理人员,严格现场安全作业,尤其要强化对起重机械设备安装、使用和拆除全过程的安全管理;施工总承包单位和分包单位要强化协作,明确安全责任和义务,确保生产安全有人管、有人负责;监理单位要严格履行现场安全监理职责,按需配备足够的、具有相应从业资格的监理人员,强化对起重机械设备安装、使用和拆除等危险性较大项目的监理。各参建单位,特别是建筑机械设备经营单位要严格落实有关建筑施工起重机械设备安装、使用和拆除的规定,做到规范操作、严格验收,加强使用过程中的经常性和定期检查、紧固并记录。严格落实特种作业持证上岗规定,严禁无证操作。

（3）切实落实工程建设安全生产监管责任。

市人民政府及有关行业管理部门要严格落实安全生产监管责任。要深入开展建筑行业"打非治违"工作,对违规出借资质,违规转包、分包工程,违规招投标,违规进行施工建设的行为要严厉打击和处理。要加强对企业和施工现场的安全监管,根据监管工程面积,合理确定监管人员数量。进一步明确监管职责,尽快建立、健全安全管理规章、制度体系,制定更加有针对性的防范事故的制度和措施,提出更加严格的要求,坚决遏制重特大事故发生。

(4) 切实加强安全教育培训工作。

全省都要认真贯彻执行党和国家的安全生产方针、政策和法律、法规,加强对建筑从业人员和安全监管人员的安全教育与培训,扎实提高建筑从业人员和安全监管人员的安全意识;要针对建筑施工人员流动性大的特点,强化从业人员安全技术和操作技能教育培训,落实"三级安全教育",注重岗前安全培训,做好施工过程安全交底,开展经常性安全教育培训;要强化对关键岗位人员履职方面的教育管理和监督检查,重点加强对起重机械、脚手架、高处作业以及现场监理、安全员等关键设备、岗位和人员的监督检查,严格实行特种作业人员必须经培训考核合格、持证上岗的制度。

(5) 切实加强建设工程管理工作。

要切实加强建设工程行政审批工作的管理。要进一步规范行政审批行为,对建设工程用地、规划、报建等行政许可事项,严格按照国家有关规定和要求办理,杜绝未批先建、违建不管的非法违法建设行为。国土资源部门要进一步加强土地使用管理和执法监察工作,严肃查处违法行为;规划部门要加强建设用地和工程规划管理,严格依法审批,进一步加强规划技术服务和对放、验红线工作的管理;建设部门要加强工程建设审批,严格报建程序,坚决杜绝未批先建现象的发生;城管部门要加大巡查力度,严格依法查处违法建设行为。要严格工程招投标管理,杜绝虚假招投标等违法行为。要进一步建立、健全建设工程行政审批管理制度和责任追究制度,主动接受社会监督,实行全过程阳光操作,确保程序和结果公开、公平、公正。

思考题

1. 建设工程安全生产管理的监理工作依法承担建设工程安全生产责任的法律依据是什么?不认真履行安全生产法定职责所面临的处罚及应承担的法律责任有哪些?
2. 危险性较大的分部分项工程以及超过一定规模的危险性较大的分部分项工程范围是如何划分的?
3.《建设工程监理规范》(GB/T 50319—2013)中有关安全生产管理的监理工作要求有哪些内容?
4. 建设工程安全生产管理的监理在建设工程安全管理中的具体责任有哪些?
5. 建设工程安全生产管理的监理工作制度有哪些?
6. 建设工程安全生产管理的监理工作程序有哪些?
7. 建设工程安全生产管理的监理工作方法与手段有哪些?
8. 项目监理机构有关安全生产管理的监理方案包括哪些主要内容?
9. 项目监理机构有关安全生产管理的监理细则包括哪些主要内容?
10. 对于危险性较大的分部分项工程的专项施工方案审查的主要内容有哪些?

11. 对于超过一定规模的危险性较大的分部分项工程的专项施工方案专家论证的主要内容有哪些?

12. 对施工单位施工现场安全生产管理工作进行督促的主要内容有哪些?

13. 对于不同施工阶段,安全生产监理的工作重点有哪些?

14. 对于施工现场存在的各类安全隐患,安全生产管理的监理工作程序有哪些?

15. 安全生产事故报告的程序及主要内容有哪些?

第8章　建设工程监理组织协调

8.1　建设工程监理沟通

工程监理单位作为建设工程的五大主体之一,在建设单位授权下承担着对建设中的各方合同进行全面管理,对工程质量、造价、进度进行控制的职责,并履行建设工程安全生产管理的法定职责和对参建各方进行有效协调。这一协调通常被人们称为沟通,是确保工程目标全面实现的重要手段。在工程建设过程中,监理方处理好与建设单位、施工单位的关系,对整个工程建设的顺利进行起到极为重要的作用。或者说,只有通过沟通,让建设单位充分了解监理的能力,对监理服务可能达到的效果充满信心,才可能积极支持监理工程师开展工作。当然,要达到这样的效果,除了监理方认真履行自己的职责,完成好本职工作以外,还要靠监理方与建设方在整个建设过程中全方位地、不间断地沟通。

在监理过程中,监理工程师处于一种十分特殊的位置。建设单位希望得到专业的高质量服务,而施工单位则希望监理单位能对合同条件进行公正的解释和执行。因此,监理工程师必须通过沟通处理各种人际关系,既要严格遵守职业道德,礼貌而坚决地拒收任何贿赂,以保证行为的公正性,也要利用各种机会增进与各方面人员的友谊与合作,以利于工程的进展。否则,便有可能引起建设单位对其可信赖程度的怀疑。

实现建设监理目标,要求监理工程师具有较扎实的专业知识、较强的组织能力和执行能力,还需要有较强的协调沟通能力。通过监理的有效沟通,使影响监理目标实现的各方主体有机配合,使监理工作顺利实施和运行。

8.1.1　沟通的方式

沟通的方式通常包括口头沟通、书面沟通和电子沟通等。

一、书面沟通

书面沟通是以文字为媒介进行信息传递的沟通,主要包括各种文件、信件、通知、布告、便条、备忘录、书面报告、会议记录等。

书面沟通的优点是比较规范,不受时空限制,资料可以长期保存,需要时可以随时翻阅,必要时可反复推敲和研究。另外,信息传递准确性较高,传递范围比较广泛。但书面沟通存在一定缺点,一是沟通效果受信息接收者文化水平的限制;二是传递方式较为呆板,缺乏感情、态度、动机等方面的信息;三是缺少内在的反馈机制,无法确保所发出的信息被全面接受和理解。

我国《建设工程监理规范》(GB/T 50319—2013)规定,监理组织与建设单位沟通的书面资料有监理规划、各项工作制度、监理工作总结、监理月报、质量管理缺陷与事故的处理文件、索赔文件资料、工程计量单、工程款支付证书、竣工结算审核意见书及工程项目施工阶段质量评估报告等。

监理组织与施工单位沟通的书面资料有施工组织设计/(专项)施工方案报审表,工程开工报审表,工程复工报审表及批复变更设计、洽商费用审批资料,监理通知单,索赔和合同纠纷等有关资料,分项、分部和单位工程质量验收资料等。

监理工程师的书面沟通能力在于如何把这些枯燥的商务文件写成具有风格的文章,形成自己的文风。为此,其行文必须有准确的语法、精练的语句、生动的描述和分明的层次,并以令人信服的事实和适当的比喻或隐语,加强文章的可记忆性,这样才能取得书面沟通的较佳效果。

二、口头沟通

口头沟通是运用最为广泛的沟通方式。它是以口头语言为媒介进行信息传递的沟通,主要包括各种交谈、演讲、讨论和电话联系等。

口头沟通的优点是比较灵活、传递和反馈速度快。沟通中不仅传递信息,还可以传递感情、态度,特别是可以借助体态、手势、语调以及表情等作为辅助沟通手段,以强化信息对对方的影响,帮助信息接收者理解和接受信息。同时,在沟通过程中还可以通过提问、讨论的形式或从对方的表情、体态中得到反馈信息,了解其理解的程度及感兴趣的程度,以便及时调整沟通的内容、时间或方式等。口头沟通也有它的局限性:语义,不同的词对不同的人有不同的意义;语音语调,语音语调使意思变得复杂,不利于意思的正确传递;意思会因人的态度、意愿和感知而被转换,人们推知的意思可能是正确的也可能是不正确的;失真,当信息经过多人传递后,信息失真的可能性就越大。

1. 交谈形式沟通

交谈是最常用的口头沟通方式。交谈具有临场性,与人交谈,尤其是与陌生人交谈,很多人常因为不知道如何启齿而错失良机;或不敢开门见山,不会巧妙地切入主题。因此,交谈前要做适当的准备,了解交谈对象,根据对方的思想意识、心理状况、文化水平和觉悟程度有针对性地进行。可以先客气交谈、随意交谈,然后巧妙地切入主题,进行深入沟通。交谈具有情感性,几个人坐在一起交谈起来,既有情感的互动,又有对共同话题的互动,这样的交流会使交谈变得轻松愉快,有利于取得共识。交谈时应当注意以下几点。

(1)创造一个轻松的环境,使交谈者有一个良好的议事心境。

(2)交谈时要保持一定距离,使人既感到亲热又不觉得轻浮;既文雅又不给人以冷漠之感。

(3)语句简洁、语义准确、不重复,使人心领神会,容易获得较好的沟通效果。

(4)交谈时要把握好时间,不宜过长,以免使人感到疲倦。

监理工程师日常工作中的交流沟通主要通过交谈的方式进行。交谈能够充分体现一个专业监理工程师的综合素质,包括敬业精神、专业技术水平、应变能力、协调能力、语言表达能力等。所以,应该支持并鼓励这种协调沟通形式。让专业监理工程师多与建设各方管理人员交流,充分获取建设各方的相关信息,向建设各方充分展现自我,让建设各方认同项目监理机构每一个监理工程师及其工作效果,直至认可并满意项目监理机构提供的服务。

2. 讲话形式沟通

监理工程师要参加和主持各类会议,如监理例会及专题讨论会、技术交底会等,会上要发表有关监理观点的讲话。讲话是以有声语言为主要手段,以体态语言为辅助手段,针对某个具体问题,鲜明、完整地表达自己的见解和主张,阐明事理或抒发情感的一种语言交际活动。归纳起来,有以下几种。

(1) 个人发言。个人发言是代表个人或组织讲话,一般不具有行政和组织的约束力。

(2) 指示性讲话。指示性讲话是说明某些事情处理的原则和方法的讲话。例如总监理工程师在监理工作会议上代表组织下达任务,提出要求,或对工作作出安排、指明方向等。

(3) 总结性讲话。总结性讲话是将会议的精神、各种经验、情况或问题的分析,作出有指导性的结论。例如总监理工程师在监理例会、协调会或监理工作会议上代表监理组织对前一阶段的工作情况作总结,肯定成绩,归纳经验,指出问题,对下一步工作作出计划和安排等。

(4) 祝贺性讲话。祝贺性讲话是表示良好愿望或庆贺的讲话,如对评选先进、评选优秀的祝贺。祝贺性讲话要语言生动热烈,充满激情,并对获得更大成绩提出希望。

讲话前需要确定哪些信息要表达出来,即要讲什么。确定讲什么是一种思维活动,它受动机与情绪、当前的任务和情景等因素的影响。在确定了讲什么以后,再决定怎么讲,是用口头谈话语体,还是用口头书卷语体。口头谈话语体,具有口语的性质,句式比较简单,表情性强,语言省略,不大规范。口头书卷语体既有书面语言的特点,又适宜口头表达,层次分明、句式简单并注重以声传情。一般说来,个人发言、祝贺性讲话等多用口头谈话语体;指示性讲话、总结性讲话多用口头书卷语体。

三、电子沟通

电子沟通是运用各种电子设备进行信息的传递,主要包括电话、电子邮件、闭路电视、计算机、传真机等。这些设备与言语和纸张结合起来就产生了更有效的沟通方式。尤其是电子邮件的运用已全球化,使信息传递速度大大加快。

1. 电话

电话沟通是个体沟通的一种方式,也是一种比较经济的沟通方式。尽管打电话是一种口头沟通,但它又不同于口头沟通。因为它不是面对面交流,其优势是不受时间和空间的限制。电话沟通是双方不见面的一种沟通方式,因此,语言成了信息的唯一载体,语言的轻重缓急、抑扬顿挫等都能很大程度上影响到信息传递的有效性。

一般来说,利用电话沟通要注意以下几点。

(1) 打电话要考虑对方的作息时间,不要占用对方的休息和业余时间。

(2) 不要频繁地打电话,以免引起对方的厌烦与反感。

(3) 由于打电话不是面对面的口头沟通,因此要注意从对方的语言和语调中捕捉信息而进行适当的反馈。

2. 传真

传真是人们常用的一种电子沟通方式，它具有快捷、方便、准确和可保留的特点，可传递图像信息，不会出现文字的改动和错误。因此，传真被广泛应用于法律、行政和各种商务活动中。

3. 网络沟通

网络沟通是指通过基于信息技术的计算机网络来实现信息沟通。采用网络沟通大大降低了沟通成本，使语音沟通立体化、直观化，不仅可以是文本内容，还可包含很多图片和声音信息，甚至包括影像，内容极为丰富。采用网络沟通使沟通更加便利，而且可以跨平台进行，沟通内容极容易集成与保存。网络沟通的主要形式有电子邮件、网络传真、上网、企业内部网络等。

（1）电子邮件。电子邮件是一种极为重要的便捷的通信方式。在公务方面，可以传递各种函件，实现一对一甚至一对多和多对多的通信。电子邮件的其他功能还包括转发邮件、建立新闻组和订阅电子刊物等。电子邮件沟通的机会和风险并存。如果能及时掌握电子邮件传来的信息，这便是机会；如果耽误了信息的获得，便要承担由此而带来的风险，特别是在公务和商务活动中。沟通信息的反馈不像电话沟通那样要求立即回答，回复前有足够的思考时间。

（2）网络传真。网络传真是通过互联网使传真件发送到对方的传真机上或电子信箱中，可以不受时间和地点限制。网络传真分为电脑与传真机、传真机与传真机间通信两种形式。网络传真相较于传统传真具有功能强、使用方便、时间自由、易于管理、价格便宜和绿色环保等优势。

（3）上网。企业利用互联网发布信息，可以满足外界对企业信息的需求，向公众传递企业的经营理念，树立企业形象；也可以通过网络收集自己需要的信息，或在网上进行交易。个人可以在网上发布、收集信息，进行购物，讨论研究和聊天娱乐等。

（4）企业内部网络。企业内部网络为员工提供了一个沟通的平台。每个人都可以成为网络中的节点或决策点，在这里可以进行研究和探讨，积极发挥自身的创造力，把实现个人价值和实现组织价值有机地结合起来，为企业的发展增添活力。企业内部网络还有效地把企业领导和员工联系到一起。过去，一般员工难得见领导一面。如今，员工可以通过企业内部网络与领导进行沟通，提出自己的意见、建议和要求；领导也可以随时掌握员工的工作情绪和需求，及时调整相互间的关系，增加企业的凝聚力。

采用何种沟通方式主要取决于对信息要求的紧迫程度、技术的取向性、预期的协调环境、制约因素等。若要求紧迫，可采用快捷迅速的电子沟通；若要求稳妥，可采用书面沟通；若只要求交流感情，则以口头沟通为宜。在人际交往中，沟通方式的运用不是单一的，而是根据实际情况交互使用的。

8.1.2 有效沟通

要达成有效沟通必须具备两个条件。一是信息发送者清晰地表达信息的内涵，以便信息接收者能确切理解；二是信息发送者重视信息接收者的反应并根据其反应及时修正信息的传递，免除不必要的误解。有效沟通能否成立关键在于信息的有效性，信息的有效程度决定了沟通的有效程度。信息的有效程度又主要取决于以下几个因素。①信息透明程度。公开信息并不是简单的信息传递，而要确保信息接收者能理解信息的内涵。如果以一种模棱两可的、含糊不清的文字语言传递一种不清晰的、难以使人理解的信息，对于信息接收者而言没有任何意义。而且信息接收者也有权获得与自身利益相关的信息内涵。否则，有可能导致信息接收者对信息发送者的行为动机产生怀疑。②信息的反馈程度。有效沟通是一种动态的双向行为，而双向沟通对信息发送者来说就是应得到充分的反馈。只有沟通的主客体都充分表达了对某一问题的看法，才真正具备有效沟通的意义。

一、保持积极主动的沟通态度

主动沟通是对沟通的一种态度。态度一般是指人对所处环境中的人和事物的认识、评价及其倾向性。态度可以影响人的行为，也可以影响人的生活方式。态度具有保持思想、情感和行动协调一致的作用。积极主动的态度，可以显示出一种亲和力，而这种亲和力无论在哪里，都是会受到欢迎和尊重的。在建设工程项目监理中应极力提倡主动沟通。监理工程师面对建设单位及其他项目参与方时，主动沟通不仅能促进各方建立紧密的联系，更能表明对项目的重视，会使另一方的满意度大大提高，对整个项目非常有利。

积极主动的沟通态度，体现在以下几个方面。

1. 自信

自信是进入积极主动沟通的首要因素。自信是一种自我认定，就是对自己的智慧、能力、文化水平和觉悟程度的积极评价。自信让人追求上进、谋求成效，能让人增加胜任工作的勇气和力量。通常，对自己有信心的人都会表现出有毅力、能干而且易于与他人合作，他们较乐意去解决问题，研究各种可行的方法，勇于面对挑战。自信具有感召力，一个人的自信可以增加他人的信任度，当一个人在困难面前百折不挠，以坚定的信念坚持到底时，那些怀疑他的人就会反过来帮助他。

2. 尊重他人

尊重是对他人表示出关心并为人着想的品质，是一种个人素质和立身处世的方式，包括开阔的胸襟和包容的生活态度。这种品质和生活态度，是人与人之间相处的桥梁。如果人人都能虚心接纳别人的意见，不以自己的观点作为唯一的标准，以对事不对人的态度讨论问题，求同存异。那么，许多矛盾和冲突都可以化解。

尊重他人是一种能力和美德。如果我们设身处地为他人着想，尊重他人的人格，尊重他人的劳动，对方也一定会对我们十分尊重。在与人沟通时，要尊重对方的想法，适时接受对方的正确意见，不要因为对方的不完善就否定他。即使对方的意见完全错误，也应以对方易于接受的方式，善意地指出来。不要不顾及对方的感受而大肆批评，不要用尖刻的语言去伤害对方，也不要取笑他人或是对他人感到不屑，这些都是对他人不尊重的表现，是与他人愉快沟通的一大障碍。

3. 合作精神

工程项目建设过程中，有许许多多的参与方，虽然各方都有自身的利益目标，但更重要的是项目建设的共同目标。为了共同目标必须彼此相互配合、统一行动，这就需要友好的合作精神。合作精神的表现：①要态度友善，给人以好感；②要相互信任，避免猜忌；③要和睦相处,信息互通共享。对于监理工程师来说,一定要顾全大局,要有宏大的气魄和宽广的胸怀,一定要从实现项目建设总体目标的总体利益出发,从大处着眼来处理问题,切勿斤斤计较。友好合作的态度能赢得他人的信任与支持,使积极主动的沟通更上一层楼。

4. 寻求共同利益

寻求利益是进行商务活动的目的,而寻求共同利益则易于与人团结,易于取得共识,易取得双赢的局面。对于工程项目来说,寻求参建各方的共同利益必须考虑不同方面的利益和最现实、最直接的利益。它既包括建设单位、施工单位和材料设备供应商的利益,也包括社会环境效益和为建设项目作出贡献的建筑工人的利益。寻求共同利益是十分重要的,它是与人合作的基础,不仅能创造一个和谐的工作环境,也有利于社会的和谐与稳定。寻求共同利益将使积极主动的沟通取得丰硕的成果。

二、保持畅通的沟通渠道

沟通看似简单,实际很复杂。这种复杂性表现在很多方面。比如,当沟通的人数增加时,沟通渠道和信息量急剧增加,给沟通带来困难。典型的问题是"过滤",也就是信息丢失。产生过滤的原因很多,比如语言、文化、语义、知识、信息内容、道德规范、名誉、权利、组织状态等,在实际中很容易由于工作背景不同而在沟通过程中对某一问题的理解产生差异。

为了保证沟通信息的正确、快速传递,就要最大限度地保障沟通顺畅,避免信息在媒介中传播时受到各种各样的干扰,使信息在传递中保持原始状态。信息发送出去并被接收之后,双方必须对理解情况作检查和反馈,确保对信息的理解一致。

为了保障监理过程中的沟通渠道畅通,监理大纲应有沟通管理计划,根据项目的实际情况明确各方认可的沟通渠道。如监理与各参与方之间通过正式的报告、会议、电话、电子邮件等进行沟通。建立沟通反馈机制,任何沟通都要保证到位,没有偏差,并且定期检查沟通情况,不断加以调整,使各方沟通渠道保持畅通。

三、多方位的沟通

1. 目标上达成共识

项目目标是双方在合同中约定的。但是,在项目实施过程中,目标的实现会受到各种因素的干扰。为此,监理组织必须与项目参建各方保持目标上的沟通。项目目标是一个总的目标系统,为便于管理,可根据工作内容和施工阶段的不同,划分为若干个子系统,明确子目标与总目标的关系,并就子目标的实际达成情况及对总目标的影响,适时与相关方沟通,以取得共识。

2. 思想认识上达到共识

由于项目参建各方所处的位置不同,其所受外界环境影响的程度不同,或是受不同利益的驱使,对合同文件会出现不同的解读。因此,监理工程师与参建各方进行思想认识上的沟通、取得共识是十分重要的。

在监理组织内部,由于各部门和个人的岗位职责不同,年龄、经历、学识、性格和兴趣等不同,他们所表现出的工作方法和工作作风不同,对事物的态度也不尽相同。此外,由于社会发展的多元化,也使人们的思想呈现出复杂化趋势。因此,在监理组织内部进行思想认识上的沟通也是必要的。

思想认识上的沟通要与解决实际问题相结合。对工程项目实施过程中遇到的实际困难和难以解决的矛盾,通过沟通认真分析其原因,找出解决的办法并达成共识。要循循善诱,循序渐进,要深入浅出地讲道理,引导对方逐步转变思想,提高认识。人的思想转变是一个逐步认识、逐步觉悟的过程。这就决定了达成有效的认识沟通需要有充分的耐心,不能操之过急。思想认识沟通过程中要平等待人,切忌居高临下,以领导的口气说话;也不要好为人师,给人以说教的感觉;要平等待人,给人以亲切感和信任感,朋友式的促膝谈心才能有助于取得思想上的共识。

3. 情感上相互尊重与理解

情感是人们对客观事物的一种态度体验,是对事物的一种好恶倾向。一般来说,能满足或符合人们需要的事物,会引起人们的积极响应,使人产生一种肯定的感觉,如愉快、满意和喜爱等;反之,就会引起人们的负面响应,如厌恶、愤怒和憎恨等。所以,情感的沟通就是要激起对方积极的响应,而避免负面的响应。首先,情感上的沟通要以社会道德行为准则,激励对方的道德感,例如"重合同、守信用",遵守行业规范与职业道德等。其次,激发对方的理智感,产生意见分歧时,应尽量消除偏见、怀疑和猜忌,心平气和地讨论问题,这样才有利于问题的解决。沟通过程中还要给人以美感。沟通的美感,表现在形象、语言、态度和环境等方面,让人感到温馨和愉悦,对协调充满希望。

4. 实时进行信息沟通

信息上的沟通对监理组织来说是十分重要的。监理工程师在工作中要不断预测或发现问题,要不断进行规划、决策、执行和检查。而做好每一项工作都离不开及时、准确的信息。信息上的沟通应当注意以下几点。

(1) 加强对参建各方与环境的信息搜集、整理、传递和应用。为了保证工程监理的顺利实施,就必须准确地了解自己和各参与方的实时状况,了解目标控制的现实环境,而最有效的手段就是及时、大量地获取信息,并对之进行整理、处理、存储、传递和应用。

(2) 信息量越大,传递越及时,内容越准确,协调的效果越显著。

(3) 信息传递处理得当,可以提高组织协调的效果,树立良好的组织形象。

四、多方面的沟通

1. 与建设单位的沟通

与建设单位的沟通实际上是一种融合了上行沟通与平行沟通的沟通方式。这种沟通的目的不仅在于使建设单位了解工程情况,而且要使建设单位对监理服务感到满意。沟通方式灵活多样,可采用书面、口头和会议等。

(1) 对建设单位的请示、报告,一般应通过总监理工程师进行,以保证传递信息的完整、统一。

(2) 与建设单位沟通时,要注意摆正自己的位置,不要给人留下自己想控制或取代他的印象。说话要适当,不该说的话不要说,使用必要的谦辞。

(3) 及时汇报项目实施过程中取得的相关成绩、进度和存在的问题。遇到工程计划改变和工程变更,要及时与建设单位进行沟通。对于施工单位的工期索赔和费用索赔,也要及时与建设单位进行有效沟通。

(4)及时收集建设单位的反馈意见,对建设单位的投诉和不满应及时向监理机构主管领导和总经理汇报,并应作相应处理。

2. 与施工单位的沟通

监理公司与施工单位的关系是监理与被监理的关系,各种矛盾与冲突经常发生。要使这些矛盾与冲突妥善解决,不影响整个工程的建设目标,就必须与施工单位进行诚挚、友好的沟通。

(1)尊重对方利益。与施工单位的沟通多涉及对方的利益,每一次沟通,都是通过协调利益达到合作的。因此,沟通时必须关注与尊重对方利益。

(2)避免争论。施工单位提出的问题哪怕明显不合理,也不要与其争论。争论不仅解决不了问题,而且会增加双方的对立情绪。鉴于监理与被监理的关系,监理工程师应以某种姿态,寻求理解或作出纠正性反馈。

(3)求同存异。求同存异是在分歧中求得某些共识。例如在某一实际工程中,施工单位开工以后所遇到的实际施工条件比招标文件上的描述恶劣得多或差异很大。在基础施工时,遇到意外的淤泥层或流沙,这些不利的施工现场条件超出了合同文件中专业资料的描述,施工单位不得不增加投入。按照 FIDIC 土木工程施工合同,对于"不利的外界条件",施工单位可以索赔。然而,合同文件中的专业资料描述是由设计方提供的。施工单位的索赔就意味着设计工作的失误和缺陷,而这一点是设计方难以接受的,可能会提出各种理由支持建设单位拒绝索赔。因此,会使处理索赔变得十分困难。监理工程师在处理索赔时,可与各方协商,将这一索赔当作工程变更处理,并与施工单位协商只增加费用不增加工期,而不去追究招标文件中对现场情况描述有误的责任,这样处理既照顾建设单位与设计方的利益,又考虑到了施工单位的利益,三方皆大欢喜。

3. 监理组织内部的沟通

监理组织内部的沟通包括上下级之间、部门之间、组织成员之间的沟通。总监理工程师是监理组织的领导,要带领好监理组织的一班人,必须营造一个良好的工作环境,注意培养良好的团队精神。总监理工程师与下属沟通时要平等待人,要经常了解和把握员工的需求,随时调整自己与监理组织成员的关系;要及时向组织成员宣讲组织目标和管理方针,及时传达监理公司领导的意见和决定等;要消除可能产生的误会,使全体组织成员对组织现状、实现项目目标的前景能全面了解,从而自觉地配合总监理工程师的工作。组织成员要树立团队精神,尊重和支持总监理工程师的工作,经常向总监理工程师反映员工的工作情况、意见和要求,使总监理工程师采取适当的措施以更加有效地调动员工的积极性。部门之间要密切配合,以促进组织的有效运转,组织成员之间要真诚相待,相互协作,以形成一个优良的团体。

8.1.3 沟通的障碍与克服

在沟通的过程中,由于存在着外界干扰以及其他种种不利因素,信息往往被丢失或者曲解,使得信息的传递不能发挥正常的作用,降低沟通的有效性。作为监理工程师,不仅要能够识别和辨认这些障碍,而且要能够采取相应的办法,消除各种障碍,提高沟通水平。

一、沟通的障碍

信息沟通常常会受到各种因素的影响,使沟通受到阻碍。影响沟通的因素有很多,如沟通时机的选择、人际关系、信息充分程度以及沟通渠道、方式等。

1. 信息发送者的沟通障碍

在沟通过程中,信息发送者的情绪、倾向、个人感受、表达能力、判断力等都会影响信息的完整传递。这些障碍表现在以下几方面。

(1) 不讲究文明礼貌。中国是一个礼仪之邦,为人处世、待人接物讲究文明礼貌。如称呼、用语不当,使对方感觉不良或是反感,进而产生一种抵触情绪,往往不愿意听或专挑毛病,或不予理会、拒绝接受,使沟通受阻。

(2) 知识水平有限。没有人能够准确地传递自己所不了解的事情。信息发送者在特定问题上所拥有的知识背景,会直接影响所传递信息的质量。

(3) 表达能力不强。有效的沟通,要求发送者必须具备良好的口头或书面表达能力以及逻辑推理能力。发送者如果口齿不清、词不达意或者字迹模糊,就难以把信息完整地、正确地表达出来;如果使用方言会使接收者无法理解,由于语音复杂、一词多义,理解的可变度很大,再加上接受过程中的主观推理和臆断,从而产生理解差异。因此,如果发送者缺乏这方面的技能,就势必造成所传递的信息有偏差。

表达能力不强还表现在观点不明或离题万里。如果发送者对自己所要传递的信息内容没有真正了解,观点不明,对方不知道他在讲什么或想表明什么,沟通就会受到阻碍。有时发送者所要传递的信息内容不能围绕主题,东拉西扯离题万里,让人不着边际,沟通也会受到阻碍。

(4) 态度状况不良。信息发送者的态度会影响其自身行为。任何人,包括管理者在内,都难以避免在一些问题上,持有自己的一己之见,而这些认识会影响和左右对所沟通信息的编码。如果发送者情绪不佳,发送信息时发泄过多不满或抱怨,使对方产生抵触,沟通也无法进行。

(5) 时机选择不当。信息传递不及时或不适时,都会影响沟通的效果。信息发送者或由于工作的失误,或任务完成不理想,或对某一信息的处理犹豫不决等,造成沟通障碍。

(6) 信息的扭曲。信息的扭曲是指为达到某种目的而故意筛选与扭曲信息。当涉事双方有着利益冲突时,一方有时为了维护自身的利益,报喜不报忧,有意隐瞒,谎报不利于自身的信息。这种对信息的故意筛选与扭曲,会使沟通受到阻碍。

2. 信息接收者的沟通障碍

信息传递到接收方,并不等于接收者接受和理解了该信息。接收者需要将其收到的信息中所包含的符号,通过解码过程,转译成自己可理解的形式。影响这一解码过程的障碍表现在以下几方面。

(1) 信息理解不准确。由于经历、经验不同,文化程度不同,对事物的领悟程度也不同;由于动机不同,其认识态度、思维方式也不同,致使接收者无法理解传达者所说的内容,甚至理解得截然相反。

（2）信息筛选不妥。受知觉选择性的影响，接收者在接受信息时，会根据自己的知识经验去理解，按照自己的需要和期望对信息进行选择，从而可能会使许多信息内容被丢失，造成信息的不完整甚至失真。

（3）信息承受能力不强。每个人接受和处理信息的能力不同，对于承受能力较弱的人来讲，如果信息过量，难以全部接受，就会造成信息丢失而产生误解。

（4）心理上有障碍。接收者对发送者不信任，敌视或者冷淡、厌烦，或者心理紧张、恐惧，都会歪曲或拒绝接受信息。此外，接收者不同的情绪感受会使个体对同一信息的解释截然不同。狂喜或悲伤等极端情绪体验都可能阻碍信息沟通，因为此时接收者会出现"意识狭窄"现象，从而不能进行客观理性的思维活动，代之以情绪性的判断。

3. 信息传递中的沟通障碍

信息传递需要通过合适的通道并以某种特定的网络连接方式来进行。沟通通道的障碍表现在以下几方面。

（1）沟通媒介选择不当、渠道不畅。沟通的有效性依赖于管理者根据信息本身的特点，以及收发双方的情况选择恰当的媒介。如事关重大的问题采用口头传达效果较差，因为接收者会认为"口说无凭""是随便说说"而不予重视。组织必须设计各项沟通的渠道，否则信息沟通就会出现无组织状态，以致信息在某一个环节耽搁或是提供的并不是所需要的信息。渠道不畅而引起信息堵塞紊乱是沟通的一大障碍。

（2）沟通网络存在缺口。这是指沟通的正式网络中存在缺陷或漏洞。在一些大而复杂的项目组织中，存在这种障碍是一种普通的现象。正式沟通网络是沿着组织的权责路线而建立的。随着组织的增长和扩大，这些网络便变得大而复杂，若相应措施不能及时跟上，沟通网络便开始出现缺陷，过分依赖于正式沟通而不利用其他来源和方法，就会导致沟通系统产生缺口。

（3）沟通环节多、渠道长。组织机构庞大，内部层次多，从最高层传递信息到最低层，从最低层汇总情况到最高层，中间环节太多，每一环节或层次都会引起信息的遗漏和误差，造成信息损耗，从而阻碍了有效沟通。

（4）外界环境的干扰。环境的干扰也是阻碍信息沟通的重要因素。环境的干扰会使信息接收者无法全面准确地接受信息发送者所送出的信息。诸如注意力难以集中、信息传递突然中断、讨论问题的场合不适宜、相互传递信息时被打扰，以及室内的布置、交谈时的距离等，都会对传递信息、相互沟通产生影响，造成信息在传递中的损失和遗漏，甚至扭曲变形，从而造成了错误的或不完整的传递。

二、信息沟通障碍的克服

信息沟通障碍的存在，势必会影响到各个环节之间信息沟通的效率，不利于组织计划和目标的实现，管理者应积极采取相应的措施，克服沟通中的各种障碍，保证管理活动的顺利进行。

1. 诚意沟通、树立良好的形象

沟通时不仅要明白自己需表达什么，更重要的是应该同时做一个能耐心倾听他人意见的收受者，以表示自己沟通的诚意，取得对方的信任。这样就比较容易消除等级、形象等方面的阻碍。监理工程师应以精湛的技术,渊博的经济和法律知识,丰富的社会经验,良好的职业道德和人格魅力赢得各方尊重,这是进行有效沟通的基础。

2. 力求表达准确

对于信息发送者来说,无论是采用口头交谈的方式,还是采用书面交流的方式,都要注意力求准确地表达自己的意思,选择准确的词汇、语气,注意逻辑性和条理性,有些地方要加上强调性的说明,要从大量的信息中进行选择,只传递与工作有密切联系的信息,以突出重点。

准确地发送信息是沟通有效的首要条件。因此,要了解信息接收者的文化水平、经验和接受能力,考虑对方的具体情况,得体地表达自己的意见。沟通时必须根据接收者的具体情况选择语言,语言应尽量通俗易懂,尽量少用专业术语,使接收者能确切地理解所收到的信息。信息准确包括语言准确、数据准确、资讯准确,信息清晰是要求逻辑清晰、表达清晰。

由于信息接收者容易从自己的角度出发来理解信息,从而容易发生偏差。因此,要提倡双向沟通。可以通过信息接收者复述所获得的信息,或请他们表达对信息的理解,从而体会信息传递中的准确程度和偏差所在。有时还可以通过图表等形象性地表达信息,便于对方理解和接受。

在跨文化沟通中,要收集信息,了解对方的风俗习惯、宗教信仰、民族观念和文化层次等,寻找共同语言;或是坦率地表露自己的困惑,寻求他人的帮助。

3. 重视非语言沟通手段

在沟通时,除了语言要准确以外,还要重视非语言沟通手段的运用。可以借助手势、眼神、表情等来帮助思想和感情上的沟通,表达主题、兴趣、观点、目标和用意。初次见面时,马虎而随便的握手和热情而有力的握手会给人完全不同的感受。通过坚决而有力的动作,来明确信息发送者的坚定态度和对前景充满信心。用炯炯的目光表示信任,鼓励信息接收者接受信息、理解信息,并执行信息所提出的要求,可以产生此处无声胜有声的效果。

4. 选择恰当的沟通时机、方式和环境

沟通的时机、方式和环境对沟通的效果会产生重要影响。领导者在宣布重要决定时,应考虑何时宣布才能增加积极作用,减少消极作用。有的消息适合于以公开的方式通过正式渠道传递,有的则适合于以秘密的方式通过非正式沟通渠道传播;有的消息适合于在办公室沟通,有些则适宜于在家庭沟通。此外,在沟通时应尽量排除外界环境干扰,如重要的谈话应选择安静的场所,以避免被打断。

在组织监理例会、工地会议等会议时,一定要对沟通的时间、地点、条件等都充分加以考虑,使之适应于信息沟通的性质特点,以提升沟通的效果。

5. 注意疏通沟通渠道

沟通渠道的任何环节出现故障都可能严重影响沟通效果。管理者应根据组织的规模、业务性质、工作要求等选择沟通渠道,制定相关的工作流程和信息传递程序,以保证信息的上传下达渠道畅通,为各级管理者的决策提供准确可靠的信息。设计固定沟通渠道,形成沟通常规,如定期召开的工地会议,各种周报、月报、报表和专题报告等。

6. 掌握劝说和聆听的艺术

(1) 积极地劝说。信息发送者为了使对方接受信息,常有必要进行积极的劝说,并站在对方的立场上加以开导,以求对方理解和接受信息。有时还需要通过反复交谈来协商,甚至采取一些必要的让步或迂回的做法。有时由于时间紧迫或其他的原因,需要信息接收者无条件地接受并坚决地付诸行动,则要明确规定期限,限期结束并达到一定的目标。

无论是劝说还是协商都必须是积极的,除非必要的合理的要求,不应随便让步或给予某种承诺。交谈时间应尽可能的充分,不要过于匆忙,以致无法完整地表达意思。任何时候都不应发火或采取高压的办法,因为这样会使对方以沉默来应付,其结果仍是得不到有效的接受、理解和贯彻。尽可能开诚布公地进行交谈,耐心地说明事实和背景,求得理解。同时,不应拒绝任何有益的建议、意见和提问。

(2)仔细地聆听。在仔细聆听对方意见时,首先,要使对方的精神状态放松,距离适当靠近,努力创造真诚和信任的气氛,使对方感到你真心实意想听他的意见;其次,要注意改善谈话环境,排除干扰,去除一切可能转移注意力的因素,全神贯注地聆听,使对方感到你对他的重视;再次,要设身处地地考虑对方的看法,心平气和地从事实上、逻辑上客观地加以归纳,引导对方重复重要的细节、解释不清楚的环节;最后,要注意控制自己的情绪,耐心、从容地聆听,可提问题,但不可插嘴,以便让对方能充分而完整地阐述其观点,尽可能准确地把握谈话对象所要表达的信息,达到沟通的目的。

8.2　建设工程监理协调

所谓组织协调,就是联结、联合、调和所有的活动及力量,使各方配合得适当,其目的是促使各方协同一致,以实现预定目标。协调工作应贯穿于整个建设工程的实施及其管理全过程。

对于建设工程项目来说,各参建单位为了实现项目目标而形成了建设工程项目组织系统。用系统方法分析,建设工程的监理协调一般有三大类。

(1)人员/人员界面:潜在的人员矛盾或危机,表现为人与人之间的间隔。建设工程监理需进行各参建单位组织内部关系的协调。

(2)系统/系统界面:子系统功能、目标不同,产生各自为政的趋势和相互推诿的现象,表现为子系统之间的间隔。建设工程监理需进行工程项目组织系统内各参建单位之间关系的协调。

(3)系统/环境界面:建设工程系统是一个开放系统,具有环境适应性,能主动从系统外部取得必要的能量、物质和信息。在取得的过程中,存在着的障碍和阻力,表现为系统与环境之间的间隔。建设工程监理需进行工程项目组织系统或各参建单位与政府及社区等远外层关系的协调。

项目监理组织机构的协调管理就是在人员/人员界面、系统/系统界面和系统/环境界面三个界面之间,对所有的活动及力量进行联结、联合、调和。系统方法强调,要把系统作为一个整体来研究和处理。一般情况下,协调整体的作用要比单独协调各子系统的作用大。

针对建设工程监理的具体情况,监理协调一般分为监理机构内部协调,包括人员/人员界面和系统/系统界面两个界面之间的协调管理,如内部人际关系协调、内部组织协调和其他资源协调等；监理机构外部协调，包括系统/系统界面和系统/环境界面两个界面之间的协调管理，如与建设单位、施工单位、供应商之间的协调，与建设所在地各方的协调等。与建设所在地各方的协调属于远外层协调。

成功的监理协调的标准：①问题得到解决；②占用的物质和时间资源最少；③各方的关系融洽，满意度高。现代工程建设的规模越来越大，内容越来越丰富，涉及的施工单位越来越多。一个项目动辄十几万平方米，施工单位数十家，工期历时数年。各个享有独立经济利益的施工单位必须在一定的空间和时间内履行自己的职责，他们之间发生的界面联系很多，互为前提条件的作业面很广。因此，监理协调非常重要，是监理工程师尤其是总监理工程师的一项极其重要的工作。协调能力是监理工程师统揽全局、高效和谐地开展工作的一项重要管理能力。

8.2.1　协调的方法

对于建设工程项目管理来说，协调的方法比较多，也比较灵活，娴熟地掌握运用这些协调方法，有助于搞好组织协调管理。

一、网络协调

网络技术是一种组织生产和管理的科学方法，网络协调就是运用这种技术使协调工作有序地进行。

对于监理组织来说，网络协调方法是以监理活动的全过程为分析对象，依据其内在的规律和联系，将其中各项工作分解成若干操作程序或步骤，以每个程序或步骤为基础，利用网络图形式，把各项工作、各操作程序或步骤之间错综复杂、相互联系和相互制约的关系，直观地表现出来，以利实施。

1. 确定目标

协调的第一步就是要设置目标，明确在一定的时间内要取得的成果。要进行调查研究、科学预测和全面分析，根据实际情况确定目标。不同的目标内容和顺序将导致不同的对策和行动，也会作出不同的资源安排。

2. 编制程序

网络协调必须编制协调程序，来描述协调工作的组织过程，根据时间顺序来确定一系列相互关联的活动，通常还要描述活动内容和完成本项活动的方法、时间和负责人员等。

编制程序要注意以下几点。

(1) 界定范围。将主要的工作步骤划分为容易管理的单元，使之分工明确。

(2) 定义活动。定义活动就是确认协调工作的具体内容，而且这些活动是达到目标所必须进行的。

(3) 活动顺序安排。根据活动内部的关联性合理安排协调工作的顺序。

(4) 进度安排。在分析协调工作内容难易程度以及整个工程进度的要求的基础上，确定各项活动的持续时间及进度安排。

3. 组织实施

按所编制的计划组织实施。要根据活动的内容合理组织人员、资源，落实协调工作责任,避免计划实施中出现偏差。

4. 检查与改进

尽管网络计划经过了调查研究、科学预测和全面分析,但它还需要在实施中进一步调整、充实、发展、完善。在实施中,要跟踪记录,及时发现不协调现象,找出原因,采取措施加以纠正。此外,还要定期检查程序的实用性,当条件发生变化时,要及时进行修改,以适应新环境、新情况。如某项活动延误了,就需要根据所延误的时间,或根据其对整个项目的工程进度、安全和质量的影响,进行权衡并加以调整,以免对整个项目产生不利影响。

二、工地会议协调

工地会议是监理工程师和建设单位与施工单位或各参建单位内部对工程进行全面管理的重要手段和方法之一,旨在检查、监督施工单位执行施工合同条款和解决施工中存在的问题,协调项目各参与方的关系,促进各方认真履行合同文件规定的职责。

工地会议分为第一次工地会议、监理例会、专题会议和监理工作会议。工地会议是对施工工地进行全方位管理和监督协调的有效方式。通过工地会议,监理工程师可以对工程实施过程中的进度、质量、费用和安全情况进行全面检查,起到沟通信息、共同研讨、消除分歧、解决问题的作用,为正确决策提供依据,确保工程顺利进行。

工地会议一般应有明确的议题,参会前必须事先通知,各方必须做好参会的准备,参会应签到,发言时必须以友好的态度发表自己的意见、提出自己的建议,会议过程应做好记录,最后应形成较为一致的意见与决议。开会不是目的,解决问题才是真正的目的。因此会后要督促落实会议中形成的决议。

1. 第一次工地会议、监理例会、专题会议

第一次工地会议、监理例会、专题会议的有关要求见第 2 章 2.3.1、2.3.2、2.3.3 节的内容。

2. 监理工作会议

监理工作会议是项目监理机构内部定期召开的业务会议,它是协调组织内部工作关系的主要方法,由总监理工程师或总监理工程师代表主持,项目监理机构的全体人员参加。

(1)会议目的。监理工作会议是总监理工程师对日常监理工作的总结,是处理和解决监理工作中存在的问题以及布置下一步监理工作的专题会议。

(2)会议内容。会议主要内容包括沟通情况、交流经验、审议事项、讨论作业配合、下一步工作计划和其他有关事项。

① 沟通情况。各专业、各部门汇报自上次会议以来的工作情况、工程进度、安全和质量等方面的情况以及需要协调处理的问题。

② 交流经验。交流工程进度、安全和质量等方面的协调经验、心得和体会。研究监理工作,针对存在的问题,讨论需要采取的措施与对策。

③ 审议事项。审议内容包括方针与计划事项,机构与制度事项,各部门在业务上重要的报告、请示与联络事项。总监理工程师认为有必要审议的其他事项。

④ 讨论各专业的衔接与配合。充分发表意见,统一认识,加强协作。

⑤ 讨论制定下一步的工作计划。

3. 会议记录和会议纪要

（1）会议记录。会议记录是将会议基本情况与会议发言、讨论和决议等内容如实记录下来的文件。会议记录一方面是真实记录，按原话记录，按当时情况记录，不得任意取舍；另一方面是资料，它是编写会议纪要或简报的素材，也是处理索赔等事件的重要依据。

会议记录要写明会议名称、时间、地点、主持人、出席人、列席和缺席人及会议记录人等。会议记录一般根据会议议程分为主持人讲话、会议发言或讨论、主持人总结或决议三部分。会议记录要紧扣会议议题，重点突出。

会议记录不具备行政文件性质，也不能代替正常函件。会议决定的具体事项，如工程变更、事故处理等，仍应按程序由监理工程师发出指令。

（2）会议纪要。会议纪要是记述会议达成的共识的文件，会议纪要具有一定的权威性，对与会各方具有一定的约束力，是会后办事的依据。会议纪要一般包括标题、正文及落款和日期三部分。

① 标题。会议纪要应有明确的标题，要冠以会议的名称。

② 正文。正文主要写会议内容，一般包括会议地点、时间、参加的单位和人员、主持人、会议概况、会议议题、讨论意见、达成的共识或决议等。

③ 落款和日期。落款应采用主持召开会议的单位名称，日期一般为会议结束的日期。

三、指令和函件

1. 指令

在实行监理制的建设工程项目中，监理单位与施工单位虽然不是上下级关系，而是监理与被监理的关系，但施工单位必须接受监理工程师的监理。监理工程师可以通过监理组织系统和项目组织系统，运用责权体系，采用指令对施工单位进行有关事项的协调。指令包括工程暂停令、工程复工令、监理工程师通知等。因为指令具有一定的强制性，被监理方必须执行。

监理要适当和谨慎地运用指令。监理只能在委托授权范围内发布指令，不得超越监理合同的授权范围发布指令，哪怕是建议性指令都不行。如果超越权限，应报请建设单位批准后方可发布有关指令。否则，监理工程师应对其超越授权范围的行为负责。

在监理组织内部，从总监理工程师、部门负责人、专业工程师到监理员都有相应的职责范围和权限，应各司其职、各负其责，不得超越本人的岗位职责范围发布指令。

撰写指令应准确、鲜明。指令的时效性很强，有时还需要争分夺秒，不得贻误。特别是对于安全和质量问题，如不及时处理，延误时机可能会酿成事故。指令一定要用最简洁的语言表达。

（1）监理通知单。监理通知单是监理工程师针对施工单位在施工过程中出现的有关安全、质量、进度或工程变更等方面的问题，以书面形式提请施工单位注意或要求整改的文件。当存在下列情况之一时，应使用监理通知单。

① 对施工单位在施工过程中报送的施工测量放线成果进行复验、审核，认为不合格或存在异议。

② 有未经监理工程师验收，不合格的工程材料、构配件与设备。

③ 施工过程中出现质量缺陷。

④ 有需要返工处理或加固补强的质量事故。

⑤ 施工过程中出现安全事故苗头或安全隐患。

⑥ 工程施工实际进度滞后于计划进度。

⑦ 工程变更未按照有关程序实施。

（2）工程暂停令。签发工程暂停令是总监理工程师的职责。当发生应暂时停止施工的情况时（详见第 6 章 6.2.2 节），由总监理工程师根据暂停工程的影响范围和影响程度，确定停工范围，并应按施工合同和建设工程监理合同的约定，签发工程暂停令。

总监理工程师签发工程暂停令应事先征得建设单位同意，在紧急情况下未能事先报告时，应在事后及时向建设单位作出书面报告。

（3）口头指令。确有必要时监理工程师可以发出口头指令，但要在 48 小时内给予书面确认，施工单位对监理工程师的口头指令应予以执行。若监理工程师不能及时给予书面确认，施工单位应在监理工程师发出口头指令后 7 天内提出书面确认要求。监理工程师在施工单位提出确认要求后 48 小时内不予以答复，应视为施工单位的要求已被确认。

2. 函件

函件是平行文，适用于不相隶属的组织之间相互商洽工作、询问和答复问题、请求批准和答复审批等事项。函件在监理活动中应用频繁，因为合同要求所有的交往必须以文字为准，绝不能采用口头协定。无论是监理工程师还是施工单位、建设单位，均应以书面文件为准，口说无凭，应注意一事一函，简明扼要，突出事实，尽量使用工程及法律语言，用词不能含糊笼统。

四、拜访与约见

1. 拜访

拜访是登门进行访问，表示访问者的诚意与尊重。拜访分为礼节性拜访和工作性拜访。

礼节性拜访是一种社交活动，目的在于增进了解和友谊，加强联系与沟通，为今后的协调打下基础。

工作性拜访是为协调某一项工作进行的。为了使协调的问题早日解决，需要拜访相关方的领导或关键人物。这种拜访是一种社会互动活动，协调的好坏在很大程度上取决于监理工程师对这种互动过程组织的好坏。只有与被访问者建立起相互信任、相互理解的关系，才能获得访问的成功。

监理过程中的拜访属于工作性拜访。为了取得拜访的成功，首先，必须选择对协调能够起到积极作用的对象，了解对方单位和拜访对象的资料，充分掌握第一手材料。其次，做好拜访计划。

在访问中，要讲究礼貌、诚恳、耐心，通过自己的表情表达友好与善意，从而达到对访问过程的控制。然后以某种方式转入正题，表达拜访的目的，否则就失去了拜访的意义。倘若对方认为自己在该事件中有苦说不出而大诉其冤时，也应表示同情和理解，因势利导转入正题；倘若对方目中无人，说话大声大气，也要面带笑容，采取和风细雨的方式，让其冷静下来,委婉地转入正题。

拜访的时间不宜过短或过长。过短,给人以应付的感觉,不具诚意;过长,又让人感觉疲倦而精力分散。因此,要控制拜访时间。

2. 约见

约见是与对方约定某时在某地进行交流和沟通,地点可以在办公室,也可以在现场或其他适宜的地方。监理过程中的约见一般都是工作性的。与拜访一样,约见也要做好充分的准备,以通过沟通达到预期的效果。也应根据来访者的身份等确定相应的接待规格和程序。在办公室约见一般的来访者,谈话时应注意少说多听,最好不要隔着办公桌与来访者说话,以示尊重。

紧急状况下对施工单位的约见具有一定的强制性和时效性。如对于需要及时解决的安全、质量问题或突发事件,监理工程师紧急约见施工单位的项目经理或技术负责人,施工单位不得怠慢和延误。紧急约见往往是下达指令的前奏,在约见时,监理工程师对需要及时解决的问题,应下达书面指令。

紧急约见时,监理工程师应注意态度要严肃但不对立,气氛凝重但不紧张,使对方有一种紧迫感。

五、协商谈判

协商谈判是通过谈判来进行协商,如有关费用索赔、工程延误和合同争议等问题的协商。

协商谈判是合同双方在自愿、互让互谅的基础上,按照工程项目的合同文件解决项目实施中产生的问题的主要方式。协商谈判时,监理工程师应遵循独立、公正、科学的原则,以合同条款为依据,为协商谈判提供完整真实的资料,并注意协商谈判的时机、地点的选择、人员的组成和谈判过程的控制等。

协商谈判首先要收集整理资料,掌握情况,做好协商谈判的组织准备。然后分析双方意见的合理之处和共同之处,寻找双方的共同目标和利益,拟订方案,提出建议。通过协商谈判,求同存异,逐步消除歧见,尽力达成一致,最后拟定协议并监督执行。

协商谈判是一种商务谈判。讨价还价是经常发生的,因此谈判要有耐心,不能急于求成。应认真听取对方的意见,不放过任何细节,以便全面了解对方的观点,寻找一个合理的令双方满意的方案。

谈判时,要礼貌待人,尊重对方,要始终保持友好的态度,保持良好的互动关系,否则容易造成僵持而延误时机。例如在索赔谈判中,有些施工单位漫天报价,让监理觉得不合实际。这时一定要冷静,心平气和,认真听完对方的陈述,再用摆事实、讲道理的方式表明自己的观点,希望进一步核实,从而让对方意识到自己的报价过高而主动降低,从而一步步接近双方满意的价格。

8.2.2　协调的手段

监理过程中的协调手段多种多样,但常用的手段有行政手段、合同手段、法律手段和公关手段等。在协调过程中应根据实际情况选择行之有效的手段。

一、行政手段

行政是社会组织为达成既定目标在履行职责或执行方案时，所涉及的行政事务与运用的管理技术。行政分为公共行政与私人行政。政府机关及事业单位为完成政治上决定的目标所涉及的行政称为公共行政。各企业和厂矿等组织所涉及的行政管理称为私人行政，即组织行政管理。在工程项目实施中，经常要运用行政手段进行协调。在公共行政上，常采用的手段是行政指导；而在私人行政上，采用的是行政管理手段。两者都是带有调节性质的行政手段。

1. 行政指导

所谓行政指导，是指行政主体在其职责、任务或所管辖的事物范围内，为适应复杂多变的经济和社会生活的需要，基于国家的法律原则和政策，在行政相对方的同意或协助下，适时灵活地采取非强制手段，以有效地实现一定的行政目的，不直接产生法律效果的行为。

建设工程项目多元化主体之间有利益矛盾和冲突是难免的。同时，项目系统与周边环境及毗邻组织之间的利益矛盾和冲突也时有发生。为避免这些利益矛盾和冲突产生干扰和破坏，需要通过各种途径和手段进行协调，而行政指导则是一种有效的协调手段。

行政指导按其功能可划分为以下三种。

（1）抑制性行政指导。指对于妨碍秩序或公益的行为加以预防或抑制。

（2）调停性行政指导。指相对方相互之间发生争执，自行协商不成时，出面调停以达成妥协，如城市公共汽车公司之间发生利益冲突，协商不成以致影响公共交通时所采取的行政指导。

（3）促进性行政指导。指行政指导主体为了促进行政相对方的行为合法而给予的行政指导。

在建设工程项目实施过程中，一般采用抑制性行政指导和调停性行政指导。如工程建设施工中钻孔桩的泥浆、弃土的运输及弃置，对周边环境造成一定程度的破坏，给附近的居民带来影响。这时，监理可协助政府主管部门采取行政指导手段进行干预，问题即可得到解决或抑制。又如某项目由于施工占地与当地单位或群众发生争议且协商不成，为减少对工程施工的干扰，监理可协助建设单位，申请政府主管部门出面调停，使双方达成妥协。

在运用行政指导进行协调时，必须注意以下几点。

（1）行政指导是行政主体的社会管理行为。只有具有行政主体资格的行政机关和法律授权的组织，才能实施行政指导行为。

（2）行政指导的方法多种多样，行政机关可以根据情况灵活采取劝告、建议和告诫等方式。

（3）行政指导是一种不具有法律强制力的行为。它是以非强制的方式，并辅以利益诱导，对特定行政相对方施加作用和影响，以促使其产生一定行为或不行为，从而达到一定的行政目的。

（4）行政相对方是否接受行政指导，由其自主决定。因此，常常要做耐心、细致的工作。

2. 行政管理

在组织运行中，为了使组织与外部环境相协调，管理者需运用行政管理手段，对组织和管理及时进行调整,以预防和扼制不协调因素的滋生。

(1) 计划调整。计划在执行过程中,往往会出现各式各样的问题,因而必须根据形势的发展适时进行调整。计划是根据外界环境和组织内部条件变化,围绕组织目标来不断完善的,体现了监理组织的动态管理过程。

(2) 资源调整。在项目管理组织中,必须使各种资源有效协调,做到人尽其才,才尽其用。

(3) 机构调整。机构调整的目的是使组织能更加适应环境和有效地达到目标。机构调整应有助于工作效率的提高,应有助于人际关系的融洽。

(4) 命令力求统一。如果是多元领导,不同的命令源发出不同的命令,就会造成混乱,使协调难度加大,从而增加协调难度,故要力求命令统一。

(5) 定期检查。定期对工作进行检查,要做好记录,对检查中发现的问题,应及时分析原因,提出改进措施。根据检查的情况适时召开座谈会,听取意见,总结经验教训。检查完毕后,写出书面报告向总监理工程师和上级汇报。

二、合同手段

合同是协调的依据,应用合同来进行协调是常用的手段。特别是国际项目,会频繁运用 FIDIC 土木工程施工合同来协调。

1. 正确运用合同手段

(1) 正确理解合同。由于施工合同比较复杂,而且现场条件和外部环境多变,因而在履行合同时,难免会产生某些分歧。正确理解合同,详细分析合同条款的权利和义务,对关键性的条款、主要概念、条款间的相互关系、如何实际操作和选用等应充分理解,正确解读合同的法律责任。

(2) 区分合同责任与工作范围。合同责任指因合同当事人的过错造成不能完全履行合同义务或不按约定履行义务,依据法律或合同约定必须承担的民事责任。工作范围是指当事人双方按合同专用条款约定的内容和时间完成的工作。

对合同双方当事人来说,由于违约方的行为造成对方产生损失,则违约方应承担相应的合同处罚,予以相应赔偿,即不履行合同责任就应负赔偿责任。施工单位可以向建设单位提出索赔,建设单位也可以向施工单位提出索赔。索赔一般通过协商谈判解决,当协商不成时,则可申请仲裁,也可按法律程序提出诉讼。

项目实施中,建设单位有时要求施工单位执行合同工程量清单中未列出的工作内容,增加新的工作量,或删减工程量清单中已有的工程量,这些属于工作范围的变更。工作范围的变更会涉及其他变更,如工程价款和工期变更。

(3) 引据合同要有针对性,应具体。应用合同时,应注重条款的针对性,一定要引据具体的合同条款,明确指出与问题有关的款号,并应尽量引述条款原文说法,有时还需要采取条款相互解释,才能令人心悦诚服。

(4) 处理纠纷应公平、公正。处理合同纠纷必须站在公平、公正的立场,发扬友好合作精神,这是开展协调工作的基础。既要监督施工单位在规定的时间内完成合同所规定的工作内容,又要不偏不倚地对待施工单位,公平地解决施工单位按合同提出的合法要求。

2. 违约责任及其承担方式

运用合同手段协调,必须分清违约责任。由于当事人一方的过错,造成合同不能履行或不能完全履行,由有过错的一方承担责任;如果属于双方的过错,则由双方分别承担各自应负的违约责任。

(1)建设单位的违约及其承担方式。建设单位的违约行为表现:①不按时支付工程预付款;②不按合同约定支付工程款;③无正当理由不支付工程竣工结算价款;④由于不可预见的理由,建设单位不履行合同义务或不按合同约定履行义务。

建设单位承担违约责任的方式:①向施工单位支付一定数量的违约金;②赔偿因违约给施工单位造成的经济损失;③由于建设单位原因而造成的工期延误,顺延工期;④建设单位在支付违约金或赔偿损失之后,并不因此而免除其继续履行合同的义务,施工单位要求继续履行合同时,应继续履行。

(2)施工单位的违约及其承担方式。施工单位在施工过程中,会出现各式各样的问题,其中就包括违约的问题。

① 施工单位的违约行为。对于施工单位的违约,根据其造成的后果或影响的大小,可分为一般违约和严重违约。

当施工单位有下列事实,可认定为一般违约。给公共利益带来伤害、妨碍或不良影响;未严格遵守和执行国家及有关部门的政策与法规;由于施工单位的责任,使建设单位的利益受到损害;因施工单位的原因,工程质量达不到合同约定的质量标准,施工单位未能及时返工或修复缺陷;不执行监理工程师指令。

当施工单位有下列事实,可认定为严重违约。无正当理由不开工或不能按合同约定的竣工日期或监理工程师同意顺延的工期竣工;未按计划完成某一阶段任务;无视监理警告,施工单位不履行合同义务或不按合同约定履行义务;未经建设单位同意,随意分包工程;施工单位无力偿还债务或陷入破产或主要财产被接管或资产被抵押,无法继续履行合同,或施工单位陷入经营危机,停业整顿而放弃合同。

② 施工单位违约行为的处理。施工单位违约行为的处理也分为一般违约处理和严重违约处理。

一般违约的处理包括书面通知施工单位在尽可能短的时间内予以弥补或纠正;因施工单位的原因,工程质量达不到合同约定的质量标准,施工单位应采取返工、修理和更换等补救措施;由于施工单位的责任使建设单位的利益受到损害,施工单位应该补偿因违约给对方造成的经济损失。

严重违约的处理包括不能按合同约定(或监理工程师同意顺延)的工期竣工,或未按计划完成某一任务,可以按规定费率罚款;施工单位违约,则必须向对方支付一定数量的违约金,违约金的数额及计算方法应按合同专用条款中的约定执行;赔偿因施工单位违约给建设单位造成的经济损失;支付违约金或赔偿损失之后,建设单位要求继续履行合同时,施工单位应当继续履行施工合同;施工单位无法履约时,应赔偿建设单位因此受到的直接或间接的费用损失,办理并签发部分或全部终止合同的工程款支付证书。

三、法律手段

监理协调中所指的法律手段,并非一般的法律诉讼,而是运用法律、法规条文的内涵和外延,向建设单位或施工单位作出解释和说服,使大家遵守法律和诚信的原则,达成相互谅解和合作,从而达到协调的目的。

1. 依法监理是我国建筑法赋予的权利和义务

《中华人民共和国建筑法》第三十二条规定:"建设工程监理应当依据法律、行政法规及有关的技术标准、设计文件和建筑工程承包合同,对承包单位在施工质量、建设工期和建设资金使用等方面,代表建设单位实施监督。"由此可见,依据法律、法规、标准和合同对项目进行管理是法律赋予监理工程师的权利、责任和义务,监理有权要求建设单位、施工单位等执行有关法律、法规、标准和合同。监理过程中可能出现的费用增减、工期延误、延期付款、索赔、争议和仲裁等,其相应的合同条款都有法律依据和法律的逻辑推理,各条款之间具有严谨的法律制约和关联。因此,监理工程师必须依据法律、法规和合同约定,公平、独立、诚信、科学地开展建设工程监理与相关服务活动。

2. 全面了解合同条件的法律基础

目前世界上常用的有两种法律制度,一种是英国和美国等国家的案例法制度;另一种是成文法制度。我国的建设工程施工合同条件是成文法基础上的合同条件,而 FIDIC 施工合同条件是由英国土木工程协会的标准合同条件演变而来的,因而具有浓厚的案例法色彩。为了适宜成文法国家应用,FIDIC 土木工程施工合同也逐步与成文法相结合,如税收、规范、标准、贸易规则和环境保护等应遵守工程所在国的法律、法规,但合同条款的关联性、制约性、时效性和程序规定等仍具有案例法色彩。因此,监理工程师应全面了解合同条件的法律基础,对此进行深入的研究。

3. 掌握合同中的法律内容

建筑工程承包合同,特别是 FIDIC 土木工程施工合同,本身就是一部"施工法"。监理工程师应掌握合同中的法律内容、合同当事人的各项权利和义务以及合同履行中的适用法律和规定。如果监理工程师缺乏法律知识,没有明确的法律观念,往往会造成无法挽回的不良后果。在国际工程项目管理中,FIDIC 土木工程施工合同里涉及许多法律相关用语,非常讲究用词的正确与严谨,运用时要理解其英文的原意,不能含糊其辞,这些需要在实践中注意掌握。对于应用 FIDIC 土木工程施工合同的国际工程,监理工程师应当具有如银行保函、保险、海关、税收、物资、运输和仲裁等方面的理论知识和实践经验。如果知识面狭窄,是很难胜任这项工作的。

四、公关手段

做好协调工作离不开和谐的内部环境和良好的外部环境,而谋求一个良好的环境离不开公关手段。公关手段是一门内求团结、外求发展的艺术,其目的是通过公关活动而谋求一个良好的环境,使建设工程项目得以顺利实施。

随着人类社会的进步,社会交往不断向更高层次发展。一个人要有所发明、有所创造、有所前进和有所贡献,就必须掌握社会交往的基本原则,具备社会交往的基本才能,学会社会交往的科学方法,努力做到文明交往。

1. 建立和谐的项目建设环境

要使建设工程项目顺利实施,除了要有良好的组织形象外,还要有一个尽可能广泛的横向联系网,这就需要广交朋友,以争取尽可能多的支持与帮助。广交朋友的目的并不是只向他人求助和索取,而是要在真诚待人和互相奉献的基础上构建和谐互助的社会关系。

工程项目大都建设在某一社区,离不开社区的支持。与社区关系处理的好坏,直接影响项目的实施。因此,施工单位要文明施工,建设一个良好的施工环境,应尽可能避免项目活动对社区公众正常生活的干扰。同时,监理工程师应经常与社区进行有效沟通,建立良好的关系,针对施工中存在的一些扰民问题进行磋商,找出解决问题的办法。

2. 善于应用公共媒体

充分利用报纸、广播和电视等新闻媒体介绍工程项目的建设意义及对社会的贡献。项目应有计划、有目的和主动地向电视、报刊和杂志等媒体发布信息,争取被其采访,设法让其刊登和播放有利于工程项目形象、品牌形象的报道;定期或不定期向记者提供报道资料通稿,邀请媒体到工地参观、采访。发布的内容既要巧妙规避风险,还要达到宣传工程项目和宣传品牌的目的。

监理工程师应协助建设单位或施工单位向媒体提供有价值的新闻线索,并不失时机地召开新闻发布会或记者招待会,及时介绍工程进度情况以及工程对公众利益的作用,争取公众对项目的了解与支持。

3. 加强与当地政府的联系

政府是对社会进行统一管理的权力机构,没有政府的有效管理,社会的整体运行就无法正常进行。加强与当地政府的联系,取得当地政府的支持,对项目的顺利实施至关重要。由于政府与项目组织系统是一种管理与被管理的关系,处理与政府的关系时应注意以下几个方面。

(1)自觉地接受政府的管理与指导,恪守政府的有关政策法令。

(2)及时、全面和准确地掌握与研究政府颁发的有关政策法令,注意按其内容变化进行相应调整。

(3)应充分了解、掌握政府各建设行政主管部门的法律、法规、规定的要求和相应的办事程序。

(4)针对不同的政府主管部门由不同的业务人员负责协调,充分发挥他们的特长,以保持稳定的沟通渠道和良好的协调关系。

(5)配合政府或职能部门开展一些公益事业,如有针对性地举办一些公益活动等,树立良好的项目形象。

4. 建立和谐的内部氛围

监理组织是由监理工程师组成的,组织的目标只有通过他们分工劳动、各尽其才、各尽所能,才能实现。因此,监理组织必须内求团结,创造和谐的工作气氛。同时,各个监理工程师的表现都直接影响到监理组织的形象,基于此,搞好监理工程师间的关系是十分重要的。

(1)尊重个人价值。总监理工程师要了解组织成员,承认和尊重成员的个人价值,使每个成员都树立胜任工作的自信心,以激发他们克服困难的勇气和解决问题的能力。

尊重是促进员工工作能力提升的催化剂,也是一种基本激励方式。上下级之间的相互尊重是一种强大的精神力量,它有助于企业员工之间的和谐,有助于企业团队精神和凝聚力的形成。

（2）培养团队精神。个人的力量再大也是有限的，只有团结的集体才能创造辉煌。监理组织既要让每个成员都能拥有自我发挥的空间，又要发扬团队精神，破除个人主义，鼓励他们在工作中相互取长补短、整体搭配、行动协调一致。

（3）交流经验。要有计划、有步骤地经常交流协调经验。通过交流，可以相互借鉴，开阔视野，提高协调能力；通过交流，可以相互理解，促进团结，增强组织凝聚力；通过交流，可以了解面临的问题，以便群策群力地做好协调工作。

（4）开展多种人才培训。人才培训主要是专业技术知识和监理业务知识的再教育，可以与学习制度相结合；也可以有计划地进行不脱产、半脱产或脱产培训，开发潜力资源，提高员工素质，提升工作能力。

（5）组织各种活动。组织各种体育活动、文娱活动、联谊活动和旅游等，以增加沟通，增进感情，调节气氛。

8.2.3　项目监理机构内部协调

一、项目监理机构内部人际关系的协调

工程监理单位是智力密集型企业，高级技术人员和高级管理人员讲究高质量的工作环境。同时，项目监理机构也是由人组成的工作体系，工作效率很大程度上取决于人际关系的协调程度，项目监理机构的管理要以人为本，抓好人际关系的协调，激励项目监理机构中的每位成员。

1. 在人员安排上要量才使用

总监理工程师是项目监理机构的核心成员，是项目监理的主要责任人，肩负着组织与领导团队的使命。用人先识人，总监理工程师要慧眼识人，了解每个成员的特长，并引导他们把实现组织目标和实现自我价值有机地结合起来。根据每位监理工程师的专业技术、工作经验、监理素质、性格特点和工作特点，安排适宜的工作，合理分工与安排，做到人尽其才、才尽其用；人才要合理匹配，扬长避短，做到能力互补、性格互补，充分发挥每个人的积极性，发挥监理组织的整体优势。

2. 在工作委任上要职责分明

总监理工程师要根据监理规划、监理细则和作业指导书，作出周密的工作安排，要明确各部门、各专业和各小组之间的相互关系。如谁主办、谁牵头、谁配合，以免出现混乱或失调。组织内部岗位、职务的确定，有明确的目标，职责分明，不可因人设岗。对项目监理机构内的每一个岗位，都应订立明确的目标和岗位责任制，应通过职能清理，使管理职能不重不漏，做到事事有人管，人人有事干。根据责权利一致的原则，应当进行相应授权，明确应承担的相应责任，得到相应的报酬。真正做到职权相应、利益相当。

3. 在成绩评价上要实事求是

谁都希望自己能作出成绩，并得到肯定。但工作成绩的取得，不仅需要主观努力，而且需要一定的工作条件和相互配合。要发扬民主作风，实事求是地评价，以免人员无功自傲或有功受屈，使每个人都热爱自己的工作，并对工作充满信心和希望。

4. 在矛盾调解上要恰到好处

人员之间一旦出现矛盾就应进行调解,要多听取项目监理机构成员的意见和建议,及时沟通,使人员始终处于团结、和谐、热情高涨的工作气氛之中。

5. 在长远发展上创建优秀团队

优秀的项目监理团队要拥有一支具备高尚职业道德、专业技术过硬、团结协作精神强、工作效率高的队伍。

优秀的项目监理团队必须具备一批优秀的项目监理工程师,作为知识密集型企业,实力的体现就是人才的素质和人才的数量。因此,要加强监理队伍建设,加强监理人才的培养,形成良好的学习和工作环境。建立系统的专业技术培训机制,包括各种学习与培训制度等,加强综合处理能力的训练与培养。

监理工程师的职业道德规范主要体现在:遵循公平、独立、诚信、科学的原则;严格监理、热情服务、秉公办事、一丝不苟、廉洁自律的工作态度;不损害国家和集体利益,不违反工程建设管理规章制度;尽职尽责、兢兢业业地执行监理任务。

专业监理工程师的业务素质是综合性的,不能以本专业知识为局限,在处理工程具体问题时要从多个专业层面来综合考虑,使问题处理得更加科学、合理、实用、经济、绿色。因此,应定期结合案例,组织不同专业人员进行学习和交流,使监理工程师学习和了解其他相关专业的知识与技能,做到"一专多能",从而提高个人的综合业务能力。

创建优秀项目监理团队、打造品牌项目监理部有助于更好地对项目进行系统化的管理,从而提高工作效率和取得突出的工作业绩,为建设单位提供满意的服务,促进团队健康、稳定发展。

二、项目监理机构内部组织协调

项目监理机构是由若干部门(专业组)组成的工作体系。每个专业组都有自己的目标和任务。如果每个子系统都从建设工程的整体利益出发,理解和履行自己的职责,则整个系统就会处于有序的良性状态。否则,整个系统便处于无序的紊乱状态,导致功能失调,效率下降。

项目监理机构内部组织关系的协调可从以下几方面进行。

(1)在职能划分的基础上设置组织机构,根据工程对象及委托监理合同所规定的工作内容,确定职能划分,并相应设置配套的组织机构。

(2)明确规定每个部门的目标、职责和权限,最好以规章制度的形式作出明文规定。

(3)事先约定各个部门在工作中的相互关系。在工程建设中许多工作是由多个部门共同完成的,其中有主办、牵头和协作、配合之分,事先约定,才不至于出现误事、脱节等贻误工作的现象。

(4)建立信息沟通制度,如采用工作例会,业务碰头会,发会议纪要、工作流程图或信息传递卡等方式来沟通信息,这样可使局部了解全局,服从并适应全局需要。

(5)及时消除工作中的矛盾或冲突。总监理工程师应采用民主的作风,注意从心理学、行为科学的角度激励各个成员的工作积极性;采用公开的信息政策,让大家了解建设工程实施情况、遇到的问题或危机;经常性地指导工作,与成员一起商讨遇到的问题,多倾听他们的意见、建议,鼓励大家同舟共济。

三、项目监理机构内部需求关系的协调

建设工程监理实施中有人员需求、试验设备需求、材料需求等,而资源是有限的。因此,内部需求平衡至关重要。需求关系的协调可从以下环节进行。

(1) 对监理设备、材料的平衡。建设工程监理开始时,要做好监理规划和监理实施细则的编写工作,提出合理的监理资源配置方案,要注意抓住期限上的及时性、规格上的明确性、数量上的准确性、质量上的合格性。

(2) 对监理工程师等人员的平衡。要抓住调度环节,注意各专业监理工程师的配合。一个工程包括多个分部分项工程,复杂性和技术要求各不相同,这就存在监理人员配备、衔接和调度问题。如土建工程的主体阶段,主要是钢筋混凝土工程或预应力钢筋混凝土工程;设备安装阶段,材料、工艺和测试手段有多种;还有配套、辅助工程等。监理力量的安排必须考虑到工程进展情况,作出合理的安排,以保证工程监理目标的实现。

四、内部管理制度协调

1. 内部管理制度的概念

管理制度是组织为了实现目标而制定的一些活动程序。具体地说,它规定了组织成员必须遵循的各项规则,包括行为准则和活动程序。有效的制度可以约束和及时调整组织成员的行为,使各个方面、各个部分的工作得以协调。

为了保证项目监理机构用人标准和原则的真正落实,保证组织的有效运行,必须要建立一系列科学的管理制度。

管理制度不是孤立的,它与组织的内部环境及其所处的外部环境息息相关。

如果管理制度不能与内部环境相适应,则其执行必定会大打折扣,甚至流于形式。监理组织只是建设项目系统中的一个子系统,它与建设项目系统中的其他子系统有着相互依赖和相互影响的关系。如果管理制度不能与外部环境相适应,则难以保持组织与外部环境的平衡,所制定的管理制度必将受到环境的制约而无法实施。所以,建立管理制度必须与环境相适应。当环境变化时,管理制度也应随之改变以求适应。

2. 内部管理制度的构成

监理组织的制度有很多,但协调员工与组织之间、员工与员工之间和员工与工作之间平衡的主要有以下几种制度。

(1) 岗位责任制度。岗位责任制度是指确定员工的岗位职务及职责,进行适当的授权,使员工承担相应职责的制度。它规定了员工在组织中的位置、工作内容、责任划分、与其他岗位的关系等,体现了责权一致的原则。

(2) 考核评比制度。所谓考核评比制度,是指对员工的职业道德、工作态度、工作能力和工作业绩进行考核和评价,在此基础上进行评比的制度。考核是对人的行为和工作业绩用规定的标准来衡量,它是员工的行为结果和工作绩效与岗位目标的比较,起到鞭策作用。考核也可使管理者及时了解员工的情况,了解工作制度、工作标准和培训的有效性,帮助其及时调整规章制度、工作标准和培训内容,以便提高整个组织的绩效。

考核评比的目的在于奖励先进、鞭策后进,形成一个你追我赶、协调一致、共同前进的良好局面。

(3)奖惩制度。奖惩制度是指利用各种激励手段对作出贡献和突出成绩的人给予物质鼓励或精神鼓励,并用惩罚告诫人们不要采取组织非期望的行为的制度。奖励的目的是鼓励人的创造性,增强责任心和荣誉感,从而调动人的主观能动性,提高团队的工作效率,确保组织目标的实现。惩罚的目的是制止组织非期望的行为,起着警示和教育的作用。

实行奖惩制度,奖惩结合,奖罚必须分明、恰当和及时。无论是奖还是罚,都要有规定的标准。滥奖滥罚,必将产生严重的消极的后果。当奖则奖,当罚则罚,才能协调组织与员工的平衡以及员工与工作绩效的平衡,起到积极作用。

(4)信息沟通制度。如采用工作例会、碰头会、发工作联系单等方式来加强项目监理机构成员之间的信息沟通,这样可使每个成员通过局部了解全局,服从并适应全局需要。

8.2.4　项目监理机构外部协调

一、引起不协调的因素

1. 建设单位方面的因素

(1)建设单位前期工作的遗留问题,包括:①未按协议条款约定的时间和要求完全解决征地拆迁问题,存在水、电、道路不通等问题。②未及时或完全办理施工所需的各种手续。

(2)提交水准点、坐标控制点的时间存在延误或内容存在错误。

(3)图纸延误,包括:①建设单位未能及时组织图纸会审及设计交底;或未能在合同规定的时间内向施工单位交付设计图纸。②图纸不全或是建设单位要求进行设计变更又不能及时提供变更设计图纸。③未及时提供工地工程地质资料及地下管线资料。

(4)由建设单位提供的材料设备延误,包括:①合同中规定的由建设单位提供的设备或材料没有按时、按质、按量地提供。②建设单位指定的供应商不能按期供应材料与设备,或供应的材料与设备存在缺陷。

(5)建设单位未能按合同规定及时支付工程款,给施工单位造成困难和损失。

(6)建设单位要求赶工,导致施工单位加大支出。

(7)建设单位指定的分包商不能按时完成工程,造成延误。

(8)建设单位拖延交工验收,推迟签署交工验收文件或最终验收手续。

(9)建设单位提前占用工程,导致工期延长和施工单位发生额外费用。

(10)工程变更,包括工程量的变更和工程范围的变更。

2. 施工单位方面的因素

(1)未按批准的进度计划组织施工,包括:①施工单位由于资源不足而延误开工日期。②施工单位由于施工组织失当而使工程进度滞后于计划。

(2)施工单位申请的设计变更未按规定的手续进行或工程变更超过原设计标准和规模。

(3)材料和设备不符合设计要求,包括:①不能提供有效的产品合格证明文件。②未按规定的批量进行复验,或按规定的批量进行复验不合格。

(4) 工程质量缺陷,包括:①检验批、分项工程、分部工程和单位工程验收不合格或存在质量缺陷。②隐蔽工程未经监理工程师检查而擅自隐蔽。③施工单位未按监理工程师的指令完成应由其自费修复的工程。

(5) 由于施工单位的原因,试车达不到验收标准。

3. 监理组织方面的因素

(1) 监理工程师发出的指令、通知有误。

(2) 监理工程师对施工单位的施工组织进行不合理的干预。

(3) 监理工程师的延误,包括:①对材料认可的延误。②对隐蔽工程检查的延误。③对检验批、分项工程、分部工程验收或施工前的检查延误。

(4) 监理组织内部原因,包括:①各部门工作性质不同,考虑角度不同,导致认识不同。②信息阻塞或来源不同。③责权分工不当。④工作经验不同,对同一事物看法不同。⑤组织资源有限,不能满足要求。

4. 不可控制的因素

(1) 不可抗力事件,包括:①自然灾害,如地震、洪水等。②意外风险,如战争、社会动乱、暴乱和空中飞行物坠落等。

(2) 不可预见因素,包括:①文物保护,如施工中发现文物、古墓和化石等而引起停工或搬迁。②异常不利的外界条件,一是施工单位在现场施工时遇到的自然物质条件、人为的及其他物质障碍和污染物,如地下水文条件,但不包括气候条件;二是开工后遇到的实际施工条件比招标文件上描述的恶劣得多,或差异很大,是施工单位所未预见到的。

(3) 国家政策的调整,包括:①物价、工资大幅上涨。②国家法律、法规、部门规章及有关计划进行修改和调整。

5. 其他因素

(1) 外界干扰,包括:①游行示威、罢工及地方有关单位和当地居民的干扰。②其他单位的业务活动对施工现场造成的不利影响。

(2) 建设单位的工程付款被银行延误、邮路延误、港口压港等。

(3) 合同文件的错误,包括:①在中标后发现的由于建设单位合同书写错误而引起的争议。②中标后发现的由于施工单位在投标书中出现书写错误而引起的争议。

(4) 合同条件苛刻。由于合同专用条款的具体内容是由建设单位拟定的,施工单位在投标时不能背离招标文件,只能响应,但在中标后,往往对不合理的条款有准备性地进行索赔。

二、与建设单位的协调

按照我国建筑法及其他相关法律赋予建设工程监理的使命,建设工程监理单位可在合同委托的范围内,自主地运用科学的监理方法和手段进行工程监理。而在现实工作中,建设单位由于对监理工作的认识不足,搞"大建设单位,小监理",在一些工程建设的具体问题上,对监理工作干涉多,或插手监理工程师应做的具体工作。不把合同中规定的权力交给监理单位,致使监理工程师有职无权,发挥不了作用。由于建设单位科学管理意识差,在建设工程目标确定上压工期、压造价，在建设工程实施过程中变更多或时效不按要求，给监理的质量、进度、投资控制工作带来困难，严重影响监理目标的实现。因此，与建设单位的协调是监理工作的重点和难点。

1. 加强信息沟通，取得建设单位支持

（1）监理工程师要理解建设工程总目标、理解建设单位的意图。对于未能参与项目决策过程的监理工程师，必须了解项目构思的基础、起因、出发点。否则，可能对监理目标及任务有不完整的理解，会给工作造成很大的困难。

（2）利用工作之便做好监理宣传工作，增进建设单位对监理工作的理解，特别是对建设工程管理各方职责及监理程序的理解；主动帮助建设单位处理建设工程中的事务性工作，以自己规范化、标准化、制度化的工作去影响和促进双方工作的协调一致。

（3）尊重建设单位，让建设单位一起投入建设工程全过程。尽管有预定的目标，但建设工程实施必须执行建设单位的指令，使建设单位满意。对建设单位提出的某些不适当的要求，只要不属于原则问题，都可先执行，然后利用适当时机、采取适当方式加以说明或解释；对于原则性问题，可采取书面报告等方式说明原委，尽量避免发生误解，以使建设工程顺利实施。

实际上建设单位方面的各种信息很重要，比如建设单位要求的设计变更，对某些工程材料及设备的要求，以及施工过程中建设单位的某些想法及要求。这就要求建设单位代表与监理要经常进行信息的交流，定期举行工程例会，工程文件要及时下发，经常组织技术论证会，对某些方案的选用进行科学研究分析。科学、有效、务实的监理工作应该是监理与建设单位统一思想、统一步调，避免决策上的失误，把工作精力真正用于工程的质量、进度及投资三大控制和安全生产管理的监理工作上。

2. 与建设单位协调的工作内容

（1）前期工作遗留问题的协调。对于建设单位前期工作遗留问题，如建设单位未能及时办理施工所需的各种证件、批件，不能按合同规定的时间交付施工用地，水、电、道路不通等，监理工程师要及时与建设单位沟通，督促建设单位安排专人、限定时间解决落实。又如某些工程的征地拆迁旷日持久，如不能解决，会对工程施工造成很大影响，有的不能按时开工，有的开工了也不得不停工。遇到这种情况，在工程施工前，监理工程师要事先了解和掌握工程的基本情况，配合建设单位和施工单位，做好政策宣传教育工作，运用行政手段，使问题及时得到解决。

（2）资金协调。建设单位的资金到位率低，不能按合同约定的方式和时间支付工程预付款或进度款，这些都会影响施工单位的资金周转，进而影响施工进度。监理工程师应根据建设单位的资金供应能力，安排好施工进度计划，并督促建设单位及时拨付工程预付款或进度款，以免因此而引起工期延误索赔。

（3）建设单位供应的材料和设备协调。建设单位供应的材料和设备的单价、品种、规格、型号、质量等级、数量及到货时间与地点等直接影响施工进度和建筑产品的形成。当其与一览表不符时，监理工程师应及时与建设单位协调。当采用非招标方式进行材料与设备采购时，监理工程师应协助建设单位进行采购的技术与商务谈判。此后，应以跟踪的方式与材料设备供应商同步协调，货到现场由监理工程师负责一般问题的协调。这样，既保证了外部协调正常进行,又能使监理工作有良好的协调次序。

(4) 风险管理协调。风险管理在建设项目中逐渐被认识和应用。监理单位作为工程的重要参与方,应该根据工程项目的特点和所处的环境,分析、测算各种不确定因素和随机因素对工程项目预期经济效果的影响程度,对工程项目带来的风险大小。并进行风险评估,制定风险对策,规避和降低风险。为此,监理工程师应及时与建设单位做好积极有效的协调。

三、与施工单位的协调

监理工程师对质量、进度和投资的控制,尤其是对安全生产管理的监理都是通过施工单位的工作来实现的。所以,做好与施工单位的协调工作是监理工程师组织协调工作的重要内容。

与施工单位协调时,要坚持原则,实事求是,严格按规范、规程办事,讲究科学态度。在监理工作中应强调各方面利益的一致性和建设工程总目标;应鼓励施工单位将建设工程实施状况、实施结果和遇到的困难及意见向相关监理工程师汇报,以寻找可能对目标控制产生影响的因素。双方相互了解得越多越深刻,监理工作中的对抗和争执就越少。

协调时还要注重语言艺术、感情交流和用权适度。有时尽管协调意见是正确的,但由于方式或表达不妥,反而会激化矛盾。而高超的协调能力则往往能起到事半功倍的效果,令各方面都满意。

处理好人际关系。在监理过程中,监理工程师处于一种十分特殊的位置。建设单位希望得到独立、专业的高质量服务,而施工单位则希望监理单位能对合同条件进行公正的解释和执行。因此,监理工程师必须善于处理各种人际关系,既要严格遵守职业道德,礼貌而坚决地拒收任何贿赂,以保证行为的公正性,也要利用各种机会增进与各方面人员的友谊与合作,以利于工程的进展。

与施工单位协调工作的主要内容如下。

1. 工程进度问题的协调

由于影响进度的因素错综复杂,因而进度问题的协调工作也十分复杂。实践证明,有两项协调工作很有效:一是建设单位和施工单位双方共同商定一级网络计划,并由双方主要负责人签字,作为工程施工合同的附件;二是设立提前竣工奖,由监理工程师按一级网络计划节点考核,分期支付阶段工期奖,如果整个工程最终不能保证工期,由建设单位从工程款中将已付的阶段工期奖扣回并按合同规定予以罚款。

2. 质量问题的协调

在质量控制方面应实行监理工程师质量签字认可制度。对没有出厂证明、不符合使用要求的原材料、设备和构件,不准使用;对工序交接实行报验签证;对不合格的工程部位不予验收签字,也不予计算工程量,不予支付工程款。在建设工程实施过程中,设计变更或工程内容的增减是经常出现的,有些是合同签订时无法预料和明确规定的。对于这种变更,监理工程师要认真研究,合理计算价格,与有关方面充分协商,达成一致意见,并实行监理工程师签证制度。

3. 合同争议的协调

对于工程中的合同争议,监理工程师应首先采用协商的方式解决,协商不成时才由当事人向合同管理机关申请调解。只有当对方严重违约而使自己的利益受到重大损失且不能得到补偿时才采用仲裁或诉讼手段。如果遇到非常棘手的合同争议问题,不妨暂时搁置等待时机,另谋良策。

4. 工程变更协调

在工程项目的实施过程中,由于各方面的情况变化,工程变更是经常发生的。工程变更属于估价和结算支付的日常性合同管理工作,应随时申报,按合同约定支付。

(1)按合同条件分类的工程变更。工程变更按合同条件分为工程量变更和工程范围变更。工程量变更是在原合同工程量清单基础上的变更;工程范围变更是超出原合同的工程范围而发生的变更,属于额外工作。在合同管理工作中,两者的施工工期和施工费用有很大差别。

(2)按工作性质分类的工程变更。工程变更按工作性质分为设计变更和施工条件变更;设计变更是由于设计工作的疏漏,以致在施工过程中发现一些设计文件中没有考虑或计算不准确的地方而导致的变更;施工条件变更是在施工中实际遇到的现场施工条件与招标文件中描述的现场条件有本质的差异而导致的变更。

在施工过程中出现的工程变更问题,应根据情况分别协调处理。如果是设计变更问题,还涉及与设计单位的沟通。对于施工单位提出的变更申请,监理工程师一方面要调查核实,一方面要主动与设计单位沟通,征求设计单位的意见。现场施工条件变更,一般出现在基础地质等方面,如基础施工出现流沙或淤泥层,隧道开挖中发现围岩级别的变化、出现溶洞或断层等。在某些情况下,由于双方对合同的解读不同,往往会各执一词。监理工程师应充分做好现场记录资料和试验数据的收集整理工作,以便在协调处理工程变更、分析产生的原因时,更具有科学性,也更具有说服力。协调中,宜采取多找双方利益共同点的方针,提出双方都能接受的意见。

5. 安全生产协调

(1)督促建立安全生产保证体系。监理工程师应督促施工单位建立、健全安全生产保证体系,设置安全生产管理机构或者配备专职(或兼职)安全生产管理人员,并督促、检查施工单位安全生产规章制度的建立与完善。

(2)审查安全技术方案。监理工程师应审查施工单位编制的施工组织设计中的安全技术措施和危险性较大的分部分项工程安全专项施工方案是否符合工程建设强制性标准要求。

(3)协助做好安全生产技术培训。监理工程师应本着热情服务的精神,协助施工单位做好安全生产培训工作,整合培训资源,完善培训网络,加大培训力度,提高培训质量。生产经营单位必须对所有从业人员进行必要的安全生产技术培训,其主要负责人及有关经营管理人员和重要工种人员必须按照有关法律、法规的规定,接受规范的安全生产培训,经考试合格,持证上岗。

(4)要求文明施工。施工现场采取封闭围挡,将施工现场与周围环境相隔离。围挡的材料应坚固、稳定、整洁和美观,既要与周边环境相协调,又要确保围挡的稳定性和安全性。

(5)加强现场控制与协调。监理工程师应加强现场巡视检查,对发现的各类安全事故隐患,要书面通知施工单位,并督促其立即整改;情况严重的,总监理工程师应及时下达工程暂停令,要求施工单位停工整改,并同时报告建设单位。安全事故隐患清除后,总监理工程师应检查整改结果,签署复查或复工意见。施工单位拒不整改或不停工整改的,监理单位应当及时向工程所在地建设主管部门报告。所有检查、整改、复查和报告等情况应记载于监理日志、监理月报中。

(6) 改善作业环境。作业环境的好坏对安全施工有着直接影响。当出现施工环境恶劣,不符合环境保护和劳动保护要求时,监理工程师应告诫施工单位为作业人员创造一个良好的作业环境,切实保障员工的安全与健康,防止安全事故的发生。

(7) 认真调查事故。对于工地出现的安全事故,项目总监理工程师要组织专业监理工程师进行认真调查,坚持事故原因未查清不放过、责任人员未处理不放过、整改措施未落实不放过和有关人员未受到教育不放过的"四不放过"原则。

(8) 定期召开安全生产分析会。监理工程师应定期召开安全生产分析会,对施工中存在的关键性、倾向性和一惯性问题,制定针对性的整改措施。

6. 对分包单位的管理

对分包单位的管理主要是要明确合同管理范围,分层次管理。将总包合同作为一个独立的合同单元进行投资、进度、质量控制和合同管理,不直接和分包合同发生关系。对分包合同中的工程质量、进度进行直接跟踪监控,通过总承包商进行调控、纠偏。分包商在施工中发生的问题,由总承包商负责协调处理。必要时,监理工程师帮助协调。当分包合同条款与总包合同发生抵触时,以总包合同条款为准。此外,分包合同不能解除总承包商对总包合同所承担的任何责任和义务。分包合同发生的索赔问题,一般由总承包商负责,涉及总包合同中建设单位的义务和责任时,由总承包商通过监理工程师向建设单位提出索赔,由监理工程师进行协调。

7. 对施工单位违约行为的处理

在施工过程中,监理工程师对施工单位的某些违约行为进行处理是一件很慎重而又难免的事情。当发现施工单位采用一种不适当的方法进行施工,或是用了不符合合同规定的材料时,监理工程师除了立即制止外,可能还要采取相应的处理措施。遇到这种情况,监理工程师应该考虑的是自己的处理意见是否是监理权限以内的,根据合同要求,自己应该怎么做等。在发现质量缺陷并需要采取措施时,监理工程师必须立即通知施工单位。监理工程师要有时间期限的概念,否则施工单位有权认为监理工程师对已完成的工程内容是满意或认可的。

四、与设计单位的协调

监理单位必须协调与设计单位的工作,以加快工程进度,确保质量,降低消耗。

1. 建立友好协作关系

对施工阶段监理而言,监理单位与设计单位不是监理与被监理的关系。由于设计对施工的配合直接影响着工程的工期、质量和投资,因而监理单位与设计单位是一种工作上的协作关系,双方在技术上和业务上有着密切的关系。因此,监理工程师与设计工程师之间、总监理工程师与工程项目设计总负责人之间,应互相理解、尊重与密切配合。监理工程师应主动向设计单位介绍工程进展情况,充分理解设计单位对工程的设计意图,尊重设计意见。监理单位与设计单位的沟通协调,要注意信息传递的及时性和程序性。监理工程师工作联系单、变更设计申请单或设计变更通知单的传递,应按规定的程序进行。

2. 施工图纸审核的协调

真诚尊重设计单位的意见,认真搞好图纸会审,在设计单位向施工单位介绍工程概况、设计意图、技术要求、施工难点等事项时,注意是否存在标准过高、设计遗漏、图纸差错等问题,并将其解决在施工之前;施工阶段,严格按图施工;结构工程验收、专业工程验收、竣工验收等工作,约请设计代表参加;若发生质量事故,认真听取设计单位的处理意见等。施工中发现设计问题,还应及时通过建设单位向设计单位提出,以免造成大的直接损失。

设计文件是实施监理的依据之一,监理应当尊重设计,但这并不意味着不包含对施工设计图和变更的审查与监督。设计文件与施工图纸一旦交付监理单位,监理工程师不但有权而且有责任及时对设计文件与施工图纸进行审核,尽快将审核意见反馈给设计单位和建设单位,并与之商榷。对存在的问题,应按规定的程序进行设计变更,切不可以"设计的延续"为由,随意变更设计。

若监理单位掌握比原设计更先进的新技术、新工艺、新材料、新结构、新设备时,可通过建设单位向设计单位推荐。为使设计单位有修改设计的余地而不影响施工进度,可协调各方达成协议,约定一个期限,争取设计单位、施工单位的理解和配合。

3. 施工中的设计变更协调

在施工中设计变更是经常发生的事情。为处理好这些问题,对大型和重点建设工程项目,一般要求设计单位在现场派驻设计组。监理工程师要积极支持驻工地设计组的工作,经常与之沟通。设计中存在错、漏、碰或需要完善的地方,要以诚相待,主动与设计单位商量,征求设计单位的意见,然后按规定的程序进行变更。这样,可使问题处理融洽快捷,减少延误,促进施工顺利进行。

值得注意的是,在施工监理的条件下,监理单位与设计单位都是受建设单位委托进行工作的,两者之间并没有合同关系,所以监理单位主要是和设计单位做好交流工作,协调要靠建设单位的支持。设计单位应就其设计质量对建设单位负责,因此《中华人民共和国建筑法》指出工程监理人员发现工程设计不符合建筑工程质量标准或者合同约定的质量要求的,应当报告建设单位,要求设计单位改正。

五、与政府部门及其他单位的协调

一个建设工程的开展还受到政府部门的监管及其他单位的影响,如政府部门、金融组织、社会团体、新闻媒体等。它们对建设工程起着一定的控制、监督、支持、帮助作用,倘若协调不好与这些单位的关系,建设工程的实施也可能严重受阻。

1. 与材料设备供应商的协调

与材料设备供应商的协调主要是与合同中由甲方指定的材料设备供应商的协调。主要内容包括供货时间、地点、批量、规格、质量等级和付款方式及材料设备的检验、测试协调,工程质量出现缺陷涉及材料与设备问题时的检测协调等。

为了保证材料与设备不致影响工程项目的工期和质量,监理工程师应协助建设单位进行采购的技术与商务谈判,作出供应计划并以此跟踪协调。货到现场,由总监理工程师代表或专业监理工程师负责开箱检查及安装调试的协调工作。与材料设备供应商的协调,应依据供应合同,运用竞争机制、价格机制和供求机制搞好协作配合,还要充分发挥监理的社会地位和作用。

2. 与政府部门的协调

(1) 工程质量监督站是由政府授权的实施工程质量监督的机构,对委托监理的工程,质量监督站主要是核查勘察设计单位、施工单位和监理单位的资质和从业人员的执业资格,监督这些单位的质量行为和工程质量。监理单位在进行工程质量控制和质量问题处理时,要做好与工程质量监督站的交流和协调。

(2) 发生重大质量事故,在施工单位采取急救、补救措施的同时,应督促施工单位立即向政府有关部门报告情况,接受检查和处理。

(3) 征地、拆迁、移民要争取政府有关部门的支持和协作;现场消防设施的配置,宜请消防部门检查认可;要督促施工单位在施工中注意防止环境污染,坚持做到文明施工。

3. 协调与社会团体的关系

一些大中型建设工程建成后,不仅会给建设单位带来效益,还会给该地区的经济发展带来好处,同时给当地人民的生活带来方便,必然会引起社会各界关注。建设单位和监理单位应把握机会,争取社会各界对建设工程的关心和支持。这是一种争取良好社会环境的协调。

对本部分的协调工作,从组织协调的范围看属于远外层的管理。根据目前的工程监理实践,对远外层关系的协调,应由建设单位主持,监理单位主要是协调近外层关系。如建设单位将部分或全部远外层关系协调工作委托监理单位承担,则应在工程监理合同专用条件中明确委托的工作和相应的报酬。

8.3　案例分析

8.3.1　项目监理机构内部的沟通与协调实例

一、背景资料

某城市综合体项目总建筑面积 560000 m²,共分三期建设:其中一期为商业(地下 2 层,地上 3 层)和住宅工程(地下 2 层,地上 34 层),建筑面积 130000 m²;二期为办公(地下 3 层,地上 40 层)和住宅工程(地下 2 层,地上 34 层),建筑面积 260000 m²;三期为住宅工程(34 层),建筑面积 170000 m²。

2013 年 2 月 10 日,当项目监理机构进场时(原项目监理机构因故退场),项目形象进度如下:一期商业结构施工到 2 层,住宅施工到 17 层;二期工程桩(旋挖桩和冲孔桩)完成过半,基坑支护桩、首排锚索和冠梁基本完成,基坑土方开挖约 25%,随着土方分层开挖,第二排锚索和围檩需要施工;三期工程刚开始施工支护桩。一期由一家总承包施工单位(负责土建、水电、铝合金门窗工程施工)施工,商业展示中心装修工程、幕墙工程、住宅样板间装修工程、商业广场园林景观工程分别由不同公司分包施工。二、三期由另外一家总承包施工单位施工,目前尚未进场;基坑支护、土方开挖、工程桩施工分别分包给不同的施工单位施工。

2013 年 2 月 28 日 24:00 原监理机构正式退场,新项目监理机构正式接管。新项目监理机构面临的工作如下。

(1) 一、二期监理工作交接以及施工许可证变更的监理。

(2) 一、二、三期土建施工、水电管线预埋的监理工作,其中一期商业展示中心装修、住宅样板间、电梯安装、商业广场园林景观工程必须在 5 月 1 日施工完成并对外开放。

(3) 另外,建设单位集团内部聘请第三方评估公司,在 3 月底对该项目进行第一季度质量安全评估,包括对一期工程的混凝土结构、砌体、抹灰分部分项工程表观质量进行实测实量,对一、二、三期工程安全文明管理进行量化检查考核。

根据工程需要和监理合同要求,项目监理机构配置 30 人;根据工程特点,项目监理机构内部如何分工协作,有序开展项目监理工作?

二、分析思路

根据背景资料可以看出,项目监理机构内部在沟通与协调过程中,应考虑以下内容。

(1) 根据工程特点,当前应配置的专业人员如下。

一期:土建、水电、装修、幕墙、园林人员。

二期:岩土、测量、土建人员。

三期:土建人员。

评估人员(土建人员兼职)。

材料见证送检人员。

安全员。

资料员。

(2) 根据工程特点,当前应开展的工作如下。

① 2 月 28 日监理工作交接,包括工程移交(工程移交界面确定)和监理资料移交。

② 一、二、三期土建、水电工程常态监理工作。

③ 5 月 1 日一期商业展示中心、住宅样板间、商业广场园林开放,包括装修、幕墙、园林工作。

④ 评估工作,实测实量、安全文明检查。

(3) 组建项目监理机构,部门划分、人员分工。

(4) 建立监理工作制度,尤其应重点建立信息沟通制度。

(5) 项目监理机构可采用书面协调法、会议协调法、交谈协调法和联谊协调法进行内部人际关系、组织关系、需求关系的协调。

三、解决方案

1. 组建项目监理机构,进行部门划分、人员分工

根据项目特点和建设单位扁平化的管理模式,本项目监理机构配总监理工程师 1 名,统管一、二、三期全局工作;行政助理 1 人,负责行政、财物、对外事务等工作。

（1）一期人员配置如下。

总监理工程师代表 1 人。

商业部分：土建工程师 1 人，监理员 1 人。

住宅部分：1 栋设土建工程师 1 人，2 栋设土建工程师 1 人，土建监理员 2 人（每栋 1 人）。

商业与住宅装修部分：装修工程师 1 人，装修监理员 1 人。

商业广场园林部分：园林工程师 1 人。

安全监理员 1 人。

资料员 1 人。

（2）二期人员配置如下。

总监理工程师代表 1 人。

岩土工程师 1 人，土建监理员 2 人，负责工程桩（旋挖桩和冲孔桩）、支护桩（旋挖桩）、水泥搅拌桩、锚索、围檩、角撑等施工监理。

土建工程师 1 人，监理员 1 人，负责桩基检测、检测结果通报与检测报告整理、Ⅲ（Ⅳ）类桩处理、合格桩基移交手续签字以及基坑监测报告管理。

监理员 1 人，负责协调基坑土方开挖外运、承台土方开挖、凿桩头、浇承台垫层。

土建工程师 1 人，监理员 3 人，负责承台、地下室底板与剪力墙的模板、钢筋、混凝土施工监理。

安全监理员 1 人。

资料员 1 人。

（3）三期人员配置如下。

总监理工程师代表 1 人。

岩土工程师 1 人，土建监理员 2 人，负责工程桩（旋挖桩和冲孔桩）、支护桩（旋挖桩）、水泥搅拌桩、锚索、冠梁、角撑等施工监理。

安全监理员 1 人。

资料员 1 人。

（4）设置安装组。

组长 1 人。

给排水工程师 1 人、监理员 1 人，暖通工程师 1 人、监理员 1 人，电气工程师 1 人、监理员 1 人，电梯工程师 1 人，统管一、二、三期全部安装监理工作。

（5）设材料送检组。

组长 1 人，负责对进场材料的送检管理和检测结果进行检查。一、二、三期指定 1 个土建监理员，安装组指定 1 个监理员，负责本专业材料见证送检和检测报告的追踪、反馈、归档。

部门划分之后要明确各部门的职责，还要明确各部门之间的相互关系，部门之间做到既分工又合作。

2. 项目监理机构内部人际关系的协调

在组织机构设置和部门划分完成之后，人员的选拔和干部的任用是重中之重，在工作安排、成绩评价和矛盾处理上，遵循以下原则。

（1）在人员安排上要量才录用：结合专业经验、工作经历、技术水平、业务能力、身体条件、年龄情况等因素综合考虑，做到人尽其才，才尽其用。

（2）在工作委任上要职责分明：岗位稳定、分工明确、职责清晰。

（3）在成绩评价上要实事求是：错误不隐瞒，成绩不放大，实事求是，客观公正地评价员工的成绩和不足。

（4）在矛盾调解上要恰到好处：在矛盾调解上，晓之以理，动之以情，做到有理有节，既不蜻蜓点水又不矫枉过正，不偏不倚，恰到好处，及时化解矛盾，构建和谐团队。

3. 项目监理机构内部需求关系的协调

（1）对监理设备、设施的平衡。

总监理工程师、行政助理、总监理工程师代表、组长、工程师、资料员各配备台式电脑一台；总监理工程师、行政助理、总监理工程师代表、组长再各配笔记本电脑一台；总监理工程师配备专用打印机一台；配公共打印机3台；总监理工程师、总监理工程师代表、组长、工程师各配备照相机一台；对讲机配备16部；总监理工程师配备望远镜1台，座机电话1部；办公室配备扫描仪1台，铁皮资料柜6个，柜式空调4台，全站仪1台，激光扫平仪2台，2 m靠尺4把等。

工装、劳保鞋、安全帽、雨鞋、雨衣、工具包、卷尺等人均1套（其中工装2套）。

确保监理设备、设施配备充裕，满足监理工作需要。

（2）对监理人员的平衡。

根据工程特点和监理合同要求，各期监理人员按照当前工程需要配置，按需设岗、按岗定人，既避免出现空岗现象，又要防止机构臃肿，人浮于事。

4. 项目监理机构内部协调方法

（1）书面协调法：把项目监理机构的管理架构图、部门划分、岗位职责、工作权限、工作目标、管理制度、工作流程、信息沟通制度、奖罚规定等制作成管理手册，组织监理人员学习。

（2）会议协调法：通过召开项目监理机构内部培训会议，宣传贯彻管理手册精神；也可以组织员工观看管理学讲座视频，提高员工的管理意识、技能和水平；也可以针对某次成功的监理活动，组织专题总结会，进行经验总结，比如，成功通过监理工作移交、成功通过建设单位集团内部第三方评估，如期实现销售展示等活动，总结成功的监理经验，并吸取失败的教训，再接再厉。

（3）交谈协调法：当员工之间出现矛盾或冲突时，采取个别交谈的方法，摆事实，讲道理，晓之以理，动之以情，及时化解矛盾，构建和谐团队。

（4）联谊协调法：为完成某项阶段性监理工作，全体监理人员平时加班加点，周末值班，甚至通宵旁站，身心疲惫。为放松员工紧张的精神状态，同时也为了更好地凝聚员工的向心力，项目监理机构可以组织聚餐、文体娱乐或者旅游等集体活动，增加员工之间的沟通和友谊，消除矛盾和冲突。

四、实例总结

1. 项目监理机构内部人际关系的协调

(1) 在人员安排上要量才录用。

(2) 在工作委任上要职责分明。

(3) 在成绩评价上要实事求是。

(4) 在矛盾调解上要恰到好处。

2. 项目监理机构内部组织关系的协调

(1) 在目标分解的基础上设置组织机构。

(2) 明确每个部门(专业组)的职能划分、工作目标、职责和权限。

(3) 规定各个部门(专业组)在工作中的相互关系。

(4) 建立信息沟通制度。

(5) 及时消除工作中的矛盾或冲突。

3. 项目监理机构内部需求关系的协调

(1) 对监理人员的平衡。根据工程特点和监理合同要求,各期监理人员按照当前工程需要配置,按需设岗、按岗定人,既避免出现空岗现象,又要防止机构臃肿,人浮于事。

(2) 对监理设备、设施的平衡。根据工程特点和监理合同要求,确保监理设备、设施配备充裕,满足监理工作需要。

8.3.2　项目监理机构与建设单位的沟通与协调实例

一、背景资料

某房地产项目分一区和二区两个标段,分别办理了施工许可证。其中一区桩基较少且先施工完成,二区桩基较多后施工完成。2012 年 8 月,一区桩基的验收资料准备齐全,项目监理机构准备下午召开一区桩基分部工程验收会议,并通知了建设、施工(总包)、桩基(分包)、设计、勘察、质监等单位相关人员参加会议。在会议即将召开前,负责桩基施工的项目经理利用建设单位赶进度的心理,给建设单位工程部经理打电话说在一区桩基的验收会议上把二区的桩基也顺便验收,并说他们已经把二区桩基验收资料准备齐全。建设单位工程部经理由于不太了解桩基验收资料和现场桩基处理情况,觉得如果一起验收还会加快总包的施工进度,就答应了。于是,建设单位工程部经理就通知现场项目监理机构,说下午召开的是一、二区的桩基验收会议,让总监理工程师主持下午的桩基验收会议。

实际上,一区的桩基验收资料齐全,现场桩基已经完成,且有问题的桩基也已经处理完毕,具备召开桩基分部工程验收会议的条件。而二区的桩基,尚未提供正式的低应变和钻芯检测报告(因建设单位欠桩基检测机构的费用),一桩一组的混凝土 28 d 标准养护试件强度报告也未提供(因最后一批桩基施工完成不足 28 d)。另外,在现场尚存在个别桩位偏移超限、桩头钢筋的锚固长度不足等问题。以上问题不处理,二区桩基分部工程是不具备验收条件的。

针对上述情况,项目监理机构如何与建设单位进行沟通与协调?

二、分析思路

根据背景资料可以看出,项目监理机构在和建设单位的沟通与协调过程中,应考虑以下内容。

(1)加强与建设单位领导及驻场代表的联系,尊重建设单位合法合理的意见和要求;与建设单位建立和谐的工作关系,取得建设单位对监理工作的理解和支持。

(2)熟悉监理合同的内容,理解项目总目标,掌握建设单位的建设意图和对监理机构的工作要求。

(3)作为沟通与协调的枢纽,监理机构应主动与建设单位协商,其工作指令、设计变更、图纸等信息传递应通过监理机构传达、发放,保证施工过程中信息管理路径的唯一性,提升沟通与协调的效率。

(4)坚持原则和立场,当建设单位不听取正确的监理意见,坚持不正当的行为时,总监理工程师应通过个别交谈或向上一层级领导汇报等方式解决,不应采取强硬和对抗的行为,可通过发出工作备忘录,记录备案,明确责任。

结合本案例,项目监理机构可采取情况介绍法和会议协调法,与建设单位协调解决问题。

三、解决方案

1. 情况介绍法

项目总监理工程师得知此事之后,立即与建设单位工程部经理进行沟通,从桩基验收资料准备和现场桩基处理两个方面,汇报一、二区桩基的真实情况:一区的桩基验收资料齐全,现场桩基已经完成,且有问题的桩基也已经处理完毕,具备召开桩基分部工程验收会议的条件。而二区的桩基尚未提供正式的低应变和钻芯检测报告,一桩一组的混凝土 28 d 标准养护试件强度报告也未提供。另外,在现场尚存在个别桩位偏移超限、桩头钢筋的锚固长度不足等问题。以上问题不处理,二区桩基分部工程是不具备验收条件的,建议建设单位暂时不验收二区桩基。

建设单位工程部经理听完总监理工程师介绍后,觉得合情合理,同意总监理工程师的意见。在取得建设单位支持后,总监理工程师又与桩基项目经理沟通,解释二区桩基暂时不能验收的原因。在客观事实及项目监理机构与建设单位达成共识的前提下,桩基项目经理只能接受总监理工程师的建议。

2. 会议协调法

下午,总监理工程师顺利主持完成一区桩基分部工程验收会议,并在会议结尾要求桩基施工单位抓紧完善二区桩基验收资料,尽快处理现场存在问题的桩基,并上报完整的验收资料给项目监理机构预审,争取早日进行二区桩基分部工程验收。

这样处理,建设单位认为项目监理机构掌握现场情况,熟悉业务流程,工作认真负责。在尊重事实的基础上,总监理工程师动之以情,晓之以理,既没有损害桩基施工单位的利益,又给他们提出抓紧进行二区桩基验收的要求,客观上是在帮助他们尽快开展二区桩基验收工作,推进施工进度。一场桩基验收会议,既解决了一区桩基分部工程验收问题,又布置了二区桩基分部工程验收的工作,使建设单位和桩基施工单位都比较满意。

四、实例总结

由于房地产项目受开盘销售日期的限制,建设单位一般都比较关注工程进度,所以项目监理机构与建设单位的沟通与协调工作,最终都集中在进度问题上。质量、造价、进度是既统一又对立的辩证关系,不能为了盲目赶进度而牺牲质量,如果存在质量隐患,反而是欲速则不达。当遇到进度与质量矛盾的情况时,由于建设单位的领导不太了解现场质量细节,所以常常采用情况介绍法先与领导进行个别沟通,当与建设单位领导达成共识时,再在会议上向建设单位和施工单位宣布项目监理机构的决定。

既讲究沟通与协调的艺术,又要坚持原则和立场,当建设单位不听取正确的监理意见,坚持不正当的行为时,总监理工程师应通过个别交谈或向上一层级领导汇报等方式解决,不应采取强硬和对抗的行为,可采用书面协调法,通过发出工作备忘录,记录备案,明确双方责任。

8.3.3　项目监理机构与施工单位的沟通与协调实例

一、背景资料

2010 年 10 月,某房地产项目正在浇筑四层柱和五层梁板混凝土,监理员在旁站中发现施工单位误将梁板混凝土(强度等级为 C30)浇到柱模里(柱混凝土强度等级为 C35),专业监理工程师和监理员立即上前责令混凝土班组停止浇筑,但混凝土班组不听劝告,继续施工。专业监理工程师立即联系项目经理,责令停止浇筑。停止浇筑时,该柱混凝土已浇筑半柱高。此时,项目经理和专业监理工程师协商改浇 C35 混凝土,并请求专业监理工程师不要把此事向建设单位工程部经理汇报。专业监理工程师看到施工单位已经改换 C35 混凝土,觉得项目经理的态度也很诚恳,就默认继续施工。建设单位工程部两位实习生听说此事后,立即向工程部经理汇报,大致内容是四层柱混凝土浇错了,监理人员和施工单位隐瞒不报,想“私了”。工程部经理闻讯立即通知项目总监理工程师召开专题会议处理此事。

针对上述情况,项目监理机构如何与施工单位进行沟通与协调?

二、分析思路

根据背景资料可以看出,项目监理机构在与施工单位的沟通与协调过程中,应考虑以下内容。

(1)项目监理机构应坚持原则,实事求是,严格按照设计、规范和合同规定,正确处理施工过程中的质量、造价、进度、合同、资料、安全生产等问题。

(2)作为沟通与协调的枢纽,要求施工单位的各种申请、报批等相关信息应通过监理机构上报建设单位,保证施工过程中信息管理路径的唯一性,提升沟通与协调的效率。

(3)在施工过程中,不符合设计要求或施工规范的质量问题,项目监理机构不予验收,并要求施工单位必须整改;若沟通与协调无效,施工单位拒不整改,项目监理机构可根据监理合同,监理规范,相关法律、法规签发监理通知单、工程暂停令或监理报告。

就本案例而言,可采用会议协调法和书面协调法与施工单位协调解决问题。

三、解决方案

1. 会议协调法

总监理工程师立即召集建设单位、监理人员和施工单位召开专题会议,在专题会议上,总监理工程师肯定现场监理人员能够发现问题,并责令施工单位停止浇筑柱混凝土,但是有两个地方做得不妥,日后需要改进。

首先,发现质量问题后,要第一时间向总监理工程师和建设单位代表(包括建设单位的工程师或工程部经理)汇报,简要说明事由和目前状况,要让建设单位有知情权。否则,会导致监理工作更加被动。

其次,施工单位停止浇筑混凝土后,能否改浇 C35 混凝土或者采取其他办法,这是一个质量事故的处理方案问题,不能由施工单位擅自决定。此时现场监理人员的正确做法是先暂停浇筑混凝土,请示总监理工程师如何处理,等待总监理工程师和建设单位工程部经理沟通后作处理决定。

最后,针对当前的状况,总监理工程师向建设单位详细阐述对这根问题柱的处理意见,要求施工单位提交处理方案,由设计单位审核,该处理方案应得到建设单位的认可。

2. 书面协调法

根据会议协调内容,项目监理机构要求施工单位提交书面处理方案,处理方案内容如下。

(1) 考虑工期及成本,暂定不拆除该柱,在该柱木模板四周包裹塑料薄膜一道,洒水养护 28 d,确保柱混凝土强度的正常发育和增长。

(2) 柱养护到 28 d 后,用回弹仪对该柱上、中、下部位进行回弹检测,观察柱实体回弹强度是否达到设计强度等级 C35。同时,进行步骤(3)。

(3) 设置 C30 混凝土同条件养护试件 3 组,养护到 28 d,送到当地检测中心进行抗压强度试验,根据试验结果,判断该柱实体混凝土强度是否达到设计强度等级 C35(此步骤基于混凝土施工配合比强度=混凝土设计强度+1.645×标准差)。

(4) 若步骤(2)和步骤(3)的检测结果均能达到该柱混凝土设计强度等级 C35,则可判定通过挖掘材料潜力,柱混凝土强度等级满足要求。

若步骤(2)和步骤(3)的检测结果不能同时满足该柱混凝土设计强度等级 C35,则必须采取步骤(5)进行检测。

(5) 钻孔抽芯。在该柱上、中、下部位,分别进行钻孔抽芯检测,根据检测结果进行判断。若检测结果达到柱混凝土设计强度等级 C35,则可判定柱混凝土强度等级满足要求。

否则,采取步骤(6)进行验算。

(6) 设计挖潜。由结构设计人员按照混凝土实际强度对该柱进行强度储备验算,若设计强度储备满足要求,则可判定柱承载力满足设计要求,该柱可以使用。否则,采取步骤(7)进行加固。

(7) 加固。通过计算,用环氧树脂在柱四角粘贴角钢和钢板进行加固。

四、实例总结

(1) 在这次质量事故的处理过程中,总监理工程师及时召开技术专题会议,能够熟练把握事故处理流程和方法,向建设单位提出合理的处理建议,并要求施工单位提交处理方案,由设计单位审核,妥善处理质量事故。按照该处理方案,后来实践证明,既未影响工期,又未增大处理成本,得到建设单位和施工单位认可。

(2)对质量事故的处理,通常采取会议协调法和书面协调法。

(3)工地上发生质量问题后,监理人员要第一时间向总监理工程师和建设单位汇报,要确保总监理工程师和建设单位代表的知情权。

(4)对不予处理默认施工单位继续施工的专业监理工程师,总监理工程师应加强监理职责和专业技术教育培训,并报告监理单位进一步处理。

8.3.4　项目监理机构与设计单位的沟通与协调实例

一、背景资料

2012 年 12 月,监理员 H 在某住宅楼工地巡视现场时发现四层、五层阳台挑板根部上表面出现裂缝,挑板出现下沉。监理员 H 立即向总监理工程师汇报此事,总监理工程师得知此事后,立即组织施工人员、建设单位现场代表、专业监理工程师踏勘现场并采取紧急处理措施,防止事态进一步恶化。经现场考察调研发现,五层阳台挑板为上午刚刚浇完,尚未终凝,四层阳台挑板下部支撑全部拆除,并支撑着五层挑板脚手架,承受五层阳台挑板自重。四层阳台混凝土龄期仅 4 d,由于气温较低,混凝土强度增长较慢,达不到悬挑构件混凝土强度 100% 的拆模条件。但施工单位为了加快模板周转,未向监理机构上报拆模申请,擅自拆模,导致四层阳台挑板开裂下沉,五层阳台挑板跟随下沉。

通过研究图纸发现,该阳台板完全采用悬臂板结构,阳台板两侧未设挑梁,反而在阳台板外侧设置 600 mm 高的封口梁,起装饰作用。

针对上述情况,项目监理机构如何与设计单位进行沟通与协调?

二、分析思路

根据背景资料可以看出,项目监理机构与设计单位在沟通与协调过程中,应考虑以下内容。

(1)施工过程中若发现存在设计问题,监理机构应及时通过建设单位向设计单位反映,要求设计单位修改或优化图纸,以免造成更大的损失。

(2)针对施工过程中出现的较大技术质量问题,邀请设计单位参加技术与质量专题会议,由总监理工程师主持会议,监理机构提供相关资料;施工单位汇报施工情况及技术困难,提出施工方案;由设计人员审批或提出解决方案;监理机构整理技术、质量专题会议纪要并组织参会人员和单位签字盖章。

(3)发生质量事故时,听取设计单位的处理意见或建议。针对上述协调内容,项目监理机构可采用情况介绍法和书面协调法与设计单位协调解决问题。

三、解决方案

总监理工程师当场责令施工单位立即凿除五层阳台挑板混凝土进行卸荷,同时回顶四层阳台挑板,防止阳台进一步下沉,同时,通知建设单位、施工单位和设计单位召开专题会议。

在专题会议上,设计单位工程师 L 根据凿除后的五层阳台挑板面筋位置认为设计本身不存在问题,主要原因是施工单位在浇筑阳台混凝土时把挑板面筋踩塌到中和轴以下部位,导致面筋不再受力,故而引发下沉。施工单位认为该阳台悬挑板设计不妥,应该考虑施工现场实际情况,建议在挑板两边各加一条挑梁,把原挑板改为单向板受力,而且本小区其他阳台也是按挑梁方案设计的。监理机构也倾向这种方案,但设计单位工程师 L 坚决不同意加挑梁方案,维持原设计方案不变,并在会议上要求监理单位加强旁站监理,确保面筋不被踩塌。

在这种僵持局面下,总监理工程师采用情况介绍法和书面协调法解决问题。

1. 情况介绍法

总监理工程师耐心地陈述了本工程的施工特点,指出了当前的施工管理水平和挑板设计存在的客观隐患:工期紧,施工进度快,大部分混凝土都赶在夜间浇筑;气温较低,混凝土强度增长慢;面筋踩塌是常见质量通病,可以通过设计手段避免,比如采用增加挑梁方案。

2. 书面协调法

经过建设、监理、施工三方多番论证,设计单位最终同意增加挑梁方案,并由设计单位出具书面设计变更。将已经施工的四层、五层阳台挑板混凝土凿掉,按照设计变更方案重新施工。

四、实例总结

监理员在巡视现场时发现的异常现象要在第一时间向总监理工程师汇报,不要滞留信息,影响总监理工程师决策。总监理工程师在收到质量问题的汇报后要第一时间组织施工单位踏勘现场,采取应急方案防止事态进一步恶化。组织施工单位进行原因分析,及时向建设单位汇报事由及经过,并经建设单位通知设计单位参加由项目监理机构主持的质量专题会议。

尊重设计单位的意见,就本案例而言,设计单位的意见本身没有错(因为原设计配筋满足要求),但是并没有综合考虑现场条件制约,算不上优秀的设计。总监理工程师通过现场具体情况的介绍,以理服人,最终说服设计单位同意优化设计,达到了协调的目的。

思考题

1. 什么是建设工程监理的协调?
2. 什么是建设工程监理的沟通?
3. 建设工程监理协调的范围有哪些?
4. 建设工程监理协调的内容有哪些?
5. 建设工程监理的常用协调方法有哪些?
6. 工程监理的沟通包括哪些内容?如何进行工程监理沟通?

第9章 建设工程监理信息与文档管理

9.1 建设工程监理的信息管理

信息技术用于工程项目管理,使建设工程系统集成化,包括各方建设工程系统的集成以及建设工程系统与其他管理系统在时间上的集成。在大型项目中,可使建设工程组织虚拟化,可使地理上分散的建设工程组织在工作上达到协同。通过信息沟通技术,有效地协调项目各参与方,避免了许多不必要的工期延误和费用损失,使项目建设目标控制更为有效。特别是建设工程监理,采用的主要方法是控制,控制的基础是信息。因此,信息管理是工程监理任务的主要内容之一。及时掌握准确、完整的信息,是监理工程师搞好项目管理,实现监理目标的主要保障。由此可见,监理工程师应重视建设工程项目的信息管理工作,掌握信息管理方法。

9.1.1 信息及其特征

一、信息的概念

信息是对客观世界中各种事物的运动状态和变化的反映,是客观事物之间相互联系和相互作用的表征,是客观事物运动状态和变化的实质内容。同时,信息反映了客观世界的资源与知识,这种资源和知识在传播的过程中可以为接收者所理解,并最终影响到接收者的意识和行为。从监理的角度,信息是对数据的解释,反映了事物(事件)的客观规律,为使用者提供决策和管理所需要的依据。

数据是客观实体属性的反映,是一组表示数量、行为和目标等,可以记录下来加以鉴别的符号。数据有多种形态,包括文字、表格、图形、声音和影像等。特别是大数据(Big Data),它的数据规模和传输速度要求很高,大大超过了传统数据库系统处理的能力。数据有原始数据和加工整理以后的数据之分。无论是原始数据还是加工整理后的数据,经人们解释并赋予一定的意义后,才能成为信息。这就说明,数据与信息既有联系又有区别,信息虽然用数据表现,信息的载体是数据,但并非任何数据都能成为信息。

二、信息的特征

信息是监理工作的依据,了解其特征,有助于深刻理解信息的含义和充分利用信息资源,更好地为决策服务。信息的特征概括起来有以下几点。

(1)有效性。有作用、有价值的信息对管理过程中的调查、预测、决策、组织结构、人员配备、监督控制等都非常必要。同时,信息还应具有及时性、适当性、准确性和适用性。有效性是信息的价值属性。

(2)真实性。信息是反映事物或现象客观状态和规律的数据,其中真实和准确是信息的基本特征。缺乏真实性的数据不可能协助人们作出正确的决策,故不能成为信息。

(3)系统性。信息随着时间在不断地变化与扩充,但仍应该是来源于有机整体的一部分。脱离整体、孤立存在的信息是没有用处的。在监理工作中,投资控制信息、进度控制信息、质量控制信息、安全控制信息构成一个有机的整体,监理信息应处于这个系统之中。

(4)时效性。事物在不断地变化,信息也随之日新月异地变化着。过时的信息是不可以用来作为决策依据的,监理工作也是如此。国家政策、规范、标准在调整,监理制度在不断完善与改进,这就意味着不断有新的信息出现。同时,旧的信息被淘汰。时效性是信息重要的特征之一。

(5)层次性。不同的决策、不同的管理需要不同的信息。因此,针对不同的信息需求必须分类提供相应的信息。通常情况下我们把信息分成决策级、管理级、作业级三个层次。不同层次的信息在内容、来源、精度、使用时间、使用频度上是不同的。决策级信息需要更多的外部信息和深度加工的内部信息,如对设计方案、新技术、新材料、新设备、新工艺的采用以及工程完工后的市场前景预测;管理级信息较多为内部数据和信息,如在编制监理月报时汇总的材料、进度、投资、合同执行的信息;作业级信息则为各个分部分项工程每时每刻实际产生的信息,该部分数据加工量大、精度高、时效性强,如土方开挖量、混凝土浇筑量、浇筑质量、材料供应保证性等具体事务的信息。

(6)不完全性。客观上讲,由于人的感官以及各种测试手段的局限性,导致对信息资源的开发和识别难以做到全面。人的主观因素也会影响对信息的收集、转换和利用,往往会造成所收集的信息不够全面。为提高决策质量,应尽可能多的聘请实践经验丰富的人员来从事信息管理工作,或通过专业培训来提高从业者的业务素质,以弥补信息不完全的缺陷。

三、信息系统

信息是一切工作的基础,信息只有组织起来才能发挥作用。信息的组织由信息系统完成,信息系统是收集、组织数据产生信息的系统。所谓信息系统是指由人和计算机等组成,以系统思想为依据,以计算机技术为手段,进行数据收集、传递、处理、存储、分发,加工产生信息,为决策、预测和管理提供依据的系统。

监理信息系统是建设工程信息系统的一个组成部分,建设工程信息系统由建设方、勘察设计方、建设行政管理方、建筑材料供应方、施工方和监理方各自的信息系统组成,监理信息系统是项目监理机构的信息系统,是主要为监理工作服务的信息系统。监理信息系统是建设工程信息系统的一个子系统,它必须从建设信息系统中获取政府、建设方、施工方、设计方等提供的数据和信息,也必须向相关单位输送其所需的相关数据和信息;同时,它也是监理单位整个管理系统的一个子系统,从监理单位得到必要的指令、帮助和所需要的数据与信息的同时,也向监理单位报出建设工程项目的信息。这种错综复杂的关系,也对信息系统的集成化提出了要求。

四、信息系统的集成化

信息系统的集成化是信息社会发展的必然趋势,也为信息社会提供了集成化的可能性。信息系统集成化,建立在系统化和工程化的基础上。信息系统集成化通过系统开发工具 CASE(Computer Aided System Engineering,计算机辅助系统工程)实现,CASE 对全面搜集信息提供了有效手段,对系统完整、统一提供了必要的保证。集成化也即让参加建设工程的各方在信息使用的过程中做到一体化、规范化、标准化、通用化、系列化。建设领域信息系统集成化,内容复杂、工作量大,一般需要编制相应的管理软件,在计算机平台上实现。

9.1.2　监理信息及其分类

一、监理信息

监理信息是在建设工程监理过程中发生的、反映建设工程状态和规律的信息。监理信息具有一般信息的特征,同时也有其本身的特点。

1. 来源广、信息量大

监理信息来自两个方面:一是项目监理机构内部进行目标控制和管理而产生的信息;二是在实施监理的过程中,从项目监理机构外流入的信息。由于建设工程的长期性和复杂性,涉及单位众多,具有信息来源广、数据量大、形式多样等特点,包括文字、图表、声音和影像等。

2. 动态性强

工程建设的过程是一个动态过程,监理工程师实施的控制也是动态控制,因而大量的监理信息都是动态的,只有及时地收集和处理信息、有效运用信息,才能作出正确的决策。

3. 集成度高

将工程项目建设全过程的建设信息集成,如 BIM 技术的应用,通过建立参数模型对各种项目的相关信息进行有机整合,在项目策划、运行和维护的全生命周期过程中共享和传递,为建设单位、设计单位、施工单位供应商、监理以及各参与方提供协同工作的信息共享平台,提高了工作效率、合理缩短了工期,同时也节约了成本。

二、监理信息的构成

建设工程监理信息管理工作涉及部门多、环节多、专业多、渠道多,具有工程信息量大、来源广泛、形式多样的特点,其主要表现形态有以下几种。

(1) 文字、图形信息,包括勘察、测绘、设计图纸及说明书、计算书、合同,工作条例及规定,施工组织设计,情况报告,原始记录,统计图表、报表,信函等信息。

(2) 语言信息,包括口头分配任务、指示、汇报、工作检查、介绍情况、谈判交涉、建议、批评、工作讨论和研究、会议等信息。

(3) 电子信息,包括通过网络、电话、电报、电传、计算机、电视、录像、录音、广播等现代化手段收集及处理的一部分信息。

三、监理信息的分类

在一个信息管理系统中,将各种信息按一定的原则和方法进行区分和归类,并建立起一定的分类系统和排列顺序,以便管理和使用。不同的监理范畴,需要的信息不同,将监理信息归类划分,有利于满足不同监理工作的信息需求,使信息管理更加有效。

1. 按建设监理控制目标划分

(1) 投资控制信息。指与投资控制直接有关的信息。如各种估算指标、类似工程造价、物价指数;设计概算、概算定额;施工图预算、预算定额;工程项目投资估算;合同价组成;投资目标体系;计划工程量,已完工程量,单位时间付款报表,工程量变化表,人工、材料调差表;索赔费用表;投资偏差、已完工程结算;竣工决算、施工阶段的支付账单;原材料价格、机械设备台班费、人工费、运杂费等。

(2) 质量控制信息。指与建设工程项目质量有关的信息。如国家有关的质量法规、政策及质量标准、项目建设标准;质量目标体系和质量目标的分解;质量控制的工作流程、质量控制的工作制度、质量控制的方法;质量控制的风险分析;质量抽样检查的数据;各个环节工作的质量(工程项目决策的质量、设计的质量、施工的质量);质量事故记录和处理报告等。

(3) 进度控制信息。指与进度相关的信息。如施工定额;项目总进度计划、进度目标分解、项目年度计划、工程总网络计划和子网络计划、计划进度与实际进度偏差;网络计划的优化、网络计划的调整情况;进度控制的工作流程、进度控制的工作制度、进度控制的风险分析等。

(4) 安全生产管理信息。指与建设工程安全生产相关的各种信息。如制度措施:安全生产管理体系、安全生产保证措施等;施工过程中的信息:安全生产检查、巡视记录、安全隐患记录等。另外还有文明施工及环境保护等有关信息。

(5) 合同管理信息。指与建设工程相关的各种合同信息。如工程招投标文件;工程建设施工承包合同,物资设备供应合同,咨询、监理合同;合同的指标分解体系;合同签订、变更、执行情况;合同的索赔等。

2. 按照建设工程不同阶段划分

(1) 项目建设前期的信息。包括可行性研究报告、设计任务书、勘察文件、设计文件、招标投标等方面的信息。

(2) 工程施工过程中的信息。包括建设单位信息,如与项目相关的文件及下达的指令等;施工单位信息,如向有关方面发出的各类文件,向监理工程师报送的各种文件、报告等;设计方信息,如设计合同、施工图纸、工程变更等;监理方信息,如监理单位发出的各种通知、指令,工程验收信息。项目监理部内部也会产生许多信息,有直接从施工现场获得的有关投资、质量、进度、安全和合同管理方面的信息,有经过分析整理后对各种问题的处理意见等;其他部门信息,如建设行政管理部门、地方政府、环保部门、交通部门等部门的信息。

(3) 工程竣工阶段的信息。在工程竣工阶段,需要大量的竣工验收资料,这些信息一部分是在整个施工过程中长期积累形成的,一部分是在竣工验收期间,根据积累的资料整理分析而形成的。

3. 按照建设工程项目信息的来源划分

（1）项目内部信息。指建设工程项目各个阶段、各个环节、各有关单位发生的信息总体。内部信息取自建设项目本身，如工程概况、设计文件、施工方案、合同结构、合同管理制度、信息资料的编码系统、信息目录表、会议制度、监理组织、项目的投资目标、项目的质量目标、项目的进度目标等。

（2）项目外部信息。来自项目外部环境的信息称为外部信息。如国家有关的政策及法规；国内及国际市场的原材料及设备价格、市场变化；物价指数变化；类似工程的造价、进度；投标单位的实力、投标单位的信誉、毗邻单位情况；新技术、新材料、新方法；国际环境的变化；资金市场变化等。

4. 按照信息的稳定程度划分

（1）固定信息。指在一定时间段内相对稳定不变的信息。包括标准信息、计划信息和查询信息。标准信息主要指各种定额和标准，如施工定额、原材料消耗定额、生产作业计划标准、设备和工具的耗损程度等。计划信息反映在计划期内已定任务的各项指标情况。查询信息主要指国家和行业颁发的技术标准、不变价格、监理工作制度、监理工程师的人事卡片等。

（2）动态信息。指在不断变化的信息。如项目实施阶段的质量、投资及进度的统计信息；反映某一时刻项目建设的实际进程及计划完成情况的信息；项目实施阶段的原材料实际消耗量、机械台班数、人工工日数等信息。

5. 按照信息的层次划分

（1）战略性信息。指该项目建设过程中的战略决策所需的信息，如投资总额、建设总工期、施工单位的选定、合同价的确定以及其他决策层相关信息。

（2）管理型信息。指项目建设过程中进行日常管理所需的信息，如年度进度计划、财务计划、材料计划、施工组织计划、其他管理计划等。

（3）业务性信息。指的是各业务部门的日常信息，较具体、详细，操作性强。业务性信息包括分部（分项）工程作业计划、分部（分项）工程施工方案、分部（分项）工程成本控制措施、分部（分项）工程质量控制措施、分部（分项）工程作业计划、分部（分项）工程材料消耗计划以及其他实施层面的计划。

6. 按照信息的性质划分

将建设项目信息按项目管理功能划分为组织类信息、管理类信息、经济类信息和技术类信息四大类。

（1）组织类信息。组织类信息包括编码信息、单位组织信息、项目组织信息和项目管理组织信息等。

（2）管理类信息。管理类信息包括进度控制信息、合同管理信息、质量控制信息、投资控制信息、安全管理信息和风险管理信息等。

（3）经济类信息。经济类信息包括工程造价信息和工程量信息等。

（4）技术类信息。技术类信息包括前期技术信息、设计技术信息、施工技术信息、材料设备技术信息和竣工验收技术信息等。

除了以上常用的几种分类形式外，还可按照信息范围的不同、时间的不同和信息的期待性不同进行划分。按照一定的标准,将建设工程项目信息予以分类,对监理工作有着重要意义。因为不同的监理范畴,需要不同的信息,而把信息予以分类,有助于根据监理工作的不同要求,提供适当的信息。例如日常的监理业务是属于高效率地执行特定业务的过程。由于业务内容、目标、资源等都是已经明确规定了的,因此需要做判断的情况并不多。它所需要的信息常常是历史性的,结果是可以预测的,绝大多数是项目内部的信息。

四、监理信息的形式

监理信息的表现形式多种多样,一般有文字、数字、表格、图形、图像和声音等。

1. 文字数据

文字数据是监理信息的一种常见形式。文件是文字数据最常见的形式。文件一般包括建设工程的法律、法规文件,标准规范以及招投标文件、合同、会议纪要、监理月报、监理总结、变更资料、监理通知、隐蔽及验收记录资料等。

2. 数字数据

数字数据也是监理信息常见的一种表现形式。在建设工程中,监理工作的科学性要求"用数字说话",为了准确地说明各种工程情况,必然有大量数字数据产生,各种计算成果和试验检测数据反映了工程项目的质量、投资和进度等情况。

用数据表现的信息包括设备与材料价格、价格指数;工期、劳动、机械台班的施工定额;材料与设备台账;材料与设备检验数据;工程进度数据;进度工程量签证及付款签证数据;专业图纸数据;质量评定数据;施工人力和机械数据等。

3. 报表

报表是监理信息的另一种表现形式。建设工程各方常用这种直观的形式传播信息。

施工单位提供的反映建设工程状况的报表包括开工申请单、施工技术方案报审表、进场原材料报验单、进场设备报验单、测量放线报验单、分包申请单、合同外工程单价申报表、计日工单价申报表、合同工程月计量申报表、额外工程月计量申报表、人工与材料价格调整申报表、付款申请表、索赔申请书、索赔损失计算清单、延长工期申报表、复工申请、事故报告单、工程验收申请单、竣工报验单等。

监理组织内部常采用的报表包括工程开工令、工程清单支付月报表、暂定金额支付月报表、应扣款月报表、工程变更通知、额外增加工程通知单、工程暂停指令、工程复工指令、现场指令、工程验收证书、工程验收记录、竣工证书等。

监理工程师向建设单位反映工程情况也往往用报表形式传递工程信息,这类报表包括工程质量月报表、项目月支付总表、工程进度月报表、进度计划与实际完成报表、施工计划与实际完成情况表、监理月报表、工程状况报告表等。

4. 图形、图像和声音

监理信息的形式还有图形、图像和声音等。这些信息包括工程项目立面、平面及功能布置图形,项目位置及项目所在区域环境实际图形或图像等,对每一个项目,还包括隐蔽部位、设备安装部位、预留预埋部位图形,管线系统、质量问题和工程进度形象图像,在施工中还有设计变更图等。图形、图像信息还包括工程录像(光盘)、照片等,这些信息直观、形象地反映了工程情况,特别是能有效反映隐蔽工程的情况。声音信息主要包括会议录音、电话录音以及其他讲话录音等。

9.1.3　建设工程信息流程

建设工程是一个由多个参与方、多个部门组成的复杂系统。参加建设的各方要能够实现随时沟通,必须保证相关信息在各参与方之间、各个部门之间,以及与外部环境之间流动,必须规范相互之间的信息流程,组织合理的信息流。

一、建设工程信息流程的组成

建设工程的信息系统由各建设参与单位的信息系统组成,监理单位的信息系统作为建设工程信息系统的一个子系统,监理的信息流仅仅是其中的一部分信息流。对于建设工程,信息在建设单位、勘察设计单位、施工单位、监理单位、政府相关管理部门,以及外部系统实体(如建筑材料市场等)之间流动,如图 9-1-1 所示。

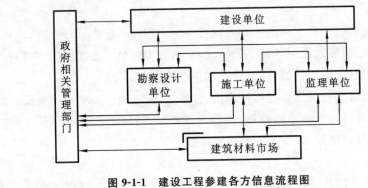

图 9-1-1　建设工程参建各方信息流程图

　　—处理;　　　　—系统外部实体;——▶,◀——▶—数据和信息流(单向/双向)

二、监理单位及项目监理部信息流程的组成

监理单位内部也有一个信息流程,监理单位的信息系统更偏重于公司内部管理和对所监管的建设工程项目监理部的宏观管理,对具体的某个工程项目监理部,也要组织必要的信息流程,加强项目数据和信息的微观管理,相应的流程如图 9-1-2 和图 9-1-3 所示,其中建设单位、项目经理部各相关单位属于系统外部实体。

9.1.4　建设工程信息的收集与处理

建设工程信息管理贯穿建设工程全过程,衔接建设工程各个阶段、各个参建单位和各个方面,其基本环节有信息的收集、传递、加工、整理、检索、分发、存储。

一、建设工程信息的收集

1. 监理信息收集的基本原则

(1) 主动、及时原则。监理工程师要取得对工程控制的主动权,就必须积极主动地收集信息,善于及时发现、及时取得、及时加工各类工程信息。监理是一个动态控制的过程,信息量大、时效性强。如果不能及时掌握这些信息,会影响监理工程师的判断,直接影响监

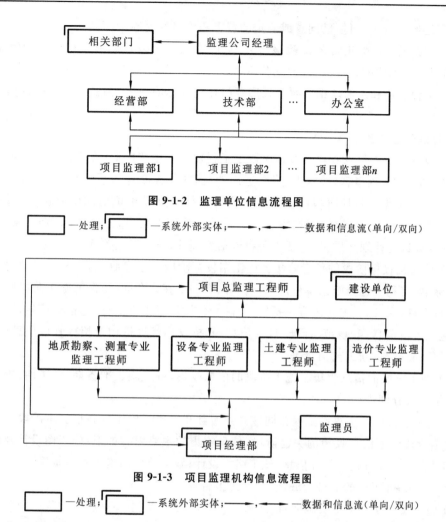

图 9-1-2 监理单位信息流程图

☐—处理；☐—系统外部实体；——→，←——→—数据和信息流（单向/双向）

图 9-1-3 项目监理机构信息流程图

☐—处理；☐—系统外部实体；——→，←——→—数据和信息流（单向/双向）

理工作的质量。

（2）全面、系统原则。全方位、全过程收集工程项目建设过程中的信息，不能有任何疏漏，而且还要注意系统性、连续性和完整性，以防决策失误。

（3）真实、可靠原则。收集信息的目的在于对工程项目进行有效的控制。如果信息失真，必将造成失控，严重影响监理效果。因此，信息收集过程中应对信息来源及真实性进行核实、检测、筛选，去伪存真。

（4）重点选择原则。收集信息还要注重针对性，坚持重点收集的原则。要有明确的目的或目标；有明确的信息源和信息内容，符合监理的需要。根据不同阶段、不同层次、不同部门对信息的需求，从大量的信息中选择使用价值高的主要信息。

2. 监理信息收集的基本方法

（1）现场记录。现场监理工程师必须每天利用特定的表式或以日志的形式记录工地上所发生的事情。

（2）会议记录。由监理工程师所主持的会议应由专人记录，并且要形成纪要，由与会者签字确认，这些纪要将成为今后解决问题的重要依据。

（3）计量与支付记录。应清楚地记录哪些工程进行过计量，哪些工程没有进行计量，哪些工程已经进行了支付,已同意或确定的费率和价格变更等。

(4) 试验记录。除正常的试验报告外,应由专人每天以日志形式记录试验室工作情况,包括对施工单位的试验监督、数据分析等。

(5) 工程照片和录像。拍照时要采用专门登记本标明序号、拍摄时间、拍摄内容、拍摄人员等。

3. 监理信息收集的基本内容

(1) 设计阶段的信息收集。设计阶段是工程建设的重要阶段,在设计阶段决定了工程规模,建筑形式,工程概算,技术先进性、适用性,标准化程度等一系列具体的要素,这些也是监理的重要依据。设计阶段的信息收集内容包括①建设单位前期研究相关文件资料;②项目所在地技术经济条件;③勘察、测量、设计单位相关信息;④执行的规范、规程、技术标准;⑤设计进度计划与质量,包括工程投资估算;⑥同类工程相关信息。

(2) 施工招投标阶段的信息收集。施工招投标阶段的信息收集,有利于协助建设单位编写招标书;有利于选择施工单位及供应商等;有利于签订合同,为保证施工阶段监理目标的实现打下良好基础。主要内容包括①工程勘察、设计及预算信息;②报审信息;③价格信息;④施工单位信息;⑤规范、标准、规程信息;⑥招投标代理机构及招标管理信息;⑦新技术、新设备、新材料、新工艺信息等。

(3) 施工阶段的信息收集。施工阶段的信息收集,可从施工准备期、施工期、竣工保修期三个子阶段分别进行。

① 施工准备期。从建设工程合同签订到项目开工属于施工准备期。本阶段的信息收集是施工阶段监理信息收集的关键阶段,信息收集的主要内容如下:施工图设计及施工图预算;工程承包合同;施工条件信息;施工组织设计;施工单位的施工准备情况;施工图的会审和交底记录;开工前的监理交底记录;开工报告等。

② 施工实施期。施工实施期,信息来源相对比较稳定,主要是施工过程中随时产生的信息。施工实施期收集的信息应该分类并由专门的部门或专人分级管理。主要收集的信息为施工期气象信息;建筑原材料、半成品、成品、构配件等进场与抽检信息;质量、进度、投资控制措施;各种施工与验收记录;各种实验测试报告;事故处理记录;各种协调会议记录;工地文明施工及安全措施;施工索赔相关信息。

③ 竣工保修期。收集信息的主要内容为工程准备阶段文件;监理文件;施工资料;竣工图;竣工验收资料等。竣工保修期相关信息的收集,应按现行《建设工程监理规范》(GB/T 50319—2013)和《建设工程文件归档规范》(GB/T 50328—2014)执行,并据其进行资料的收集、汇总和归类整理。

二、信息处理

信息处理包括信息的加工、整理和存储等。

信息的加工主要是把从建设各方得到的数据和信息进行鉴别、选择、核对、合并、排序、更新、计算、汇总、转储,生成不同形式的数据和信息,提供给需求不同的各类管理人员使用。信息加工时,应根据不同需求,分类、分层按需加工。

信息的加工、整理和存储流程是信息系统流程的主要组成部分。信息系统的流程图有业务流程图、数据流程图。一般先找到业务流程图,通过绘制的业务流程图再进一步绘制数据流程图。通过绘制业务流程图可以了解到具体处理事务的过程,发现业务流程的问题和不完善处,进而优化业务处理过程。数据加工,主要由相应的专业软件来完成。监理工程师应了解数据间的关系和流程,决定处理的时间要求,选择适合的软件和模型来实现数据的加工、整理和存储。

三、信息的分发与检索

通过对收集的数据进行分类、加工处理产生的信息,要及时提供给需要使用数据和信息的部门,信息和数据要根据需求来分发,信息和数据的检索则要建立必要的分级管理制度,一般可通过软件来实现。根据管理层次、工作内容进行授权,使信息使用者在第一时间方便地得到所需要的信息和数据。

9.2 建设工程监理档案资料管理

9.2.1 建设工程监理的文件档案资料管理

一、建设工程文件

在工程建设过程中形成的各种形式的信息记录,包括工程准备阶段文件、监理文件、施工文件、竣工图和竣工验收文件,简称为工程文件。

(1)工程准备阶段文件:工程开工以前,在立项、审批、用地、勘察、设计、招投标等工程准备阶段形成的文件。

(2)监理文件:监理单位在工程设计、施工等监理过程中形成的文件。

(3)施工文件:施工单位在施工过程中形成的文件。

(4)竣工图:工程竣工验收后,真实反映建设工程施工结果的图样。

(5)竣工验收文件:建设工程项目竣工验收活动中形成的文件。

二、建设工程档案

在工程建设活动中直接形成的具有归档保存价值的文字、图纸、图表、声像、电子文件等各种形式的历史记录,简称工程档案。

三、监理单位建设工程文件档案管理职责

(1)项目监理机构应建立完善的监理文件资料管理制度,总监理工程师组织整理监理文件资料,宜设专人管理监理文件资料。

(2)项目监理机构应及时、准确、完整地收集、整理、编制、传递监理文件资料。

(3)监理文件资料必须及时整理、真实完整、分类有序。在施工阶段,对施工单位的工程文件的形成、积累、立卷、归档进行监督、检查。可以按照监理合同的约定,接受建设单位委托,监督、检查工程文件的形成、积累和立卷、归档工作。

（4）编制的监理文件套数、提交内容、提交时间，应按照现行规范《建设工程文件归档规范》（GB/T 50328—2014）和城建档案管理机构的要求，编制移交清单，双方签字、盖章后，及时移交建设单位。

四、建设工程文件归档

1. 归档的概念

文件形成部门或形成单位完成其工作任务后，将形成的文件整理立卷后，按规定向本单位档案室或向城建档案管理机构移交的过程称为归档。

2. 归档文件质量要求

（1）归档的纸质工程文件应为原件。

（2）工程文件的内容及其深度应符合国家现行有关工程勘察、设计、施工、监理等标准的规定。

（3）工程文件的内容必须真实、准确，应与工程实际相符合。

（4）工程文件应采用碳素墨水、蓝黑墨水等耐久性强的书写材料，不得使用红色墨水、纯蓝墨水、圆珠笔、复写纸、铅笔等易褪色的书写材料。计算机输出文字和图件应使用激光打印机，不应使用色带式打印机、水性墨打印机和热敏打印机。

（5）工程文件应字迹清楚，图样清晰，图表整洁，签字盖章手续应完备。

（6）工程文件中文字材料幅面尺寸规格宜为 A4 幅面（297 mm×210 mm）。图纸宜采用国家标准图幅。

（7）工程文件的纸张应采用能长期保存的韧力大、耐久性强的纸张。

（8）所有竣工图均应加盖竣工图章。

（9）竣工图的绘制与改绘应符合国家现行有关制图标准的规定。

五、建设工程文件验收

列入城建档案管理机构档案接收范围的工程，竣工验收前，城建档案管理机构应对工程档案进行预验收。

预验收时应查验以下主要内容。

（1）工程档案齐全、系统、完整，全面反映工程建设活动和工程实际情况。

（2）工程档案已整理立卷，立卷符合《建设工程文件归档规范》（GB/T 50328—2014）的规定。

（3）竣工图的绘制方法、图式及规格等符合专业技术要求，图面整洁，盖有竣工图章。

（4）文件的形成、来源符合实际，要求单位或个人签章的文件，其签章手续完备。

（5）文件的材质、幅面、书写、绘图、用墨、托裱等符合要求。

（6）电子档案格式、载体等符合要求。

（7）声像档案内容、质量、格式符合要求。

六、建设工程档案移交

勘察、设计单位应在任务完成后，施工、监理单位应在工程竣工验收前，将各自形成的有关工程档案向建设单位归档。

勘察、设计、施工单位在收齐工程文件并整理立卷后,建设单位、监理单位应根据城建档案管理机构的要求,对归档文件的完整、准确、系统情况和案卷质量进行审查。审查合格后方可向建设单位移交。

列入城建档案管理机构接收范围的工程,建设单位在工程竣工验收后 3 个月内,必须向城建档案管理机构移交一套符合规定的工程档案。

七、监理文件归档目录

根据《建设工程文件归档规范》(GB/T 50328—2014)和《武汉市建设工程竣工档案编制及报送规定》(武城建规〔2016〕10 号)的规定,建设工程归档文件分为 A 类(工程准备阶段文件)、B 类(监理文件)、C 类(施工文件)、D 类(竣工图)、E 类(工程竣工验收文件)。其中由监理单位形成并需归档的文件资料如表 9-2-1 所示。

表 9-2-1 武汉地区监理单位形成文件归档目录

类别	归 档 文 件	保 存 单 位				
		建设单位	设计单位	施工单位	监理单位	城建档案馆
工程准备阶段文件(A 类)						
A4	招投标文件					
3	监理合同	▲			▲	▲
A7	工程建设基本信息					
5	监理单位项目负责人工程质量终身承诺书及相应的法定代表人授权书	▲	△	△	▲	▲
9	监理单位项目负责人及现场管理人员名册	▲			▲	
监理文件(B 类)						
B1	监理管理文件					
1	监理规划	▲			▲	▲
2	监理实施细则	▲		△	▲	▲
3	监理工作总结				▲	
4	监理月报	△			▲	
5	监理日志				▲	
6	例会纪要(监理会议纪要)	▲		△	▲	
7	监理工程师通知	▲		△	△	▲
8	监理工程师通知回复单	▲		△	△	▲

类别	归 档 文 件	保 存 单 位				
		建设 单位	设计 单位	施工 单位	监理 单位	城建 档案馆
9	工程暂停令	▲		△	△	▲
10	工程复工报审表及工程复工令	▲		▲	▲	▲
11	施工组织设计/(专项)报审表	▲			▲	
12	分包单位资格报审表				▲	
13	监理工作联系单	▲		△	△	
14	监理工程师检查记录表	△			△	
B2	进度控制文件					
1	工程开工报审表及工程开工令	▲		▲	▲	▲
2	施工进度计划报审表	▲		△	△	
B3	质量控制文件					
1	质量事故报告及处理资料	▲		▲	▲	▲
2	旁站记录	△		△	▲	
3	报审、报验表	▲			▲	
4	分部工程报验表	▲		▲	▲	▲
5	混凝土浇筑申报表	▲			▲	
6	施工控制测量成果报验表	▲			▲	
7	工程材料、构配件、设备报审表	▲			▲	
8	见证取样和送检人员备案表	△		△	△	
9	见证记录	△		△	△	
10	工程技术文件报审表				△	
B4	造价控制文件					
1	工程款支付报审表	▲		△	△	
2	工程款支付证书	▲		△	△	
3	工程变更单(工程变更费用报审表)	▲		△	△	
4	索赔意向通知书	▲		△	△	

类别	归档文件	保存单位				
		建设单位	设计单位	施工单位	监理单位	城建档案馆
5	费用索赔报审表	▲		△	△	
B5	工期管理文件					
1	工程临时/最终延期报审表	▲		▲	▲	▲
B6	监理验收文件					
1	单位工程竣工验收报审表	▲		▲	▲	▲
2	竣工移交证书	▲		▲	▲	
3	监理资料移交书	▲			▲	
工程竣工验收文件——房屋建筑工程(E类)						
E1	竣工验收与备案文件					
21	监理单位质量评估报告(表)	▲		▲	△	▲
22	监理各分部质量评估报告	▲		▲	△	▲
工程竣工验收文件——市政道路工程(E类)						
E1	竣工验收与备案文件					
4	监理单位工程质量评估报告	▲		△	▲	▲
工程竣工验收文件——市政管线工程(E类)						
E1	竣工验收与备案文件					
4	监理单位工程质量评估报告	▲		△	▲	▲
工程竣工验收文件——市政桥梁工程(E类)						
E1	竣工验收与备案文件					
6	监理单位工程质量评估报告	▲		△	▲	▲

注:表中符号"▲"表示必须归档保存;"△"表示选择性归档保存。

9.2.2 监理工作的基本表式

武汉地区采用的《建设工程监理规范》(GB/T 50319—2013)配套用表,分为A类表(工程监理单位用表)、B类表(施工单位报审、报验用表)、C类表(通用表)和D类表(工程监理单位工作记录)。各表的编号和名称详见表9-2-2,各表的格式、内容及填写说明、注意事项分别列于附录中。

表 9-2-2　监理工作基本表式

A 类表　工程监理单位用表

1	A1	总监理工程师任命书
2	A2	工程开工令
3	A3	监理通知单
4	A4	监理报告
5	A5	工程暂停令
6	A6	旁站记录
7	A7	工程复工令
8	A8	工程款支付证书
9	A9	监理会议纪要
10	A10	监理月报
11	A11	工程质量评估报告

B 类表　施工单位报审、报验用表

12	B1	施工组织设计/(专项)施工方案报审表
13	B2	工程开工报审表
14	B3	工程复工报审表
15	B4	分包单位资格报审表
16	B5	施工控制测量成果报验表
17	B6	工程材料、构配件、设备报审表
18	B7	报审、报验表
19	B8	分部工程报验表
20	B9	监理通知回复单
21	B10	单位工程竣工验收报审表
22	B11	工程款支付报审表
23	B12	施工进度计划报审表
24	B13	费用索赔报审表
25	B14	工程临时/最终延期报审表
26	B15	施工现场质量管理检查记录
27	B16	施工现场安全生产管理检查记录
28	B17	混凝土浇筑申请表

续表

	A 类表　工程监理单位用表	
29	B18	施工单位通用申请表

	C 类表　通用表	
30	C1	工程联系单
31	C2	工程变更单
32	C3	索赔意向通知书

	D 类表　工程监理单位工作记录	
33	D1	监理日志
34	D2	监理工程师检查记录（通用）
35	D3	监理工程师安全生产、文明施工检查记录

思考题

1. 什么是建设工程文件？什么是建设工程档案？建设工程文件档案资料有何特征？

2. 建设单位、施工单位、监理单位、城建档案管理部门对建设工程文件档案资料的管理职责有哪些？

3. 建设工程档案资料编制质量有哪些要求？

4. 工程竣工验收时，档案验收的程序是什么？重点验收内容是什么？

5. 根据《建设工程文件归档规范》(GB/T 50328—2014)，如何对建设工程档案进行分类？

6. 建设工程监理文件档案如何进行分类？

7. 监理工作中使用的基本表式有哪几类？使用时应注意什么？

附录　武汉地区监理配套用表

A 类表　工程监理单位用表

A1

总监理工程师任命书

工程名称：　　　　　　　　　　　　　　　　编号：

致：　　　　　　　　　　（建设单位）

兹任命　　　　　　　（注册监理工程师注册号：　　　）为我单位　　　　　　　（注册监理工程师经管理验收的注册监理工程师担任项目总监理工程师，并在本表中明确总监理工程师的授权范围。

项目总监理工程师，负责履行建设工程监理合同，主持项目监理机构工作。

工程监理单位（盖章）

法定代表人（签字）

年　月　日

总监理工程师任命书填写说明

1. 规范用表说明

工程监理单位法定代表人应根据建设工程监理合同约定，任命有类似工程管理经验的注册监理工程师担任项目总监理工程师，并在本表中明确总监理工程师的授权范围。

2. 适用范围

本表适用于建设工程监理合同签订后，工程监理单位将总监理工程师的任命以及相应的授权范围书面通知建设单位。

3. 填表注意事项

本表在建设工程监理合同签订后，由工程监理单位法定代表人签字，并加盖单位公章。

注：本表一式四份，项目监理机构、建设单位、施工单位、城建档案管理机构各一份。

296

工程开工令填写说明

1. 规范用表说明

建设单位对工程开工报审表（B2）签署同意意见后，总监理工程师可签发本表，本表中的开工日期作为施工单位计算工期的起始日期。

2. 适用范围

总监理工程师应组织专业监理工程师审查施工单位报送的工程开工报审表（B2）及相关资料，确认具备开工条件，报建设单位批准同意开工后，总监理工程师签发本表，指示施工单位开工。

3. 填表注意事项

总监理工程师应根据建设单位在工程开工报审表（B2）上的审批意见签署本表。本表中应明确具体的开工日期。

A2

工程开工令

编号：

工程名称：

致：＿＿＿＿＿＿＿＿＿＿＿（施工单位）

　　经审查，本工程已具备施工合同约定的开工条件，现同意你方开始施工，开工日期为：＿＿年＿＿月＿＿日。

附件：工程开工报审表

项目监理机构（盖章）

总监理工程师（签字、加盖执业印章）

＿＿＿＿年＿＿月＿＿日

注：本表一式四份，项目监理机构、建设单位、施工单位、城建档案管理机构各一份。

监理通知单填写说明

1. 规范用表说明

施工单位发生下列情况时，项目监理机构应发出本表：在施工过程中出现不符合工程设计要求、工程建设标准、合同约定的行为；使用不合格的工程材料、构配件和设备；在工程质量、进度、造价、安全等方面存在违法、违规等行为。

施工单位收到本表并整改合格后，应使用监理通知回复单(B9)回复，并附相关资料。

2. 适用范围

在监理工作中，项目监理机构按建设工程监理合同授予的权限，针对施工单位出现的各种问题，对施工单位所发出的指令，提出的要求，除另有规定外，均应采用本表。监理工程师现场发出的口头指令及要求，也应采用本表予以确认。

3. 填表注意事项

(1) 本表可由总监理工程师或专业监理工程师签发，对于一般问题可由专业监理工程师签发，对于重大问题应由总监理工程师或经其同意后签发。

(2) "事由"应填写通知内容的主题词，相当于标题。

(3) "内容"应写明发生问题的具体部位、具体内容，并写明监理工程师的要求、依据，明确整改时限。必要时，应补充相应的文字、图纸、图像等作为附件进行行具体说明。

A3

298

监理通知单

编号：

工程名称：

致：＿＿＿＿＿＿（施工项目经理部）

事由：

内容：

项目监理机构（盖章）

监理工程师/专业监理工程师（签字）

总监理工程师（签字）

年　月　日

注：本表一式四份，项目监理机构、建设单位、施工单位、城建档案管理机构各一份。

监理报告填写说明

1. 规范用表说明

项目监理机构发现工程存在安全事故隐患，发出监理通知单（A3）或工程暂停令（A5）后，施工单位拒不整改或不停工的，应采用本表及时向有关主管部门报告，同时应附相应监理通知单（A3）或工程暂停令（A5）等证明监理人员履行安全生产管理职责的相关文件资料。

2. 适用范围

当项目监理机构因工程存在安全事故隐患发出监理通知单（A3）或工程暂停令（A5），而施工单位拒不整改或不停工，以及情况严重时，项目监理机构应及时向有关主管部门报送本表。

3. 填表注意事项

（1）本表填报时应说明工程名称、施工单位、工程部位，并附监理处理过程文件（监理通知单（A3）或工程暂停令（A5），应说明时间和编号），以及其他检测资料、会议纪要等。

（2）紧急情况下，项目监理机构通过电话、传真或电子邮件方式向政府有关主管部门报告的，事后应以书面形式将本表送达政府有关主管部门，同时抄报建设单位和工程监理单位。

A4

监理报告

编号：

工程名称：＿＿＿＿＿＿＿＿＿＿＿＿＿＿

致：＿＿＿＿＿＿＿＿＿（主管部门）

由＿＿＿＿＿＿＿＿＿（施工单位）施工的＿＿＿＿＿＿＿＿＿（工程部位），存在安全事故隐患。我方已于＿＿年＿＿月＿＿日发出编号为＿＿＿的监理通知单/工程暂停令，但施工单位未整改/停工。

特此报告。

附件：□监理通知单
　　　□工程暂停令
　　　□其他

项目监理机构（盖章）

总监理工程师（签字）

　　　　　　　　　年　　月　　日

注：本表一式五份，主管部门、建设单位、工程监理单位、项目监理机构、城建档案管理机构各一份。

工程暂停令填写说明

1. 规范用表说明

总监理工程师应根据暂停工程的影响范围和程度，按合同约定签发暂停令。签发暂停令时，应注明停工部位和范围。

2. 适用范围

当项目监理机构发现《建设工程监理规范》(GB/T 50319—2013)第6.2.2条所描述的情况时，由总监理工程师根据工程原因的影响范围和影响程度，确定停工范围，并依据合同的约定签发工程暂停令(A5)。

3. 填表注意事项

(1) 本表填报时应说明造成暂停施工的原因以及暂停施工的部位(工序)、停工后应采取的措施，整改的要求和复工条件。

(2) 签发本表前应事先征得建设单位同意，在紧急情况下未能事先通报时，应在事后及时向建设单位作出书面报告。

A5

工程暂停令

编号：

工程名称：

致： _____（施工项目经理部）

由于 _____ 原因，现通知你方于 ___ 年 ___ 月 ___ 日 ___ 时起，暂停部位（工序）施工，并按下述要求做好后续工作。

要求：

项目监理机构（盖章）

总监理工程师（签字，加盖执业印章）

___ 年 ___ 月 ___ 日

注：本表一式四份，项目监理机构、建设单位、施工单位、城建档案管理机构各一份。

A6

旁站记录填写说明

1. 规范用表说明

施工情况包括施工单位质检人员到岗情况、特种作业人员持证情况、施工机械、材料准备及关键部位、关键工序的施工情况、施工方案及工程建设强制性标准执行等情况。

处理情况是指旁站人员对于所发现问题的处理要求及处理结果。

2. 适用范围

本表适用于监理人员对关键部位、关键工序的施工质量实施全过程现场跟踪监督活动的实时记录。

3. 填表注意事项

（1）本表为项目监理机构记录旁站工作情况的通用表式。项目监理机构可根据需要增加附表。

（2）本表中施工情况应记录所旁站部位（工序）的施工作业内容、主要施工机械、材料、人员和完成的工程数量等内容及监理人员检查旁站部位施工质量的情况。

旁站记录

工程名称：　　　　　　　　　　　　　　　　　　　　　　　编号：

旁站的关键部位、关键工序		施工单位	
旁站开始时间	年 月 日 时 分	旁站结束时间	年 月 日 时 分
旁站的关键部位、关键工序施工情况：			
发现的问题及处理情况：			

旁站监理人员（签字）：

年　　月　　日

注：本表一式一份，由项目监理机构留存。

工程复工令填写说明

1. 适用范围

本表适用于导致工程暂停施工的原因消失、具备复工条件时，施工单位提出复工申请，并且其工程复工报审表（B3）及相关材料经审查符合要求后，总监理工程师签发指令或要求施工单位复工；施工单位未提出复工申请时，总监理工程师应根据工程实际情况指令施工单位恢复施工。

2. 填表注意事项

（1）因建设单位原因或其他非施工单位原因引起工程暂停的，在具备复工条件时，应及时签发本表，指令施工单位复工。

（2）因施工单位原因引起工程暂停的，施工单位在复工前应使用工程复工报审表（B3）申请复工；项目监理机构应对施工单位的整改过程、结果进行检查、验收，并符合要求的，对施工单位审批同意工程复工报审表（B3）予以审核，并报建设单位；建设单位审批同意后，总监理工程师应及时签发本表，施工单位接收到本表后组织复工。

（3）本表内必须注明复工的部位和范围、复工日期等，并附工程复工报审表（B3）等相关说明文件。

A7

工程复工令

编号：

工程名称：

致：_____（施工项目经理部）

我方发出的编号为_____的工程暂停令，要求暂停施工的_____部位（工序），经查已具备复工条件。经建设单位同意，现通知你方于____年____月____日____时起恢复施工。

附件：工程复工报审表

项目监理机构（盖章）

总监理工程师（签字，加盖执业印章）

　　　　　　年　　月　　日

注：本表一式四份，项目监理机构、建设单位、施工单位、城建档案管理机构各一份。

工程款支付证书填写说明

1. 适用范围

本表适用于项目监理机构收到项目监理报审表（B11）后，根据建设单位的审批意见，签发本表作为工程款支付的证明文件。

工程款支付证书到经建设单位签署审批意见的工程款支付审批意见的，签发本表作为工程款支付的证明文件。

2. 填表注意事项

（1）项目监理机构应按《建设工程监理规范》（GB/T 50319—2013）第 5.3.1 条规定对工程计量和付款签证。

（2）随本表应附施工单位报送的工程款支付报审表（B11）及其附件。

（3）项目监理机构将工程款支付报审表（B11）签发给施工单位时，应同时抄报建设单位。

A8

工程款支付证书

编号：

工程名称：

致：_____（施工单位）

根据施工合同约定，经审核编号为 _____ 的工程款支付报审表，扣除有关款项后，同意支付工程款共计（大写）_____。

（小写：_____）。

其中：

1. 施工单位申报款为：
2. 经审核施工单位应得款为：
3. 本期应扣款为：
4. 本期应付款为：

附件：工程款支付报审表及附件

项目监理机构（盖章）

总监理工程师（签字，加盖执业印章）

年　　月　　日

注：本表一式三份，项目监理机构、建设单位、施工单位各一份。

监理会议纪要填表说明

1. 适用范围

本表适用于监理例会和项目监理机构主持的专题会议。

2. 填表注意事项

项目监理机构应定期组织召开监理例会，监理例会的主要内容应符合《建设工程监理规范》(GB/T 50319—2013)第5.1.4条条文说明的要求。

监理例会应首先检查上次会议议定事项的落实情况，分析未完成事项的原因，研究采取措施，防止会议只布置任务而不检查落实情况。

监理例会和由项目监理机构主持的专题会议的会议纪要由项目监理机构负责记录整理，设专人负责填写，由总监理工程师签发。

A9

监理会议纪要

编号：

工程名称：		
会议时间		会议地点	
参加人员 （签到表附后）	建设单位：	
	监理单位：	
	施工单位：	
主持人		记录整理	
上次会议议定事项落实情况：		
本次会议要求（本栏不够附续页）：		

项目监理机构（盖章）

总监理工程师（签字）

年　月　日

注：本表与会单位各一份，如有不同意见，请在收到文件后48小时内提出，否则表示认可纪要内容，按纪要内容执行。

304

一、工程进度控制	（一）工程进展情况	1. 形象进度
		2. 实际进度与计划进度的对比
	（二）本期工程进度控制方面的主要问题分析及处理情况	
二、工程质量控制	（一）工程质量情况	1. 分部分项工程验收情况
		2. 材料、构配件、设备进场检验情况
		3. 主要施工试验情况
	（二）本期工程质量控制方面的主要问题分析及处理情况	

编号：

监 理 月 报

工程名称：_____
建设单位：_____
施工单位：_____

第___期 ___年___月___日至
___年___月___日

项目监理机构（盖章）
总监理工程师（签字）

报告日期：___年___月___日

A10

续表

六、合同及其他事项	(一)本期合同及其他事项的管理工作情况					
	(二)合同及其他事项管理方面的主要问题及分析处理情况					
七、本月监理工作统计	序号	项目名称	单位	本月	本年度累计	开工以来总计
	1	监理会议	次			
	2	审批施工组织设计(方案)	次			
		提出建议和意见	条			
	3	下发监理通知单(不含第8项)	次			
	4	审定分包单位	家			
	5	原材料审批	件			
	6	构配件审批	件			
	7	设备审批	件			
	8	发出工程暂停令	次			
	9	监理抽查、复试	次			
	10	监理见证取样	次			
	11	考察施工单位试验室	次			
	12	考察生产厂家	次			
	13	监理报告	次			
	14	工程计量支付签证	次			

续表

三、安全生产管理的监理工作	(一)本期施工安全评述	
	(二)施工单位安全生产管理方面的主要问题及处理情况	
四、文明施工管理的监理工作	(一)本期文明施工情况	
	(二)文明施工管理方面的主要问题及处理情况	
五、工程造价控制	(一)本期投资完成情况	
	(二)已支付工程款的统计及说明	
	(三)工程量与工程款支付方面的主要问题及处理情况	

监理月报填表说明

1. 适用范围

本表适用于项目监理机构每月定期向建设单位和本监理单位报送本月工程实施情况、本月监理工作情况、本月施工中存在的问题和处理情况以及下月监理工作重点。

2. 填表注意事项

项目监理机构应在与建设单位商定和本监理单位规定的时间内按时将监理月报报建设单位和本监理单位。

项目监理机构应指定专人负责填写，由总监理工程师签发。

续表

八、本期监理工作小结	
九、下月工作重点及建议	

注：本表一式两份，项目监理机构、建设单位各一份。

质量评估报告填写说明

1. 适用范围

此评估报告可用于单位工程或分部工程质量验收。

2. 填表注意事项

此评估报告第三项工程质量验收情况中的具体内容应满足相应工程施工质量验收规范要求。

（1）房屋建筑工程应符合《建筑工程施工质量验收统一标准》（GB 50300—2013）第 5.0.3 条至 5.0.4 条以及相应专业质量验收规范的规定。

（2）城镇道路工程应符合《城镇道路工程施工与质量验收规范》（CJJ 1—2008）第 18.0.7 条或第 18.0.8 条的规定。

（3）城市桥梁工程应符合《城市桥梁工程施工与质量验收规范》（CJJ 2—2008）第 23.0.7 条或第 23.0.8 条的规定。

（4）给水排水管道工程应符合《给水排水管道工程施工及验收规范》（GB 50268—2008）第 3.2.5 条或第 3.2.6 条的规定。

（5）给排水构筑物工程应符合《给水排水构筑物工程施工及验收规范》（GB 50141—2008）第 3.2.4 条或第 3.2.5 条的规定。

（6）园林绿化工程应符合《园林绿化工程施工及验收规范》（CJJ 82—2012）第 6.2.4 条或第 6.2.5 条的规定。

质量评估报告由总监理工程师组织专业监理工程师编制，总监理工程师和监理单位技术负责人审核签字后报报建设单位。

武汉市建设工程
质量评估报告

（监理单位）

工程名称：＿＿＿＿＿＿＿＿＿＿

监理单位：＿＿＿＿＿＿＿＿＿＿

总监理工程师：＿＿＿＿＿＿＿＿＿＿

监理单位技术负责人：＿＿＿＿＿＿＿＿＿＿

武汉建设监理协会监制

A11

续表

四、工程质量事故及其处理情况
质量缺陷、质量事故的部位及状况。
处理方案(依据)及过程。
处理结果的复查。

五、竣工资料审查情况
工程竣工资料真实、全面、准确及组卷的评价。

六、工程质量评估结论
对照相应工程施工质量验收规范提出监理评估结论。

项目监理机构(盖章)
总监理工程师(签字、加盖执业印章)
年 月 日

注:本表一式七份,项目监理机构、建设单位、勘察单位、设计单位、施工单位、质量监督机构、城建档案管理机构各一份。

一、工程概况
工程名称、位置、主要结构形式、工程等级、主要工程量及造价。

二、工程各参建单位
建设单位、勘察单位、设计单位、施工(总包及分包)单位、监理单位。

三、工程质量验收情况
1. 单位(分部)工程所含分部(分项)工程的质量均应验收合格。
2. 质量控制资料应完整。
3. 单位(分部)工程所含分部(分项)工程的有关安全和功能的检测资料应完整。
4. 主要功能项目的抽查结果应符合相关专业质量验收规范的规定。
5. 观感质量验收应符合要求。

施工组织设计/(专项)施工方案报审表填写说明

1. 规范用表说明

施工单位编制的施工组织设计应由施工单位技术负责人审核签字并加盖施工单位公章。有分包单位的，分包单位编制的施工组织设计或(专项)施工方案均应由施工单位项目监理机构审核。

施工单位编制完成相关审批手续后，报送项目监理机构审核。

2. 适用范围

本表除用于施工组织设计或(专项)施工方案报审及发生改变后的重新报审外，还可用于危及结构安全或使用功能的分项工程整改方案的报审，及重点部位、关键工序的施工工艺、"四新"技术和工艺方法和确保工程质量的措施施工的报审。

3. 填表注意事项

(1) 对分包单位按相关规定完成相关审批手续后，与本表一并报送项目监理机构审核。

(2) 施工单位同意并加盖施工单位公章后，与本表一并报送项目监理机构审核。

(3) 对危及结构安全和使用功能的分项工程的整改方案的报审，在证明文件中应有建设单位、设计单位各方共同认可的书面意见。

B 类表 施工单位报审、报验用表

B1 施工组织设计/(专项)施工方案报审表

工程名称：_____

编号：_____

致：_____（项目监理机构）

我方已完成_____工程施工组织设计/(专项)施工方案的编制和审批，请予以审查。

附件：□施工组织设计
□专项施工方案
□施工方案

施工项目经理部(盖章)
项目经理(签字)
年　月　日

审查意见：
专业监理工程师(签字)
年　月　日

审核意见：
项目监理机构(盖章)
总监理工程师(签字，加盖执业印章)
年　月　日

审批意见(仅对超过一定规模的危险性较大的分部分项工程专项施工方案)：
建设单位(盖章)
建设单位代表(签字)
年　月　日

注：本表一式三份，项目监理机构、建设单位、施工单位各一份。

310

工程开工报审表填写说明

1. 规范用表说明

施工合同中含有多个单位工程时，每个单位工程均应填报一次本表。

总监理工程师审核开工条件并经建设单位同意后方可签发工程开工令（A2）。

2. 适用范围

本表适用于单位工程项目开工报审。

3. 填表注意事项

（1）表中建设项目或单位工程名称应与施工图中的工程名称一致。

（2）表中证明文件是指证明已具备开工条件的相关资料（施工组织设计的审批、施工现场质量管理检查记录表的内容审核情况、主要材料、设备的准备情况、现场临时设施等的准备情况说明）。

（3）本表经项目总监理工程师根据《建设工程监理规范》（GB/T 50319—2013）第5.1.8条中所列条件审核后签署意见，并报建设单位审批同意后，方可签发工程开工令（A2）。

（4）本表必须由项目经理签字并加盖施工单位公章。

B2

工程开工报审表

编号：

工程名称：

致： （建设单位）
（项目监理机构）

我方承担的 工程，已完成相关准备工作，具备开工条件，申请于 年 月 日开工，请予以审批。

附件：证明文件资料

施工单位（盖章）
项目经理（签字）
年 月 日

审核意见：

项目监理机构（盖章）
总监理工程师（签字，加盖执业印章）
年 月 日

审批意见：

建设单位（盖章）
建设单位代表（签字）
年 月 日

注：本表一式四份，项目监理机构、建设单位、施工单位、城建档案管理机构各一份。

311

工程复工报审表填写说明

1. 规范用表说明

工程复工报审时,应附有能够证明已具备复工条件的相关文件资料。包括相关检查记录、有针对性的整改措施及其落实情况、会议纪要、影像资料等。

2. 适用范围

本表适用于因各种原因工程暂停后,停工原因消失,施工单位准备恢复施工,向项目监理机构提出复工申请。

3. 填表注意事项

(1) 表中证明文件可以为相关检查记录、制定的针对性整改措施及结构安全或使用功能时,整改完成后应有建设单位、设计单位、监理单位、施工单位各方共同认可的整改完成文件,其中涉及建设工程恢复施工、向项目监理机构提出复工申请。提供的文件必须由有资质的检测单位出具。

(2) 项目监理机构收到施工单位报送的本表后,经专业监理工程师按照停工原因进行调查、审核和评估,并对施工单位提出的复工条件证明资料进行审核后提出意见,由总监理工程师作出是否同意复工的审核意见,报建设单位审批。

工程复工报审表

编号:_____

工程名称:_____

致:_____(项目监理机构)

编号为_____的工程暂停令所停工的_____部位(工序)已满足复工条件,我方于申请于___年___月___日复工,请予以审批。

附件:证明文件资料

施工项目经理部(盖章)

项目经理(签字)

　　　　　　年　　月　　日

审核意见:

项目监理机构(盖章)

总监理工程师(签字)

　　　　　　年　　月　　日

审批意见:

建设单位(盖章)

建设单位代表(签字)

　　　　　　年　　月　　日

注:本表一式四份,项目监理机构、建设单位、施工单位、城建档案管理机构各一份。

B3

分包单位资格报审表表填说明

1. 规范用表说明

分包单位的名称应按企业营业执照上的全称填写；分包单位资质材料包括企业法人营业执照、企业资质等级证书、安全生产许可文件、专职管理人员和特种作业人员的资格证书等；分包单位业绩材料是指分包单位近三年完成的与分包工程内容类似的工程及质量情况。

2. 适用范围

本表适用于各类分包单位的资格报审，包括专业承包和劳务分包。

3. 填表注意事项

（1）在施工合同中已约定由建设单位（或与施工单位联合）招标确定的分包单位，施工单位可不再报审。

（2）分包单位资质材料应注意资质审年审合格情况，防止越级分包、超资质承揽。

（3）施工单位对分包单位的管理制度应与本表一并报审。

B4

分包单位资格报审表

工程名称：　　　　　　　　　　　编号：

致：　　　　　　　　　　　（项目监理机构）

　　经考察，我方认为拟选择的 　　　　　　　　　　 （分包单位）具有承担下列工程施工或安装的资质和能力，可以保证本工程按施工合同第　　条款的约定进行施工或安装。请予以审查。

分包工程名称（部位）	分包工程量	分包工程合同额
合计		

附件：1. 分包单位资质材料
　　　2. 分包单位业绩材料
　　　3. 分包单位专职管理人员和特种作业人员的资格证书
　　　4. 施工单位对分包单位的管理制度

　　　　　　　　　施工项目经理部（盖章）
　　　　　　　　　项目经理（签字）
　　　　　　　　　　　　　　年　　月　　日

审查意见：

　　　　　　　　　专业监理工程师（签字）
　　　　　　　　　　　　　　年　　月　　日

审核意见：

　　　　　　　　　项目监理机构（盖章）
　　　　　　　　　总监理工程师（签字）
　　　　　　　　　　　　　　年　　月　　日

注：本表一式三份，项目监理机构、建设单位、施工单位各一份。

施工控制测量成果报验表填表说明

1. 规范用表说明

测量放线的专业测量人员资格（测量人员的资格证书）及测量设备资料（施工测量放线使用的测量仪器的名称、型号、编号、检定、校准资料等）应经项目监理机构确认。

测量依据资料及测量成果包括下列内容。

（1）平面、高程控制测量：需报送控制测量依据资料、控制测量成果表（包含平差计算表）及附图。

（2）定位放样：报送放样依据、放样成果表及附图。

2. 适用范围

本表适用于施工单位施工控制测量完成并自检合格后，报送项目监理机构复核确认。

3. 填表注意事项

收到施工单位报送的本表后，专业监理工程师按照标准、规范的有关要求、进行控制网布设、测点保护、仪器精度、观测规范、记录清晰等方面的检查、审核、意见栏应填写是否符合技术规范、设计等的具体要求，重点应进行必要的内业及外业复核。

符合规定时，由专业监理工程师签认。

B5

施工控制测量成果报验表

编号：_____

工程名称：_____

致：_____（项目监理机构）

我方已完成_____的施工控制测量，经自检合格，请予以查验。

附件：1. 施工控制测量依据资料

　　　2. 施工控制测量成果表

施工项目经理部（盖章）

项目技术负责人（签字）

　　　　　　　　　　　　年　　月　　日

审查意见：

项目监理机构（盖章）

专业监理工程师（签字）

　　　　　　　　　　　　年　　月　　日

注：本表一式三份，项目监理机构、建设单位、施工单位各一份。

工程材料、构配件、设备报审表填表说明

1. 规范用表说明

（1）质量证明文件是指生产单位提供的合格证、质量证明书、性能检测报告等证明资料。进口材料、构配件、设备应有商检的证明文件；新产品、新材料、新设备应有相应的有资质机构出具的鉴定文件。如无证明文件原件，需提供复印件，但应在复印件上加盖证明文件提供单位的公章。

（2）自检结果是指施工单位对所购材料、构配件、设备的清单，质量证明资料核对后，对工程材料、构配件、设备实物及外部观感质量进行验收核实的自检结果。

（3）由建设单位采购的主要设备则由建设单位、施工单位、项目监理机构进行开箱检查，并由三方在开箱检查记录上签字。

（4）进口材料、供货单位、项目监理机构及其他有关单位进行联合检查，检查情况及结果应形成记录，由建设单位按照合同约定，并由各方代表签字认可。

2. 适用范围

本表适用于施工单位对工程材料、构配件、设备在施工自检合格后，向项目监理机构报审。

3. 填表注意事项

填写本表时应写明工程材料、构配件和设备的名称，进场时间，拟使用的工程部位等。

B6

工程材料、构配件、设备报审表

工程名称：＿＿＿＿＿＿＿＿　　　　　　　　　　编号：＿＿＿＿＿＿

致：＿＿＿＿＿＿＿＿＿＿＿（项目监理机构）

　　于＿＿＿年＿＿＿月＿＿＿日进场的拟用于工程

部位的＿＿＿＿＿＿＿＿＿，经我方检验合格，现将相关资料报上，请予以审查。

附件：1. 工程材料、构配件或设备清单

　　　2. 质量证明文件

　　　3. 自检结果

施工项目经理部（盖章）

项目经理（签字）

年　　　月　　　日

审查意见：

项目监理机构（盖章）

专业监理工程师（签字）

年　　　月　　　日

注：本表一式两份，项目监理机构、施工单位各一份。

报审、报验表说明

1. 规范用表范围

隐蔽工程、检验批、分项工程需经施工单位自检合格后，并附相应的工程质量检查记录，报送项目监理机构验收。

2. 适用范围

本表为报审、报验的通用表式。此外，也用于施工单位试验室、检验批、试验测试单位、重要材料、构配件、设备供应单位的资格及试验调试等其他内容的报审。

3. 填表注意事项

（1）分包单位的报验资料必须经施工单位审核通过后，方可向项目监理机构报验。表中施工单位签名必须由施工单位相应人员签署。

（2）本表用于隐蔽工程、检验批、分项工程报验本表时，在填报本表时应附有相应工序和部位的工程质量检查记录。

（3）用于运行调试的报审时，由施工单位自检合格后，填报本表并附上相应的运行调试记录等资料及规范对应条文的用表，报送项目监理机构。

（4）用于试验检测单位、重要建筑材料、设备供应单位资格报审时，由施工单位报送试验检测单位、供应单位资质证书、营业执照等证明文件（提供复印件的应由本单位在复印件上加盖红章），按时向项目监理机构报审。

B7

报审、报验表

工程名称：＿＿＿＿＿＿＿＿　　　编号：＿＿＿＿

致：＿＿＿＿＿＿＿＿（项目监理机构）

我方已完成＿＿＿＿＿＿＿＿工作，经自检合格，请予以审查或验收。

附件：□隐蔽工程质量检查资料
　　　□检验批质量检验资料
　　　□分项工程质量检验资料
　　　□施工试验室证明资料
　　　□其他

施工项目经理部（盖章）
项目经理或项目技术负责人（签字）

　　　　　　　　　　年　　月　　日

审查或验收意见：

项目监理机构（盖章）
专业监理工程师（签字）

　　　　　　　　　　年　　月　　日

注：本表一式两份，项目监理机构、施工单位各一份。

316

分部工程报验表填表说明

1. 规范用表说明

分部工程质量资料包括分部工程质量验收记录表和施工质量验收规范要求的质量控制资料、安全及工程检验资料、观感质量检查资料等。

2. 适用范围

本表适用于项目监理机构对分部工程的验收。分部工程所包含的分项工程全部自检合格后，施工单位向项目监理机构报送本表。

3. 填表注意事项

（1）在分部工程质量验收结果进行分部工程质量验收，填报本表报项目监理机构。总监理工程师组织对分部工程进行验收，认可的分项工程质量验收后，施工单位应根据专业监理工程师签并提出验收意见。

（2）基础分部、主体分部报验时应注意企业自评、设计认可、监理核定、建设单位验收，政府授权的质监站监督的程序。

B8

分部工程报验表

工程名称：　　　　　　　　　　编号：　　　　　　

致：　　　　　　　　　　　　（项目监理机构），

我方已完成　　　　　　　　　　（分部工程），

经自检合格，请予以验收。

附件：分部工程质量资料

施工项目经理部（盖章）

项目技术负责人（签字）

年　　月　　日

验收意见：

专业监理工程师（签字）

年　　月　　日

验收意见：

项目监理机构（盖章）

总监理工程师（签字）

年　　月　　日

注：本表一式四份，项目监理机构、建设单位、施工单位、城建档案管理机构各一份。

监理通知回复单填表说明

1. 规范用表说明

回复意见应根据监理通知单（A3）的要求，简要说明落实整改的过程、结果及自检情况。必要时应附应整改相关证明资料，包括检查记录、对应部位的影像资料等。

2. 适用范围

本表适用于施工单位在收到监理通知单（A3），根据通知要求进行整改，自查合格后，向项目监理机构报送回复意见。

3. 填表注意事项

项目监理机构收到施工单位报送的本表后，由原发出监理通知单（A3）的专业监理工程师对现场整改情况和附件资料进行核查，逐条认可整改结果后，由专业监理工程师签认。

B9

监理通知回复单

编号：_____

工程名称：_____

致：_____（项目监理机构）

我方接到编号_____的监理通知单后，已按要求完成相关工作，请予以复查。

附件：需要说明的情况

	施工项目经理部（盖章）
	项目经理（签字）
	年　　月　　日

复查意见：

	项目监理机构（盖章）
	总监理工程师/专业监理工程师（签字）
	年　　月　　日

注：本表一式四份，项目监理机构、建设单位、施工单位、城建档案管理机构各一份。

单位工程竣工验收报审表说明

1. 规范用表说明

每个单位工程应单独填报本表。工程质量验收文件是指能够证明工程按合同约定完成并符合竣工验收要求的全部资料。包括单位工程质量竣工验收记录、单位工程质量控制资料核查记录、单位工程安全和功能验收资料核查及主要功能抽查记录、单位工程观感质量检查记录等。对需要进行功能试验的工程（包括单机试车、无负荷试车和联动调试），应包括试验报告。

2. 适用范围

本表适用于单位工程完成后，施工单位自检符合竣工验收条件后，向项目监理机构申请竣工验收。

3. 填表注意事项

（1）施工单位已按工程施工合同约定完成工程，在确认工程质量符合工程设计文件所要求的施工内容，并对工程质量进行了全面自检，在确认工程质量符合合同要求以及符合设计文件及合同要求、法规和工程建设强制性标准规定后，向项目监理机构填报本表。

（2）项目监理机构在收到本表后应及时组织工程竣工预验收。存在问题的，应要求施工单位整改，合格的由总监理工程师签认本表。

B10

单位工程竣工验收报审表

编号：_____

工程名称：_____

致：_____（项目监理机构）

我方已按施工合同要求完成_____工程，经自检合格，现将有关资料报上，请予以验收。

附件：1. 工程质量验收报告

2. 工程功能检验资料

施工单位（盖章）_____

项目经理（签字）_____

年　月　日

预验收意见：

经预验收，该工程合格/不合格，可以/不可以组织正式验收。

项目监理机构（盖章）_____

总监理工程师（签字、加盖执业印章）_____

年　月　日

注：本表一式四份，项目监理机构、建设单位、施工单位、城建档案管理机构各一份。

工程款支付报审表填表说明

1. 规范用表

本表附件是指与付款申请有关的资料，如已完成的合格工程的工程量清单、价款计算及其他与付款有关的证明文件和资料。

2. 适用范围

本表适用于施工单位工程预付款、工程进度款、竣工结算款、工程变更费用、索赔费用，项目监理机构对申请事项进行审核并签署意见。经建设单位审批后作为工程款支付的依据。

3. 填表注意事项

(1) 施工单位应按合同约定的时间，向项目监理机构提交本表。

(2) 施工单位提交本表时，应同时提交与支付申请有关的资料，如已完成工程量报表、工程竣工结算证明性证明文件。

B11

工程款支付报审表

工程名称：_____　　编号：_____

致：_____（项目监理机构）

根据施工合同约定，我方已完成_____工作，建设单位应在　　年　　月　　日前支付工程款共计（大写）_____（小写：_____），请予以审核。

附件：□已完成工程量报表
　　　□工程竣工结算证明材料
　　　□相应支持证明性文件

施工项目经理部（盖章）
　　　　　　　项目项目经理（签字）
　　　　　　　　　　　　年　　月　　日

审查意见：
1. 施工单位应得款为：
2. 本期应扣款为：
3. 本期应付款为：
附件：相应支持性材料

专业监理工程师（签字）

项目监理机构（盖章）
总监理工程师（签字、加盖执业印章）
　　　　　　　　　　　　年　　月　　日

审核意见：

项目监理机构（盖章）
　　　　　　　　　　　　年　　月　　日

审批意见：

建设单位（盖章）
建设单位代表（签字）
　　　　　　　　　　　　年　　月　　日

注：本表一式三份，项目监理机构、建设单位、施工单位各一份；工程竣工结算报审本表时本表一式四份，项目监理机构、建设单位各一份，施工单位两份。

施工进度计划报审表填表说明

1. 适用范围

本表为施工单位向项目监理机构报审工程进度计划用表,由施工单位填报,项目监理机构审批。

工程进度计划的种类有总进度计划、年、季、月、周进度计划及关键工程进度计划等,报审时均可使用本表。

2. 填表注意事项

(1) 施工单位应按施工合同约定的日期,将总进度计划提交项目监理机构,监理工程师按合同约定的时间予以确认或提出修改意见,由总监理工程师签认。

(2) 群体工程中单位工程分期进行施工的,施工单位应按照建设单位提供的图纸及有关资料,分别编制各单位工程的进度计划,并向项目监理机构报审。

(3) 施工单位报审的总进度计划必须经其企业技术负责人审批,且编制、审核、批准人员的签字及单位公章齐全。

B12

施工进度计划报审表

工程名称:_____　　　　编号:_____

致:_____(项目监理机构)

根据施工合同约定,我方已完成_____工程施工进度计划的编制和批准,请予以审查。

附件:□施工总进度计划
　　　□阶段性进度计划

施工项目经理部(盖章)

项目经理(签字)

年　　月　　日

审查意见:

专业监理工程师(签字)

年　　月　　日

审核意见:

项目监理机构(盖章)

总监理工程师(签字)

年　　月　　日

注:本表一式三份,项目监理机构、建设单位、施工单位各一份。

费用索赔报审表填表说明

1. 规范用表证明材料

本表证明材料包括索赔意向通知书(C3)、索赔事项的相关证明材料。

2. 适用范围

本表为施工单位报请项目监理机构审核工程费用审核工程费用索赔事项的用表。

3. 填表注意事项

(1) 依据合同规定,非施工单位原因造成费用增加,导致施工单位要求费用补偿时方可申请。

(2) 施工单位在费用索赔事件结束后的规定时间内,填报本表,向项目监理机构提出费用索赔。表中应详细说明索赔事件的经过、索赔理由、索赔金额的计算,并附上证明材料的计算,并附上证明材料。

(3) 收到施工单位报送的本表后,总监理工程师应组织专业监理工程师按标准、规范及合同文件要求进行审核与评估,并与建设单位、施工单位协商一致后进行签认,报建设单位审批,不同意审批,不同意部分应说明理由。

B13

费用索赔报审表

编号:_____

工程名称:_____

致:_____(项目监理机构)

根据施工合同_____条款,由于_____的原因,我方申请索赔金额(大写)_____,请予批准。

索赔理由:□索赔金额计算
　　　　　

附件:□索赔金额计算
　　　□证明材料

　　　　　施工项目经理部(盖章)
　　　　　项目经理(签字)
　　　　　　　　　年　月　日

审核意见:
□不同意此项索赔。
□同意此项索赔,索赔金额为(大写)_____
同意/不同意索赔,索赔金额的理由_____
附件:索赔审查报告

　　　　　项目监理机构(盖章)
　　　　　总监理工程师(签字,加盖执业印章)
　　　　　　　　　年　月　日

审批意见:

　　　　　建设单位(盖章)
　　　　　建设单位代表(签字)
　　　　　　　　　年　月　日

注:本表一式三份,项目监理机构、建设单位、施工单位各一份。

工程临时/最终延期报审表说明

1. 适用范围

依据施工合同约定，非施工单位原因造成工程延期，导致施工单位要求工期补偿时采用本表。

2. 填表注意事项

（1）施工单位在工程延期的情况发生后，应在合同约定的时间内向项目监理机构申请工程临时延期。工程延期时间结束，施工单位向项目监理机构填报本表，申请确定最终工程延期的日历天数及延迟后的竣工日期。

（2）施工单位应详细说明工程延期依据、工期计算，申请延期的日历天数及延迟后竣工日期，并附上证明材料。

（3）项目监理机构收到施工单位报送的工程临时延期报审表后，经专业监理工程师进行核查并提出意见，签认本表及其证明材料要求及规范施工合同约定，对本表由总监理工程师审核后报建设单位审批。工程延期事件结束，施工单位的工程师审核后报建设单位审批。工程延期事件结束，施工单位向项目监理机构申请最终工程延期确定工程延期的日历天数及延迟后的竣工日期，项目监理机构在按程序审核评估后，由总监理工程师向项目监理机构申请最终工程延期确定工程最终延期的日历天数及延迟后的竣工日期，由总监理工程师在本表签署审核意见，不同意延期的应说明理由，报建设单位审批。

B14

工程临时/最终延期报审表

工程名称：　　　　　　　　　　　　　　　　编号：　　　　　　

致：　　　　　　　　　　（项目监理机构）

根据施工合同　　　　（条款），由于　　　　　　　　　　　原因，我方申请工程临时/最终延期　　　　　　（日历天），请予批准。

附件：1. 工程延期依据及工期计算

　　　2. 证明材料

<table>
<tr><td></td><td>施工项目经理部（盖章）</td></tr>
<tr><td></td><td>项目经理（签字）</td></tr>
<tr><td></td><td>年　月　日</td></tr>
</table>

审核意见：

□同意工程临时/最终延期　　　　　　（日历天）。工程竣工日期从施工合同约定的　　年　　月　　日延迟到　　年　　月　　日。

□不同意延期，请按约定竣工日期组织施工。

<table>
<tr><td></td><td>项目监理机构（盖章）</td></tr>
<tr><td></td><td>总监理工程师（签字，加盖执业印章）</td></tr>
<tr><td></td><td>年　月　日</td></tr>
</table>

审批意见：

<table>
<tr><td></td><td>建设单位（盖章）</td></tr>
<tr><td></td><td>建设单位代表（签字）</td></tr>
<tr><td></td><td>年　月　日</td></tr>
</table>

注：本表一式四份，项目监理机构、建设单位、施工单位、城建档案管理机构各一份。

323

施工现场质量管理检查记录表说明

1. 适用范围

本表用于工程开工前对施工单位质量管理体系建立情况和每月对施工单位质量管理体系运行情况的检查。

2. 填表注意事项

施工现场应具有健全的质量管理体系、相应的施工技术标准、施工质量检验制度和综合施工质量水平评定考核制度。

工程开工前，施工单位项目经理部按此表中所列的各项管理制度、责任制、岗位证书等报项目监理机构检查，由总监理机构检查，由总监理工程师签署检查意见。

工程施工过程中，施工单位应每月检查质量管理体系运行情况，当质量管理相关管理制度、责任制、岗位证书无调整时，直接报本表至项目监理机构，由总监理工程师签署检查意见；当相应管理制度、责任制、岗位证书有调整、变化时应将修改后的制度、责任制和岗位证书报项目监理机构检查，由总监理工程师签署检查意见。

B15

施工现场质量管理检查记录

编号：

工程名称			
建设单位		施工许可证号	
设计单位		项目负责人	
监理单位		总监理工程师	
施工单位		项目技术负责人	

序号	项目负责人 检查项目	主要内容
1	项目部质量管理体系	
2	现场质量责任制	
3	主要专业工种操作岗位证书	
4	分包单位管理制度	
5	图纸会审记录	
6	地质勘察资料	
7	施工技术标准	
8	施工组织设计编制与审批	
9	物资采购管理制度	
10	施工设施和机械设备管理制度	
11	计量设备配备	
12	检测试验管理制度	
13	工程质量检查验收制度	
14		

自查结果：

检查结果：	
施工单位项目经理部（盖章）	项目监理机构（盖章）
项目经理（签字）	总监理工程师（签字）
年 月 日	年 月 日

注：本表用于工程开工前对施工单位质量管理体系建立情况和每月对施工单位质量管理体系运行情况的检查。本表一式两份，项目监理机构、施工单位各一份。

施工现场安全生产管理检查记录表填表说明

1. 适用范围

本表用于工程开工前对施工单位安全生产管理体系建立情况和每月对施工单位质量管理体系运行情况的检查。

2. 填表注意事项

施工现场应具有健全的安全生产管理制度、相应的施工技术标准、施工质量检验制度和综合施工质量水平评定办法。

工程开工前，施工单位项目经理部按此表要求对施工现场安全生产管理体系建立情况进行检查，并将表中所列的各项证件、管理制度、责任制、岗位证书、岗位证书、使用计划等报项目监理机构检查，由总监理工程师签署检查意见。

工程施工过程中，施工单位应每月检查安全生产管理体系运行情况，当安全生产管理相关证件、管理制度、责任制、岗位证书、直接报本表至项目监理机构，由总监理工程师签署检查意见；当相应证件、管理制度、责任制、责任制和岗位证书报项目监理机构审查，由总监理工程师签署检查意见。

化时应将修改后的证件检查，由总监理机构、项目监理工程师签署项目监理意见。

B16

施工现场安全生产管理检查记录

编号：

工程名称		
建设单位		
施工单位		
项目经理		
序号	检查项目	主要内容
	项目专职安全生产管理人员	
1	安全生产许可证	
2	现场安全生产管理机构	
3	现场安全生产规章制度	
4	项目经理安全生产管理资格	
5	专职安全生产管理人员资格和配备人数	
6	特种作业人员特种作业操作证书	
7	施工机械和设施安全许可验收手续	
8	分包单位资质及安全生产许可证	
9	应急救援预案	
10	安全防护措施费用使用计划	
11		

自查结果：

施工单位项目经理部（盖章）

项目经理（签字）　　　年　月　日

检查结论：

项目监理机构（盖章）

总监理工程师（签字）　　年　月　日

注：本表用于工程开工前对施工单位安全生产管理体系建立情况和每月对施工单位安全生产管理体系运行情况的检查。本表一式两份，项目监理机构、施工单位各一份。

混凝土浇筑申请表填表说明

1. 适用范围

本表用于混凝土浇筑条件审查，经专业监理工程师签字同意后施工单位方可浇筑混凝土。

2. 填表注意事项

（1）当一次浇筑多种强度等级或性能的混凝土时应分别注明。

（2）混凝土浇筑前的上道工序必须全部验收合格后，由施工单位填报本表。

（3）监理工程师应审查混凝土浇筑条件，符合要求的方可签字同意浇筑混凝土。

B17

混凝土浇筑申请表

工程名称：＿＿＿＿＿＿＿＿＿　　　　　　　编号：

致：＿＿＿＿＿＿＿＿（项目监理机构）

我方已完成＿＿＿＿（部位）混凝土浇筑准备工作，自检结果如下表。现申请于＿年＿月＿日＿时开始浇筑。本次计划浇筑强度等级为＿＿＿混凝土＿＿＿立方米，请审查批准。

浇筑准备工作自查结果

名　　称	结果	检查人	名　　称	结果	检查人
钢材连接、安装检查			安装预留、预埋		
模板支撑体系、模板安装			测量放线检查		
混凝土开盘鉴定、混凝土配合比			浇筑准备情况检查		

附件：

施工项目经理部（盖章）

项目经理（签字）

　　　　　　　　　　　年　　月　　日

审查意见：

审查结论：□同意　□整改认可后浇筑　□不同意

项目监理机构（盖章）

专业监理工程师（签字）

　　　　　　　　　　　年　　月　　日

注：本表一式两份，项目监理机构、施工单位各一份。

326

施工单位通用申报表填表说明

1. 适用范围

本表用于没有专用表格，根据合同和监理要求又必须向项目监理机构提出的申请、报审、请示、申报和报告等。

2. 填表注意事项

项目监理机构应根据施工单位申报的资料的种类分类保存。

B18

施工单位通用申报表

工程名称： 编号：

致： （项目监理机构）

事由：

内容：

附件：

施工项目经理部（盖章）

项目经理/项目技术负责人（签字）

年 月 日

审核（查）意见：

项目监理机构（盖章）

项目监理工程师/专业监理工程师（签字）

总监理工程师（签字）

年 月 日

注：本表用于没有专用表格，根据合同和监理要求又必须向项目监理机构提出的申请、报审、请示、申报和报告等。本表一式两份，项目监理机构、施工单位各一份。

工作联系单填表说明

1. 规范用表说明

工程建设有关方相互之间的日常书面工作联系,包括告知、督促、建议等事项。

2. 适用范围

本表适用于项目监理机构与工程建设有关方(包括建设、施工、监理、勘察设计和上级主管部门)相互之间的日常书面工作联系,有特殊规定的除外。

3. 填表注意事项

(1) 工作联系的内容包括施工过程中与监理有关的某一方面需向另一方告知某一事项或督促某项工作、提出某项建议等。

(2) 发出单位有权签发的负责人应为建设单位的现场代表、施工单位的项目经理、监理单位的总监理工程师、设计单位的项目设计负责人及项目其他参建单位的有关负责人等。

(3) 项目监理机构应根据发文单位分类保存。

C 类表　通用表

工作联系单

编号:_____

工程名称:_____

C1

致:_____

发文单位

负责人(签字)

年　月　日

注:本表一式两份,发文单位、收文单位各一份。

工程变更单填表说明

1. 适用范围

本表适用于依据合同和实际情况对工程进行变更时，在变更单位提出变更要求后，由建设单位、设计单位、监理单位和施工单位共同签认意见。

2. 填表注意事项

（1）本表由提出方填写，写明工程变更原因、工程变更内容，并附必要的附件。包括工程变更的依据、详细内容、图纸，对工程造价、工期的影响程度分析，及对工程安全影响的分析报告。

（2）对涉及工程设计文件修改的工程变更，由建设单位转交原设计单位修改工程设计文件。

C2

工程变更单

工程名称：　　　　　　　　　　　　　　　编号：

致：　　　　　　　　

　　由于　　　　　　　　原因，兹提出　　　　　　　　工程变更，请予以审批。

　　附件：□变更内容
　　　　　□变更设计图
　　　　　□相关会议纪要
　　　　　□其他

变更提出单位
负责人

工程量增/减	
费用增/减	
工期变化	

施工项目经理部（盖章）项目经理（签字）	设计单位（盖章）设计负责人（签字）
项目监理机构（盖章）总监理工程师（签字）	建设单位（盖章）负责人（签字）

年　　月　　日

注：本表一式四份，建设单位、项目监理机构、设计单位、施工单位各一份。

索赔意向通知书填表说明

1. 适用范围

本表适用于工程中发生可能引起索赔的事件后，受影响的单位依据法律、法规要求和合同约定，向有关单位声明或告知拟进行有关索赔的意向。

2. 填表注意事项

（1）本表宜明确以下内容：事件发生的时间和情况的简单描述；合同依据的条款和理由；有关后续资料的提供；对工程成本和工期产生的不利录和提供事件后续发展的资料；声明或告知拟进行有关索赔的影响及其严重程度的初步评估；声明或告知拟进行相关索赔的对象，并同时抄送给项目监理机构。

（2）本表应发送给拟进行相关索赔的对象，并同时抄送给项目监理机构。

索赔意向通知书

编号：

工程名称：

致：＿＿＿＿＿＿＿＿

根据施工合同＿＿＿＿（条款）约定，由于发生了＿＿＿＿事件，且该事件的发生非我方原因所致。为此，我方向（单位）提出索赔要求。

附件：索赔事件资料

提出单位（盖章）

负责人（签字）

　　　年　　月　　日

注：本表一式三份，项目监理机构、索赔单位、被索赔单位各一份。

C3

330

监理日志填写内容说明

　　监理日志根据项目组成情况设立，工程项目为一个标段一个总承包单位的按一个项目监理机构建立一本监理日志，工程项目分为多个施工标段、多个总承包单位的按施工标段或总承包单位建立多本监理日志。

　　监理日志不等同于监理人员的监理日记，总监理工程师根据工程实际情况指定专业监理工程师负责记录。监理日志应按以下主要内容填写。

一、施工进展情况

施工单位当日的施工内容、部位、进度，使用的主要材料、设备，参与的管理人员和施工人员及质量自检、验收情况等。

二、监理工作情况

（1）巡视、旁站、见证取样，质量验收、安全检查、安全验收等日常监理工作。

（2）发出监理通知单、工作联系单、工程变更单、监理报告、工程开工令、工程暂停令、工程复工令等指令文件和通知。

（3）发送各种会议纪要、监理月报、监理规划等文件。

（4）收到监理通知回复单和对工程复工报审表，并对整改结果进行复查。

（5）核准、审批施工单位的各种报审文件、报验文件和其他函件。

（6）收到建设单位和其他单位有关单位的通知及处理结果。

三、发现的问题及处理情况

（1）当天发现的问题。

（2）处理当天发生的问题及结果。

（3）处理当天以前发生的问题及处理结果。

四、其他事项

（1）考察预拌商品混凝土搅拌站、试验室、分包单位、材料供应商等的情况。

（2）提出合理化建议的情况。

（3）建设行政管理部门到现场检查的情况。

（4）因法规、政策变化及工地停电、停水等使正常施工受影响的事项。

五、总监理工程师签阅意见

总监理工程师每周至少签阅一次监理日志。查阅时重点关注监理日志填写的当日监理工作情况是否完整、是否有遗漏，监理工作的可追溯性、是否能闭合。

六、本表一式一份，由项目监理机构留存

D类表　工程监理单位工作记录

D1

编号：

监　理　日　志

工程名称：＿＿＿＿＿＿＿＿＿

建设单位：＿＿＿＿＿＿＿＿＿

施工单位：＿＿＿＿＿＿＿＿＿

＿＿＿年＿＿月＿＿日至＿＿＿年＿＿月＿＿日

项目监理机构（盖章）

续表

三、发现的问题及处理情况	
四、其他事项	
五、总监理工程师签阅意见	

日志填写人：

监 理 日 志

日期			___年___月___日	星期
气象 （晴、阴、雨、雪、冰冻）	气温/℃ 最高/最低	湿度/（%）	风向	风力
上午				
下午				
一、施工进展情况				
二、监理工作情况				

D2

监理工程师检查记录（通用）填表说明

1. 适用范围

本表适用于监理工程师对工程检验批施工质量进行平行检查。

2. 填表注意事项

项目监理机构宜在监理规划中明确对检验批施工质量进行平行检查的部位和比例。

监理工程师根据相应专业质量验收规范，相应检验批质量验收要求，按上述确定部位和比例进行平行检查。

监理工程师检查记录（通用）

检验批

编号：

单位（子单位）工程名称		分部（子分部）工程名称		分项工程名称		
施工单位		项目负责人		检验批容量		
分包单位		分包单位项目负责人		检验批部位		
施工依据				验收依据		
验收项目		设计要求及规范规定	最小/实际抽样数量	监理单位检查记录		检查结果
主控项目	1					
	2					
	3					
	4					
	5					
一般项目	1					
	2					
	3					
	4					
	5					
监理工程师意见：				专业监理工程师		
				年　月　日		

注：本表用于没有专用表格的监理工程师检查记录。本表一式一份，由项目监理机构保存。

333

监理工程师安全生产、文明施工检查记录填表说明

1. 适用范围

本表适用于项目监理机构对施工现场安全生产、文明施工情况的检查。

2. 填表注意事项

（1）项目监理机构应定期对现场安全生产和文明施工情况进行检查，逐条记录检查情况。对现场存在的安全生产隐患和不文明施工行为应根据严重程度签发监理通知单（A3）或工程暂停令（A5）。

（2）项目监理机构应对发现的安全生产隐患和不文明施工行为在规定时间内进行复查，确保安全生产、文明施工受控。

D3

监理工程师安全生产、文明施工检查记录

工程名称：

编号：

建设单位		现场代表	
施工单位		项目经理	
监理单位		总监理工程师	
检查内容或部位		检查日期	
参加检查人员			

检查记录：

记录人（签字）

检查结论：

总监理工程师/分管安全监理工程师（签字）

复查情况：

总监理工程师/分管安全监理工程师（签字）

年　　月　　日

注：本表一式一份，由项目监理机构存档，发现安全隐患和不文明施工情况应按规定下达监理通知单，督促施工单位整改并回复。

参 考 文 献

［1］ 何亚伯.土木工程监理［M］.武汉:武汉大学出版社,2015.

［2］ 广东省建设监理协会.建设工程监理实务［M］.北京:中国建筑工业出版社，2014.

［3］ 武汉建设监理与咨询行业协会.武汉地区建设工程监理履职工作标准［S］.武汉,2016.

［4］ 中华人民共和国住房和城乡建设部,中华人民共和国国家质量监督检验检疫总局.建设工程监理规范(GB/T 50319—2013)［S］.北京:中国建筑工业出版社,2013.

［5］ 中华人民共和国住房和城乡建设部,中华人民共和国国家质量监督检验检疫总局.建筑工程施工质量验收统一标准(GB 50300—2013)［S］.北京:中国建筑工业出版社,2013.

［6］ 中国建设监理协会.建设工程监理相关法规文件汇编［M］.北京:中国建筑工业出版社,2014.

［7］ 李清立.建设工程监理案例分析［M］.3 版.北京:清华大学出版社,北京交通大学出版社,2010.